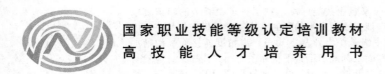

国家职业技能等级认定培训教材

高 技 能 人 才 培 养 用 书

铣 工

（中级）

国家职业技能等级认定培训教材编审委员会　组编

主　编　胡家富

参　编　尤根华　王　珂

　　　　吴卫奇　方金华

机 械 工 业 出 版 社

本书是依据现行《国家职业技能标准 铣工》（中级）的知识要求和技能要求，按照岗位培训需要的原则编写的，为读者提供实用的培训内容。本书主要内容包括中级铣工专业基本知识，高精度连接面、沟槽加工，高精度外花键、角度面及刻线加工，平行孔系与椭圆孔加工，齿轮与齿条、链轮加工，牙嵌离合器加工，刀具圆柱面直齿槽加工，成形面、螺旋面、等速凸轮与球面加工。

本书既可作为各级技能鉴定培训机构、企业培训部门的考前培训教材，又可作为读者考前的复习用书，还可作为职业技术院校、技工学校和综合类技术院校机械专业的专业课教材。

图书在版编目（CIP）数据

铣工：中级 / 胡家富主编 .—北京：机械工业出版社，2021.8
高技能人才培养用书 国家职业技能等级认定培训教材
ISBN 978-7-111-68850-1

Ⅰ．①铣… Ⅱ．①胡… Ⅲ．①铣削 – 职业技能 – 鉴定 – 教材
Ⅳ．① TG54

中国版本图书馆 CIP 数据核字（2021）第 155347 号

机械工业出版社（北京市百万庄大街 22 号 邮政编码 100037）
策划编辑：赵磊磊 责任编辑：赵磊磊 侯宪国 王 良
责任校对：陈 越
责任印制：李 昂
北京中兴印刷有限公司印刷
2022 年 4 月第 1 版第 1 次印刷
184mm×260mm · 23.75 印张 · 585 千字
0 001—3 000 册
标准书号：ISBN 978-7-111-68850-1
定价：59.80 元

电话服务 网络服务
客服电话：010-88361066 机 工 官 网：www.cmpbook.com
010-88379833 机 工 官 博：weibo.com/cmp1952
010-68326294 金 书 网：www.golden-book.com
封底无防伪标均为盗版 机工教育服务网：www.cmpedu.com

 **编审委员会**

主　任　李　奇　荣庆华

副主任　姚春生　林　松　苗长建　尹子文
　　　　周培植　贾恒旦　孟祥忍　王　森
　　　　汪　俊　费维东　邵泽东　王琪冰
　　　　李双琦　林　飞　林战国

委　员（按姓氏笔画排序）
　　　　于传功　王　新　王兆晶　王宏鑫
　　　　王荣兰　卞良勇　邓海平　卢志林
　　　　朱在勤　刘　涛　纪　玮　李祥睿
　　　　李援瑛　吴　雷　宋传平　张婷婷
　　　　陈玉芝　陈志炎　陈洪华　季　飞
　　　　周　润　周爱东　胡家富　施红星
　　　　祖国海　费伯平　徐　彬　徐丕兵
　　　　唐建华　阎　伟　董　魁　臧联防
　　　　薛党辰　鞠　刚

新中国成立以来，技术工人队伍建设一直得到了党和政府的高度重视。20 世纪五六十年代，我们借鉴苏联经验建立了技能人才的"八级工"制，培养了一大批身怀绝技的"大师"与"大工匠"。"八级工"不仅待遇高，而且深受社会尊重，成为那个时代的骄傲，吸引与带动了一批批青年技能人才锲而不舍地钻研技术、攀登高峰。

进入新时期，高技能人才发展上升为兴企强国的国家战略。从 2003 年全国第一次人才工作会议，明确提出高技能人才是国家人才队伍的重要组成部分，到 2010 年颁布实施《国家中长期人才发展规划纲要（2010—2020 年）》，加快高技能人才队伍建设与发展成为举国的意志与战略之一。

习近平总书记强调，劳动者素质对一个国家、一个民族发展至关重要。技术工人队伍是支撑中国制造、中国创造的重要基础，对推动经济高质量发展具有重要作用。党的十八大以来，党中央、国务院健全技能人才培养、使用、评价、激励制度，大力发展技工教育，大规模开展职业技能培训，加快培养大批高素质劳动者和技术技能人才，使更多社会需要的技能人才、大国工匠不断涌现，推动形成了广大劳动者学习技能、报效国家的浓厚氛围。

2019 年国务院办公厅印发了《职业技能提升行动方案（2019—2021 年）》，目标任务是 2019 年至 2021 年，持续开展职业技能提升行动，提高培训针对性实效性，全面提升劳动者职业技能水平和就业创业能力。三年共开展各类补贴性职业技能培训 5000 万人次以上，其中 2019 年培训 1500 万人次以上；经过努力，到 2021 年底技能劳动者占就业人员总量的比例达到 25% 以上，高技能人才占技能劳动者的比例达到 30% 以上。

目前，我国技术工人（技能劳动者）已超过 2 亿人，其中高技能人才超过 5000 万人，在全面建成小康社会、新兴战略产业不断发展的今天，建设高技能人才队伍的任务十分重要。

序

Preface

　　机械工业出版社一直致力于技能人才培训用书的出版，先后出版了一系列具有行业影响力，深受企业、读者欢迎的教材。欣闻配合新的《国家职业技能标准》又编写了"国家职业技能等级认定培训教材"。这套教材由全国各地技能培训和考评专家编写，具有权威性和代表性；将理论与技能有机结合，并紧紧围绕《国家职业技能标准》的知识要求和技能要求编写，实用性、针对性强，既有必备的理论知识和技能知识，又有考核鉴定的理论和技能题库及答案；而且这套教材根据需要为部分教材配备了二维码，扫描书中的二维码便可观看相应资源；这套教材还配合机工教育、天工讲堂开设了在线课程、在线题库，配套齐全，编排科学，便于培训和检测。

　　这套教材的出版非常及时，为培养技能型人才做了一件大好事，我相信这套教材一定会为我国培养更多更好的高素质技术技能型人才做出贡献！

中华全国总工会副主席

高凤林

前 言

Foreword

　　我国市场经济的迅猛发展，促使各行各业处于激烈的市场竞争中，而人才的竞争是企业在竞争中取得领先优势的重要因素。除了管理人才和技术人才，一线的技术工人始终是企业不可缺少的核心力量。为此，我们按照人力资源和社会保障部制定的《国家职业技能标准　铣工（2018 年修订）》编写了本书，为铣工岗位的技术工人提供实用、够用、切合岗位实际需要的技术内容，可以帮助读者尽快达到中级铣工岗位的要求，以适应激烈的市场竞争。

　　本书是根据《国家职业技能标准　铣工》（中级）的知识要求和技能要求，采用项目、模块的形式，按照岗位培训需要的原则编写的。本书主要内容包括中级铣工专业基础知识，高精度连接面、沟槽加工，高精度外花键、角度面及刻线加工，平行孔系与椭圆孔加工，齿轮与齿条、链轮加工，牙嵌离合器加工，刀具圆柱面直齿槽加工，成形面、螺旋面、等速凸轮与球面加工等。本书技能项目后都有技能训练实例，便于读者和培训机构进行实训。书中还融入数控机床的基础知识、数控机床与伺服系统的组成及控制原理、数控铣削加工的基础知识、数控机床孔加工方法和指令、CAD/CAM 软件的功能及其轮廓加工的方法、FANUC 系统宏指令的基本知识等内容，为培养具有复合技能的铣工人才提供有效的支撑。本书既可作为各级技能鉴定培训机构、企业培训部门的考前培训教材，又可作为读者考前的复习用书，还可作为职业技术院校、技工学校和综合类技术院校机械专业的专业课教材。

　　本书由胡家富任主编，尤根华、王珂、吴卫奇、方金华参加编写，由纪长坤任主审。

　　由于编者水平有限，书中难免存在不足之处，欢迎广大读者批评指正，在此表示衷心的感谢。

编　者

Contents

目 录

Contents

Contents

项目 3　高精度外花键、角度面及刻线加工

目 录

Contents

项目 4 平行孔系与椭圆孔加工

Contents

项目 5 齿轮与齿条、链轮加工

目 录

Contents

项目 6　牙嵌离合器加工

Contents

目　录

项目 7　刀具圆柱面直齿槽加工

目 录

Contents

项目 8　成形面、螺旋面、等速凸轮与球面加工

Contents

Chapter 1

项目 1
中级铣工专业基础知识

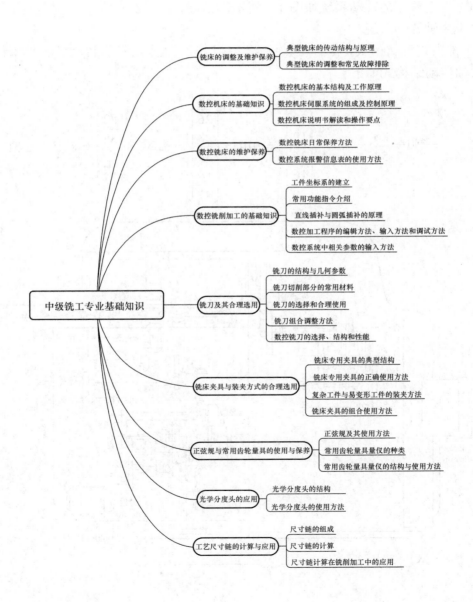

中级铣工专业基础知识

- 铣床的调整及维护保养
  - 典型铣床的传动结构与原理
  - 典型铣床的调整和常见故障排除
- 数控机床的基础知识
  - 数控机床的基本结构及工作原理
  - 数控机床伺服系统的组成及控制原理
  - 数控机床说明书解读和操作要点
- 数控铣床的维护保养
  - 数控铣床日常保养方法
  - 数控系统报警信息表的使用方法
- 数控铣削加工的基础知识
  - 工件坐标系的建立
  - 常用功能指令介绍
  - 直线插补与圆弧插补的原理
  - 数控加工程序的编辑方法、输入方法和调试方法
  - 数控系统中相关参数的输入方法
- 铣刀及其合理选用
  - 铣刀的结构与几何参数
  - 铣刀切削部分的常用材料
  - 铣刀的选择和合理使用
  - 铣刀组合调整方法
  - 数控铣刀的选择、结构和性能
- 铣床夹具与装夹方式的合理选用
  - 铣床专用夹具的典型结构
  - 铣床专用夹具的正确使用方法
  - 复杂工件与易变形工件的装夹方法
  - 铣床夹具的组合使用方法
- 正弦规与常用齿轮量具的使用与保养
  - 正弦规及其使用方法
  - 常用齿轮量具量仪的种类
  - 常用齿轮量具量仪的结构与使用方法
- 光学分度头的应用
  - 光学分度头的结构
  - 光学分度头的使用方法
- 工艺尺寸链的计算与应用
  - 尺寸链的组成
  - 尺寸链的计算
  - 尺寸链计算在铣削加工中的应用

1.1 铣床的调整及维护保养

1.1.1 典型铣床的传动结构与原理

　　升降台铣床是最常用的铣床，分为卧式升降台铣床和立式升降台铣床。现以 X6132 型卧式万能铣床为例，介绍升降台铣床的主要结构和传动原理，以便于在使用中进行必要的调整和维护保养。

　　1. X6132 型铣床的传动系统

　　X6132 型铣床的传动系统如图 1-1 所示。

　　（1）主轴传动系统

　　1）主轴传动结构式，又称主轴传动链。它表示从主电动机传动到主轴的传动路线，主轴传动结构式如下：

$$n_{主电动机}—轴\,I—\frac{26}{54}—轴\,II\left\{\begin{matrix}\dfrac{22}{33}\\\dfrac{19}{36}\\\dfrac{16}{39}\end{matrix}\right.—轴\,III—\left\{\begin{matrix}\dfrac{39}{26}\\\dfrac{28}{37}\\\dfrac{18}{47}\end{matrix}\right.—轴\,IV—\left\{\begin{matrix}\dfrac{82}{38}\\\dfrac{19}{71}\end{matrix}\right.—轴\,V（主轴）$$

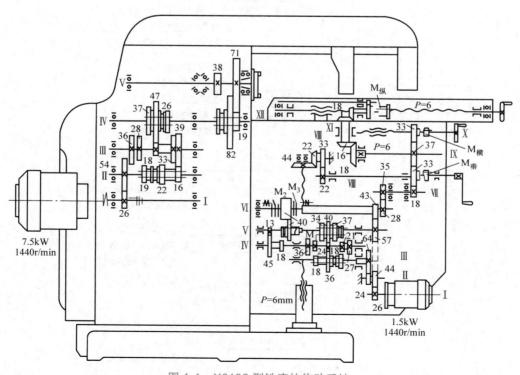

图 1-1　X6132 型铣床的传动系统

2）主轴转速分布图。X6132 型铣床主轴转速分布图（见图 1-2），简称转速图，从转速图上很容易找到主轴 18 种转速中每一种转速的传动路线。如主轴转速为 300r/min 时，其传动路线为：

$$n_{主电动机}—轴 Ⅰ—\frac{26}{54}—轴 Ⅱ—\frac{19}{36}—轴 Ⅲ—\frac{18}{47}—轴 Ⅳ—\frac{82}{38}—轴 Ⅴ$$

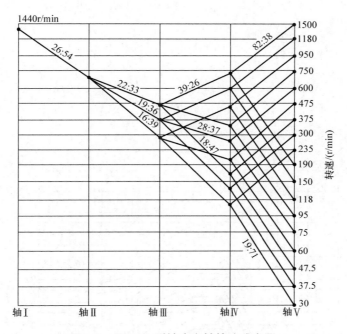

图 1-2　X6132 型铣床主轴转速分布图

（2）进给传动系统

1）进给传动结构式。X6132 型铣床的进给运动有工作台的纵向进给、横向进给和垂向进给，由进给电动机单独驱动，与主传动系统无直接联系。进给运动的传动结构式如下：

$$n_{进给电动机}—轴 Ⅰ—\frac{26}{44}—$$

$$轴 Ⅱ—\frac{24}{64}—轴 Ⅲ—\begin{Bmatrix}\frac{36}{18}\\\frac{27}{27}\\\frac{18}{36}\end{Bmatrix}—轴 Ⅳ—\begin{Bmatrix}\frac{24}{34}\\\frac{21}{37}\\\frac{18}{40}\end{Bmatrix}—轴 Ⅴ—\begin{Bmatrix}M_1（啮合）\\M_1（脱开）—\frac{13}{45}—\frac{18}{40}\end{Bmatrix}—\frac{40}{40}—M_2（啮合）—轴 Ⅵ$$

（接快速）

$$\frac{44}{57}—\frac{57}{43}—M_2（脱开）—M_3（啮合）$$ （快速移动）

$$-\frac{28}{35}-\text{轴VII}-\frac{18}{33}-\text{轴VIII}-$$

$$\frac{33}{37}-\text{轴IX}-\begin{cases}\begin{cases}\frac{18}{16}-\frac{18}{18}-\text{M}_\text{纵}-\text{轴XI(纵向丝杠}P=6\text{mm)}\\[2mm]\frac{37}{33}-\text{M}_\text{横}-\text{轴X(横向丝杠}P=6\text{mm)}\end{cases}\\[4mm]\text{M}_\text{垂}-\frac{22}{33}-\frac{22}{44}-\text{轴XII(垂向丝杠}P=6\text{mm)}\end{cases}$$

　　2）进给速度分布图。X6132 型铣床工作台的纵向进给速度分布图如图 1-3 所示，根据图 1-3 可列出 18 种工作台纵向工作进给速度的计算式。横向的进给速度与纵向相同，垂向进给速度是纵向进给速度的 1/3。

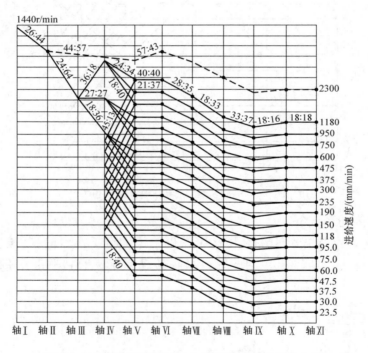

图 1-3　X6132 型铣床工作台的纵向进给速度分布图

　　2. 主轴变速箱的结构和变速操纵机构

　　（1）主轴变速箱的结构　X6123 型铣床的主轴变速箱位于床身内的上半部，主电动机安装在床身的后部，通过弹性联轴器与轴 I 相连，轴 I ～轴 V（主轴）均用滚动轴承支承。弹性联轴器在运转时能吸收振动和承受冲击，联轴器上的弹性橡胶圈因经常受到起动和停止的冲击而容易磨损，当磨损严重时应及时更换。中间传动轴 II ～轴IV都是外花键轴，用滚动轴承支承，轴上装有变速齿轮。轴 I 上安装了主轴制动用的电磁离合器，通过电磁力压紧摩擦片实现平稳制动，制动时间不超过 0.5s。铣床的主轴部件如图 1-4 所示，由主轴、主轴轴承和飞轮、齿轮等组成，主轴的跳动量通常控制在 0.03mm 范围内，同时应保证主轴在 1500r/min 的转速下运转 1h，轴承温度不能超过 70℃。主轴箱内轴Ⅲ上设有偏心轮，带动柱塞式润滑泵，用以润滑轴承、齿轮等零件。

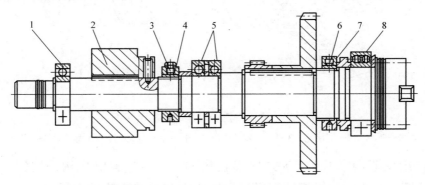

图 1-4　X6132 型铣床主轴结构图

1—后轴承　2—飞轮　3、6—螺钉　4、7—调整螺母　5—中轴承　8—前轴承

（2）主轴变速操纵机构　主轴变速操纵机构由操纵件（变速杆、转速盘）、控制件（变速孔盘）、传动件（齿轮、齿杆、轴等零件）和执行件（拨叉）组成。变速杆用于实现变速；转速盘用于选择转速；变速孔盘通过不同直径分布的两种小孔控制齿杆与拨叉的位置；传动件将操纵件的动作传递给各执行件；执行件拨叉带动滑移齿轮位移实现变速要求。变速杆在操纵时，会通过凸轮冲击电动机微动开关，以使变速齿轮容易啮合。

3. 进给箱的结构和操纵机构

（1）进给变速箱的结构　X6132 型铣床的进给变速箱在升降台的左侧。为使结构紧凑，变速箱内的传动轴呈半圆状排列，转速较低的传动轴Ⅲ～传动轴Ⅴ采用滑动轴承，转速较高的传动轴采用滚针轴承和深沟球轴承。轴Ⅵ中间安装安全离合器和片式摩擦离合器，如图 1-5 所示，安全离合器是定转矩装置，用以防止工作进给超载时损坏传动零件，安全离合器所传递的转矩大小可用螺母 1 调整弹簧的压力，压力增大，则传递的转矩增大，压力减小，则传递的转矩减小，其转矩一般为 160~200N·m。片式摩擦离合器用以接通工作台的快速移动，当内、外摩擦片压紧结合时，摩擦离合器接通，轴Ⅵ被带动快速旋转，实现工作台快速移动；当摩擦片脱开时，工作台按工作进给速度移动。X6132 型铣床三个方向的运动是通过安装在轴Ⅵ上的两个电磁离合器实现快速移动和工作进给互锁控制的，电磁离合器的直流电通过电刷输送给电磁离合器的线圈，电刷座固定在进给变速箱上，可对磨损的电刷芯进行装卸和更换。

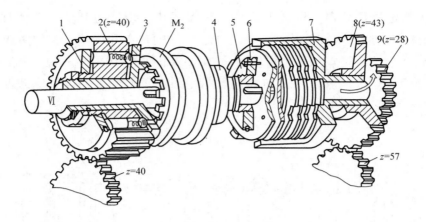

图 1-5　进给变速箱轴Ⅵ的结构示意图

1、5—螺母　2—宽齿轮　3—半齿离合器　4—滑套　6—压环　7—外壳　8、9—齿轮

（2）进给变速操纵机构　X6132 型铣床的进给变速操纵机构采用的也是孔盘变速机构，如图 1-6 所示，机构的组成与工作原理与主轴变速机构相同。进给变速允许在开机的情况下进行，这是因为，一方面微动开关可切断电动机电路，断开动力源；另一方面进给箱内的齿轮转速较低。

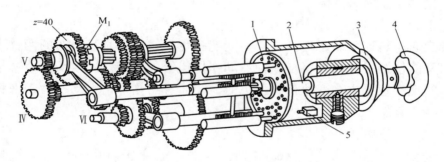

图 1-6　X6132 型铣床的进给变速操纵机构示意图

1—变速孔盘　2—轴　3—速度盘　4—手柄　5—微动开关

4. 工作台的结构与操纵机构

（1）工作台的结构　工作台与工作台底座通过燕尾导轨配合，并随着与工作台两端轴承座支承连接的纵向丝杠的旋转（螺母不动）而作直线移动，纵向丝杆的两端装有推力球轴承，用以承受铣削时产生的纵向铣削力，燕尾导轨的间隙可用镶条调整；横向滑板与升降台通过平导轨配合，随着横向丝杠的旋转带动横向螺母（螺母移动）作横向进给。横向滑板与升降台可通过操作横向滑板两侧的偏心轮手柄来固定。工作台底座可绕横向滑板上的圆环槽向左或向右各作最大 45° 的转动。调整后，用 4 个螺钉和穿装在横向滑板上的环状 T 形槽内的销可将工作台底座与横向滑板固定。

（2）工作台纵向进给运动操纵机构　X6132 型铣床的纵向进给运动操纵机构如图 1-7 所示，其作用是控制进给电动机正、反转开关的压合和离合器 M纵 的结合，从而获得纵向进给运动。手柄 1 处于中间位置时，开关 9、10 处于断开状态，离合器 M纵 处于脱开位置；手柄 1 向左（右）扳时，离合器 M纵 结合，开关 10（9）压合，电动机起动，纵向丝杠 7 被带动旋转，带动工作台向左（右）进给。纵向进给运动操纵手柄有两个，以便于操作者在不同位置进行操纵。另外，纵向进给与横向和垂向进给运动之间是电气互锁的，不能同时使用。

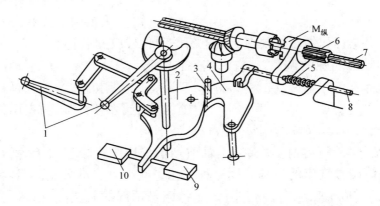

图 1-7　X6132 型铣床的纵向进给运动操纵机构示意图

1—手柄　2—靠板　3—柱销　4—杠杆板　5—弹簧　6—外花键　7—纵向丝杠　8—轴　9、10—开关

5. 升降台的结构与操纵机构

（1）升降台的结构　进给电动机经过进给变速箱的传动齿轮，将运动分别经过离合器 M纵、M横 或 M垂 传递给纵向、横向或垂向丝杠。工作台作横向或垂向进给运动时，尤其是作快速移动时，为了防止因手柄旋转而造成工伤事故，结构中设有安全装置，在使用横向或垂向机动进给时，手动、机动联锁装置可使手柄离合器脱开。为了使升降台的行程加大，减少安装和存放丝杠的空间，工作台垂向采用双层丝杠。X6123 型铣床的升降台内装有滚珠丝杠副，并有防止向下滑车的可调自锁机构，正确调整后，手摇向下的操纵力应比向上的操纵力大 30~50N。

（2）横向和垂向进给运动的操纵机构　操纵机构由手柄、鼓轮、摇杆、传动杆、杠杆等组成，手柄的操纵位置有内、外、上、下、中五个位置，向内或向外扳动手柄可实现横向进给，向上或向下扳动手柄可实现垂向进给，进给方向与手柄扳动方向相同，手柄处于中位为进给停止位置。扳动手柄可带动鼓轮转动，鼓轮上设有多个斜面，推动电器行程开关触杆，实现进给电动机的正、反转，同时通过斜面推动摇杆、传动杆、杠杆带动离合器的拨叉，使相应的离合器 M横 或 M垂 结合，从而实现横向向内（外）或垂向向上（下）的进给运动。由于同一个手柄操纵横向和垂向两个离合器的结合或脱离，同时只能有一个方向的进给，所以二者是机械互锁的。

1.1.2 典型铣床的调整和常见故障排除

1. 铣床的调整

铣床在搬运、装配和使用一个阶段以后，必须对主要部位进行调整，否则会影响铣床的精度从而直接影响铣削质量。特别是在使用一个阶段后，部件或零件将产生松动、位移和磨损等，此时应对铣床进行调整，调整的内容主要有以下几项：

（1）更换弹性联轴器的弹性橡胶圈　弹性联轴器是用来连接电动机轴和铣床第一根传动轴的，在铣床使用一段时间后，弹性橡胶圈会严重磨损甚至损坏，此时应进行更换，否则将使铣床在工作中产生振动和冲击。更换时，先将电动机移出，再旋下螺母，取出螺钉和弹性橡胶圈，换上新的弹性橡胶圈后再逐步安装好。

（2）主轴轴承间隙的调整　铣床主轴轴承的间隙太大，会产生轴向窜动和径向圆跳动，铣削时容易产生振动、铣刀偏让（俗称让刀）和加工精度难以控制等问题；若间隙过小，则又会使主轴发热咬死。主轴的前轴承使用较多的有圆锥滚子轴承和双列圆柱滚子轴承，其间隙的调整方法也有所不同。

1）圆锥滚子轴承间隙的调整。主轴前轴承采用圆锥滚子轴承的结构，如图1-8所示。X6132等型号铣床的主轴采用这种结构，其前轴承的公差等级为P5级，中轴承的公差等级为P6x级。调整间隙时，先将床身顶部的悬梁移开，拆去悬梁下面的盖板。松开锁紧螺钉2，就可拧动调整螺母1，以改变轴承内圈3和4之间的距离，也就改变了轴承内圈与滚柱和外圈之间的间隙。对于这种结构，轴向和径向的间隙可同时调整。

轴承的松紧取决于铣床的工作性质。一般以200N的力推和拉主轴时，顶在主轴端面和颈部的指示表示值在0.015mm的范围内变动即为合适。若在1500r/min转速下运转1h，轴承温度不超过60℃，则说明轴承间隙合适。调整合适后，拧紧锁紧螺钉2，并把盖板和悬梁复原。

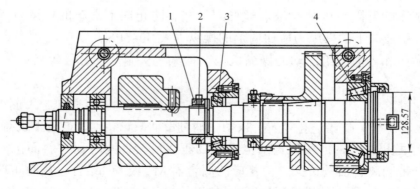

图1-8　采用圆锥滚子轴承的主轴结构

1—调整螺母　2—锁紧螺钉　3、4—轴承内圈

2）双列圆柱滚子轴承间隙的调整。主轴前轴承采用双列圆柱滚子轴承的结构，如图 1-9 所示。X5032 等型号的铣床主轴采用这种结构，其前轴承的公差等级是 P5 级，上中部的两个单列角接触球轴承的公差等级是 P5（P6x）级。调整时，先把立铣头上前面的盖板或卧铣悬梁下的盖板拆下，松开主轴上的锁紧螺钉 2，旋松螺母 1，再拆下主轴头部的端盖 5，取下垫片 4。垫片由两个半圆环构成，以便装卸。调整垫片的厚度，即可调整主轴轴承的间隙。由于轴颈和轴承内孔的锥度是 1:12，若要减少 0.03mm 的径向间隙，则须把垫片厚度磨去 0.36mm 再装入原位，用较大的力拧紧螺母 1，使轴承内圈胀开，直到把垫片压紧为止。然后拧紧锁紧螺钉，并装好端盖及盖板等。

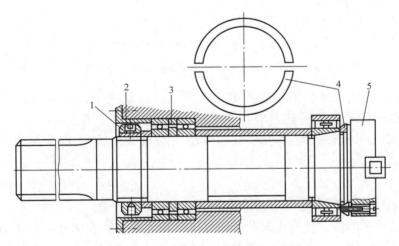

图 1-9　采用双列圆柱滚子轴承的主轴结构

1—螺母　2—锁紧螺钉　3—垫圈　4—垫片　5—端盖

主轴的轴向间隙是靠两个角接触球轴承来调节的。当两个轴承内圈的距离不变时，只要减小外垫圈 3 的厚度，就能调整主轴的轴向间隙。垫圈的减小量与要减小间隙的量基本相等。调整时，应同时调整径向间隙。调整后，须作轴承松紧的测定。调整主轴轴承间隙应在机修人员的配合下进行。

（3）卧式万能铣床工作台零位的调整　如果铣床工作台零位不准，则工作台纵向进给方向与主轴轴线不垂直。此时，若用三面刃铣刀铣削直角槽，铣出的槽形将上宽下窄，且两侧面呈凹弧状，影响形状和尺寸精度；如果用面铣刀铣削平面，则铣出的是凹形面；用锯片铣刀铣削较深的窄槽和切断时，容易把锯片铣刀扭碎。因此在用上述铣刀加工前，必须对工作台零位进行调整。当铣削加工精度较高的工件时，更应注意精确调整工作台零位。图 1-10a 所示为常用的调整方法。

1）在工作台上固定一块长度大于 300mm 的光洁平整的平行垫块，用指示表找正面向主轴一侧的垫块表面，使其与工作台纵向进给方向平行。若中间 T 形槽与纵向进给的平行度很高，则可在 T 形槽中嵌入定位键来代替平行垫块。

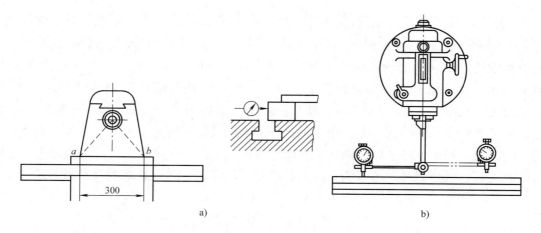

图 1-10　工作台和立铣头零位调整

a）工作台零位调整方法　b）立铣头零位调整方法

2）将装有角形表杆的指示表固定在主轴上，扳动主轴，使指示表的测头与平行垫块两端接触，指示表的示值差应在 300mm 长度上不大于 0.03mm。

（4）立式铣床回转式立铣头零位的调整　若立铣头零位不准，则主轴轴线与工作台面不垂直。此时，如果用面铣刀铣平面，纵向进给时会铣出一个凹面，横向进给时会铣出一个斜面；如果垂向进给镗孔，则会镗出椭圆孔；若用主轴套筒进给镗孔，则会镗出一个与工作台面轴线倾斜的圆孔。

通常，立铣头的位置精度由定位销来保证，不需要校核和调整，但必须按要求插好定位销。若因定位销磨损等原因，造成零位不准而需要调整时，可将装有角形表杆的指示表固定在主轴上，使指示表的测头与工作台面接触，扳动主轴在纵向方向回转180°，如图 1-10b 所示，指示表的示值差在 300mm 长度上，一般不应大于 0.03mm。

（5）工作台纵向传动丝杠间隙的调整　当铣削力的方向和进给方向一致时，丝杠间隙过大会使工作台产生窜动现象，将会影响铣削质量，甚至使铣刀折断，因此，在间隙过大时应进行调整。一般应先调整丝杠安装的轴向间隙，然后再调整丝杠和螺母之间的间隙。

1）工作台纵向丝杠轴向间隙的调整。纵向工作台左端丝杠轴承的结构如图 1-11a 所示。调整轴向间隙时，首先卸下手轮，然后将螺母 1 和刻度盘 2 卸下，扳直止动垫圈 4，稍微松开螺母 3 之后，即可用螺母 5 调整间隙。一般轴向间隙调整到 0.01~0.03mm 即可。调整后，先旋紧螺母 3，然后再反向旋紧螺母 5，其目的是防止螺母 3 旋紧后，会把螺母 5 向内压紧（螺母的松紧程度调整到以用手能拧动垫块 6 即可）。最后再把止动垫圈 4 扣紧，装上刻度盘 2 和螺母 1。

2）工作台纵向丝杠螺母的间隙调整。X6132 型等铣床工作台纵向丝杠螺母的间隙调整机构，如图 1-11b 所示。丝杠传动副的主调整螺母 4 固定在工作台的导轨座上，左边的调整螺母 2 和主调整螺母 4 的端面紧贴，调整螺母 2 的外圆是和蜗杆 3 啮合的蜗轮。当需要调整间隙时，先卸下机床正面的盖板 6，再拧松压环 7 上的螺钉 5，然后顺时针转动蜗杆 3，调整螺母 2 便会绕丝杠 1 微微旋转，直至螺母 2、4 分别与丝杠螺纹的两侧接触为止，这样就消除了丝杠与螺母之间的间隙。丝杠与螺母之间的配合松紧程度应达到下列要求：

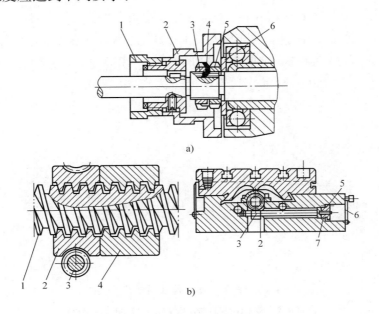

图 1-11　纵向传动丝杠间隙的调整

a）左端丝杠轴承结构

1、3、5—螺母　2—刻度盘　4—止动垫圈　6—垫块

b）丝杠螺母间隙调整机构

1—丝杠　2、4—调整螺母　3—蜗杆　5—螺钉　6—盖板　7—压环

① 用转动手轮的方法进行检验时，丝杠和两端轴承的间隙不超过 1/40r，即在刻度盘上反映的倒转空位读数不大于 3 小格。

② 在丝杠全长上移动工作台不能有卡住现象。

为了达到上述要求，在使用机床时，应尽量把工作台传动丝杠在全长范围内合理均匀使用，以保证丝杠和导轨在全长上的均匀磨损。否则，在调整间隙时，无法通过间隙调整机构同时达到以上两点的调整要求。

（6）工作台导轨间隙的调整　工作台纵、横、垂直三个方向的运动部件与导轨之间应有合适的间隙。间隙过小时，工作台移动费力，动作不灵敏；间隙过大时，工作台工作不平稳，会产生振动，铣削时甚至会使工作台上下跳动和左右摇晃，影响加工质量，严重时还会使铣刀崩碎。因此在强力铣削或铣削精度要求较高的工件之前，应进行工作台导轨间隙的调整。

铣床工作台导轨间隙调整机构如图1-12所示。它是利用导轨镶条斜面的作用使间隙减小的。调整时，先拧松螺母2、3，再转动螺杆1，使镶条4向前移动，以消除导轨之间的间隙。调整后，先摇动工作台或升降台，以确定间隙的合适程度，最后紧固螺母2、3。检查镶条间隙的方法是根据用手摇动丝杠手柄的力度来测定。对纵、横手柄，以用约150N的力摇动手柄比较合适；对升降手柄以用约200N的力摇动比较合适。如果比上述所用的力小，表示镶条间隙较大；所用的力大，则表示镶条间隙较小。另外，由于丝杠与螺母之间的配合不好，或受其他传动机构的影响（尤其升降系统），虽然在摇手柄时不感到轻松，但镶条间隙可能已过大，此时可用塞尺来测定，一般以0.04mm的塞尺不能塞进为宜。

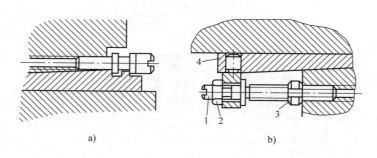

图1-12　铣床工作台导轨间隙调整机构

a）横向导轨间隙调整机构　b）纵向导轨间隙调整机构

1—螺杆　2、3—螺母　4—镶条

2. 铣床常见故障和排除方法

（1）X6132型及同类铣床的常见故障和排除方法

1）铣削时振动大。常见故障原因如下：

① 主轴松动。检测时可用指示表检查主轴径向圆跳动和轴向窜动量，如果间隙过大，应以机修工为主进行主轴间隙调整。

② 工作台松动。造成工作台松动的原因是导轨镶条的间隙过大，在调整镶条间隙时，可借助塞尺控制调整间隙。

③ 铣床刀杆支架支持轴承损坏。应根据轴承的规格和图样，更换新的支持轴承。X6132型铣床刀杆支持轴承的结构如图1-13所示。

图1-13　X6132型铣床刀杆
支持轴承的结构

2）工作台快速移动时无法起动或脱不开。工作台快速进给时无法起动，即无快速移动。其主要原因是摩擦离合器的间隙过大，需要机修钳工进行调整检查，同时还应检查杠杆和电磁铁。有时开动慢速进给时，即出现工作台快速移动，产生这种故障的主要原因是电磁铁剩磁使离合器摩擦片脱不开，应由电工和机修钳工进行调整。

3）主轴制动不良或无法起动。按停止按钮后，主轴不能在 0.5s 内停止转动，有时还会出现反转。如果再按停止按钮时，反而倒转或将熔断器的熔丝熔断。其原因是主轴制动调整失偏，电路继电器失灵，应由电工检查修理。若按起动按钮后主轴无法起动，电动机有嗡嗡声，此时是电器故障，应由电工修理。

4）变速齿轮不易啮合。在变换主轴转速时，出现变速手柄推不到原位。这是由于变速微动开关未起导通作用。有时在推进变速手柄时，发生齿轮严重撞击声，这是由于微动开关接触时间过长造成的，有时开启后不再切断，主轴不停，这时需要切断电源，并由电工修理。

5）纵向进给有窜动现象。开动横向或垂向进给时，工作台纵向有间隔移动。有时开动纵向进给时，横向、垂向也会有牵动，其原因是拨叉与离合器的配合间隙太大或太小，有时是内部零件松动或脱落。需由机修钳工移出工作台进行修理，并调换零件。

6）进给安全离合器失灵。进给安全离合器失灵会产生两种现象：一种是稍受一些阻力，工作台即停止进给；另一种是当进给超负荷时，进给不能自动停止。这两种现象均为进给安全离合器失灵所致。目前安全离合器也有采用电磁摩擦片的，如果产生上述现象，主要原因是摩擦片的间隙太大或太小，需由机修钳工调整或更换零件。

7）纵向进给丝杠间隙大。故障原因有以下两种：一是工作台的纵向进给丝杠与螺母之间的轴向间隙太大，应通过丝杠螺母间隙调整机构进行调整，具体方法参见前述的调整内容；二是丝杠两端推力轴承间隙太大，需卸下手轮和刻度盘，调整丝杠的轴向间隙。具体方法参见前述的调整内容。

8）工作台横向和垂向进给操纵手柄失灵。操纵进给手柄时，会出现横向和垂向工作台联动，或扳动手柄后工作台无垂向或横向进给。故障的主要原因是鼓轮位置变动或行程开关触杆位置变动。需由电工和机修钳工进行调整修理。

9）横向和垂向进给机构与手动联锁装置失灵。在横向和垂向进给时，手柄和手轮离合器仍未完全脱开，快速进给时手柄快速旋转。故障的主要原因是联锁装置中的带动杠杆或挡销脱落。应由机修钳工修理。

（2）X2010 型及同类龙门铣床的常见故障和排除方法

1）工作台及铣头进给系统离合器失灵。这种故障可能是液压装置的油箱中油液不足或压力继电器有故障，应进行检查后予以排除。

2）主轴箱内润滑油泵工作不正常，一般是由于空气从油路的连接部分进入油路导致的。应检查所有连接部分进行密封。在润滑油泵起动前，应向润滑油泵内注满润滑油。

3）进给箱保险离合器打滑。此时如果不能进行调整，则应拆下离合器，更换弹簧。若圆盘上有滑痕，则必须磨平。

4）横梁升降机构不能开动，一般是液压夹紧装置中压力不足或油路堵塞，致使夹紧装置不能松开，导致升降电动机不能起动。这时，应检查油压及管路。

5）铣头铣削时振动大，应检查主轴箱和铣头的夹紧装置，排除未夹紧故障。若仍有振动，应调整铣头主轴轴承的间隙，调整的方法与调整 X5032 铣床的方法基本相同。

1.2 数控机床的基础知识

1.2.1 数控机床的基本结构及工作原理

1. 数控机床的组成

数控机床是数字控制机床，是一种装有程序控制系统的自动化机床。该控制系统能够逻辑地处理具有控制编码或符号指令规定的程序，并将其译码，用代码化的数字表示，通过信息载体输入数控装置，经运算处理由数控装置发出各种控制信号，控制机床的动作，按图样要求的形状和尺寸，自动地将零件加工出来。数控机床一般由输入/输出装置、数控装置、可编程序控制器、伺服驱动系统、检测反馈装置和机床本体等组成。如图 1-14 所示。

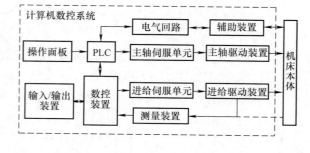

图 1-14 数控机床组成框图

（1）输入输出装置　输入装置可将不同加工信息传递给计算机。在数控机床产生的初期，输入装置为穿孔纸带，现已淘汰。目前，使用键盘、U 盘、CF 卡等大大方便了信息输入工作。输出指输出内部工作参数（含机床正常、理想工作状态下的原始参数，故障诊断参数等），一般在机床刚工作状态需输出这些参数作记录保存，待工作一段时间后，再将输出与原始资料作比较、对照，可帮助判断机床是否维持正常工作状态。

（2）数控装置　数控装置是数控机床的核心与主导，完成所有加工数据的处理、计算工作，最终实现数控机床各功能的指挥工作。数控装置包含微计算机的电路、各种接口电路、CRT 显示器等硬件及相应的软件。

（3）可编程序控制器　可编程序控制器即 PLC，其功能有对主轴单元实现控制，将程序中的转速指令进行处理，从而控制主轴转速；管理刀库，进行自动刀具交换、选刀方式、刀具累计使用次数、刀具剩余寿命及刀具刃磨次数等管理；控制主轴正反转和停止、准停，切削液开关，卡盘夹紧松开，机械手取送刀等动作；还对机床外部开关（行程开关、压力开关、温控开关等）进行控制；对输出信号（刀库、机械手、回转工作台等）进行控制。

（4）伺服驱动系统　伺服驱动系统包括伺服控制电路、功率放大电路和伺服电动机。其主要功能是接收数控装置插补运算产生的信号指令，经过功率放大和信号分配，驱动机床伺服电动机运动。伺服电动机可以是步进电动机、直流伺服电动机或交流伺服电动机。

（5）检测反馈装置　检测反馈装置由检测元件和相应的电路组成，主要是检测速度和位移，并将信息反馈给数控装置，实现闭环控制以保证数控机床加工精度。

（6）机床本体　机床本体是被控制的对象，是实现零件加工的执行部件，是数控机床的主体，包括床身、主轴、进给传动机构等机械部件。

2. 数控机床的工作原理

数控装置内的计算机对通过输入装置以数字和字符编码方式所记录的信息进行一系列处理后，再通过伺服系统及可编程序控制器向机床主轴及进给系统等执行机构发出指令，机床主体则按照这些指令，并在检测反馈装置的配合下，实现对工件加工所需的各种动作，如刀具相对于工件的运动轨迹、位移量和进给速度等项目要求实现自动控制，从而完成工件的加工。

数控机床是按数字信号形式控制的，数控装置每输出一脉冲信号，则机床移动部件移动一个脉冲当量（距离一般为 0.001mm），而且机床进给传动链的反向间隙与丝杆螺距平均误差可由数控装置进行补偿，因此，数控机床定位精度比较高。

当使用机床加工零件时，通常需要对机床的各种动作进行控制，一是控制动作的先后次序，二是控制机床各运动部件的位移量和运动速度。采用数控机床加工零件时，只需要将零件图样和工艺参数、加工步骤等以数字信息的形式，编成程序代码输入到机床控制系统中，再由系统进行运算处理后转换成驱动伺服机构的指令信号，从而控制机床各部件协调动作，自动地加工零件。当更换加工对象时，只需要重新编写加工程序，即可由数控装置自动控制加工的全过程，能较方便地加工出不同的零件。操作者要做的只是程序的输入、编辑、零件装卸、刀具准备、加工状态的观测、零件的检验等工作，劳动强度大大降低，机床操作者的劳动趋于智力型工作。

1.2.2　数控机床伺服系统的组成及控制原理

数控机床伺服系统是以机械位移为直接控制目标的自动控制系统，也可称为位置随动系统，简称为伺服系统。数控机床伺服系统主要有两种：一种是进给伺服系统，它控制机床各坐标轴的切削进给运动，以直线运动为主；另一种是主轴伺服系统，它控制主轴的切削运动，以旋转运动为主。伺服系统的控制方法主要分为开环、闭环和半闭环三种控制方法，也是伺服系统实现位置伺服控制的三种方式。

1. 进给伺服系统分类

（1）进给伺服系统按运动轨迹控制分类

1）点位控制数控机床。这类机床只控制运动部件从一点移动到另一点的准确定位，在移动过程中不进行加工，对两点间的移动速度和运动轨迹没有严格要求，可以沿多个坐标同时移动，也可以沿各个坐标先后移动。为了减少移动时间和提高终点位置的定位精度，一般先快速移动，当接近终点位置时，再降速缓慢趋近终点，以保证定位精度。如图 1-15 所示，线路① - 沿直角坐标轴方向分两步到达目标，线路② - 沿直角坐标轴的斜线方向直接到达目标。采用点位控制的数控机床有数控钻床、数控坐标镗床、数控压力机和数控测量机等。

2）直线控制数控机床。这类机床不仅要控制点的准确定位，而且要控制刀具（或工作台）以一定的速度沿与坐标轴平行的方向进行切削加工。机床应具有主轴转速的选择、控制切削速度与刀具的选择以及循环进给加工等辅助功能，如图 1-16 所示。这种控制常用于简易数控车床、数控镗铣床等。

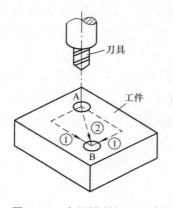

图 1-15　点位控制加工示意图

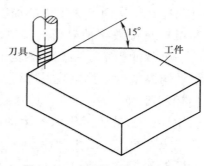

图 1-16　直线控制加工示意图

3）轮廓控制数控机床。这类机床能够对两个或两个以上运动坐标的位移及速度进行连续相关的控制，使合成的平面或空间的运动轨迹能满足零件轮廓的要求。其数控装置一般要求具有直线和圆弧插补功能、主轴转速控制功能及较齐全的辅助功能。这类机床用于加工曲面、凸轮及叶片等复杂形状的零件，如图 1-17 所示。轮廓控制数控机床有数控铣床、数控车床、数控磨床和加工中心等。

根据联动（同时控制）轴数，控制可以分为两坐标联动控制、2.5 坐标联动控制、三坐标联动控制、多坐标联动控制等。

① 两坐标数控机床。两坐标数控机床是指同时控制两个坐标联动的数控机床。数控铣床本身虽有 X、Y、Z 三个方向的运动，但数控装置只能同时控制两个坐标，实现两坐标联动，但在加工中能实现坐标平面的变换，可用于加工图 1-18 所示形状的零件沟槽。

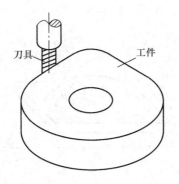

图 1-17　轮廓控制加工示意图

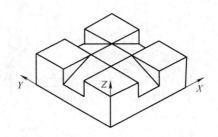

图 1-18　变换加工坐标平面的两坐标联动零件加工

② 三坐标数控机床。三坐标数控机床是指能同时控制三个坐标，实现三坐标联动的数控机床。如数控铣床能实现三坐标联动，则称为三坐标数控铣床，可用于加工图 1-19 所示的曲面零件。

③ 2.5 坐标数控机床。这种数控机床本身有三个坐标，能作三个方向的运动，但控制装置只能同时控制两个坐标，而第三个坐标仅能作等距的周期移动。图 1-20 所示为 2.5 坐标数控机床加工空间曲面。

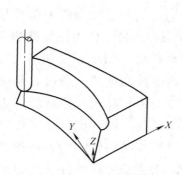

图 1-19　三坐标数控铣床曲面加工图

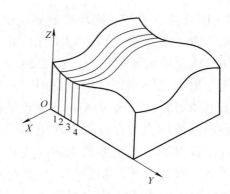

图 1-20　2.5 坐标数控机床加工空间曲面

④ 多坐标数控机床。四坐标以上的数控机床称为多坐标数控机床。多坐标数控机床结构复杂、机床精度高、加工程序设计复杂，主要用于加工形状复杂的零件。图 1-21 所示为多轴联动控制曲面加工。

（2）进给伺服系统按控制方法分类

1）开环控制系统。开环控制系统框图如图 1-22 所示。这类数控机床没有位置检测反馈装置，数控装置发出的指令信号流程是单向的，其精度主要决定于驱动元器件和电动机（步进电动机）的性能。这种数控机床调试简单，系统也比较容易稳定，精度较低，成本低廉，多见于经济型的中小型数控机床和旧设备的技术改造中。

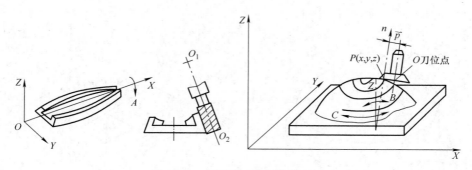

图 1-21 多轴联动控制曲面加工

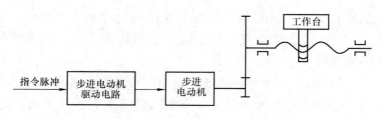

图 1-22 开环控制系统框图

2）闭环控制系统。闭环控制系统框图如图 1-23 所示。这类控制系统带有直线位移检测装置，直接对工作台的实际位移量进行检测。伺服驱动部件通常采用直流伺服电动机或交流伺服电动机。图 1-23 中 A 为速度检测元件，C 为位置检测元件。当位移指令值发送到位置比较电路时，若工作台没有移动，则没有反馈量，指令值使得伺服电动机转动，通过 A 将速度反馈信号送到速度控制电路，通过 C 将工作台实际位移量反馈回去，在位置比较电路中与位移指令值进行比较，用比较后得出的差值进行位置控制，直至差值为零时为止。这类控制系统，因为把机床工作台纳入了控制环节，故称闭环控制系统。该系统可以消除机械传动装置中的各种误差，因而定位精度高。但由于工作台惯量大，对机床结构的刚度、传动部件的间隙及导轨副的灵敏性等提出了严格的要求，否则对系统稳定性会带来不利影响。这种控制系统定位精度高，但调试和维修都较困难，系统复杂，成本高，一般适用于精度要求高

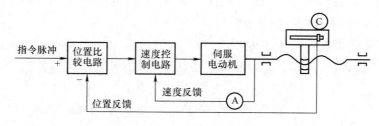

图 1-23 闭环控制系统框图

的数控设备，如数控精密镗铣床、超精车床、超精磨床、大型数控机床等。

3）半闭环控制系统。半闭环控制系统框图如图 1-24 所示。这类控制系统与闭环控制系统区别在于采用角位移检测元件，检测反馈信号不是来自工作台，而是来自与电动机输出轴相联系的角位移检测元件 B。通过测速发电机 A 和光电编码盘（或旋转变压器）B 间接检测出伺服电动机的转角，推算出工作台的实际位移量，将此值与指令值进行比较，用差值实现控制。从图 1-24 可以看出，由于工作台没有包括在控制回路中，因而称之为半闭环控制系统。这类控制系统的伺服驱动部件通常采用宽调速直流伺服电动机，目前已将角位移检测元件与电动机设计成一个部件，使系统结构简单、方便。半闭环控制系统的性能介于开环控制系统和闭环控制系统之间，精度没有闭环控制系统高，调试却比闭环系统方便，因而得到广泛应用。

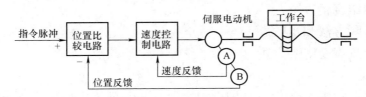

图 1-24　半闭环控制系统框图

2. 主轴伺服系统

主轴伺服系统主要完成切削加工时主轴刀具旋转速度的控制。主轴要求调速范围宽，当数控机床有螺纹加工、准停和恒线速度加工等功能时，主轴电动机需要装配脉冲编码器位置检测元件作为主轴位置反馈。现在有些系统还具有 C 轴功能，即主轴旋转像进给轴一样进行位置控制，它可以完成主轴任意角度的停止以及和 Z 轴联动完成刚性螺纹加工等功能。

1.2.3　数控机床说明书解读和操作要点

1. 说明书种类

说明书的种类很多，常用的有两种：一种是操作人员需要用到的说明书，如操作手册、编程手册等，另一种是维修人员使用的说明书，如维修手册、机械和电气手册等。为了更加安全地使用数控机床，必须在使用或维修时认真参阅机床制造商提供的说明书。

（1）操作说明书内容　凡是编写机床程序和进行机床操作的人员，必须在充分理解机床制造商提供的说明书内容后再使用。

1）为了安全使用，必须遵守预防措施以保证机床的安全操作，以及有关各类数据的注意事项。

2）编程介绍，所有本机床使用的编程指令介绍。

3）操作介绍，介绍本机床所有操作页面及机床功能。

4）维护与报警，介绍机床日常维护与常用报警信息。

（2）维修说明书内容　数控机床的维修工作伴有各种危险，所以这类人员应由充分接受过有关维修和安全方面培训的人员负责进行。在维修中进行机床的运转确认时，应在充分了解机床制造商提供的说明书下述内容的基础上进行运转：

1）为了安全维修，必须遵守与维修、更换、参数调整有关的各种注意事项。

2）数控机床画面的显示与操作，可以显示诊断画面、维护信息等。

3）硬件的配置、连接图，以及更换方法。

4）数据的输入、输出和设定方法。

5）CNC 和 PMC 之间的接口以及 PMC 诊断和维护。

6）数字伺服的设定方法。

7）主轴设定调整方法。

8）故障排除方法和步骤。

9）报警信息表及解决方法。

2. 操作要点

1）在安装、通电、运行、维护检查之前，必须熟悉说明书中条款和一切有关安全的注意事项，以保证正确使用。

2）操作者开机前必须认真阅读机床的使用说明书、数控系统编程与操作使用说明书。

3）掌握机床的各个操作键的功能和熟悉机床的机械传动原理及润滑系统。

4）对机器做任何调整之前，要关闭电源，机器停止转动。

5）在对电气部分检查维护时，必须由专业电工进行。维修前请断开外部输入电源。

6）主轴驱动部分的电气部分检查维护必须在断开电源 5min 以上。否则可能发生人身伤害或电击事故。

7）主轴的转速范围是根据机床使用说明书的主要参数对交流变频器内部参数在机床出厂前已设定好。不得随意擅自改变主轴的转速范围，因为主轴的转速范围是由主轴自身结构所决定的。

1.3　数控铣床的维护保养

1.3.1　数控铣床日常保养方法

1. 数控铣床日常维护

（1）日检　主要项目包括液压系统、主轴润滑系统、导轨润滑系统、冷却系统、气压系统。日检就是根据系统的正常情况来加以检测。

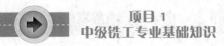

1）从工作台、基座等处清除污物和灰尘，擦去机床表面的润滑油、切削液和切屑。清除没有罩盖的滑动表面上的一切杂物，擦净丝杠的外露部位。

2）清理、检查所有限位开关、接近开关及其周围表面。

3）检查各润滑油箱及主轴润滑油箱的液面，使其保持在合理的油位上。

4）确认各刀具在其应有的位置上更换。

5）确保空气滤杯内的水完全排出。

6）检查液压泵的压力是否符合要求。

7）检查机床主液压系统是否漏油。

8）检查切削液软管及液面，清理管内及切削液槽内的切屑等污物。

9）确保操作面板上所有指示灯为正常显示。

10）检查各坐标轴是否处在原点上。

（2）月检　主要是对电源和空气干燥器进行检查。电源的额定电压在正常情况下是 180~220V，频率 50Hz，若有异常，要对其进行测量、调整。空气干燥器应该每月拆开一次，然后进行清洗、装配。

1）清理电气控制箱内部，使其保持干净。

2）校准工作台及床身基准的水平，必要时调整垫铁，拧紧螺母。

3）拆洗空气滤网，必要时予以更换。

4）检查液压装置、管路及接头，确保无松动、无磨损。

5）清理导轨滑动面上的刮垢板。

6）检查各电磁阀、行程开关、接近开关，确保其能正确工作。

7）检查液压箱内的过滤器，必要时予以清洗。

8）检查各电缆及接线端子是否接触良好。

9）确保各联锁装置、时间继电器、继电器能正确工作，必要时予以修理或更换。

（3）半年检　使用半年后，应对机床的液压系统、主轴润滑系统以及各轴进行检查，若出现问题，应及时维修。

1）更换液压装置内的液压油及润滑装置内的润滑油。

2）检查各电动机轴承是否有噪声，必要时予以更换。

3）检查机床的各有关精度。

4）外观检查所有各电气部件及继电器等是否可靠工作。

5）测量各进给轴的反向间隙，必要时予以调整或进行补偿。

6）检查各伺服电动机的电刷及换向器的表面。必要时予以修整或更换。

7）检查一个试验程序的完整运转情况。

（4）其他日常维护

1）定期检查电动机系统：对直流电动机定期进行电刷和换向器的检查、清洗和更换。若换向器表面脏，应用白布蘸酒精予以清洗；若表面粗糙，用细金相砂纸予以修整；若电刷长度为 10mm 以下时予以更换。

2）定期检查电气部件：检查各插头、插座、电缆、各继电器的触点是否接触良好，检查各印制线路板是否干净。检查主变压器、各电动机的绝缘电阻，应在 $1M\Omega$ 以上。平时尽量少开电气柜门，以保持电器柜内清洁，定期对电器柜和有关电器的冷却风扇进行卫生清洁，更换其空气过滤网。电路板上太脏或受湿，可能发生短路现象，因此，必要时对各个电路板、电气元件采用吸尘法进行卫生清扫。

3）定期进行机床水平和机械精度检查：机械精度的校正方法有软硬两种。其软方法主要是通过系统参数补偿，如丝杠反向间隙补偿、各坐标定位精度定点补偿、机床回参考点位置校正等；其硬方法一般要在机床大修时进行，如进行导轨修刮、滚珠丝杠螺母预紧、调整反向间隙等。

4）适时对各坐标轴进行超限位试验：由于切削液等原因使限位开关产生锈蚀，平时又主要靠软件限位起保护作用，因此要防止限位开关锈蚀后不起作用，防止工作台发生碰撞，严重时会损坏滚珠丝杠，影响其机械精度。试验时只要按一下限位开关，确认一下是否出现超程警报，或检查相应的 I/O 接口信号是否变化。

2.数控系统日常维护

每种数控系统的日常维护保养要求，在数控系统使用、维修说明书中一般都有明确规定。一般应注意以下几个方面：

1）机床电气柜的散热通风。

2）尽量少开电气控制柜门。

3）每天检查数控柜、电气柜。

4）控制介质输入／输出装置的定期维护。

5）定期检查和清扫直流伺服电动机。

6）支持电池的定期更换。

7）备用印制线路板的定期通电。

8）数控系统处在长期闲置的情况下，要经常给系统通电。在机床锁住不动的情况下，让系统运行，空气湿度较大的梅雨季节尤其要注意。如果数控机床闲置不用达半年以上，应将电刷从直流电动机中取出。

1.3.2　数控系统报警信息表的使用方法

数控系统为了帮助数控机床的使用及维护人员对数控系统出现的故障进行排除，会根据数控系统内部的故障数据库对系统出现的故障进行提示。当数控系统出现故障或运行不正常时，应立即观察坐标轴的指令值、坐标轴的实际值和坐标轴的跟踪误差的变化情况，不让机床受到损坏。

当出现报警时，在屏幕上会有报警信息显示。每条报警信息分两部分：错误号及错误信息。有些报警可以按错误信息提示，进行解决。还有一些报警信息需要查看说明书后，才能按说名书上的解决方法进行解决。如果有的报警信息专业性很强，不是简单能解决的，则需要联系专门的维修人员进行解决，切记不要随意修改自己不明白的参数设定。

当故障消除后，对于一般性错误，报警信息会自动消除。对于产生了急停的报警，则需要重新松开急停按钮，使系统复位后，才能消除报警信息。有些故障，如系统硬件参数错误引起的报警，则需要调整参数后，重新启动系统，才能消除报警信息。

1.4 数控铣削加工的基础知识

1.4.1 工件坐标系的建立

1. 机床坐标系的确定

在数控编程时，为了描述机床的运动，简化程序编制的方法及保证记录数据的互换性，数控机床的坐标系和运动方向均已标准化。在数控机床上进行加工，通常使用直角坐标系来描述刀具与工件的相对运动，应符合 JB/T 3051—1999 的规定。

（1）刀具相对于工件运动的原则　由于机床的结构不同，有的是刀具运动，工件固定；有的是刀具固定，工件运动等。为了编程方便，统一规定为工件固定，刀具运动。

（2）标准坐标系的规定　标准坐标系是一个右手笛卡儿直角坐标系，如图 1-25 所示。拇指为 X 轴，食指为 Y 轴，中指为 Z 轴，指尖指向各坐标轴的正方向，即增大刀具和工件距离的方向。

（3）坐标系旋转轴规定　若有旋转轴时，规定绕 X、Y、Z 轴的旋转轴为 A、B、C 轴，其正方向分别用右手螺旋法则判定，如图 1-26 所示。即大拇指分别代表 X、Y、Z 正方向，则其余四指握拳代表回转轴正向。旋转轴的原点一般定在水平面上。

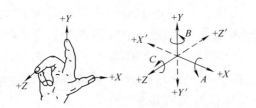

图 1-25　右手笛卡儿直角坐标系

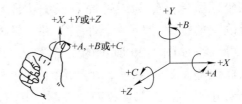

图 1-26　右手螺旋法则

（4）坐标轴正负规定　无论机床的具体运动方式如何，数控机床的坐标运动都指的是刀具相对于静止的工件运动。机床的某一部件的正方向是增大工件和刀具距离（即增大工件尺寸）的方向，刀具切入工件的方向为负方向。例如，对于钻、镗、铣加工的机床（仅用它的三个主要直线运动），钻入或镗入工件的方向是坐标轴的负方向。

（5）机床坐标轴的确定方法

1）Z轴坐标运动的定义：以平行于机床主轴的刀具运动方向为Z轴，若机床有几个主轴，可选择一个垂直于工件装夹面的主要轴为主轴，并以它确定Z坐标轴。Z轴正方向是刀具远离工件的方向。

2）X轴坐标运动的定义：规定X坐标轴为水平方向，且垂直于Z轴并平行于工件的装夹面。对于铣床、镗床等规定：当Z轴为水平时，从刀具主轴后端向工件方向看，向右方向为X轴的正方向，如图1-27所示；当Z轴为垂直时，对于单立柱机床，面对刀具主轴向立柱方向看，向右方向为X轴的正方向，如图1-28所示。

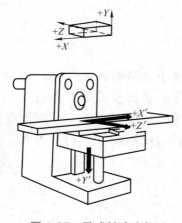

图1-27 卧式铣床坐标系

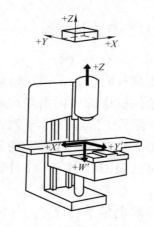

图1-28 立式铣床坐标系

3）Y轴坐标运动的定义：Y坐标垂直于X、Z坐标。在确定了X、Z坐标的正方向后，可按右手笛卡儿直角坐标系法则确定Y坐标的正方向。

2. 工件坐标系

工件坐标系是编程人员在编程时使用的坐标系，也称编程坐标系或加工坐标系。工件坐标系原点称为工件原点或编程原点。工件坐标系是由编程人员根据零件图样自行确定的，对于同一个加工工件，不同的编程人员可能确定的工件坐标系会不相同。可以将如图1-29所示的工件零点（原点）"W"与机床零点（原点）"M"之间的坐标值输入数控系统，就可用工件坐标系按图样上标注的尺寸直接编程，给编程者带来方便。工件零点相对机床零点的偏差坐标值称为零点偏置值。

（1）工件原点设定原则

1）工件原点应选在零件图样的尺寸基准上。这样可以直接用图样标注的尺寸，作为编程点的坐标值，减少数据换算的工作量。

2）能方便地装夹、测量和检验工件。

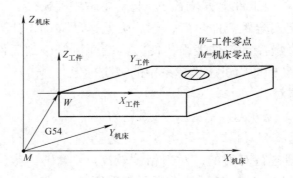

图 1-29　工件坐标系零点偏置

3）尽量选在尺寸精度高、表面粗糙度较小的工件表面上，这样可以提高工件的加工精度和同一批零件的一致性。

4）对于有对称几何形状的零件，工件原点最好选在对称中心点上。

（2）绝对坐标和增量（相对）坐标编程　零件图上尺寸的标注分为两类：绝对尺寸和增量尺寸。绝对尺寸标注的零件尺寸，是从工件坐标系的原点进行标注的（即坐标值）。增量尺寸标注的某点零件尺寸，是相对它前一点的位置增量进行标注的，即零件上后一点的位置是以前一点为零点进行标注的。当对零件的轮廓加工进行编程时，要将图样上的尺寸换算成点的坐标值。如果选用的工件零点、编程零点位置不同，采用的尺寸标注方式不同（绝对尺寸或增量尺寸），其点的坐标值也不同。

3. 工件对刀方法

（1）试切法对刀　如果对刀精度要求不高，为方便操作，可以采用直接试切工件来进行对刀，以下是对刀步骤，以方形工件的上表面中心为工件零点，如图 1-30 所示。

1）将工件通过夹具装在工作台上。

2）起动主轴旋转，快速移动工作台和主轴，让刀具快速移动到靠近工件左侧有一定安全距离的位置，然后降低速度移动至接近工件左侧。

3）靠近工件时改用微调操作，使刀具恰好接触到工件左侧位置 1 表面，记下此时机床坐标系中显示的 X 坐标值。

4）沿 Z 正方向退刀，用同样方法接近工件右侧位置 2 表面，记下此时机床坐标系中显示的 X 坐标值。

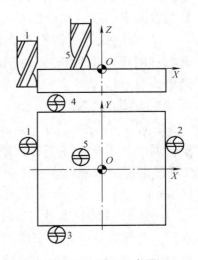

图 1-30　对刀示意图

5）将测得的两个数值取平均值，即为机床坐标系中 X 坐标值。

6）用同样方法测得位置 3 和位置 4 坐标值，取平均值即为机床坐标系中 Y 坐标值。

7）将刀具快速移至工件上方位置 5。起动主轴中速旋转，让刀具快速移动到靠近工件上表面有一定安全距离的位置，然后降低速度移动，让刀具端面接近工件上表面。让刀具端面慢慢接近工件表面，使刀具端面恰好碰到工件上表面，再将 Z 轴再抬高 0.01mm，此坐标即为机床坐标系中的 Z 坐标值。

（2）采用寻边器对刀

1）寻边器种类。采用寻边器对刀与采用刀具试切对刀相似，只是将刀具换成了寻边器。寻边器是采用离心力的原理进行对刀的，对刀精度较高。若工件端面没有经过加工或比较粗糙，则不宜采用寻边器对刀。寻边器有光电式、偏心式等形式，如图 1-31 所示。

2）寻边器使用方法。

① 将偏心式寻边器夹持在机床主轴上，测量端处于下方，主轴转速设定在 400~600r/min 的范围内，使测量端保持偏距 0.5mm 左右，将测量端与工件端面相接触且逐渐逼近工件端面（手动与

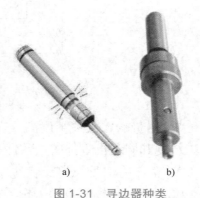

a)　　　　b)

图 1-31　寻边器种类

a）光电式寻边器　b）偏心式寻边器

手轮操作交替进行），测量端由摆动逐步变为相对静止，此时调整倍率，采用微动进给，直到测量端重新产生偏心为止，记下坐标值，重复操作几次。此时键入数值时应考虑测量端的半径，就可设定工件原点。使用时，主轴转速不宜过高，因为当转速过高时，受偏心式寻边器自身结构影响，误差较大。同时，被测工件端面应有较好的表面粗糙度，以确保对刀精度。

② 光电式寻边器不需旋转主轴，测头用弹簧拉紧在光电式寻边器的测杆上，碰到工件时可以退让，并将电路导通，发出光信号，记下坐标值。光电式寻边器操作简单，对刀精度高。

3）Z 轴设定器。Z 轴设定器主要用于确定工件坐标系原点在机床坐标系的 Z 轴坐标，或者说是确定刀具在机床坐标系中的高度。Z 轴设定器有光电式和指针式等类型，通过光电指示或指针判断刀具与对刀器是否接触，对刀精度一般可达 0.005mm。Z 轴设定器带有磁性表座，可以牢固地附着在工件或夹具上，其高度一般为 50mm 或 100mm，如图 1-32 所示。

（3）杠杆百分表对刀　杠杆百分表的对刀精度较高，但是这种对刀操作方法比较麻烦，效率较低，适应于精加工孔（面）对刀，而在粗加工孔则不宜使用。杠杆百分表对刀方法为：用磁性表座将杠杆百分表吸在加工中心主轴上，使表头靠近孔壁（或圆柱面），当表头旋转一周时，其指针的跳动量在允许的对刀误差内，如 0.02mm，此时可认为主轴的旋转中心与被测孔中心重合，输入此时机械坐标系中 X 和 Y 的坐标值到 G54 中，对刀方法如图 1-33 所示。

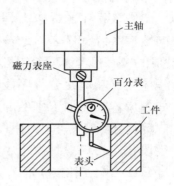

图 1-32　Z 轴设定器　　　　　　　图 1-33　杠杆百分表对刀方法
a）指针式　b）光电式

1.4.2　常用功能指令介绍

1. 字的概念和功能指令

字即指令字，也称为功能字，由地址符和数字组成，是组成数控程序最基本的单元。不同的地址符及其后续数字表示了不同的指令字及含义。常用的地址符及其含义见表 1-1。两个指令字表达了一个特定的功能含义。在实际工作中，应根据不同的数控系统说明书来使用各个功能指令。

表 1-1　常用地址符及其含义

符号	含义	符号	含义	符号	含义
A	绕 X 坐标的角度尺寸	J	平行于 Y 轴插补参数或圆弧中心坐标	S	主轴转速功能
B	绕 Y 坐标的角度尺寸	K	平行于 Z 轴插补参数或圆弧中心坐标	T	刀具功能
C	绕 Z 坐标的角度尺寸	L	定义循环次数或自程序返回次数	U	平行于 X 轴的第二尺寸
D	绕特殊坐标的角度尺寸	M	辅助功能	V	平行于 Y 轴的第二尺寸
E	绕特殊坐标的角度尺寸	N	程序段号	W	平行于 Z 轴的第二尺寸
F	进给功能	O	程序编号	X	X 坐标轴运动尺寸
G	准备功能	P	平行于 X 轴的第三尺寸	Y	Y 坐标轴运动尺寸
H	刀具长度偏置号	Q	平行于 Y 轴的第三尺寸	Z	Z 坐标轴运动尺寸
I	平行于 X 轴插补参数或圆弧中心坐标	R	平行于 Z 轴的第三尺寸		

（1）程序名功能字　程序名又称程序号，每一个独立的程序都应有程序名，可作为识别、调用该程序的标志。程序名一般由程序名地址符（字母）和1~4位数字构成，不同数控系统程序名地址符所用字母可能不同。例如，FANUC系统用"O"，华中系统则用"%"，具体可参阅机床使用说明书。

（2）程序段号功能字　程序段号用来表示程序段的序号，由地址符N和后续数字组成，如N10。数控加工中的顺序号实际上是程序段的名称，与程序执行的先后次序无关。数控系统不是按程序段号的次序来执行程序，而是按照程序段编写时的排列顺序逐段执行。一般情况下，程序段号应按一定的增量间隔顺序编写，以便程序的检索、编辑、检查和校验等。

（3）坐标功能字　坐标字用于确定机床在各种坐标轴上移动的方向和位移量，由坐标地址符和带正、负号的数字组成。例如，X-30表示坐标位置是X轴负方向30mm。坐标地址字符较多（见表1-1），其具体含义详见机床说明书内容。

（4）准备功能字　准备功能字的地址符是G，后跟两位数字组成，准备功能字简称G功能、G指令或G代码，它是使机床或数控系统建立起某种加工方式的指令。G指令为G00~G99共有100种。表1-2为FANUC 0i数控铣床系统常用G代码的定义，其他具体含义详见机床说明书内容。

表 1-2　FANUC 0i 数控铣床系统常用 G 代码功能指令

代码	组别	意义	代码	组别	意义
*G00	01	快速点定位	G52	00	局部坐标系设置
G01		直线插补	G54~G59	14	零点偏置
G02		顺时针圆弧插补	G73	09	高速深孔钻削固定循环
G03		逆时针圆弧插补	G74		左旋攻螺纹循环
G04	00	暂停延时	G76		精镗循环
*G17	02	选择 XY 平面	*G80		钻孔循环取消
G18		选择 XZ 平面	G81		钻孔循环
G19		选择 YZ 平面	G82		钻孔循环
G20	06	英制单位	G83		啄式钻深孔循环
*G21		米制单位	G84		攻螺纹循环
G27	00	参考点返回检查	G85		镗孔循环
G28		返回参考点	G86		镗孔循环
G29		从参考点返回	G87		背镗循环
G30		返回第二参考点	G88		镗孔循环
*G40	07	取消刀具半径补偿	G89		镗孔循环
G41		刀具半径左补偿	*G90	03	绝对坐标编程
G42		刀具半径右补偿	G91		增量坐标编程
G43	08	刀具长度正补偿	G92	00	工件坐标系设定
G44		刀具长度负补偿	G98	10	返回初始点
*G49		取消刀具长度补偿	G99		返回 R 点

G 指令分为模态指令（又称续效指令）和非模态指令（又称非续效指令）两类。模态指令表示该指令在一个程序段中一旦出现，后续程序段中一直有效，直到有同组中的其他 G 指令出现时才失效。同一组的模态指令在同一个程序段中不能同时出现，否则只有后面的指令有效，而非同一组的 G 指令可以在同一程序段中同时出现。非模态 G 指令只在该指令所在程序段中有效，而在下一程序段中便失效。

（5）辅助功能字　辅助功能字的地址符是 M，辅助功能指令简称 M 功能、M 指令或 M 代码。它由地址符 M 和两位数字组成，为 M00~M99，共有 100 种。M 指令是控制机床辅助动作的指令，主要用于指定主轴的起动、停止、正转、反转，切削液的开、关，夹具的对紧、松开，刀具更换，排屑器开、关等。M 指令也有模态指令和非模态指令两类。表 1-3 为 FANUC 数控铣床系统常用 M 代码的定义，其他具体含义详见机床说明书内容。

表 1-3　FANUC 数控铣床系统常用 M 代码的定义

代码	说明	代码	说明
M00	程序停	M06	换刀
M01	选择停止	M08	切削液开
M02	程序结束（复位）	M09	切削液关
M03	主轴正转（CW）	M30	序结束（复位）并回到开头
M04	轴反转（CCW）	M98	子程序调用
M05	主轴停	M99	子程序结束

（6）进给功能字　进给功能指令用来指定刀具相对于工件的进给速度，是模态指令，单位一般为 mm/min，它以地址符 F 和后续数字表示。如程序段 "N10 G01 X30. Y10. F100." 中 F100. 表示刀具的进给速度 100mm/min。当进给速度与主轴转速有关时，即用进给量来表示刀具移动的快慢时，单位为 mm/r。当加工螺纹时，F 可用来指定螺纹的导程。

（7）主轴转速功能字　主轴转速功能指令用来指定主轴的转速，是模态指令，单位为 r/min。它以地址符 S 和后续数字表示。例如，S1000 表示主轴转速为 1000r/min。有恒线速度功能的数控系统也可用 S 表示切削线速度，单位为 m/min。加工中主轴的实际转速常用数控机床操作面板上的主轴速度倍率开关来调整。

（8）刀具功能字　刀具功能指令用以选择所需的刀具号和刀补号，是模态指令。它以地址符 T 和后续数字表示，数字的位数和定义因机床不同而异，一般用两位或四位数字来表示。具体含义详见机床说明书内容。

2. 程序格式

（1）程序的结构　一个完整的零件加工程序都由程序名、程序内容和程序结束指令三部分构成。程序内容由若干个程序段组成，每个程序段由若干个指令字组成，每个指令字又由字母、数字、符号组成。

（2）程序段格式　程序段格式是指一个程序段中字的排列顺序和表达方式。数控系统曾用过的程序段格式有三种：固定顺序程序段格式、带分隔符的固定顺序（也称表格顺序）程序段格式和地址程序段格式，目前数控系统广泛采用的是地址程序段格式，也称为字地址可变程序段格式。这种格式的程序段，其长短、字数和字长（位数）都是可变的，字的排列顺序没有严格要求，不需要的字以及与上一程序段相同的续效字可以不写。这种格式的优点是程序简短、直观，可读性强，易于检验、修改，因此现代数控机床广泛采用这种格式。

（3）主程序与子程序　机床的加工程序可以分为主程序和子程序。主程序是指一个完整的零件加工程序，其结束指令为 M02 或 M30。在编制零件加工程序时，有时会遇到一组程序段在一个程序中多次出现，或者在几个程序中都要使用它。这组典型的程序段可以按一定格式编成一个固定程序体，并单独加以命名，这个程序体就称为子程序。子程序不可以作为独立的加工程序使用，只能通过主程序调用，实现加工中的局部动作。子程序的指令格式如下：

格式一：M98 PxxxxLxxxx；其中，地址 P 后的四位数字为子程序号，地址 L 后的四位数字为重复调用的次数。子程序号及调用次数有效数字前的 0 可以省略。如果只调用一次，则地址 L 及其后的数字可以省略。

格式二：M98 Pxxxxxxxx；地址 P 后为 8 位数字，前四位为调用次数，省略时为调用一次；后四位为所调用的子程序号。地址 P 后数字的位数 ≤ 4 位时，此数字表示子程序号；数字 >4 位时，后四位为子程序号，子程序号之前的数字为调用次数。如"M98 P20789；"表示调用子程序 0789 两次；而"M98 P789；"表示调用子程序 0789 一次。子程序可以被主程序多次调用，称为重复调用，一般重复调用次数可以达到 9999 次。同时子程序也可以调用另一个子程序，称为子程序的嵌套，如图 1-34 所示，一般嵌套次数不超过4级。

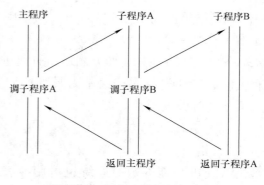

图 1-34　子程序的调用与嵌套

1.4.3　直线插补与圆弧插补的原理

轮廓控制系统正是因为有了插补功能，才能加工出各种形状复杂的零件。可以说，插补功能是轮廓控制系统的本质特征。因此，插补算法的优劣，将直接影响 CNC 系统的性能指标。在数控系统中常用的插补方法有逐点比较法、数字积分法、时间分割法等，下面只介绍逐点比较法。

1. 逐点比较法的算法

逐点比较法是我国数控机床中广泛采用的一种插补方法，它能实现直线、圆弧和二次曲线插补，插补精度高。逐点比较法又称为代数运算法。这种方法的基本原理是：计算机在控制加工过程中，能逐点地计算和判别加工误差，与规定的运动轨迹进行比较，由比较结果决定下一步的移动方向。这种算法的特点是，运算直观，插补误差小于一个脉冲当量，输出脉冲均匀，而且输出脉冲的速度变化小，调节方便。

在逐点比较法中，每进给一步都要进行偏差判别、坐标进给、新偏差计算和终点比较四个步骤。

2. 直线插补

（1）直线插补判别公式　以直线起点为原点，给出终点坐标（x_e，y_e），直线方程为：$yx_e-xy_e=0$

直线插补时，插补偏差可能有三种情况，如图 1-35 所示，以第一象限为例，插补点位于直线上方、下方和直线上。对位于直线上方的点 A 则有：$y_a x_e - x_a y_e > 0$。对位于直线上的点 B，则 $y_b x_e - x_b y_e = 0$。对位于直线下方的点 C，则 $y_c x_e - x_c y_e < 0$。因此可以取判别函数 $F=yx_e - xy_e$ 来判别插补点和直线的偏差。$F > 0$ 时，应向 +x 方向走一步，才能接近直线。当 $F < 0$ 时，应向 +y 方向走一步，才能趋向直线。当 $F = 0$ 时，为了继续运动可归入 $F > 0$ 的情况。整个插补工作，从原点开始，走一步，算一算，判别一次 F，再趋向直线，步步前进。

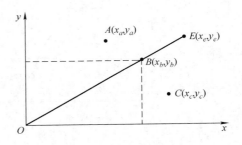

图 1-35　直线插补方程

（2）直线插补象限处理　直线插补的以上运算公式只适用于第一象限的直线，若不采取措施不能用于其他象限的直线插补。对于第二象限，只要取 |x| 代替 x 即可，至于输出驱动，应使 x 轴步进电动机反向旋转，而 y 轴步进电动机仍为正向旋转。

同理第三、四象限的直线也可以变换到第一象限。插补运算时，取 |x| 和 |y| 代替 x、y。输出驱动原则是：在第三象限，点在直线上方，向 -y 方向步进；点在直线下方，向 -x 方向步进。在第四象限，点在直线上方，向 -y 方向步进；点在直线下方，向 +x 方向步进。四个象限各轴插补运动方向如图 1-36 所示。由图 1-36 中

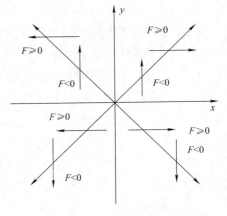

图 1-36　四个象限插补运动方向

看出，$F \geqslant 0$ 时，都是在 x 方向步进，不管 $+x$ 向还是 $-x$ 向，$|x|$ 总是增大。走 $+x$ 或 $-x$ 可由象限标志控制，一、四象限走 $+x$，二、三象限走 $-x$。同样，$F < 0$ 时，总是走 y 方向，不论 $-y$ 向或 $+y$ 向，$|y|$ 总是增大。走 $+y$ 或 $-y$ 由象限标志控制，一、二象限走 $+y$，三、四象限走 $-y$。

3. 圆弧插补

（1）圆弧插补判别公式　　逐点比较法进行圆弧加工时（以第一象限逆圆加工为例），一般以圆心为原点，给出圆弧半径 R、起点坐标 (x_0, y_0) 和终点坐标 (x_e, y_e)，如图 1-37a 所示。设圆弧上任一点坐标为 (x, y)，则可选择判别函数 $F = x_i^2 + y_i^2 - R^2$。其中 $(x_i、y_i)$ 为第一象限内任一点坐标。把 $F > 0$ 和 $F = 0$ 合并在一起考虑，按下述规则，就可以实现第一象限逆时针方向的圆弧插补。$F \geqslant 0$ 时，向 $-x$ 走一步；当 $F < 0$ 时，向 $+y$ 走一步，每走一步后，计算一次判别函数，作为下一步进给的判别标准，同时进行一次终点判断。

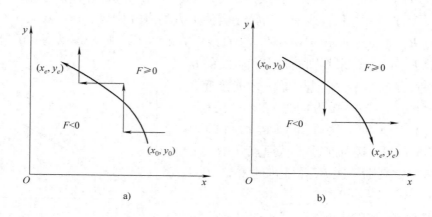

图 1-37　圆弧插补

a）第一象限逆圆　b）第一象限顺圆

（2）圆弧插补象限处理　　在圆弧插补中，仅讨论了第一象限的圆弧插补，实际上圆弧所在的象限不同，顺逆不同，则插补公式和运动点的走向均不同，因而圆弧插补有八种情况，如图 1-38 所示。用第一象限逆圆插补的偏差函数进行第三象限逆圆和第二、四象限顺圆插补的偏差计算，用第一象限顺圆插补的偏差函数进行第三象限顺圆和第二、四象限逆圆插补的偏差计算。

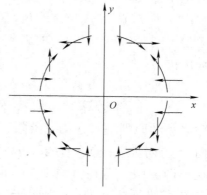

图 1-38　四个象限的进给方向

1.4.4 数控加工程序的编辑方法、输入方法和调试方法

数控编程是数控加工准备阶段的主要内容，通常包括分析零件图样，确定加工工艺过程；计算走刀轨迹，得出刀位数据；编写数控加工程序；程序输入；校对程序及首件试切等步骤。

1. 程序的编辑方法

程序编辑有手工编程和自动编程两种方法。

（1）手工编程方法　手工编程是指编程的各个阶段均由人工完成，用的是 G 代码，是直接置于编辑模式下，在操作面板上键入 G 代码，效率非常低，而且只能编一些简单的几何路径。

1）在确定了工艺方案后，需要根据零件的几何尺寸、加工路线等，计算刀具中心运动轨迹，以获得刀位数据。数控系统一般均具有直线插补与圆弧插补功能，对于加工由圆弧和直线组成的较简单的平面零件，只需要计算出零件轮廓上相邻几何元素交点或切点的坐标值，得出各几何元素的起点、终点、圆弧的圆心坐标值等，就能满足编程要求。

2）在完成数值计算工作后，即可编写零件加工程序。程序编制人员使用数控系统的程序指令，按照规定的程序格式，逐段编写加工程序。程序编制人员只有对数控机床的功能、程序指令及代码十分熟悉，才能编写出正确的加工程序。

（2）自动编程方法　自动编程是用串口和计算机连接，用计算机软件来作图，设计工作路径和切削方式，由软件自己生成 G 代码程序，对于几何形状复杂的零件，特别是具有列表曲线、非圆曲线及曲面的零件，编程效率高，易学易用。

1）加工部位建模。加工部位建模是利用 CAD/CAM 集成数控编程软件的图形绘制、编辑修改、曲线曲面及实体造形等功能将零件被加工部位的几何形状准确地绘制在计算机屏幕上，同时在计算机内部以一定的数据结构对该图形加以记录。加工部位建模实质上是人将零件加工部位的相关信息提供给计算机的一种手段，它是数控自动编程系统进行自动编程的依据和基础。

2）工艺参数输入。在本步骤中，利用编程系统的相关菜单与对话框等把第一步分析得到的一些与工艺有关的参数输入到系统中。需要输入的工艺参数有刀具类型、尺寸与材料，切削用量（主轴转速、进给速度、切削深度及加工余量），毛坯信息（尺寸、材料等），其他信息（安全平面、线性逼近误差、刀具轨迹间的残留高度、进退刀方式、走刀方式、冷却方式等）。对于某一种加工方式而言，可能只要求其中的部分工艺参数。随着 CAPP（计算机辅助工艺过程设计）技术的发展，这些参数可以直接由 CAPP 系统给出，这时也就可以省掉工艺参数输入这一步了。

3）刀具轨迹生成与编辑。完成上述操作后，编辑系统将根据这些参数进行分析判断，自动完成有关基点、节点的计算，并对这些数据进行编排，形成刀位数据，

存入指定的刀位文件中。刀具轨迹生成后，对于具备刀具轨迹显示及交互编辑功能的系统，还可以将刀具轨迹显示出来，如果有不太合适的地方，可以在人工互交方式下对刀具轨迹进行适当的编辑与修改。

4）后置处理。基于CAD/CAM的数控自动编程需要进行后置处理，就是将刀位数据文件转换为数控系统所能接受的数控加工程序。

2. 程序的输入方法

（1）手动输入方式　利用数控机床操作面板将编好的程序直接输入到数控系统中，具体分为以下两种形式：

1）在MDI模式下，可以输入一次性的数控程序段，如设定主轴转速。具体操作如下：单击"MDI键"后按"程序键"进入手动输入程序界面，输入"M3 S500"后按"分号键"，再按"写入键"即完成程序的输入，接下来按绿色的循环启动按钮，就能观察到主轴以500r/min的速度进行旋转，按"复位"键则结束命令操作，程序段随之消失。

2）在编辑模式下，输入完整程序，具体操作是：单击操作面板上的"编辑键"进入编辑状态，再单击"程序键"，手动输入以地址O和4位数字组成的程序名，按"插入键"，然后依次输入程序内容即可，程序在输入的同时就自动存储到数控系统里了。

（2）数据线及CF卡输入方式　采用手动数据输入方式往数控系统中输入程序，特别是输入较长的程序时，操作及编辑都不便，为此，可以通过数据线或者CF卡来完成程序的输入。

1）数据线输入方式。利用数据线传输程序首先要将计算机与数控机床的通信接口用数据线相连接，然后再进行传输。计算机安装专用传输软件，选择需要传输的程序，发送文件。在机床上，单击操作面板上的"编辑"键后单击"程序"键，选择出现的"列表"软键，再单击"操作"软键，选择"F输入"软键对通过数据线从计算机传输到机床的数控程序进行重新命名，如O××××，然后再按"0设定"软键即完成重新命名工作，接下来按"执行"软键，在屏幕的右下方会出现闪烁的"输入"二字，表示程序正从计算机输入数控系统，并是以新的名字命名的，闪烁结束后，这时再次按"程序键"，传输程序就会显示在机床屏幕上。

2）CF卡输入方式。CF卡属于外部存储器，使用外部存储器传输可以省去计算机数据的传输时间，并且也不用为传输软件的不兼容和数据线的损坏而烦恼。下面就具体介绍如何利用CF卡进行程序的传输，首先将CF卡插入控制面板左侧的插槽接口，然后再单击操作面板上的"编辑"键，单击"程序"键，选择"列表"软键，再单击"操作"软键，通过单击出现在右下角的"扩展"键找到并单击"设备"软键后，在新界面里单击"M-卡"软键，屏幕显示卡内已存的程序名，单击"F输入"软键，输入CF卡上已有的某个程序名，输完后单击"F设定"软键，即选中该程序为即将从CF卡输入到数控机床系统的程序，然后输入新的程序名，再按"0设定"软键即对输入的程序进行了重新命名，接下来按"执行"软键，在屏幕的右下方同样会出现闪烁的"输入"二字，表示程序正从CF卡中输入到机床数控系统，并以新的名字命名，传输结束后再次按"程序键"，程序就会显示在机床屏幕上。

3. 程序的调试方法

将编写好的加工程序输入数控系统，就可控制数控机床的加工工作。一般在正式加工之前，要对程序进行检验。

1）采用机床空运转的方式，来检查机床动作和运动轨迹的正确性，以检验程序。在具有图形模拟显示功能的数控机床上，可通过显示走刀轨迹或模拟刀具对工件的切削过程，对程序进行检查。

2）对于形状复杂和要求高的零件，也可采用铝件、塑料或石蜡等易切材料进行试切来检验程序。通过检查试件，不仅可确认程序是否正确，还可知道加工精度是否符合要求。若能采用与被加工零件材料相同的材料进行试切，则更能反映实际加工效果。当发现加工的零件不符合加工技术要求时，可修改程序或采取尺寸补偿等措施。

3）对于自动编程生成的刀具轨迹数据，还可以利用系统刀具轨迹验证与仿真模块来检查其正确性与合理性。

① 刀具轨迹验证是指应用计算机显示器把加工过程中的零件模型、刀具轨迹、刀具外形一起显示出来，以模拟零件的加工过程，检查刀具轨迹是否正确，加工过程是否发生干涉与过切，所选择的刀具、走刀路线、进退刀方式是否合理，刀具与约束面是否发生干涉与碰撞。

② 仿真是指在计算机屏幕上采用真实感图形显示技术把加工过程中的零件模型、机床模型、夹具模型及刀具模型动态显示出来，模拟零件的实际加工过程。仿真过程的真实感较强，基本上具有试切加工的验证效果，但对于由于刀具受力变形、刀具强度及韧性不够等问题仍然无法达到试切验证的效果。

1.4.5 数控系统中相关参数的输入方法

数控系统的参数是机床的重要数据，丢失后将造成机床无法正常运行，这些数据在运行时，是存储在数控系统的内存中的。当系统受到干扰或电池电压过低时参数容易丢失或出错。数据应做备份，一旦丢失可以快速恢复数据。

1. 数据的输入方法

1）打开参数写保护开关按[SETTING]功能键，找到图1-39所示画面，将"参数写入"设置为"1"。

2）打开写参数权限后，会出现图1-40所示报警信息。

3）在MDI状态下，按[SYSETM]功能键，找到需要修改的参数，如图1-41所示。

4）光标停在所需修改的参数上，输入数据，然后按 [INPUT] 软键，所需参数被修改，如图 1-42 所示。

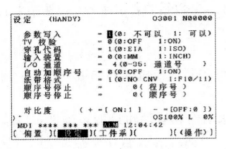

图 1-39　参数写入设定

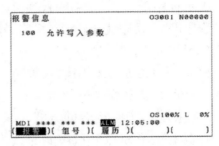

图 1-40　允许写入参数报警

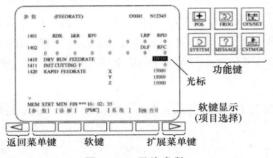

图 1-41　寻找参数

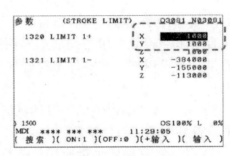

图 1-42　修改参数

2. 注意事项

1）对于位置参数，参数说明书中未进行功能说明的，请不要误设定。

2）参数输入结束后若发生 PW0000 报警"请关闭电源"，请断电后重启，有些参数是重启后生效。

3）调试机床时，可能会频繁修改伺服参数，为安全起见，应在急停状态下进行参数的设定及修改。

4）在设定参数后对机床的动作进行确认时，应有准备，以便能迅速按下急停按钮。

1.5　铣刀及其合理选用

1.5.1　铣刀的结构与几何参数

1. 铣刀的结构

（1）铣刀的基本结构　如图 1-43a 所示，铣刀由切削部分与夹持部分组成，切削部分主要由刀体及其刀齿和齿槽（容屑槽）构成；夹持部分由定位孔、圆柱（或圆锥）等构成。

（2）铣刀的结构特点

1）铣刀是多刃刀具，最少的刀齿数为两个，如键槽铣刀，较多的齿数达到 200 个左右。

2）铣刀的齿形有尖齿结构和铲齿结构。尖齿铣刀锋利，铲齿铣刀可以制作廓形复杂的铣刀，如齿轮铣刀、花键铣刀等。

3）铣刀的装夹部位有带孔和带柄两种结构，带柄铣刀又有直柄和锥柄的区分。装夹定位孔的直径随铣刀直径的变化设有 $\phi22mm$、$\phi27mm$、$\phi32mm$、$\phi40mm$ 和 $\phi50mm$ 等多种规格；直柄铣刀的弹性套筒规格齐全，内径为 $\phi4\sim\phi22mm$；锥柄铣刀刀柄部一般为莫氏锥度 1~5 号，较大直径的可转位铣刀或铣刀盘（体）也有采用 7∶24 锥度的锥柄，直接与铣床主轴的内锥相配。

4）铣刀的齿形有螺旋齿和直齿之分。螺旋齿通常用于圆柱形铣刀和立铣刀的圆柱面齿，盘形铣刀通常为直齿，为使其铣削平稳，或使其侧刃有前角，常采用交错齿结构，如交错齿三面刃铣刀和交错齿锯片铣刀。

5）根据铣刀的外形尺寸，合理选用铣刀的制作材料。规格较小的铣刀采用整体铣刀结构；规格较大的铣刀通常用结构钢制作刀体或柄部，如镶齿面铣刀和三面刃铣刀就是用结构钢制作刀体，用高速钢或硬质合金制作切削刀片。又如较大直径的立铣刀，是用结构钢制作柄部，高速钢制作切削部分。

6）生产中有各种规格和廓形的标准及专用铣刀，以适应不同工件的铣削。如 T 形槽铣刀，可加工各种规格的 T 形槽；又如成套的齿轮铣刀，可以加工不同模数、齿数的齿轮。

7）根据加工和设备的需要，可以设计各种专用铣刀，选用先进的刀片材料、装夹方式和换刀装置，以适应新工艺新技术的需要。

2. 铣刀的几何参数

（1）铣刀几何要素及其与测量的相关表面　如图 1-43b 所示，在铣削过程中，工件和刀具上与切削相关的表面和几何要素如下：

1）工件上的相关表面

① 待加工表面：工件上有待切除的表面。

② 已加工表面：工件上经刀具切削后产生的表面。

③ 过渡表面：工件上由切削刃形成的表面。当工件被单刃刀具切削时，过渡表面将在工件或刀具的下一转，或下一次切削行程中被切除；当用多刃刀具切削时，过渡表面将被随后的一个切削刃切除。

2）刀具上的主要几何要素

① 前面：刀具上切屑流过的表面。

② 主后面：刀具上与前面相交形成主切削刃的后面。

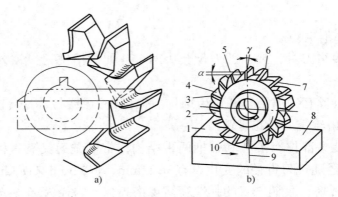

图 1-43　与切削相关的表面和几何要素

a）多切削刃结构　b）相关表面和几何要素

1—待加工表面　2—副后面　3—副切削刃　4—前面　5—切削平面

6—后面　7—主切削刃　8—已加工面　9—基面　10—过渡表面

③ 副后面：刀具上与前面相交形成副切削刃的后面。

④ 主切削刃：起始于切削刃上主偏角为零的点，并至少有一段切削刃用来在工件上切出过渡表面的整段切削刃。

⑤ 副切削刃：切削刃上除主切削刃以外的刃，起始于主偏角为零的点，但它背离主切削刃的方向。

⑥ 刀尖：主切削刃和副切削刃的连接处相当少的一部分切削刃。

3）测量铣刀几何角度的相关平面。测量铣刀几何角度的相关表面主要有基面和切削平面，如图 1-44 所示。

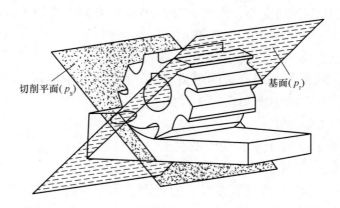

图 1-44　铣刀的基面和切削平面

① 基面（p_r）：通过切削刃选定点的平面，它平行或垂直于刀具在制造、刃磨及测量时适合于安装或定位的一个平面或轴线，其方位垂直于假定的主运动方向。铣刀上的基面一般是包含铣刀轴线的平面。

② 切削平面（p_s）：通过切削刃选定点与切削刃相切并垂直于基面的平面。铣刀上的切削平面一般是与铣刀的外圆柱（圆锥）相切的平面。主切削刃上的为主切削平面，副切削刃上的为副切削平面。

③ 正交平面（p_o）：通过切削刃选定点并同时垂直于基面和切削平面的平面。在图 1-44 所示的圆柱铣刀上，正交平面与端面重合。

④ 法平面（p_n）：通过切削刃选定点并垂直于切削刃的平面。在图 1-44 所示的圆柱铣刀上，法平面与正交平面重合。

⑤ 假定工作平面（p_f）：通过切削刃选定点并垂直于基面的平面，它平行或垂直于刀具在制造、刃磨及测量时适合于安装或定位的一个平面或轴线，一般说来其方位要平行于假定的进给运动方向，通常垂直于铣刀轴线。

4）铣刀的主要几何角度。如图 1-45 所示 [注意视图中带括号的平面符号为视图平面，如 "（p_s）" 表示视图平面为切削平面；不带括号的平面符号为与视图平面垂直后成一直线的平面，如 "p_r" 所指的直线表示与视图平面垂直的切削平面]，铣刀的主要几何角度如下：

① 前角 γ_o：前面与基面间的夹角，在垂直于基面和切削平面的正交平面内测量。

a. 圆柱形铣刀的前角如图 1-45a 所示，前角 γ_o 标注在铣刀的端面上，在铣刀 A—A 法平面内标注的 γ_n 是铣刀的法向前角。在直齿圆柱形铣刀上，铣刀的前角和法向前角是相等的，而螺旋圆柱形铣刀的刀齿是螺旋分布的，因此它的前角和法向前角是不相等的。

b. 面铣刀的前角 γ_o 在正交平面（p_o）中标注，在法平面（p_n）中标注的是法向前角 γ_n。

② 后角 α_o：后角是后面与切削平面间的夹角，在正交平面中测量。

a. 圆柱形铣刀的后角如图 1-45a 所示，后角 α_o 在铣刀的端面标注，法向后角 α_n 在 A—A 平面中标注。与前角相似，如果圆柱形铣刀的切削刃与铣刀的轴线平行，即是直齿圆柱形铣刀，则法向后角与铣刀的后角相等。

b. 面铣刀的后角如图 1-45b 所示，后角 α_o 在正交平面（p_o）中标注，法向后角 α_n 在法平面（p_n）中标注。

③ 刃倾角 λ_s 和螺旋角 β：面铣刀的刃倾角和圆柱形铣刀的螺旋角是主切削刃与基面之间的夹角，在主切削平面中测量。

a. 如图 1-45a 所示，圆柱形铣刀的螺旋角 β 标注在切削刃与轴线之间，实质上视图平面为切削平面（p_s），轴线表示基面 p_r 与视图平面垂直，即圆柱形铣刀的螺旋角是所标注切削刃与基面的夹角，在视图平面即切削平面上测量标注。

b. 如图 1-45b 所示，面铣刀的刃倾角 λ_s 标注在 B 向（p_s）视图中，根据正负的方向，图中的刃倾角 λ_s 是负值。

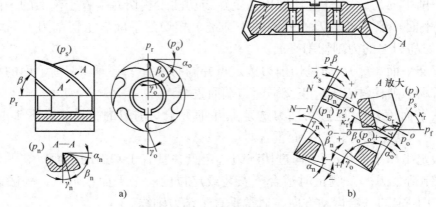

图 1-45　铣刀的主要几何角度

a）圆柱形铣刀　b）面铣刀

④ 主偏角 κ_r 和副偏角 κ'_r：主偏角 κ_r 是主切削平面（p_s）与平行于进给方向的假定工作平面（p_f）间的夹角，副偏角 κ'_r 是副切削平面与假定工作平面之间的夹角，在基面中测量。如图 1-45b 所示，A 放大的视图就是基面（p_r），面铣刀的主偏角 κ_r 和副偏角 κ'_r 都在基面内标注。主偏角是主切削平面 p_s 与假定工作平面 p_f 之间的夹角，副偏角是副切削平面 p'_s 与假定工作平面 p_f 之间的夹角。

⑤ 楔角 β_o：前面与后面的夹角，在正交平面中测量。

a. 如图 1-45a 所示，圆柱形铣刀的楔角 β_o 在正交平面（p_o）（端面）视图中测量。由图 1-45a 中的几何关系可知，后角、前角和楔角之和等于 90°。在法平面（p_n）视图中，β_n 表示圆柱形铣刀的法向楔角。

b. 如图 1-45b 所示，面铣刀的楔角 β_o 在正交平面（p_o）视图中测量。在法平面（p_n）视图中，β_n 表示面铣刀的法向楔角。

（2）刀具的主要几何角度的作用

1）前角：使刀具切削刃具有较好的切削性能，减小切削区域的变形，降低切削力和机床功率消耗，减少切削热，并能减小切屑与刀具前面的摩擦。

2）后角：使切削刃锋利，减小刀具后面与工件表面间的摩擦，适当改变后角可以减小切削振动。

3）主偏角：在相同的吃刀量和进给量的情况下，可以通过改变主切削刃参加切削的长度来改变切削厚度，以适应刀具的强度、受力、散热和断屑的需要。

4）副偏角：减小切削刃与加工表面的摩擦，改变刀尖强度和刀头散热情况，降低加工表面的表面粗糙度值。

5）刃倾角：改变切屑的流动方向，降低加工表面的表面粗糙度值，并有集屑、分屑和消振作用；适当选取可以增加刀头强度，使刀具耐冲击，并使断续切削平稳；改变角度可增加刀具的实际前角，提高刀具的切削能力，切削时使切屑易于切下。

1.5.2　铣刀切削部分的常用材料

1. 刀具切削部分材料的基本要求（表 1-4）

表 1-4　刀具切削部分材料的基本要求

序号	性能要求	说明
1	高的硬度和耐磨性	刀具材料应具有足够的硬度，至少应高于被切削工件的硬度。刀具材料耐磨性好，不但能增加刀具的使用寿命，而且能提高加工精度和表面质量
2	好的热硬性	刀具在切削时会产生大量的热，使刃口处的温度很高。因此刀具材料应具有良好的热硬性，即在高温下仍能保持其较高的硬度，以便继续进行切削
3	高的强度和好的韧性	刀具在切削过程中会受到很大的阻力，所以刀具材料要具有足够的强度，否则会断裂和损坏。在铣削和插齿时，刀具会受到冲击和振动，因此刀具材料还应具有一定的韧性，才不致发生崩刃和碎裂
4	工艺性好	为了能顺利地制造成一定形状和尺寸的刀具，尤其对形状比较复杂的铣刀和齿轮刀具等，更希望刀具材料具有好的工艺性

2. 铣刀切削部分的常用材料

（1）高速钢　高速钢是高速工具钢的简称，它是以钨（W）、铬（Cr）、钒（V）、钼（Mo）、钴（Co）为主要元素的高合金工具钢。其淬火硬度为 62~70HRC，在 600℃ 高温下，其硬度仍能保持在 47~55HRC，具有较好的切削性能，故高速钢允许的最高温度为 600℃，切削钢材时的切削速度一般在 35m/min 以下。

高速钢具有较高的强度和韧性，能磨出锋利的刃口，并具有良好的工艺性，是制造铣刀的良好材料。

W18Cr4V 是钨系高速钢，是制造铣刀最常用的典型材料，常用的通用高速钢材料还有 W6Mo5Cr4V2 和 W14Cr4MnRE 等。特殊用途的高速钢，如含钴高速钢 W6Mo5Cr4V3Co8，还有超硬型的高速钢 W10Mo4Cr4V3Co10 等，适用加工特殊材料。

（2）硬质合金　硬质合金是由高硬度、难熔的金属碳化物（如 WC 和 TiC 等）和金属粘结剂（以 Co 为主）用粉末冶金方法制成的。其硬度可达 72~82HRC，允许的最高工作温度可达 1000℃。硬质合金的抗弯强度和冲击韧度均比高速钢差，刃口不易磨得锐利，因此其工艺性比高速钢差。

硬质合金可分成三大类，其代号是：P（钨钛钴类）、K（钨钴类）和 M（通用硬质合金类）。表 1-5 为切削加工用硬质合金的应用范围分类和用途分组表。

（3）涂层刀具材料及超硬材料　涂层刀具材料主要是 TiC、TiN、TiC-TiN（复合）和陶瓷等，这些材料都具有高硬度、高耐磨性和很好的高温硬度等特性。把涂层材料涂在高速钢和韧性较好的硬质合金上，厚度虽仅几微米，但能使高速钢刀具的寿命延长 2~10 倍，使硬质合金刀具的寿命延长 1~3 倍。目前较先进的涂层刀具，为了综合各种涂层材料的优点，常采用复合涂层，如 TiC-TiN 和 Al_2O_3-TiC 等。目前涂层高速钢刀具在成形铣刀和齿轮铣刀上的应用已较广泛。

表 1-5　切削加工用硬质合金的应用范围分类和用途分组表

应用范围分类			用途分组			性能提高方向	
代号	被加工材料类别	颜色	代号	被加工材料	适应的加工条件	切削性能	合金性能
P（钨钛钴类 YT）	长切屑的钢铁材料	蓝色	P01 (YN10、YT30)	钢、铸钢	高切削速度、小切屑截面，无振动条件下的精车、精镗	切削速度　进给量	耐磨性　韧性
			P10 (YT15)	钢、铸钢	高切削速度、中等或小切屑截面条件的车削、仿形车削、车螺纹和铣削		
			P20 (YT14)	钢、铸钢、长切屑可锻铸铁	中等切削速度和中等切屑截面条件下的车削、仿形车削和铣削，小切屑截面的刨削		
			P30 (YT5)	钢、铸钢、长切屑可锻铸铁	中或低等切削速度、中等或大切屑截面条件下的车削、铣削、刨削和不利条件下的加工[1]		
			P40	钢、含砂眼和气孔的铸钢件	低切削速度、大切削角、大切屑截面以及不利条件下的车削、刨削、切槽和自动机床上加工		
			P50	钢、含砂眼和气孔的中和低强度钢铸件	用于要求硬质合金有高韧性的工序：在低切削速度、大切削角、大切屑截面及不利条件下的车削、刨削、切槽和自动机床上加工		
M（钨钛钽、铌钴类）	长切屑或短切屑的钢铁材料和非铁金属材料	黄色	M10(YW1)	钢、铸钢、锰钢、灰铸铁和合金铸铁	中或高切削速度、小或中等切屑截面条件下的车削	切削速度　进给量	耐磨性　韧性
			M20(YW2)	钢、铸钢、奥氏体钢或锰钢、灰铸铁	中等切削速度、中等切屑截面条件下的车削、铣削		
			M30	钢、铸钢、奥氏体钢、灰铸铁、耐高温合金	中等切削速度、中等或大切屑截面条件下的车削、铣削、刨削		
			M40	低碳易切钢、低强度钢、非铁金属和轻合金	车削、切断，特别适于自动机床上加工		

（续）

应用范围分类			用途分组			性能提高方向	
代号	被加工材料类别	颜色	代号	被加工材料	适应的加工条件	切削性能	合金性能
K（钨钴类YG）	短切屑的钢铁材料、非铁金属材料及非金属材料	红色	K01（YG3、YG3X）	特硬灰铸铁、肖氏硬度大于85的冷硬铸铁、高硅铝合金、淬硬钢、高耐磨塑料、硬纸板、陶瓷	车削、精车、镗削、铣削、刮削	切削速度 ↑ 进给量 ↓（耐磨性 ↑）	耐磨性 ↑ 韧性 ↓
			K10（YG6X、YG6A）	布氏硬度高于220HBW的灰铸铁、短切屑的可锻铸铁、淬硬钢、硅铝合金、铜合金、塑料、玻璃、硬橡胶、硬纸板、瓷器、石料	车削、铣削、钻削、镗削、拉削、刮削		
			K20（YG6、YG8A）	硬度低于220HBW的灰铸铁。非铁金属材料：铜、黄铜、铝	用于要求硬质合金有高韧性的车削、铣削、刨削、镗削、拉削		
			K30（YG8、YG8A）	低硬度灰铸铁、低强度钢、压缩木料	用于在不利条件下可能采用大切削角的车削、铣削、刨削、切槽加工		
			K40	软木或硬木、非铁金属材料	用于在不利条件下可能采用大切削角的车削、铣削、刨削、切槽加工		

① 不利条件系指原材料或零件铸造或锻造的表皮、硬度不匀和加工时的吃刀量不匀，间断切削以及振动等情况。

超硬刀具材料有天然金刚石、聚晶人造金刚石和聚晶立方氮化硼等。超硬刀具材料可切削极硬材料，而且能保持长时间的尺寸稳定性，同时刀具刃口极锋利，摩擦因数也很小，适合超精加工。超硬刀具材料可烧结在硬质合金表面，做成复合刀片。

1.5.3 铣刀的选择和合理使用

1. 铣刀形式和用途

铣刀的选用必须符合铣刀使用的规范，超出规范的使用会损坏铣刀，造成废品。除了掌握对常用的标准铣刀的合理选用和组合使用方法外，对一些改进后的铣刀，选用时也应掌握铣刀特点和铣削用量及相关的使用条件。表1-6列出了一些改进后的铣刀，供使用参考。

表 1-6　改进后铣刀的特点与使用条件

名称	刀具几何图形	刀具特点	切削用量	备注
分屑三面刃铣刀		1. 切削阻力小，排屑顺利，能减小加工表面粗糙度值 2. 散热性能好，可延长刀具寿命 3. 进给量比一般铣刀大，生产效率高	v_c = 45~60m/min v_f = 150~190mm/min $a_e \leq 22$mm	1. 刀具径向圆跳动不大于0.05mm，轴向圆跳动不大于0.03mm 2. 刀杆有足够的刚度，托架与主轴孔之间不超过400mm 3. 用乳化液冷却，流量应充足
错齿锯片铣刀		1. 由于实际切削齿数减少，增大了容屑槽，排屑方便 2. 刀具主切削刃交错，并互相交错，磨成8°偏角，使切削轻快，可增大切削用量	加工 20mm×40mm 的 45 钢 v_c = 89.5m/min v_f = 1180mm/min 加工 35mm×45mm 的 12Cr18Ni9 不锈钢： v_c = 55.6m/min v_f = 235mm/min	1. 切削时使用乳化液冷却，流量要大一些 2. 在切断材料时，最好不要铣通，防止崩刃

名称	图示	特点	切削用量	说明
硬质合金螺旋齿玉米立铣刀	 （8°、30°、25°、5°、C—C、A—A、C0.5）	1.分屑性能好，排屑顺利 2.刀齿容屑空间大，适用于强力切削 3.进给量和刀具寿命比高速钢立铣刀提高了十几倍	加工铸铁：v_c=60~90m/min，v_f=950~1180mm/min，a_e=3~8mm 加工中碳钢：v_c=125~180m/min，v_f=600~1180mm/min，a_e=2~6mm	1.加工铸铁采用K20刀片，加工钢材采用P30刀片 2.使用机床为X5032型
可转位直角刀片面铣刀	 （90°、45°、5°、K放大、7°、10°、4°、φ40、φ125、58、定位圆柱、刀片、压块、刀体、左右旋螺钉、A—A、K）	1.能加工工具有台阶的平面或直角槽 2.采用圆柱轴向定位，防止铣削时刀片产生轴向位移 3.刀片采用后压形式夹紧，结构简单	加工铸铁：v_c=70~90m/min，v_f=300~475mm/min，a_p=5~8mm 加工45钢：v_c=120~150m/min，v_f=300~475mm/min，a_p=5~8mm	1.加工铸铁采用K20刀片，加工45钢采用P20刀片，刀片型号：SPKN1504EDR（改制） 2.使用机床为X5032型

2. 铣刀主要结构参数的合理选择

（1）铣刀直径的合理选择　一般情况下，尽可能选用较小直径规格的铣刀，因为铣刀的直径增大，铣削力矩增大，易造成铣削振动，而且铣刀的切入长度增加，会使铣削效率下降。对于刚度较差的小直径立铣刀，则应按加工情况尽可能选用较大直径，以增加铣刀的刚度。各种常用铣刀直径的选择见表1-7、表1-8。

表1-7　面铣刀直径的选择　　　　　　　　　　　　　　　　　（单位：mm）

铣削宽度 a_e	40	60	80	100	120	150	200
铣刀直径 d_0	50~63	80~100	100~125	125~160	160~200	200~250	250~315

表1-8　盘形槽铣刀和锯片铣刀直径的选择　　　　　　　　　　（单位：mm）

铣削宽度 $a_e<$	8	15	20	30	45	60	80
铣刀直径 d_0	63	80	100	125	160	200	250

（2）铣刀齿数的合理选择　高速钢圆柱形铣刀、锯片铣刀和立铣刀按齿数的多少分为粗齿和细齿两种，粗齿铣刀同时工作的齿数少，工作平稳性差，但刀齿强度高，刀齿的容屑槽大，吃刀量和进给量可以大一些，故适用于粗加工。加工塑性材料时，切屑呈带状，需要较大的容屑空间，也可采用粗齿铣刀。细齿铣刀的特点与粗齿铣刀相反，仅适用于半精加工和精加工。

硬质合金面铣刀的齿数有粗齿、中齿和细齿之分，见表1-9。粗齿面铣刀适用于钢件的粗铣；中齿面铣刀适用于铣削带有断续表面的铸铁件或对钢件的连续表面进行粗铣或精铣；细齿面铣刀适用于机床功率足够的情况下对铸铁进行粗铣或精铣。

表1-9　硬质合金面铣刀的齿数选择

铣刀直径 d_0/mm		50	63	80	100	125	160	200	250	315	400	500
齿数	粗齿		3	4	5	6	8	10	12	16	20	26
	中齿	3	4	5	6	8	10	12	16	20	26	34
	细齿			6	8	10	14	18	22	28	36	44

3. 铣刀几何参数的合理选择

在保证铣削质量和铣刀经济寿命的前提下，能够满足提高生产效率、降低成本的铣刀几何角度称为铣刀合理角度。若铣刀的几何角度选择合理，就能充分发挥铣刀的切削性能。

（1）前角的选择原则和数值

1）根据不同的工件材料，选择合理的前角数值。

2）不同材料的铣刀切削部分，加工相同材料的工件，铣刀的前角也不应相同。高速钢铣刀可取较大前角，硬质合金应取较小前角。

3）粗铣时一般取较小前角，精铣时取较大前角。

4）工艺系统刚度较差和铣床功率较低时，宜采用较大的前角，以减小铣削力和铣削功率，并减小铣削振动。

5）对数控机床、自动机床和自动生产线用铣刀，为保证铣刀工作的稳定性（不发生崩刃及主切削刃破损），应选用较小的前角。

铣刀前角的选择可参考表 1-10。

表 1-10　铣刀前角选择参考数值　　　　　　　　　　　[单位：(°)]

铣刀材料	工件材料					
	钢料			铸铁		铝镁合金
	$R_m < 560MPa$	$R_m = 560 \sim 980MPa$	$R_m > 980MPa$	硬度 ≤ 150HBW	硬度 >150HBW	
高速钢	20	15	10~12	5~15	5~10	15~35
硬质合金	15	5~-5	-10~-15	5	-5	20~30

注：正前角硬质合金铣刀应有负倒棱。

（2）后角的选择原则和数值

1）工件材料的硬度、强度较高时，为了保证切削刃的强度，宜采用较小的后角；工件材料塑性大或弹性大及易产生加工硬化时，应增大后角。加工脆性材料时，铣削力集中在主切削刃附近，为增强主切削刃强度，应选用较小的后角。

2）工艺系统刚度差、容易产生振动时，应采用较小的后角。

3）粗加工时，铣刀承受的铣削力比较大，为了保证刃口的强度，可选取较小的后角；精加工时，切削力较小，为了减少摩擦，提高工件表面质量，可选取较大的后角。但当已采用负前角时，刃口的强度已得到加强，为提高表面质量，也可采用较大的后角。

4）高速钢铣刀的后角可比硬质合金铣刀的后角大 2°～3°。

5）尺寸精度要求较高的铣刀，应选用较小的后角。

铣刀后角的选择可参考表 1-11。

表 1-11　铣刀后角选择参考数值　　　　　　　　　　　[单位：(°)]

铣刀类型	高速钢铣刀		硬度合金铣刀		高速钢锯片铣刀	键槽铣刀
	粗齿	细齿	粗铣	精铣		
后角 α_o	12	16	6~8	12~15（也有用 8）	20	8

（3）刃倾角的选择原则和数值

1）铣削硬度较高的工件时，对刀尖强度和散热条件要求较高，可选取绝对值较大的负刃倾角。

2）粗加工时，为增强刀尖的抗冲击能力，宜取负刃倾角；精加工时，切屑较薄，可取正刃倾角。

3）工艺系统刚度不足时，不宜取负刃倾角，以免增大纵向铣削力而引起铣削振动。

4）为了使圆柱形铣刀和立铣刀切削时平稳轻快，切屑容易从铣刀的容屑槽中排出，提高铣刀寿命和生产率，降低已加工表面的表面粗糙度值，可选取较大的螺旋角（正刃倾角）。

铣刀刃倾角或螺旋角的选择可参考表 1-12。

表 1-12　铣刀刃倾角或螺旋角选择参考数值　　　　　　　　[单位:(°)]

铣刀类型		β	面铣刀（包括铣削条件）		λ_s
带螺旋角的圆柱形铣刀	细齿	25~30	铣削钢材等	工艺系统刚度中等时	4~6
	粗齿	45~60		工艺系统刚度较好时	10~15
立铣刀		30~45	粗铣铸铁等		−7
盘形铣刀		25~30	铣削高温合金		45

（4）主偏角的选择原则和数值

1）当工艺系统刚度足够时，应尽可能采用较小的主偏角，以提高铣刀的寿命。当工艺系统刚度不足时，为避免铣削振动加大，应采用较小的主偏角。

2）加工高强度、高硬度的材料时，应取较小的主偏角，以提高刀尖部分的强度和改善散热条件。加工一般材料时，主偏角可取稍大些。

3）为增强刀尖强度，提高刀具寿命，面铣刀常磨出过渡刃，如图 1-46 所示。

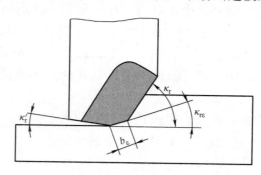

图 1-46　面铣刀的过渡刃

面铣刀的主偏角和工作主偏角的选择可参考表 1-13。

（5）副偏角的选择原则和数值

1）精铣时，副偏角应取小些，以使表面粗糙度值较小。

2）铣削高强度、高硬度的材料时，应取较小的副偏角，以提高刀尖部分的强度。

3）对锯片铣刀和槽铣刀等，为了保证刀尖强度和重磨后铣刀宽度变化较小，只能取 0.5°~2° 的副偏角。

4）为避免铣削振动，可适当加大副偏角。

副偏角的选择可参考表 1-13。

表 1-13　铣刀的主偏角和工作主偏角及副偏角选择参考数值

铣刀类型	铣刀特征	主偏角 κ_r	工作主偏角 κ_{re}	副偏角 κ_r'
面铣刀		30°～90°	15°～45°	1°～2°
双面刃和三面刃盘形铣刀				1°～2°
槽铣刀	d_0=40～60mm L=0.6～0.8mm L>0.8mm			0°15′ 0°30′
	d_0=75mm L=1～3mm L>3mm			0°30′ 1°30′
锯片铣刀	d_0=75～110mm L=1～2mm L>2mm			0°30′ 1°
	d_0>110～200mm L=2～3mm L>3mm			0°15′ 0°30′

注：面铣刀主偏角 κ_r 主要按工艺系统刚度选取。系统刚度较好，铣削较小余量时，取 κ_r=30°～45°；中等刚度而余量较大时，取 κ_r=60°～75°。加工相互垂直表面的面铣刀和盘铣刀，取 κ_r=90°。

（6）铣刀的维护与保养　铣刀是一种精度较高的金属切削刀具，铣刀切削部分的材料价格和制造成本都比较高，因此，合理的维护和保养铣刀，是铣刀合理使用不可缺少的环节。使用和存放铣刀时应注意以下事项：

1）铣刀切削刃是构成铣刀形状精度的几何要素，应锋利完整。在放置、搬运和安装拆卸中，应注意保护铣刀切削刃的精度，即使是使用后送磨的铣刀，也要注意保护切削刃的精度。

2）铣刀装夹部位的精度比较高，对于套式铣刀的基准孔和装夹平面，如果有毛刺和凸起，会直接影响装夹精度。而且铣刀有较高的硬度，修复比较困难，在安装、拆卸和放置、运送过程中，应注意保护。

3）对使用后送磨的铣刀应注意清洁，接触过切削液的铣刀应及时清理残留的切削液和切屑，以防止铣刀表面氧化生锈影响精度。

4）在铣刀放置时，应避免切削刃与金属物接触。在库房存放时，应设置专用的器具，使铣刀之间有一定的间距，避免切削刃之间相互损伤。若需要叠放的，可在铣刀之间衬垫较厚的纸片。柄式铣刀一般应用一定间距的带孔板架存放，将铣刀柄部插入孔中。

5）对长期不用的刀具，或存放在比较潮湿的工作环境中时，应注意涂抹防锈油加以保护。

6）可转位铣刀的刀片应使用专用的包装进行保管，以免损坏切削刃、搞错型号等。对成套的齿轮铣刀，应按规格放置，加工后不进行修磨的应注意齿槽清洁，以免氧化生锈影响铣刀形状和尺寸精度。

7）专用铣刀必须按工艺要求进行保管和使用，可在铣刀颈部等其他不影响安装精度的部位刻写刀具编号。

8）具有端部内螺纹的锥柄铣刀和刀体，应注意检查和维护内螺纹的精度，以免使用中发生事故。

1.5.4 铣刀组合调整方法

1. 铣刀组合的典型形式

（1）面铣刀组合形式　图 1-47a 所示是面铣刀的组合形式，组合后的铣刀可以用于粗加工和精加工。

（2）盘铣刀和圆柱形铣刀组合形式　图 1-47b 所示为盘铣刀和圆柱形铣刀的组合形式，圆柱形铣刀用于铣削与主轴平行的平面；盘铣刀的侧面刃用于铣削与主轴垂直的平面，圆周刃用于铣削与主轴平行的平面。

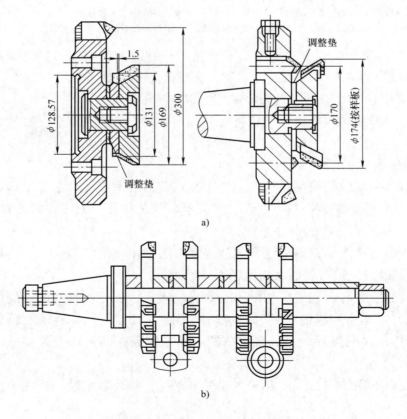

a)

b)

图 1-47　铣刀组合的典型形式

a）面铣刀组合　b）盘铣刀和圆柱形铣刀组合

2. 铣刀组合加工的加工工艺特点和操作要点

1）铣削加工中采用的组合刀具一般都是套式刀具进行组合，即刀具的夹持部分采用带键槽的套装孔结构。

2）组合时可采用立式短刀杆安装组合和卧式长刀杆安装组合。

3）铣削加工中按刀具切削部位分类，有圆周刃承担主要切削工作和端齿承担主要切削工作两种方式，通常称为端铣和周铣。因此，组合铣刀铣削加工与刀杆平行的面时采用周铣方式，铣削与轴线垂直的面时采用端铣方式，使用角度铣刀铣削加工斜面时采用周铣方式。图 1-48 所示为组合铣刀加工形式图谱，它们都是采用长刀杆安装组合铣刀进行加工的，其中有用圆周刃铣削加工与刀杆平行的平面的，也有用端面齿加工与刀杆垂直的侧面的。

4）铣削加工扁榫平行侧面、拨叉类零件的平行侧面以及六棱柱等零件的平行侧面时，一般都采用三面刃铣刀进行组合加工，可一次加工成对的侧面，中间的尺寸可通过调整刀具之间的垫圈来确定。

5）铣削加工与刀杆平行的多个平面时，一般采用圆柱形铣刀进行组合加工。为了平衡轴向切削力，圆柱形铣刀的螺旋角应成对反向组合，如两把铣刀组合，应选用左螺旋齿、右螺旋齿的圆柱形铣刀进行加工，如图 1-48a~ 图 1-48c 所示。

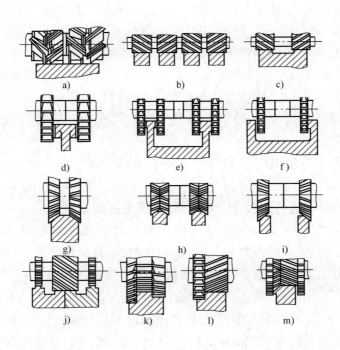

图 1-48　组合铣刀加工形式图谱

a）、b）、c）、j）用组合铣刀铣削水平面　d）、e）、f）用组合铣刀铣削垂直面

g）、h）、i）用组合铣刀铣削斜面　k）、l）、m）用组合铣刀铣削台阶连接面

6）铣削加工既有与刀杆平行的平面，又有与刀杆垂直的平面所形成的台阶面或直角沟槽时，应注意组合刀具的切削刃的位置。如图 1-48k 所示为铣削加工台阶面的连接面，刀具组合时中间使用圆柱形铣刀，两侧使用左侧刃和右侧刃的两面刃铣刀，这样才能加工出由三个水平面和两个垂直面组成的台阶面。

7）组合刀具时应注意装卸的顺序，容易混淆的刀具最好进行编号，调整套式刀具间距的平行衬套也应按顺序摆放，以便重新组装时可达到刀具的组合要求。在调换装卸组合刀具时，最好有完工合格的零件处于加工位置，以便刀具组合安装时进行对刀调整。

3. 铣刀的组合与调整方法

（1）基本方法

1）刀具的轴向尺寸与位置的调整是通过选择铣刀宽度尺寸和调整间隔垫圈的尺寸来实现的。

2）刀具的径向尺寸和切削刃位置是通过铣刀的结构尺寸和形状选择确定的。

（2）铣刀的组合与调整　在卧式铣削加工中，可以使用长刀杆实现铣刀组合，进行多面加工和多个零件同时加工，以提高生产效率。铣刀的组合与调整应掌握以下要点：

1）选用铣刀应符合组合刀具的结构要求。例如，铣削加工扁榫的平行侧面时，应选用三面刃铣刀进行组合；铣削与刀杆平行的立方体工件平面时，应选择圆柱形螺旋齿铣刀，且相邻铣刀的螺旋方向相反，以平衡轴向铣削力。

2）选用的刀具结构尺寸与加工面的尺寸有关。例如，扁榫的侧面高度为 10mm，刀杆的套圈直径为 30mm，此时刀具外径尺寸 d_0 应按 10mm $<$（d_0 - 30mm）/2 进行选择；又如，铣削多个立方体工件上与刀杆平行的平面时，圆柱形铣刀的宽度应大于立方体平面的宽度。

3）多个零件同时加工时，刀具的间距应使刀具中间平面的间距与工件的间距相等。

4）当垂直于刀杆进行多面加工时，刀具侧刃的间距尺寸应按工件平行侧面的尺寸精度来调节，通常是用试加工方法，经过对试件精确的测量获得刀具组合后侧刃间距的初始尺寸 L_1，然后按照初始尺寸 L_1 与图样尺寸 L_2 的差值来修磨平行衬套的长度尺寸，或增加垫片使刀具组合后的间距尺寸符合图样的尺寸精度要求。

5）当平行于刀杆进行多面加工时，因各面与刀杆轴线的距离是不同的，因此需要通过控制各个刀具的直径尺寸之差来实现高低不同的多个平面的加工。例如，一个工件上需要加工高度差为 20mm 的台阶面，此时铣刀 1 的直径为 d_1，组合配置铣刀 2 时，铣刀 2 的直径 d_2 应为 d_1 + 20mm × 2 或 d_1 - 20mm × 2。

6）铣削凹凸连接面时，刀具的组合应综合 4）和 5）的方法进行组合。

7）铣削加工成形面的刀具，其组合应按专用刀具的设计参数进行，如刀具的组合顺序、铣削加工的对刀参数等。

1.5.5　数控铣刀的选择、结构和性能

数控铣床上所采用的刀具要根据被加工零件的材料、几何形状、表面质量要求、热处理状态、切削性能及加工余量等，选择刚度好、耐用度高的刀具。

1. 铣刀的选择

根据被加工零件的几何形状，刀具的选择如下：

1）加工曲面类零件时，为了保证刀具切削刃与加工轮廓在切削点相切，而避免刀刃与工件轮廓发生干涉，一般采用球头铣刀，粗加工用两刃铣刀，半精加工和精加工用四刃铣刀。

2）铣大的平面时：为了提高生产效率和降低表面粗糙度值，一般采用刀片镶嵌式盘形铣刀。

3）铣小平面或台阶面时一般采用通用铣刀。

4）铣键槽时，为了保证槽的尺寸精度，一般用两刃键槽铣刀。

5）孔加工时，可采用钻头、镗刀等孔加工类刀具。

2. 铣刀结构和性能

铣刀一般由刀片、定位元件、夹紧元件和刀体组成。由于刀片在刀体上有多种定位与夹紧方式，刀片定位元件的结构又有不同类型，因此铣刀的结构形式有多种，分类方法也较多。选用时，主要可根据刀片排列方式进行选用。刀片排列方式可分为平装结构和立装结构两大类。

（1）平装结构（刀片径向排列）　平装结构铣刀的刀体结构工艺性好，容易加工，并可采用无孔刀片（刀片价格较低，可重磨）。由于需要夹紧元件，刀片的一部分被覆盖，容屑空间较小，且在切削力方向上的硬质合金截面较小，故平装结构的铣刀一般用于轻型和中量型的铣削加工。

（2）立装结构（刀片切向排列）　立装结构铣刀的刀片只用一个螺钉固定在刀槽上，结构简单，转位方便。虽然刀具零件较少，但刀体的加工难度较大，一般需用五坐标加工中心进行加工。由于刀片采用切削力夹紧，夹紧力随切削力的增大而增大，因此可省去夹紧元件，增大了容屑空间。由于刀片切向安装，在切削力方向上的硬质合金截面较大，因而可进行大切削深度、大进给量切削，这种铣刀适用于重型和中量型的铣削加工。

3. 刀具刃倾角的作用及选择

（1）控制切屑的排出方向　对于半封闭状态下工作的铰刀、丝锥等工具，常利用改变刃倾角来获得所需的排屑方向，有利于提高加工表面质量。

（2）影响刀尖强度和切削平稳性　负值刃倾角刀具，刀尖位于主切削刃的最低点，切削时离刀尖较远的切削刃先接触工件，而后逐渐切入，有利于延长刀具寿命。

当刃倾角为 0° 时，主切削刃同时切入和切出，冲击力大；当刃倾角不为 0° 时，主切削刃逐渐切入工件，冲击小且刃倾角的绝对值越大，参加切削的主切削刃越长，切削过程越平稳。

（3）影响实际切削前角和切削刃的锋利性　增大刃倾角可使实际切削前角增大，实际切削刃刃口圆弧半径减小，使切削刃锋利，便于实现微量切削。

刃倾角的值主要根据排屑方向、刀具强度和加工条件决定，如精加工时应取正值刃倾角，使切屑排向待加工表面，以免划伤、拉毛已加工表面；在断续或带冲击振动切削时，选负值刃倾角，能提高刀头强度、保护刀尖。许多大前角刀具常配合选用负值刃倾角来增加刀具强度；微量切削的精加工刀具，可取正值刃倾角为 45°~75°。

1.6　铣床夹具与装夹方式的合理选用

铣床上所用的夹具，最基本的要求是能对工件起定位和夹紧作用，要求比较完善的夹具，还应具有辅助装置，如对刀装置等。

1.6.1　铣床专用夹具的典型结构

铣床专用夹具是专为某一工件的某一工序而设计的夹具，当工件或工序改变时就不能再使用。这类夹具一般结构比较紧凑，使用维护方便，专用夹具适用于产品固定和大量生产的场合。

1. 铣床专用夹具的组成

铣削轴上键槽的简易专用夹具如图 1-49 所示。夹具的结构与组成如下：

1）V 形块 1 是夹具体兼定位件，它使工件（轴）4 在装夹时轴线位置必在 V 形

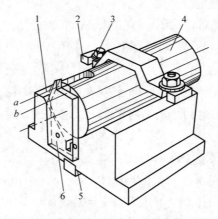

图 1-49　铣削轴上键槽的简易专用夹具

1—V 形块　2—压板　3—螺栓　4—工件（轴）5—定位键　6—对刀块

面的角平分中间平面内，从而起到定位作用。因 V 形块有一定的长度，故限制了工件的四个自由度。对刀块 6 除了对刀功能外，还起到端面定位的作用，限制了工件的一个自由度。

2）压板 2 和螺栓 3 及螺母是夹紧元件，用以阻止工件在加工过程中因受切削力而产生的移动或转动，起夹紧作用。

3）对刀块 6 的 a 面主要用于调整铣刀与工件（轴）4 的中心对称位置。对刀块 6 的 b 面通过铣刀端面刃对刀，调整铣刀端面与工件（轴）4 外圆（或水平中心线）的相对位置，以确定键槽的深度尺寸。

4）定位键 5 在简易夹具与机床间起侧向定位作用，使夹具体即 V 形块 1 的 V 形槽槽向与工作台的纵向进给方向平行，底面为夹具主要定位。

2. 铣床专用夹具的简要分析

（1）对工件的铣削工序精度要求的分析　本例工件为轴类零件，预制件为光轴，半封闭键槽的尺寸要求为宽度、深度、长度；位置精度主要是键槽对工件轴线的对称度和键槽与轴线的平行度要求。

（2）对定位元件及精度的分析

1）V 形块 1 是轴类零件的常用定位元件，较长的 V 形块可以克服轴类工件的四个自由度，有效控制了工件上键槽的对称度、深度尺寸和位置要求。

2）对刀块 6 和端面定位的元件用于工件半封闭键槽长度尺寸的定位，有效控制了槽长的尺寸精度要求。

3）定位键 5 安装在 V 形块的底面直槽内，具有与 V 形块槽向平行的精度要求，用定位键 5 在机床和夹具之间定位，使夹具的 V 形块槽向与工作台的纵向进给方向平行，保证工件轴线与工作台纵向进给方向的平行度，即保证了键槽槽向与工件轴线的平行度。

4）简易夹具属于不完全定位夹具，因工件是光轴，键槽在圆周上铣削的周向位置没有要求，因此，无须限制工件绕其轴线的旋转自由度。

5）由定位误差分析可知，若工件直径变化，V 形块定位对工件上键槽的对称度没有影响，但对槽深有一定影响。

6）工件端面的定位面积比较大，若工件的端面与轴线不垂直，将会影响槽长的加工精度。

（3）对夹紧元件及夹紧力的分析

1）夹紧元件采用桥形压板和螺栓螺母压紧方式。压板上采用在半封闭键槽中插入螺栓，压板和工件的装夹与拆卸都比较方便。

2）压板具有一定的宽度，使压紧力较均匀地分布在压板与工件接触的区域内。

3）夹紧力基本作用在工件的顶部素线位置上，使工件靠向 V 形块定位面，符合夹紧力指向主要定位的基本要求。

4）工件在铣削键槽过程中，因主要是克服绕工件旋转和沿轴线脱离端面定位的切削力，而本夹具主要是通过压板的夹紧力，在压板与工件、工件与V形块的三条接触线产生摩擦力，以阻止工件脱离定位的趋向。

5）简易夹具与机床之间通过螺栓压板夹紧，因定位和接触面积大，又有底部平键侧向定位，因此夹紧稳固、可靠。

1.6.2 铣床专用夹具的正确使用方法

与通用夹具的使用方法类似，使用铣床专用夹具时还应注意以下事项：

1）使用前应对工件的铣削加工工序图进行读图分析，还应分析工件前一工序的相关精度，并注意选用规定编号的专用夹具。

2）根据图样精度要求，对夹具的定位原理、夹紧方式进行简要分析。注意分析工件在夹具上的定位和夹紧方式，还要分析夹具与机床的定位与夹紧方式。

3）安装夹具时，注意检查机床、夹具定位精度，掌握夹紧力的大小。

4）夹具安装后，注意对夹具的定位和夹紧装置进行检测，检测其定位精度是否符合图样要求。如本例夹具安装后，可将工件在V形槽中定位，检测侧素线与工作台纵向进给方向的平行度，上素线与工作台面的平行度，以确定夹具精度及其安装精度。对夹具的夹紧机构还应检查其完好程度，如本例的压板与工件接触部位是否平整，螺栓和螺母的螺纹是否完好。

5）对刀装置一般由定位销保证其位置精度。首先应检查对刀块的夹紧螺钉与定位销是否有松动，其次应检查对刀面的表面质量，然后可用成品来大致复核对刀面的位置精度。如本例可将工件放置在V形块上，用规定的对刀量块贴合在对刀面上，若工件的侧面和槽底与对刀量块基本接平，说明夹具的对刀装置基本准确，随后通过第一件的准确对刀，首件铣削检验，进一步复核对刀装置的精度。

6）了解和掌握夹具的某些不足，在使用中注意避免误差影响工件的加工精度。如本例的工件，尽可能用与工件轴线垂直度较好的端面定位，以保证键槽的长度尺寸精度。

7）按工艺规定安装铣刀和选用铣削用量。夹具使用完毕后应注意清洁保养，并应及时送检，以保证下一次的使用精度。

1.6.3 复杂工件与易变形工件的装夹方法

复杂工件是相对比较标准的工件而言的，可以是形状比较复杂，也可以是工件定位和夹紧比较困难的零件。而易变形工件可以因工件材料、形状等因素，使工件在定位、夹紧时具有较高的要求，若操作不当，会引起工件的变形，难以达到铣削加工精度要求。现通过图1-50所示实例介绍复杂工件与易变形工件的装夹方法。

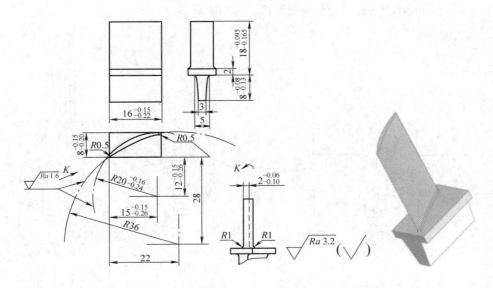

图 1-50　叶片

（1）薄形圆弧面工件（叶片）的结构分析　工件的叶身主体部分是由 $R20_{-0.24}^{-0.16}$ mm 及 $R36$mm 的内外圆弧面构成的弧形体。叶身最厚部分仅 2mm。工件的叶身座部分是由尺寸 $8_{-0.20}^{-0.15}$ mm、$16_{-0.22}^{-0.15}$ mm 和 2mm 形成的立方体。立方体的高度仅 2mm。工件的叶根部分是由尺寸 $8_{-0.13}^{-0.08}$ mm、3mm、5mm 及 $16_{-0.22}^{-0.15}$ mm 形成的棱台体。

（2）拟订铣削加工工序　铣削 9mm×17mm×27mm 外形→粗铣削叶根→精铣削外形至图样尺寸→精铣削叶根至图样尺寸→粗、精铣削 $R20$mm 圆弧面→粗、精铣削 $R36$mm 圆弧面。

（3）加工难点与装夹方法设想

1）加工叶片叶身圆弧面。这是本例的难点，需要加工的叶身包括加工 $R20$mm 和 $R36$mm 的内外圆弧面，通常需要作圆周进给进行铣削。圆周进给可由分度头或回转工作台实现，但工件需使用安装在分度头或转台上的夹具装夹。

2）叶身圆弧面铣削加工工件的装夹方法设想。

① 工件定位：在加工叶身部分的圆弧面时，工件的其他部分已达到图样要求，因此，选择叶身座 $8_{-0.20}^{-0.15}$ mm 和 $16_{-0.22}^{-0.15}$ mm 圆弧中心基准侧面及叶根定位台阶面作为定位基准，如图 1-51 所示。

② 工件夹紧。在加工 $R20$mm 圆弧面时，因 2mm 的叶身底面尚未形成，因此，其夹紧部位拟订在叶身端面；在加工 $R36$mm 圆弧面时，因 $R20$mm 一侧已铣削出 2mm 台阶面，故主要夹紧部位拟定在此一侧的 2mm 台阶面。考虑到铣削过程中形成的叶身壁较薄，容易变形，因此拟定在叶身端面作辅助夹紧（图 1-51b）。由于工件

壁较薄，工件夹紧采用螺钉压板。为了减少变形，在叶身端面所用的辅助夹紧压板应选用与工件相同的材料，工件夹紧如图 1-52 所示。

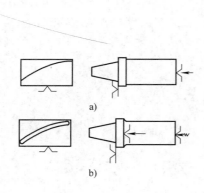

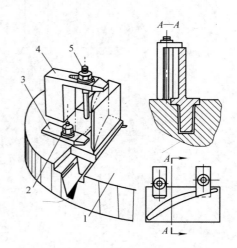

图 1-51　铣削叶身圆弧面工序简图

a）铣 R20mm 圆弧面　b）铣 R36mm 圆弧面

图 1-52　复杂易变形工件夹紧示意图

1—夹具体　2、5—螺栓　3、4—压板

3）夹具结构设想。为了保证叶身的位置尺寸，夹具体可拟定为圆柱台阶，如图 1-52 所示。铣削时，夹具体 1 下部的圆柱部分装夹在分度头或回转工作台的自定心卡盘内。夹具体上设有铣削 R20mm 及 R36mm 的定位槽和端面定位面。为防止端面定位误差，侧面定位面与端面定位面的两交角处均有凹陷圆弧。夹具体上部中心处设置小台阶圆柱，用以找正工件位置，测量圆弧面尺寸。此外，夹具体上还设有安装螺栓的螺孔，工件通过螺栓 2、5 和压板 3、4 等压紧。

1.6.4　铣床夹具的组合使用方法

工件的装夹方法包括直接装夹在工作台面上、使用通用夹具装夹、使用专用夹具装夹和制作组合夹具装夹等几种基本方法。在某些场合，还经常将夹具进行组合使用。例如，在分度头主轴上安装自定心卡盘和锥柄心轴，在回转工作台上安装机用虎钳、自定心卡盘、六面角铁等通用夹具，以适应各种工件的铣削加工需要。

现以实例介绍通用夹具组合的使用方法。

1. 成形面工件

现需将六面体坯件铣成图 1-53 所示的形状，从该工件的形面性质来看，本例不是简单的直线成形面，因为不仅 A、B 平面需要与圆弧面圆滑连接，而且侧面与顶面 C 的交接处有圆弧角，立圆弧面与顶面的交接处也有圆弧角。为保证工件形面各部分与圆弧连接，应一次装夹铣削成形。

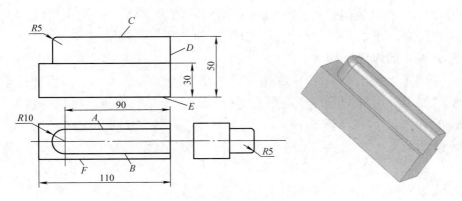

图 1-53　成形面工件

（1）工件装夹与找正　根据工件的外形特点，应以侧面 F 及底面 E 为定位基准，用机用虎钳装夹，即将机用虎钳放置在回转工作台上，使工件圆弧与回转工作台同轴。若工件数量较多时，为了免除每次装夹工件都要找正工件圆弧，可在第一件装夹后，在工件的 D 面设置定位块，装夹示意如图 1-54 所示。

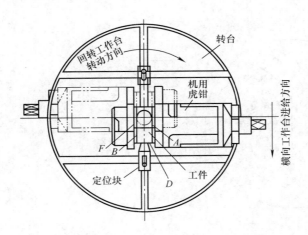

图 1-54　在回转工作台上用机用虎钳装夹工件

在回转工作台上用机用虎钳装夹工件铣削圆弧面时，应注意避免机用虎钳与铣床床身相碰。铣削工件的直线部分时，应找正工件 F 面与工作台横向平行，采用横向进给铣削直线部分，转动回转工作台铣削圆弧就不会发生碰撞现象。

（2）铣削方法

1）铣削步骤：铣削 A 面→铣削立圆弧面→铣削 B 面→铣削 A 侧直线圆弧角→铣削立圆弧顶部圆弧角→铣削 B 侧直线圆弧角。

2）选用刀具：侧面与立圆弧面用立铣刀铣削；角圆弧用凹圆弧成形立铣刀铣削。

3）侧面与侧面顶部的圆弧角用横向进给铣削，立圆弧与顶部的圆弧角用回转工作台圆周进给铣削。铣削过程中注意圆弧面回转角为180°，并注意直线与圆弧切点连接位置的精度，注意圆弧角与侧面、立圆弧面和顶面的圆滑连接。

2. 盘形等分圆弧槽工件

现需在铣床上铣削加工图1-55所示的盘形等分圆弧槽工件。圆弧槽一般用回转工作台铣削加工，工件的等分还需另有等分装置，若单独找正，难以保证加工精度。根据工件的外形尺寸和圆弧槽的位置和尺寸，宜采用"双回转工作台法"的铣削加工方式，便能够在一次装夹工件后，达到图样的铣削加工要求。工件装夹和加工要点如下：

（1）装夹和找正工件

1）选用两个直径不同的回转工作台，将大回转工作台安装在工作台面上，采用环表法使铣床主轴与大回转工作台的回转中心同轴。

2）根据工件圆弧中心的分布圆半径，将工作台沿纵向向右移动47.5mm，然后也采用环表法将小回转工作台安装在大回转工作台上，使铣床主轴与工作台的中心同轴。

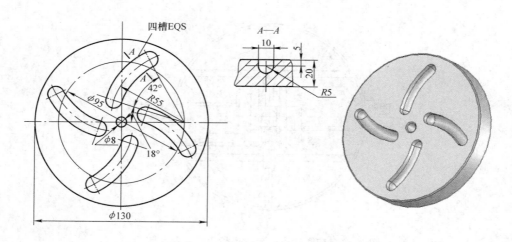

图1-55　盘形等分圆弧槽工件

3）配置一根一端与小回转工作台主轴基准孔配合，另一端与工件基准孔配合的专用心轴，用于工件定位，并采用螺栓压板夹紧工件。工件装夹和回转工作台的安装位置如图1-56所示。工件圆弧槽中心已与大回转工作台的中心重合，工件中心已与小回转工作台的中心重合。铣削时，工件的圆周进给由转动大回转工作台实现；而工件四条圆弧槽的等分由转动小回转工作台完成。

（2）选择铣刀　圆弧槽的槽底形状为R5mm的凹圆弧，因此，可采用球头立铣刀铣削。

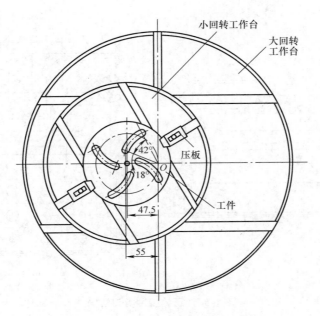

图 1-56 用双回转工作台装夹工件

（3）调整铣刀切削位置　按机床主轴与小回转工作台中心同轴的位置，将工作台沿纵向向右移动 7.5mm，使主轴中心至大回转工作台中心的距离为 55mm，以符合铣刀中心与工件中心的位置尺寸要求，然后将大回转工作台按逆时针方向转过 18°，确定圆弧槽铣削的起始位置，然后按逆时针方向铣削并转过 42°，即可铣出第一条圆弧槽。

（4）工件分度　在第一条圆弧槽铣完后，将小回转工作台转过 90° 进行分度，依次铣削其余圆弧槽。

由本例工件装夹和铣削方法可见，双回转工作台法可适用于铣削加工既需要等分又需要圆周进给的工件。

1.7　正弦规与常用齿轮量具的使用与保养

1.7.1　正弦规及其使用方法

正弦规是铣削加工中精度较高的常用角度量具，常用于检测零件、找正工件和夹具倾斜的位置精度。

（1）正弦规的结构与规格　图 1-57 所示为正弦规的结构与种类，正弦规由主体、圆柱、挡板等组成。图 1-58 所示为正弦规支承板，可与正弦规配合使用。表 1-14 是正弦规的规格，选用时可参考使用。正弦规基准圆柱之间的轴线距离十分准确，常用的规格是 100mm 的中心距尺寸。

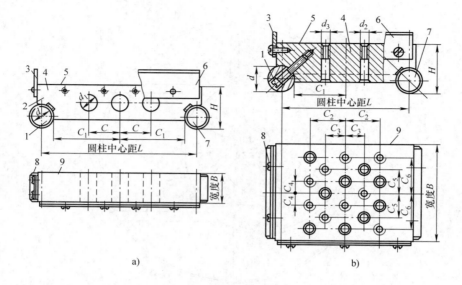

图 1-57　正弦规种类与结构

a）窄型正弦规　b）宽型正弦规

1、7—圆柱　2、9—侧面　3—前挡板　4—主体　5—工作面　6—侧挡板　8—螺钉

（2）正弦规的基本使用方法　应用正弦规和量块组可测量零件的倾斜角度，如圆锥的锥角、斜面与基准面的夹角等；应用正弦规和量块组可找正工件或夹具的加工位置，以保证工件或夹具的基准面（轴线）与进给方向倾斜所需要的角度，加工出符合图样要求的斜面（槽、孔）。正弦规的基本使用方法如下：

1）选择适用规格的正弦规。正弦规的规格应与检测方式、检测部位的尺寸等相对应。例如，在正弦规上检测圆锥体的锥角，此时正弦规的规格应按圆锥体锥面的素线长度选择，圆柱之间的距离一般应接近锥面素线的长度。又例如，将正弦规放置在工件斜面上检测斜面与基准面之间的夹角，此时正弦规两圆柱之间的距离应小于斜面的长度，此外还需要按斜面的宽度选择窄型或宽型正弦规。

2）正弦规是与量块组配合使用的，量块组的组合尺寸 $H = L\sin\alpha$（L 为正弦规滚柱之间的尺寸，α 为被测角度）。量块组组合时应注意两端接触面使用量块保护块。量块组组合尺寸的实际值与各组成量块的误差有关，因此需要注意所用各量块的误差值。

3）在确定检测零件（或夹具）的摆放位置时，注意正弦规检测方向与零件（或夹具）基准的位置，放置在正弦规上检测的零件可以使用侧面或端面的挡板作定位。

4）根据检测得到的高度差 $\Delta H = L\sin\Delta\alpha$，由此可以计算出倾斜角度的偏差值 $\Delta\alpha$。

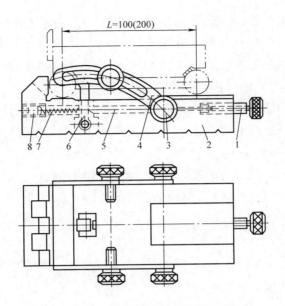

图 1-58 正弦规支承板

1—锁紧螺钉 2—底座 3—支承螺钉 4—支承板 5—压紧杆 6—压紧杠杆 7—弹簧 8—止推螺钉

表 1-14 正弦规的规格 （单位：mm）

型式	基本尺寸													
	L	B	d	H	C	C_1	C_2	C_3	C_4	C_5	C_6	d_1	d_2	d_3
I 型（窄型）	100	25	20	30	20	40	—	—	—	—	—	12	—	—
	200	40	30	55	40	85	—	—	—	—	—	20	—	—
II 型（宽型）	100	80	20	40		40	30	15	10	20	30	—	7B12	M6
	200	80	30	55		85	70	30	10	20	30	—	7B12	M6

（3）正弦规在铣削加工中的应用示例

1）零件倾斜角度的检测。

① 单一斜面的倾斜角度检测如图 1-59a 所示，工件与底面基准的倾斜角度为 α，检测 α 角度的准确性可应用正弦规。检测前先按工件斜面的夹角 α 与正弦规的 L 计算出量块组的尺寸 H，然后按图 1-59a 所示位置摆放。检测时用指示表触头测及工件基准端面，若基准端面与标准平板平行，表示工件斜面与基准面的夹角为 α；若沿倾斜方向有高度差，可按 $\Delta H = L \sin \Delta \alpha$ 计算得出倾斜角度的偏差值；若垂直于倾斜方向有高度差，则表明单一斜面与相邻侧面不垂直。

② 复合斜面的角度检测如图 1-59b 所示，基本方法与单一斜面检测方法类似。

2）夹具或工件倾斜位置的找正。

① 夹具的位置精度要求比较高的，可应用正弦规进行找正。图 1-60a 所示为可

倾斜回转工作台倾斜角度的找正方法，具体方法与工件在标准平板上的检测方法类似。在找正过程中，若指示表测出有高度误差时，需要逐步调整，直至正弦规检测面与工作台面平行。按照类似的方法，可以找正机用平口虎钳定钳口与进给方向的倾斜角度；找正分度头主轴与进给方向的倾斜角度。

②　工件按倾斜角装夹时，若位置精度要求比较高，也可应用正弦规进行找正。例如，工件装夹在分度头上后，需要找正基准面与工作台面沿横向的倾斜角度 $\alpha = 57'$，此时可按图 1-60b 所示方法检测工件装夹位置的准确性。若有偏差，可通过微量调整分度头主轴的转角达到位置精度要求。按照类似的方法，可以找正装夹在机用虎钳上、回转工作台上的工件与进给方向的倾斜角度。

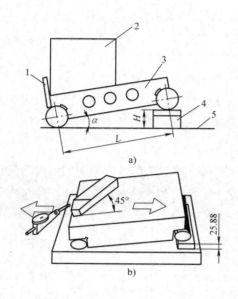

图 1-59　用正弦规测量斜面

a）单一斜面角度测量　b）复合斜面角度测量

1—挡板　2—单斜面工件　3—正弦规

4—量块　5—标准平板

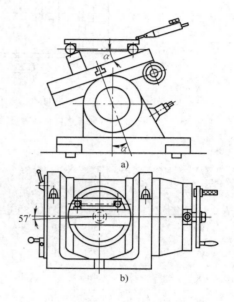

图 1-60　用正弦规找正夹具和工件

a）夹具找正　b）工件找正

1.7.2　常用齿轮量具量仪的种类

（1）齿轮精度测量的基本项目　在铣床上铣削的齿轮有直齿圆柱齿轮、斜齿圆柱齿轮、直齿条、斜齿条和直齿锥齿轮。齿轮精度测量的主要项目见表 1-15。

（2）常用齿轮量具量仪

1）测量公法线长度的量具量仪有公法线千分尺、公法线指示卡规、公法线杠杆千分尺，也可以采用一般的游标卡尺、专用卡规，还可以使用万能测齿仪测量公法线长度。

表 1-15　齿轮精度测量的主要项目

序号	测量主要项目	用途与特点
1	公法线长度测量	公法线测量是保证齿侧间隙精度的有效测量方法，在齿轮测量中具有测量简便、准确，不受测量基准限制等特点，是齿轮测量最常用的方法之一
2	分度圆弦齿厚测量	分度圆弦齿厚测量是保证齿侧间隙精度的单齿测量法，在实际生产中应用方便，其缺点是测量时齿轮的齿顶圆直径误差会影响弦齿高的测量精度
3	固定弦齿厚和弦齿高测量	固定弦齿厚和弦齿高仅与齿轮的模数和压力角有关
4	齿圈径向圆跳动测量	齿轮的径向圆跳动是在齿轮一转的范围内，测头在齿槽内或轮齿上与齿高中部双面接触，测头对于齿轮轴线的最大变动量
5	齿距累积误差测量	测量各齿距对于起始齿距的误差值
6	齿形测量	测量齿轮齿根、齿面和齿顶部分的形状误差
7	齿向测量	测量实际齿向与设计齿向的误差

2）测量齿轮分度圆弦齿厚、固定弦齿厚的量具量仪有齿厚游标卡尺、光学测齿卡尺和各种齿厚卡板（用通端和止端控制齿厚尺寸精度）。

3）测量齿轮径向圆跳动误差的量仪，通常采用齿距径向圆跳动检查仪，也可以采用万能测齿仪。

4）测量齿轮齿距误差、齿圈径向圆跳动、公法线长度、齿厚变动量等多项内容的量仪，一般采用万能测齿仪。

1.7.3　常用齿轮量具量仪的结构与使用方法

（1）公法线千分尺　公法线千分尺的结构与外径千分尺基本相同，如图 1-61 所示，公法线千分尺上零件 2、3 的形状与外径千分尺不同，主要作用是便于将测砧伸入齿槽进行测量。公法线千分尺的规格与外径千分尺相同。测量较大齿轮的公法线长度也可以使用普通的游标卡尺。

（2）齿厚游标卡尺　齿厚游标卡尺是由两个相互垂直的齿高尺和齿厚尺组成的。齿高尺用以调整弦齿高，保证齿厚尺的测量位置。弦齿厚的测量由齿厚尺的固定测量爪与活动测量爪配合完成。齿厚游标卡尺有 1~16mm、1~26mm、5~32mm 和 15~55mm 四种模数规格，分度值有 0.01mm 和 0.02mm 两种。游标齿厚卡尺的结构如图 1-62 所示。

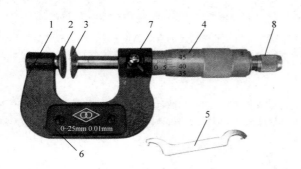

图 1-61　公法线千分尺的结构

1—尺架　2—固定测砧　3—活动测砧　4—微分筒
5—板子　6—隔热装置　7—锁紧装置　8—测力装置

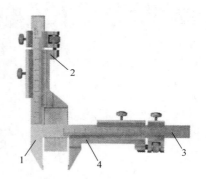

图 1-62　游标齿厚卡尺的结构

1—齿高尺　2—齿高尺游标
3—齿厚尺　4—齿厚尺游标

1.8　光学分度头的应用

　　光学分度头是铣工常用的精密测量和分度的一种光学量仪。光学分度头可以测量外花键、拉刀、铣刀、凸轮、齿轮等工件。光学分度头采用光栅数字显示等新技术，提高了仪器的精度，使读数更为方便。光学分度头按读数方式分为目视式、影屏式和数字式，按分度值分类，有 1′、30″、20″、10″、5″、3″、2″、1″ 等规格。其中，以 10″ 分度头使用较广泛。

1.8.1　光学分度头的结构

　　光学分度头有不同的种类，但其结构、光学系统和分度方法基本相同，图 1-63 所示是最常见的一种光学分度头结构，光路见图 1-64a。圆刻度盘和主轴是一起转动的，圆刻度盘 5 上的刻线在游标刻度盘 8 上所成的像和其上的"秒"值游标刻度尺一起再经过中间透镜组 9 成像在可动分划板 10 上，然后经目镜 13 放大后观测，视场图如图 1-64b 所示。图 1-64b 中左侧长刻线是圆刻度盘刻线像，分度值为 1°，中间是"分"值刻度尺，分度值为 2′，分值刻度尺刻在可动分划板 10 上，在可动分划板 10 上还刻有两根短线组成的双刻线（图 1-64b 中 41° 刻线两侧）。可动分划板 10 由微动手轮 11 通过蜗杆副传动。图 1-64b 中右面显示刻度是"秒"值游标刻度尺（此刻度尺是游标刻度盘 8 上刻线的成像，是固定不动的），刻度共 12 格，分度值为 10″。读数时，按下列步骤进行：

　　1）将可动分划板 10 上的双刻线套准在"度"刻线上，读出"度"数值。

　　2）根据右面"秒"值刻度尺的"0"线指向中间的"分"值刻度尺的对应位置，读出"分"数值。

3）根据右面"秒"值刻度尺上某一"秒"值刻线与中间"分"值刻度尺上某一刻线对准一直线的位置，读出"秒"数值。

按照以上步骤，视场图显示的位置读数应为41°8′40″，如图1-64b所示。

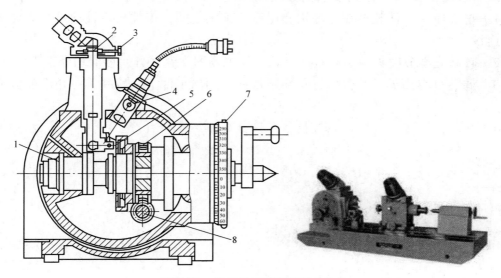

图 1-63 光学分度头及其基本结构

1—主轴 2—可动分划板 3—微动手轮 4—光源 5—圆刻度盘 6—蜗轮 7—外刻度盘 8—蜗杆

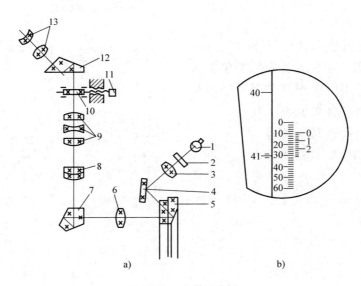

a)　　　　　　　　　b)

图 1-64 光学分度头

a）光路 b）视场图

1—光源 2—滤光片 3—聚光镜 4—反光镜 5—圆刻度盘 6—物镜 7、12—棱镜 8—游标刻度盘

9—中间透镜组 10—可动分划板 11—微动手轮 13—目镜

1.8.2 光学分度头的使用方法

现以测量轴类零件正六棱柱角度面的等分精度为例，介绍使用光学分度头测量工件的中心夹角和等分精度的具体操作方法。

1）把六棱柱工件装夹在分度头和尾座两顶尖之间，工件与主轴通过鸡心夹头与拨盘连接。

2）转动光学分度头手柄和微动手轮，使视场图中度、分、秒值均处于零位。

3）调整鸡心夹头、拨盘螺钉，并用百分表测出工件上六棱柱某一角度面的相对位置。

4）用百分表逐一测量正六棱柱各角度面，保持原表针读数不变，记录相应的光学分度头实际回转角，计算出与图样要求的名义回转角的差值。

5）在测得的 z 个差值中，最大差值为等分误差，各差值为相邻角度面之间的中心角误差。

1.9 工艺尺寸链的计算与应用

1.9.1 尺寸链的组成

（1）尺寸链形成及其基本术语　在机器装配或零件加工过程中，由相互连接的尺寸形成封闭的尺寸组称为尺寸链，图 1-65a 所示为齿轮部件中各零件尺寸形成的尺寸链，图 1-65b 所示为托架位置尺寸（平行度、垂直度）形成的尺寸链。尺寸链的基本术语及含义见表 1-16。

（2）尺寸链的代号与符号

1）尺寸链代号。长度环用大写斜体拉丁字母 A、B、C 等表示；角度环用小写斜体希腊字母 α、β、γ 等表示；封闭环用加下角标"0"表示；组成环用加下角标阿拉伯数字表示，数字表示各组成环相应的序号；通常增环可用 $\overrightarrow{A}$ 方式表示，减环可用 $\overleftarrow{A}$ 方式表示。

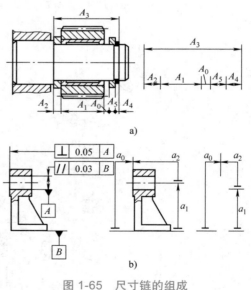

图 1-65　尺寸链的组成

a）齿轮部件尺寸链　b）托架尺寸链

2）尺寸链的符号。标量环用双箭头线段表示；矢量环用单箭头表示；角度环中区分基准要素与被测要素时，符号中短粗线位于基准要素上，箭头指向被测要素；当互为基准时，用双箭头线段表示。

表 1-16　尺寸链的基本术语及含义

序号	术语	含 义
1	环	列入尺寸链中的每一个尺寸
2	封闭环	尺寸链中在装配或加工过程最后形成的一环
3	组成环	尺寸链中对封闭环有影响的全部环。这些环中任一环的变动必然引起封闭环的变动
4	增环	尺寸链中的组成环，由于该环的变动引起封闭环同向变动。同向变动指该环增大时封闭环也增大，该环减小时封闭环也减小
5	减环	尺寸链中的组成环，由于该环的变动引起封闭环反向变动。反向变动指该环增大时封闭环减小，该环减小时封闭环增大
6	补偿环	尺寸链中预先选定的某一组成环，可以通过改变其大小或位置，使封闭环达到规定的要求
7	传递系数	表示各组成环对封闭环影响大小的系数

1.9.2　尺寸链的计算

（1）尺寸链计算参数　尺寸链计算参数的符号和含义见表 1-17，各参数的关系如图 1-66 所示。

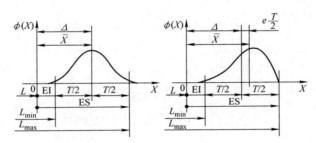

图 1-66　尺寸链各参数的关系

（2）尺寸链的基本计算公式　尺寸链的计算主要是封闭环与组成环的基本尺寸、公差和极限偏差之间的关系。公差的计算有极值计算法和统计计算法，基本计算公式见表 1-18。

表 1-17　尺寸链计算参数的符号和含义

序号	符号	含义	序号	符号	含义
1	L	基本尺寸	11	m	组成环环数
2	L_{max}	上极限尺寸	12	ξ	传递系数
3	L_{min}	下极限尺寸	13	k	相对分布系数
4	ES	上极限偏差	14	e	相对不对称系数
5	EI	下极限偏差	15	T_{av}	平均公差
6	X	实际偏差	16	T_L	极值公差
7	T	公差	17	T_S	统计公差
8	Δ	中间偏差	18	T_Q	平方公差
9	$\bar{X}$	平均偏差	19	T_E	当量公差
10	$\phi(X)$	概率密度函数			

表 1-18 尺寸链的基本计算公式

序号	计算内容		计算公式	说明
1	封闭环基本尺寸		$L_0 = \sum_{i=1}^{m} \xi_i L_i$	下角标 "0" 表示封闭环，"i" 表示组成环及其序号，下同
2	封闭环中间偏差		$\Delta_0 = \sum_{i=1}^{m} \xi_i \left(\Delta_i + e_i \dfrac{T_i}{2} \right)$	当 $e_i = 0$ 时，$\Delta_0 = \sum_{i=1}^{m} \xi_i \Delta_i$
3	封闭环公差	极值公差	$T_{0L} = \sum_{i=1}^{m} \lvert \xi_i \rvert T_i$	在给定各组成环公差的情况下，按此计算的封闭环公差 T_{0L}，其公差值最大
		统计公差	$T_{0S} = \dfrac{1}{k_0} \sqrt{\sum_{i=1}^{m} \xi_i^2 k_i^2 T_i^2}$	当 $k_0 = k_i = 1$ 时，得平方公差 $T_{0Q} = \sqrt{\sum_{i=1}^{m} \xi_i^2 T_i^2}$，在给定各组成环公差的情况下，按此计算的封闭环平方公差 T_{0Q}，其公差值最小 使 $k_0 = 1$，$k_i = k$ 时，得当量公差 $T_{0E} = k\sqrt{\sum_{i=1}^{m} \xi_i^2 T_i^2}$，它是统计公差 T_{0S} 的近似值 其中 $T_{0L} > T_{0S} > T_{0Q}$
4	封闭环极限偏差		$ES_0 = \Delta_0 + \dfrac{1}{2} T_0$ $EI_0 = \Delta_0 - \dfrac{1}{2} T_0$	
5	封闭环极限尺寸		$L_{0max} = L_0 + ES_0$ $L_{0min} = L_0 + EI_0$	
6	组成环平均公差	极值公差	$T_{av,L} = \dfrac{T_0}{\sum_{i=1}^{m} \lvert \xi_i \rvert}$	对于直线尺寸链 $\lvert \xi_i \rvert = 1$，则 $T_{av,L} = \dfrac{T_0}{m}$。在给定封闭环公差的情况下，按此计算的组成环平均公差 $T_{av,L}$，其公差值最小
		统计公差	$T_{av,S} = \dfrac{k_0 T_0}{\sqrt{\sum_{i=1}^{m} \xi_i^2 k_i^2}}$	当 $k_0 = k_1 = 1$ 时，得组成环平均平方公差 $T_{av,Q} = \dfrac{T_0}{\sqrt{\sum_{i=1}^{m} \xi_i^2}}$；直线尺寸链 $\lvert \xi_i \rvert = 1$，则 $T_{av,Q} = \dfrac{T_0}{\sqrt{m_0}}$，在给定封闭环公差的情况下，按此计算的组成环平均平方公差 $T_{av,Q}$，其公差值最大 使 $k_0 = 1$，$k_i = k$ 时，得组成环平均当量公差 $T_{av,E} = \dfrac{T_0}{k\sqrt{\sum_{i=1}^{m} \xi_i^2}}$；直线尺寸链 $\lvert \xi_i \rvert = 1$，则 $T_{av,E} = \dfrac{T_0}{k\sqrt{m_1}}$，它是统计公差 $T_{av,S}$ 的近似值 其中 $T_{av,L} < T_{av,S} < T_{av,Q}$
7	组成环极限偏差		$ES_i = \Delta_i + \dfrac{1}{2} T_i$ $EI_i = \Delta_i - \dfrac{1}{2} T_i$	
8	组成环极限尺寸		$L_{imax} = L_i + ES_i$ $L_{imin} = L_i + EI_i$	

1.9.3　尺寸链计算在铣削加工中的应用

1）基准不重合时的计算应用。

【**例1**】　图 1-67a 为零件图，表面 2 的设计基准是表面 3。图 1-67b 是工序简图，表示在铣削加工表面 2 时，以表面 1 为定位基准，求工序尺寸 x。

【**解**】　按图 1-67c 组成直线尺寸链：

封闭环 $A_0 = 20^{+0.10}_{0}$ mm，增环 $\xi_1 = +1$，$A_1 = 50^{0}_{-0.05}$ mm，减环 $\xi_2 = -1$，$A_2(x)$ 计算如下

$$L_2 = L_1 - L_0 = (50-20)\text{mm} = 30\text{mm}$$

$$\Delta_0 = 0.05\text{mm}, \quad \Delta_1 = -0.025\text{mm}, \quad \Delta_2 = \Delta_1 - \Delta_0 = (-0.025-0.05)\text{mm} = -0.075\text{mm}$$

$$T_0 = 0.10\text{mm}, \quad T_1 = 0.05\text{mm}, \quad T_2 = T_0 - T_1 = (0.10 - 0.05)\text{mm} = 0.05\text{mm}$$

$$\text{ES}_2 = \Delta_2 + \frac{1}{2}T_2 = (-0.075 + \frac{1}{2} \times 0.05)\text{mm} = -0.05\text{mm}$$

$$\text{EI}_2 = \Delta_2 - \frac{1}{2}T_2 = (-0.075 - \frac{1}{2} \times 0.05)\text{mm} = -0.10\text{mm}$$

故工序尺寸 $A_2(x) = 30^{-0.05}_{-0.10}$ mm；

若用极限尺寸关系验算

$$L_{2\text{max}} = L_{1\text{min}} - L_{0\text{min}} = (50 - 0.05)\text{mm} - (20 - 0)\text{mm} = 29.95\text{mm}$$

$$L_{2\text{min}} = L_{1\text{max}} - L_{0\text{max}} = (50 - 0)\text{mm} - (20 + 0.10)\text{mm} = 29.90\text{mm}$$

$$\text{ES}_2 = L_{2\text{max}} - L_2 = (29.95 - 30)\text{mm} = -0.05\text{mm}$$

$$\text{EI}_2 = L_{2\text{min}} - L_2 = (29.90 - 30)\text{mm} = -0.10\text{mm}$$

与上述计算结果相同，工序尺寸 $A_2(x) = 30^{-0.05}_{-0.10}$ mm。

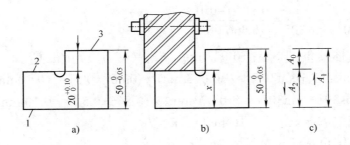

图 1-67　尺寸链计算应用实例一

1—表面 1　2—表面 2　3—表面 3

2）孔系坐标尺寸的计算应用。

【**例2**】　图 1-68a 为箱体零件工序简图，其中两孔 Ⅰ 和 Ⅱ 之间的中心距尺寸为（100 ± 0.10）mm，与底面的夹角为 30°，为保证孔距尺寸，试计算镗孔工序图上坐标尺寸 L_x 和 L_y 的尺寸公差。

【解】 按图 1-68b 组成尺寸链，孔系坐标尺寸链通常属于平面工艺尺寸链，其中 L_0 为封闭环，L_x 与 L_y 为组成环，若把 L_x 与 L_y 向 L_0 尺寸线投射。可将平面尺寸链转化为直线尺寸链后再进行计算。

在直线尺寸链中，$L_x\cos\beta$ 与 $L_y\sin\beta$ 为增环，传递系数 ξ 均为 +1。

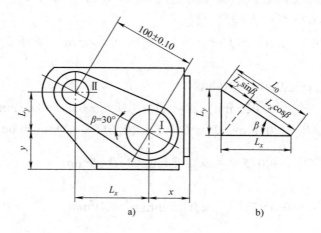

图 1-68　尺寸链计算应用实例二

$L_0 = L_y\sin\beta + L_x\cos\beta$

$L_x = L_0\cos\beta = 100\text{mm} \times \cos30° = 86.6\text{mm}$

$L_y = L_0\sin\beta = 100\text{mm} \times \sin30° = 50\text{mm}$

$T_0 = T_x\cos30° + T_y\sin30°$

采用等公差分配 $T_x = T_y = T_M$

$T_0 = T_{av,L}(\cos30° + \sin30°)$，

$T_{av,L} = \dfrac{T_0}{\cos30° + \sin30°} = \dfrac{0.10 - (-0.10)}{0.866 + 0.5} = 0.146$

如公差带对称分布：$ES_{av} = +0.073\text{mm}$，$EI_{av} = -0.073\text{mm}$ 验算

$ES_0 = ES_{av}(\cos30° + \sin30°) = (+0.073\text{mm}) \times (0.866+0.5) = +0.10\text{mm}$

$EI_0 = EI_{av}(\cos30° + \sin30°) = (-0.073\text{mm}) \times (0.866+0.5) = -0.10\text{mm}$

符合图样规定 $L_0 = (100 \pm 0.10)\text{mm}$ 要求

故镗孔工序图可标注工艺尺寸为

$L_x = (86.6 \pm 0.073)\text{mm}$，$L_y = (50 \pm 0.073)\text{mm}$

Chapter 2

项目2
高精度连接面、沟槽加工

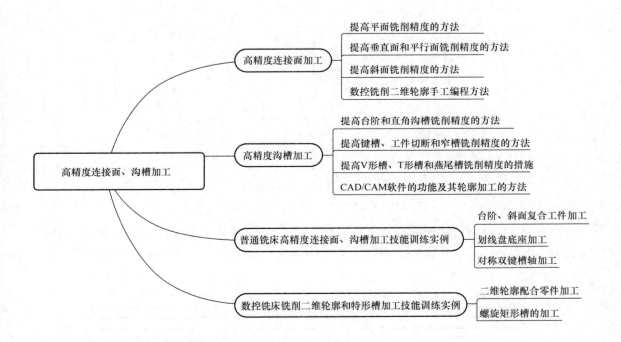

```
高精度连接面、沟槽加工 ─┬─ 高精度连接面加工 ─┬─ 提高平面铣削精度的方法
                        │                    ├─ 提高垂直面和平行面铣削精度的方法
                        │                    ├─ 提高斜面铣削精度的方法
                        │                    └─ 数控铣削二维轮廓手工编程方法
                        │
                        ├─ 高精度沟槽加工 ─┬─ 提高台阶和直角沟槽铣削精度的方法
                        │                  ├─ 提高键槽、工件切断和窄槽铣削精度的方法
                        │                  ├─ 提高V形槽、T形槽和燕尾槽铣削精度的措施
                        │                  └─ CAD/CAM软件的功能及其轮廓加工的方法
                        │
                        ├─ 普通铣床高精度连接面、沟槽加工技能训练实例 ─┬─ 台阶、斜面复合工件加工
                        │                                             ├─ 划线盘底座加工
                        │                                             └─ 对称双键槽轴加工
                        │
                        └─ 数控铣床铣削二维轮廓和特形槽加工技能训练实例 ─┬─ 二维轮廓配合零件加工
                                                                        └─ 螺旋矩形槽的加工
```

2.1 高精度连接面加工

2.1.1 提高平面铣削精度的方法

平面铣削加工的精度要求主要是平面度和表面粗糙度。

1. 提高平面度的方法

（1）挑选周边齿刃磨质量较高的铣刀　用周边铣削法时，影响加工面平面度的主要因素是铣刀刃磨后的圆柱度。铣刀周边齿的刃磨质量和铣刀圆柱度常用以下方法检验：

1）目测检验。挑选圆柱形铣刀或其他用周边齿刃铣削的铣刀时，应仔细地目测检查周边齿刃的刃磨质量。根据铣刀周边齿刃修磨方法和技术要求，通常先修磨外圆柱面，后修磨后面。修磨外圆柱面时，对新制作的铣刀，应将前一工序的加工痕迹全部磨去，并达到刀具外径的尺寸精度和圆柱度要求；对使用后重磨的铣刀，应将铣刀磨损的痕迹全部磨去，形成有 0.2 ~ 0.3mm 宽度的周边齿刃带（称为白刃）。修磨后面时，除了达到后角要求外，应保留 ≤ 0.1mm 的刃带，以使铣刀周边齿刃具有较小的圆柱度误差。由此，目测时可用放大镜检查各周边齿刃是否有 0.1mm 左右的刃带（图 2-1a），若无刃带或刃带时有时无（图 2-1b、c），则铣刀的圆柱度就无法保证。

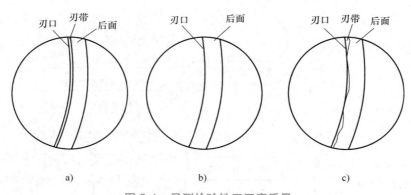

图 2-1　目测检验铣刀刃磨质量

a）符合技术要求的刃带　b）无刃带　c）不完整刃带

　　2）试切检验。将挑选后的铣刀安装在铣床的刀杆上，在试件上铣削平面，然后用指示表或刀口形直尺检验（图 2-2）试切平面的平面度，若沿刀具轴向测量，便可间接检查铣刀的圆柱度。

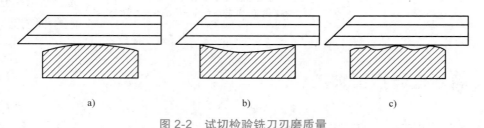

图 2-2　试切检验铣刀刃磨质量

a）铣刀素线外凸　b）铣刀素线内凹　c）铣刀素线波动

　　3）测量检验。用指示表和顶装心轴配合测量时（图 2-3），刀具装夹在用两顶尖定位的心轴上，心轴轴线与工作台面和进给方向平行。调节指示表的测头大致对准刀具中心，然后用手转动心轴，使测头沿后面由低到高，测得铣刀周边齿刃带处的示值。转动心轴，逐齿检测，可检验刀具该处的径向圆跳动。若移动工作台，在轴向选择多点进行测量，便可测出铣刀的圆柱度误差和径向圆跳动误差。铣刀的圆柱度误差也可用千分尺测量。

（2）调整铣床主轴的位置精度　用端面铣削法时，影响加工面平面度的主要因素是铣床主轴轴线与工作台进给方向的垂直度。若主轴与进给方向不垂直，如图 2-4 所示，铣削的平面会产生中凹现象。常见的影响因素和调整方法如下：

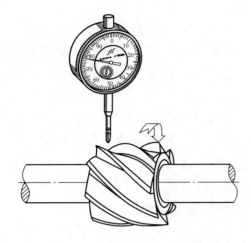
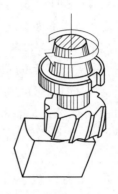

图 2-3　测量检验铣刀刃磨质量　　　　　图 2-4　端面铣削时的平面中凹现象

1）在立式铣床上用纵向进给端铣平面时，如果立铣头回转刻度的零位未对准，会影响主轴轴线与纵向进给方向的垂直度（图 2-5a）。此时，可借助锥销定位，以保证主轴轴线与纵向进给方向垂直。

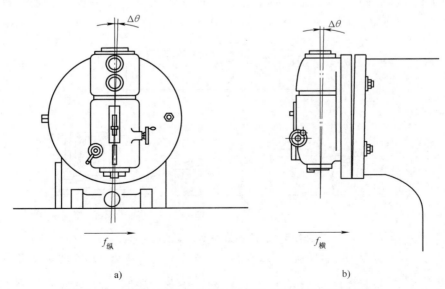

a)　　　　　　　　　　　　　　　　　b)

图 2-5　立式铣床主轴轴线与进给方向垂直度的影响因素

a）纵向铣削时的影响因素　b）横向铣削时的影响因素

2）在立式铣床上用横向进给端铣平面时，如果立铣头回转盘接合面贴合得不好，使主轴横向倾斜，或工作台垂向导轨间隙较大，使工作台面外倾，都会影响主轴轴线与横向进给方向的垂直度（图2-5b）。此时，应先略松开立铣头回转盘的紧固螺母，随后再按对角顺序，逐步拧紧紧固螺母，使接合面贴合良好，并适当调节垂向导轨间隙，以保证主轴轴线与横向进给方向垂直。

3）在卧式万能铣床上用纵向进给端铣平面时，如果铣床工作台水平转盘的零位未对准，便会影响主轴轴线与纵向进给方向的垂直度。此时，应松开转盘的紧固螺母，微量转动工作台对准零线，然后按对角顺序，逐步拧紧四个紧固螺母，以保证主轴轴线与纵向进给方向垂直。

4）在卧式铣床上用垂向进给端铣平面时，如果垂向导轨间隙较大，会影响主轴轴线与垂向进给方向的垂直度，此时，可通过适当调节导轨间隙，按对角顺序，逐步拧紧转盘的紧固螺母，以保证主轴轴线与垂向进给方向垂直。

（3）合理选择夹紧力　如果工件装夹不合理，即使在夹紧状态下加工面符合平面度要求，工件松夹后仍会发生弹性变形，从而影响加工面的平面度。

1）夹紧力作用点设置不合理，会使工件发生弹性变形，如图2-6a所示。此例因工件中间是拱形槽，压板在拱形槽上方压紧工件，会使工件发生中间向下弯曲的弹性变形。铣削完工后松夹，工件恢复原状，加工面会产生中间凸起的现象。

2）夹紧力作用方向不合理，也会使工件发生弹性变形，从而影响加工面平面度，如图2-6b所示。此例因压板的垫块比较低，使压紧力有水平分力，致使工件受力发生向上凸起的弹性变形。工件顶面铣削完工后松夹，工件恢复原状，加工面会产生中间凹陷的现象。

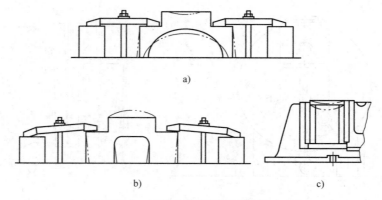

a)

b)　　　　　　　　　　　　c)

图2-6　工件夹紧对平面度的影响

a）夹紧力作用点的影响　b）夹紧力作用方向的影响　c）夹紧力大小的影响

3）夹紧力大小不合理，会使工件发生弹性变形，如图2-6c所示。此例因工件比较薄，当夹紧力过大时，由于活动钳口发生倾斜，使工件发生弯曲变形。若采用适当的夹紧力，可减少工件变形。若铣削平面分粗、精加工，分别选用合适的夹紧力，能将工件的变形减少到最低限度。

（4）减少"误差复映" 工艺系统的刚度不足而使毛坯的误差复映到加工后工件表面的现象称为"误差复映"。减少"误差复映"通常可采用以下方法：

1）合理安排工艺。机床、夹具、刀具和工件都不是绝对刚体，而是受到载荷要变形的弹性体。如果零件毛坯制造误差较大，则会造成平面加工余量不均匀，使铣削层深度变化较大，并使铣削力随铣削层深度大小变化而变化，因此加工表面就会产生类似毛坯的形状误差，影响加工面的平面度。克服这种因工艺系统刚度不足而使毛坯的误差复映到加工表面的现象，可以通过合理安排铣削工艺得到解决。例如，铣削平面度要求较高的平面时，应先进行粗加工和半精加工，尽量使加工表面余量均匀。

2）提高工艺系统刚度。铣刀安装应尽量靠近铣床主轴，卧式铣床安装圆柱形铣刀时应尽量采用较短的刀杆。铣床工作台的导轨和丝杠螺母传动机构配合间隙、铣床主轴的轴承间隙应调整适当，工件的夹紧应稳固，定位支承应具有足够的刚度。

2. 减小表面粗糙度值的方法

1）合理选择和调整铣削用量。在合理选择的数值范围内，适当提高铣削速度和减小每齿进给量，可减小表面粗糙度值。进给量对表面粗糙度的影响如图 2-7 所示。

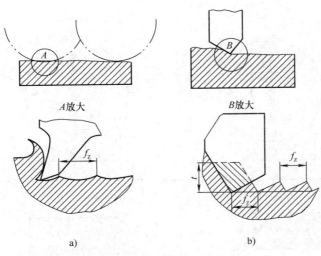

图 2-7 进给量对表面粗糙度的影响

a）周边铣削时的切痕 b）端面铣削时的切痕

2）合理选择铣刀规格和铣刀的几何角度。根据铣削加工平面的尺寸，合理选择铣刀的直径和宽度，避免接刀加工。根据材料选择适用的铣刀几何角度，提高刃口、刀尖和前、后面的刃磨质量。

3）采用大螺旋角、波形刃等圆周刃铣削的先进铣刀，以及采用不等齿距等端面刃铣削的先进铣刀。

4）采用先进的铣削方法，如高速铣削等。

5）合理调整铣床主轴的轴承间隙和工作台间隙，减少铣削振动，避免进给中出现停顿和爬行引起的"深啃"现象（图2-8）。

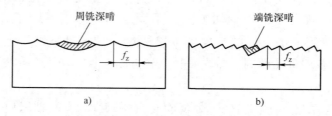

图2-8　铣削"深啃"现象

a）周铣深啃　b）端铣深啃

6）在端面铣削时，如果主轴轴线与进给方向绝对垂直或反向微量倾斜（图2-9a、b），铣出的表面上会出现交叉刀纹，出现"拖刀"现象。为了避免端铣时的拖刀现象影响表面粗糙度，应在不影响平面度的前提下，使铣床主轴轴线向进给方向微量倾斜（图2-9c），以消除拖刀现象。

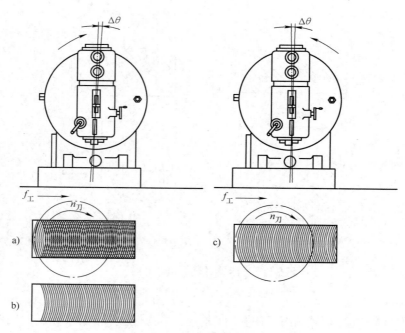

图2-9　进给量对表面粗糙度的影响

a）、b）拖刀时主轴位置　c）消除拖刀时主轴位置

2.1.2　提高垂直面和平行面铣削精度的方法

（1）检验、提高工件定位基准面的精度　在加工平行面和垂直面时，通常以图样规定的基准面定位，基准面的精度直接影响平行面和垂直面的加工精度。因此，在加工前应首先检验基准面精度。如基准面精度较差，在余量许可的情况下，应按提高平面加工精度的方法提高基准面的精度。如果转换定位基准，例如加工平行面时采用与基准面垂直的平面作为侧面基准，此时，还应对两个基准面之间的垂直度进行检验或修正。

（2）检验、提高夹具定位基准面的精度

1）采用机用虎钳装夹，检查机用虎钳水平导轨面和固定钳口垂直定位面的精度，以及底面的精度。如有碰毛、凸起等，可用磨石修整；较大的凹凸点也可先用细齿锉刀修锉，然后用磨石修整。机用虎钳装夹在机床工作台上后，应检测固定钳口定位面与机用虎钳底平面的垂直度，以及水平导轨面与底平面的平行度，并注意采用合适的夹紧力夹紧工件。

2）采用平行垫块垫高工件时，应选择精度较高的垫块，垫块应经过平行度检验，等高垫块尺寸应严格相等；使用时应尽量减少垫块的数量，以免产生定位累积误差。

3）在铣床工作台面上直接装夹工件时，工作台面作为夹具定位基准，应检查其表面精度，并进行必要的修整。

（3）检验、选择铣刀的几何精度　用周铣法加工，选择圆柱形铣刀（或立铣刀）时，应选择圆柱度较好的铣刀，特别应注意铣刀的锥度。

（4）调整铣床主轴与工作台、进给方向的位置精度　平行面与垂直面铣削加工精度与铣床主轴相对于工作台的位置精度有密切关系。一般来说，用端铣法铣削，铣床主轴与进给方向的垂直度因影响平面度而影响平行度和垂直度。铣床主轴与工作台面或某一进给方向的平行度与垂直度，直接影响加工面的平行度或垂直度。如在卧式铣床上用端铣法纵向进给加工垂直面，定位基准与工作台面贴合，铣床主轴与工作台面的平行度将直接影响加工面与基准面的垂直度。若工件垂直面定位基准在侧面，虽然定位基准与横向平行，如果铣床主轴与纵向不垂直，用垂向进给会铣出斜面。因此，在立式铣床上应调整主轴使其与工作台面垂直，在卧式铣床上应调整铣床主轴使其与工作台面平行，并与纵向垂直。调整的方法除前述的转盘对准零位，调整工作台间隙等外，在卧式铣床上还应注意悬梁紧固、支架的安装精度和刀杆支承轴承间隙的调整。

2.1.3　提高斜面铣削精度的方法

1. 工件转动角度铣削斜面时提高加工精度的方法

（1）提高预制件的加工质量和检测精度　预制件的加工质量影响斜面的铣削精

度，如在矩形工件上铣削加工与基准底面夹角为 α 的斜面，基准底面的平面度、基准底面与用于装夹的侧面的垂直度，用于定位夹紧的两侧面的平面度和平行度等，都会影响斜面工件的转位装夹精度、加工精度和检测精度。在检测预制件时，应确保检测的准确度，若出现检测误差，也会影响斜面的加工质量。

（2）提高夹具的安装、找正精度

1）在选用斜面铣削加工使用的通用夹具时，应注意夹具的自身精度，如机用虎钳的固定钳口与基准底面的垂直度、回转底座与机用虎钳的连接精度、倾斜机用虎钳的回转精度、回转工作台面与基准底面的平行度、分度头轴线与底面基准的位置度等。使用前应对所使用夹具的自身精度进行检测。对专用的斜面夹具应按夹具检测标准进行常规检测。

2）在安装夹具时，应注意规范操作，如基准底面与工作台面表面应平整无毛刺，夹具定位底面与工作台面之间应无间隙和污物，具有夹具对定元件的应注意对定方法等。

3）在找正夹具工件定位基准面与机床进给方向倾斜角度时，应采用正弦规进行找正，以提高夹具的安装位置精度。

（3）提高工件装夹、找正精度　在较大的工件上铣削斜面时，一般都是将工件直接装夹在机床工作台面上，并找正工件上的基准面与进给方向的倾斜角度，此时应注意使用塞尺检测工件装夹基准面与工作台面之间的间隙，保证工件底面的定位精度；在找正斜面基准与机床进给方向的倾斜角度时，应使用正弦规进行找正。

（4）注意铣削加工的步骤及余量的分配　转动工件铣削斜面加工中，需要注意余量的合理分配，以免引起工件的微量位移，影响斜面位置精度；在安排加工步骤时，一般应分粗加工和精加工，必要时可分粗加工、半精加工和精加工，在精加工前对工件的装夹位置进行复核找正，以确保斜面的位置精度。

2. 调整主轴角度铣削斜面时提高加工精度的方法

采用调整主轴角度方法铣削斜面时，除了采用上述通用的措施外，还可使用以下方法：

（1）提高立铣头主轴倾斜角度的位置找正精度　可回转角度的立铣头一般都有角度刻线和基准零线，一般精度的斜面参照刻线找正立铣头主轴的倾斜角度。若加工精度要求高的斜面，可采用正弦规找正机床主轴的倾斜角度，找正时将正弦规和量块组放置在工作台面上，指示表安装在主轴的轴肩端面上。参照刻度按所要求的倾斜角度扳转主轴角度，然后调整工作台位置，使指示表测头触及正弦规测量面。用手扳转主轴，检测正弦规两端的示值，若有偏差，可对主轴倾斜角进行微量调整，直至两端检测时指示表示值相同。放置正弦规时，注意基准侧面应与纵向进给方向平行。

（2）注意铣刀的几何精度和安装精度　与平行面和垂直面铣削加工类似，采用周铣法加工斜面时，若铣刀有锥度，会直接影响斜面的位置精度，因此需要对选用的立铣刀进行圆周刃几何精度检测。铣刀的安装精度也会影响斜面的加工精度，高精度的斜面铣削需要在安装刀具后，对刀具的圆跳动进行检测，以防铣刀晃动对斜面的角度产生影响。

3. 使用角度铣刀铣削斜面时提高加工精度的方法

（1）预先检测角度铣刀的几何精度　角度铣刀的锥面刃与安装定位孔轴线的几何精度会直接影响斜面铣削加工的精度，因此选用角度铣刀时，除了核对角度等规格外，还需要检测锥面刃的几何精度，通常采用试件铣削检测的方法来确定刀具的几何精度。

（2）注意刀杆与刀具的安装精度　在安装刀杆和刀具时，应注意检测刀杆的几何精度和安装精度，若安装后刀具的圆跳动误差大，会直接影响斜面的加工精度。

2.1.4　数控铣削二维轮廓手工编程方法

1. 常用指令格式

（1）工件坐标系零点偏移指令 G54～G59　所谓零点偏移就是在编程过程中进行编程坐标系（工件坐标系）的平移变换，使编程坐标系的零点偏移到新的位置。若在工作台上同时加工多个相同零件或一个较复杂的零件，可以设定不同的程序零点，简化编程。一般通过对刀操作及对机床面板的操作，输入不同的零点偏移数值，可以设定 G54～G59 六个不同的工件坐标系，在编程及加工过程中可以通过 G54～G59 指令来对不同的工件坐标系进行选择。

（2）绝对坐标和相对坐标指令 G90/G91　G90 指令和 G91 指令分别对应绝对坐标和相对坐标。绝对坐标是指刀具的运动始终相对于工件坐标原点，跟刀具当前的位置无关。相对坐标是指刀具的运动相对于前一点坐标来计算下一点坐标，即终点坐标减去起点坐标。G90/G91 指令适用于所有坐标轴。

（3）面选择指令 G17、G18、G19　G17、G18、G19 指令是坐标平面指定指令。这一组指令用于选择进行圆弧插补以及刀具半径补偿所在的平面。其中，G17 指令指定 X/Y 平面，G18 指令指定 X/Z 平面，G19 指令指定 Y/Z 平面。程序段中尺寸指令必须按平面指令的规定书写。若数控系统只有一个平面的加工能力，可不必书写，其中 G17 指令为机床通电后的默认指令。

（4）快速点定位指令 G00　G00 指令用于快速定位刀具，刀具以点定位方式从刀具所在点快速运动到下一个目标点位置。G00 指令中的快速移动速度由机床生产厂家对每个轴在参数中设定。

格式：G00 X__　Y__　Z__；X、Y、Z 为工件的终点坐标。

（5）直线插补指令 G01　G01 是直线移动指令，它指定刀具以 F 给定的速度移动到指定的位置，以每分钟进给量（单位 mm/min）来指定，用于切削加工。

格式：G01 X__ Y__ Z__ F__ ；X、Y、Z为工件的终点坐标。

（6）圆弧插补指令 G02、G03　G02、G03 是圆弧插补指令，也是模态指令。G02 指令为顺时针圆弧插补，G03 指令为逆时针圆弧插补，在编写圆弧程序时，还要用 G17、G18、G19 指令来确定圆弧所在插补平面。

圆弧插补的顺、逆方向判断方法是：圆弧所在的平面（例如，XY平面，它的第三轴为Z，从Z轴的正方向看向负方向，顺时针旋转为 G02，逆时针旋转为 G03，如图 2-10 所示。

格式：
$$\begin{Bmatrix} G17 \\ G18 \\ G19 \end{Bmatrix} \begin{Bmatrix} G02 \\ \\ G03 \end{Bmatrix} \begin{Bmatrix} X\_\_ Y\_\_ R\_\_ (I\_\_ J\_\_) \\ X\_\_ Z\_\_ R\_\_ (I\_\_ K\_\_) F\_\_ \\ Y\_\_ Z\_\_ R\_\_ (J\_\_ K\_\_) \end{Bmatrix}$$

1）X、Y、Z为圆弧的终点坐标，相对编程是圆弧终点相对于圆弧起点的坐标。

2）R为圆弧半径。非整圆的编程一般采用半径方式编程。凡是圆弧所对应的圆心角小于 180° 的，圆弧半径 R 取正值；凡是圆弧所对应的圆心角大于 180° 的，圆弧半径 R 取负值。

3）整圆的编程采用 I、J、K 方式编程。I、J、K 为圆心相对于圆弧起点在 X、Y、Z轴方向的坐标增量。因此，它有正负值之分，如果增量的方向与坐标轴的方向不一致，取"–"值，一致时取"+"值。在编程时一定要认真区分正负值。

4）F为沿圆弧的进给速度。

（7）刀具半径补偿指令 G41，G42，G40　数控铣床及加工中心刀具的刀位点处于主轴轴线，编程都是以刀位点为基准编写的刀具路径。但是，由于程序所控制的刀具刀位点的轨迹和实际刀具刃口切削出的形状，在尺寸大小上存在一个刀具半径的差别，因此，在加工中会产生很大的误差。因此，实际加工时必须通过刀具补偿指令，使数控机床根据实际使用的刀具尺寸，自动调整各坐标轴的移动量，使编程轨迹加上一个半径补偿值后和实际加工轮廓完全一致，这个过程称为半径补偿，如图 2-11 所示。

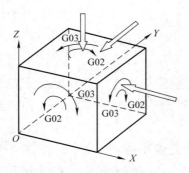

图 2-10　圆弧插补方向判断

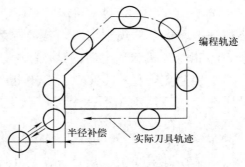

图 2-11　半径补偿

$$格式： \begin{Bmatrix} G17 \\ G18 \\ G19 \end{Bmatrix} \begin{Bmatrix} G41 \\ G42 \\ G40 \end{Bmatrix} \begin{Bmatrix} G00 \\ G01 \end{Bmatrix} X\_\_ \ Y\_\_ \ Z\_\_ \ D\_\_ \ F\_\_$$

1）X、Y、Z 建立刀具半径补偿程序段的移动终点坐标。

2）D 建立刀具偏置号，偏置号是刀具半径补偿数值存储的地址位置，用来指定刀具偏置值。刀具中心偏移的量叫作偏置量。

3）G41 指令与 G42 指令的判断方法是沿刀具的移动方向看，当刀具处在切削轮廓左侧时，称为刀具半径左补偿（左刀补）；当刀具处在切削轮廓右侧时，称为刀具半径右补偿（右刀补）。G41 指令为左刀补，G42 指令为右刀补。如图 2-12 所示。

4）刀具半径补偿过程共分三步，即刀具补偿建立、刀补进行、刀补取消，如图 2-13 所示。

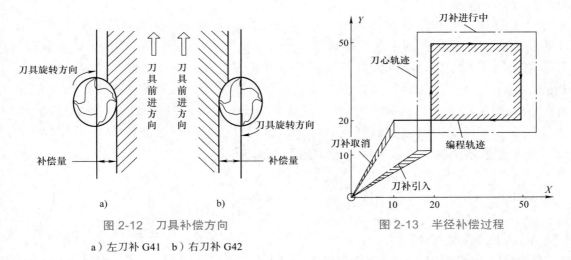

图 2-12　刀具补偿方向
a）左刀补 G41　b）右刀补 G42

图 2-13　半径补偿过程

① 刀补建立是指刀具从起点接近工件时，刀具中心从与编程轨迹重合过渡到与编程轨迹偏离一个偏置量的过程。该过程的实现必须有 G00 或 G01 指令的功能才有效。刀具的移动距离必须大于刀具的半径，否则会产生过切现象。过切是指在铣削过程中，由于各种原因使得实际切削的金属层超过预定加工位置的现象，通常由刀具轨迹处理不当或者工艺编制不当等原因引起。

② 在 G41 指令或 G42 指令程序段后，程序进入补偿模式，此时刀具中心与编程轨迹始终相距一个偏置量，直到刀补取消。

③ 刀具离开工件，刀具中心轨迹过渡到与编程轨迹重合的过程称为刀补取消，用 G40 指令来执行。刀补取消时的移动距离必须大于刀具半径。

5）编程注意事项

① 为了便于计算坐标，应采用切线切入方式或延长线切入方式来建立或取消刀

补。对于不便于沿工件轮廓线切线或延长线切入切出时，可根据情况增加一个圆弧辅助程序段。对于非直线轮廓的铣削，铣刀铣外圆时要让铣刀沿切线方向进入圆弧铣削，避免法线方向切入；加工完成后让刀具多走一段，同时沿切线方向退出，以免在取消刀补时，出现过切现象。在铣削内圆弧时，也要沿切线方向切入切出，此时切线方向切入应为圆弧与圆弧相切。

② 为了防止在半径补偿建立与取消过程中刀具产生过切现象，刀具半径补偿建立的起始位置与取消半径补偿的结束位置最好与补偿方向在同一侧。

③ 有了 G41 或 G42 指令时，在程序结束时就一定要取消刀补，否则机床将出现报警。

④ 在刀具补偿模式下，一般不允许存在连续两段以上的非补偿平面内移动指令，否则刀具也会出现过切等危险动作。非补偿平面移动指令通常指只有 G、M、S、F、T 代码的程序段等。

（8）刀具长度补偿指令 G43、G44、G49　在加工零件的过程中，往往不可能使用一把刀具加工完所有的工序，那么每一把刀具的长度又不相同，在同一坐标系内，在 Z 值相同的程序中，不同刀具的端面，也就是刀位点，在 Z 方向的位置也就不会相同。因此，在实际加工中必须采用刀具长度补偿指令，使得数控机床能够根据实际使用的刀具尺寸，自动调整移动的差值。刀具长度补偿只能加在一个坐标轴上。当使用不同规格的刀具或刀具磨损后，可通过刀具长度补偿指令补偿刀具尺寸的变化，而不必重新调整刀具或重新对刀，如图 2-14 所示。

格式： $\begin{Bmatrix} G01 \\ G00 \end{Bmatrix} \begin{Bmatrix} G43 \\ Z\_\_\ H\_\_ \\ G44 \end{Bmatrix}$

取消补偿格式：G49（Z__）

1）G43 指令，刀具长度正补偿。
$Z_{实际值} = Z_{指令值} + H\_\_$ 中的偏置值。

2）G44 指令，刀具长度负补偿。
$Z_{实际值} = Z_{指令值} - H\_\_$ 中的偏置值。

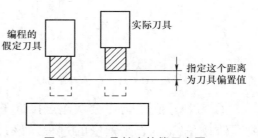

图 2-14　刀具长度补偿示意图

3）H 为长度补偿值的寄存器号码，由 CRT/MDI 操作面板预先设在偏置存储器中，由字母 H 和 D 及其后面的三位数字表示，该三位数字为存放刀具补偿量的存储器地址字号码。刀具补偿存储器页面如图 2-15 所示。

4）编程注意事项

① 使用 G43、G44 指令时只能有 Z

图 2-15　刀具补偿存储器页面

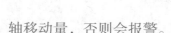
轴移动量，否则会报警。

② 切忌既在工件坐标系里面输入偏置值，又在偏置号里面输入偏置值，否则将会直接损坏机床、刀具或工件。

2. 编程实例

使用半径补偿和长度补偿指令编写如图 2-16 所示零件轨迹程序。在 60mm × 40mm × 21mm 的毛坯件上加工出 50mm × 30mm，圆角为 5mm 的圆弧矩形，深度为 5mm，中间十字槽深度为 4mm。选用 ϕ20mm，总长度为 145mm 的平面铣刀铣削上平面 1mm，保证高度为 20mm。选用 ϕ12mm，总长度为 115mm 的平底铣刀铣削矩形外轮廓，保证 50mm × 30mm 的尺寸。选用 ϕ6mm，总长度为 130mm 的平底铣刀铣削十字槽内轮廓，保证 28mm × 20mm 的尺寸。

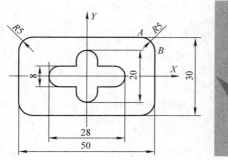

图 2-16 编程实例图样

（1）计算坐标点 图中 A、B 两点为 R5mm 圆弧与矩形边的切点，所以 A 点坐标为（20，15），B 点坐标为（25，10），其他坐标点根据象限不同，改变坐标点符号。

（2）程序及注释见表 2-1。

刀具长度补偿具体数值如图 2-17 所示，此补偿数值以第一把刀为基准。

（3）平面铣削

1）为了提高生产效率和表面粗糙度，铣削较大平面时，一般采用刀片镶嵌式盘形铣刀。

2）铣削小平面或台阶面时，一般采用通用铣刀。

3）进给路线的确定与工件表面状况、表面质量、机床进给机构间隙、刀具寿命以及零件轮廓形状等有关。常用平面进给路线如图 2-18 所示。

4）切入角控制切削力的方向，可有效减薄切屑，保护切削刃最薄弱的部位。切入角越大，形成的切屑越薄越宽，导致负荷和热量远离刀尖半径，因此允许使用更高的切削参数并延长刀具寿命。

表 2-1　图 2-16 所示零件加工程序

段号	程 序	注 释	段号	程 序	注 释
	O0001;	程序名	N280	G01 X28.;	直线进给
N10	G17 G54 G90 G40 G49;	程序初始化	N290	G40 X35. Y25.;	取消刀具半径补偿
N20	G28 Z80.;	回参考点	N300	G00 G49 Z50.;	快速退刀，取消长度补偿
N30	M06 T1;	换 1# 刀	N310	M05;	主轴停止
N40	M03 S800;	主轴正转，转速 800r/min	N320	G28 Z80.;	回参考点
N50	G43 Z20. H01;	建立刀具长度补偿	N330	M06 T3;	换 3# 刀
N60	G00 X-35. Y9.;	快速定位	N340	M03 S1200;	主轴正转，转速 1200r/min
N70	G01 Z0 F100.;	直线进给到工件上表面	N350	G43 G00 Z20. H03;	建立刀具长度补偿
N80	X35.;	直线进给	N360	X0 Y0;	快速定位
N90	Y-9.;	直线进给	N370	G01 Z-4. F60.;	Z 向下刀
N100	X-35.;	直线进给	N380	G41 G01 X4. Y6. D03;	建立刀具半径左补偿
N110	G00 G49 Z50.;	快速退刀，取消长度补偿	N390	G03 X-4. R4.;	圆弧铣削
N120	M05;	主轴停止	N400	G01 Y4.;	直线进给
N130	G28 Z80.;	回参考点	N410	X-10.;	直线进给
N140	M06 T2;	换 2# 刀	N420	G03 Y-4. R4.;	圆弧铣削
N150	M03 S1000;	主轴正转，转速 1000r/min	N430	G01 X-4.;	直线进给
N160	G43 G00 Z20. H02;	建立刀具长度补偿	N440	Y-6.;	直线进给
N170	G00 X-35. Y25.;	快速定位	N450	G03 X4. R4.;	圆弧铣削
N180	G01 Z-5. F100.;	Z 向下刀	N460	G01 Y-4.;	直线进给
N190	G41 G01 X-28. Y15. D02 F100.;	建立刀具半径左补偿	N470	X10.;	直线进给
N200	X20.;	直线进给	N480	G03 Y4. R4.;	圆弧铣削
N210	G02 X25. Y10. R5.;	圆弧铣削	N490	G01 X4.;	直线进给
N220	G01 Y-10.;	直线进给	N500	Y6.;	直线进给
N230	G02 X20. Y-15. R5.;	圆弧铣削	N510	G03 X-4. R4.;	圆弧铣削
N240	G01 X-20.;	直线进给	N520	G40 G01 X0 Y0;	取消刀具半径补偿
N250	G02 X-25. Y-10. R5.;	圆弧铣削	N530	G00 G49 Z70.;	快速退刀，取消长度补偿
N260	G01 Y10.;	直线进给	N540	G28 Z80.;	回参考点
N270	G02 X-20. Y15. R5.;	圆弧铣削	N550	M30;	程序结束

图 2-17　表 2-1 中程序长度、半径补偿值

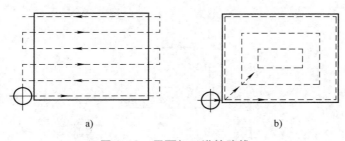

a)　　　　　　　　　　　　b)

图 2-18　平面加工进给路线

a）平行加工　b）环绕加工

2.2　高精度沟槽加工

2.2.1　提高台阶和直角沟槽铣削精度的方法

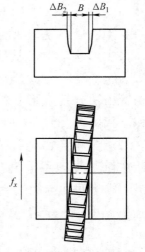

　　直角沟槽由三个平面组成，相邻两个平面之间相互垂直，台阶是直角沟槽的一部分。直角沟槽通常用盘形铣刀或指形铣刀加工。现将影响直角沟槽加工精度的常见因素和相应措施简述如下：

　　1. 用盘形铣刀铣削时的影响因素和相应措施

　　（1）影响沟槽形状精度的因素和相应措施　用盘形铣刀加工时，影响直角沟槽形状精度的原因主要是工件的进给方向与铣床主轴轴线不垂直。在这种状况下，由于铣刀两侧切削刃（刀尖）的旋转平面与工件进给方向不平行，会将沟槽的两侧面铣成弧形凹面，且上宽下窄，如图 2-19 所示。相应的措施是精确调整铣床主轴与进给方向的垂直精度。

图 2-19　进给运动方向与铣床主轴
不垂直对槽形的影响

87

（2）影响沟槽位置精度的因素和相应措施　矩形工件上的沟槽，其位置精度主要是指沟槽与工件侧面的平行度和尺寸精度。影响平行度的因素主要是夹具支承面或工件侧面与进给方向不一致，因此工件装夹后应精确地找正侧面基准与进给方向的平行度。影响位置尺寸精度的主要因素有对刀不准确、铣刀偏让、主轴轴承间隙大等。此时，应提高操作准确度，挑选锋利的铣刀与合适尺寸规格的铣刀，注意检测、调整铣床主轴的轴承间隙。

（3）影响沟槽尺寸精度的因素和相应措施　影响宽度尺寸的因素有铣刀偏摆（图2-20）、铣刀宽度误差、侧面平面度误差等。相应的措施是提高铣刀安装精度，减小铣刀轴向圆跳动量；准确测量铣刀的宽度尺寸；减小侧面的平面度误差，减小平面度对尺寸的影响。对需几次进给铣削的沟槽，应提高过程测量的准确度、工作台移动的准确度等，必要时可以借助指示表控制工作台移动的准确性。

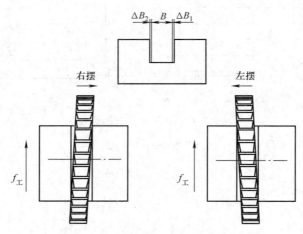

图 2-20　铣刀偏摆对槽宽的影响

2. 用立铣刀铣削时的影响因素和相应措施

（1）影响沟槽形状精度的因素和相应措施　用立铣刀加工时，影响直角沟槽形状精度的主要因素是立铣刀的圆柱度。因此，精度要求较高的直角沟槽可通过测量、试切等方法，挑选形状精度较高的立铣刀加工。试切挑选法可用于精铣时铣刀的尺寸和形状挑选。

（2）影响沟槽位置精度的因素　除了与盘形铣刀铣削时相同的影响因素外，若铣床主轴与纵向不垂直，在立式铣床上用横向进给或在卧式铣床上用垂向进给时，铣出的沟槽底面与侧面会产生偏斜。

3. 使用组合铣刀铣削台阶的调整方法

（1）选择刀具

1）按台阶的结构形状选择刀具，如铣削加工单台阶（由上平面、垂直面和下平面组成），可选用圆柱形铣刀、三面（或二面）刃盘形铣刀组合加工。

2）按台阶上与刀杆平行的平面宽度选择刀具的宽度，如铣削加工由上平面、垂直面和下平面组成的单台阶，台阶上平面宽度为30mm，下平面宽度为10mm，可选择宽度大于30mm的圆柱形铣刀和宽度大于10mm的三面（或二面）刃盘形铣刀。

3）按台阶上与刀杆垂直的平面高度选择组合铣刀的外径，如上述单台阶的高度 H 为15mm，所选的圆柱形铣刀的外径 D_1 和盘形铣刀外径 D_2 之差的 1/2 应等于台阶高度，即 $H=(D_2-D_1)/2=15mm$。

（2）铣刀安装位置的调整

1）安装组合刀具时，注意将多把铣刀按同一切削方向安装。

2）铣削由一个垂直面和两个水平面构成的单台阶时，可直接将盘形铣刀和圆柱形铣刀按台阶的位置顺序装入刀杆，一般刀具安装在刀杆的中间位置，以便于加工位置调整。

3）铣削由两个等高底面和平行垂直面组成的双台阶，通常使用两把等直径的盘形铣刀。此时，需要在两把盘形铣刀的中间用一个适当宽度尺寸的平垫圈来调整刀具侧刃之间的间距，以达到台阶垂直面之间的尺寸精度要求。当盘形铣刀定位孔装夹端面与刀具侧刃刀尖等高时，中间垫圈的宽度应等于台阶凸台部分的宽度；当盘形铣刀定位孔装夹端面与刀具侧刃刀尖不等高时，需通过用铜片薄垫圈增加垫圈的组合尺寸，或用平面磨削的方法减小垫圈的组合尺寸来调整组合刀具侧刃之间的间距，以达到台阶凸台宽度尺寸的精度要求。

4）使用短刀杆安装组合铣刀进行加工的，因刀杆远端没有支架轴承支承，因此应尽量将刀具靠近机床主轴，以防刀具在切削时产生振动。

4. 铣削直角沟槽易产生的缺陷及纠正措施

（1）直角沟槽的形状不符合图样要求　如上宽下窄、底部有圆（斜）角、侧面或底面不平整等，其主要原因及纠正措施如下：

1）出现上宽下窄的缺陷，主要原因是用盘形铣刀加工沟槽时，侧面刃切削平面与进给方向不平行。纠正措施是提高铣刀的安装精度，减小盘形铣刀侧面刃的跳动误差；在使用万能卧式铣床加工直角沟槽时，注意找正鞍座回转盘的零位，使主轴轴线与进给方向垂直。

2）侧面平面度差、不平整的主要原因是使用了刃磨质量差的刀具，尤其是在使用立铣刀等刀具铣削直角沟槽时，若铣刀磨损、刃磨质量差，铣刀圆周刃切削形成的直角槽侧面会出现平面度变差、不平整等缺陷。纠正措施是选用刀具时注意检查刀具的刃磨质量，加工过程中注意刀具的磨损情况，及时更换刀具。

3）直角槽底部出现圆角、斜面，主要原因是刀具刀尖和一部分切削刃磨损。纠正措施是更换刀尖部分刃磨精度好的刀具。

4）底面平面度差、不平整的主要原因是盘形铣刀的圆周刃磨损，或刃磨质量差；在立式铣床上使用立铣刀加工时，铣刀轴线与进给方向不垂直，可能导致槽底出现圆弧凹陷。纠正的措施是选用圆周切削刃刃磨质量好的盘形铣刀，使用立式铣床加工时，需要注意主轴与工作台面的垂直度，必要时可使用指示表进行找正。

（2）直角沟槽的尺寸精度不符合图样要求　主要原因是机床切削位置调整操作失误、尺寸换算出错等。因此，纠正的措施是提高操作水平，注意检查复核换算后的调整数据。

（3）直角沟槽的表面粗糙度不符合图样要求　主要原因是切削用量不合理、铣刀磨损或刀具刃磨质量差、机床主轴跳动、工作台进给有爬行或振动现象、工件装夹刚性差、切削液选用不合理等。纠正措施如下：

1）合理选择切削用量，对各种不同材料的工件，应核对切削用量是否符合规范，同时还需要按工艺系统的实际情况，如振动等进行调整，以保证工件的表面质量。

2）选用的刀具应检查刃磨质量，使用一段时间的刀具应注意控制其使用寿命和后面磨损量，在加工过程中应注意观察排屑情况和切屑的形状，及时发现刀具的磨损状况，以便进行更换。

3）在加工精度较高的直角沟槽前，应注意检查机床主轴的精度，采用立式铣床时主要检查主轴的跳动和轴向窜动；卧式铣床除了检查主轴外，还需要检查支架上支承轴承的间隙和轴承的精度。

4）检查工作台进给的平稳性，必要时按项目1介绍的方法调整工作台的导轨镶条间隙、丝杠与支座的间隙等，若还有问题可请机修钳工调节进给传动系统的弹性联轴器。

5）工件的装夹应合理，定位夹紧面积不能过小，采用压板夹紧的应合理布置压紧点。在卧式铣床上使用三面刃铣刀加工直角沟槽时，应注意机用虎钳装夹工件要有足够的夹紧力，以免工件被铣刀切削力拉起；在立式铣床上用立铣刀加工压板夹紧的工件时，要注意铣刀切入时会将工件拉动而产生位移。

6）各种不同材料的加工，应选择适用的切削液，不需要加注切削液的应注意控制切削热，以保证加工表面的粗糙度要求。

2.2.2　提高键槽、工件切断和窄槽铣削精度的方法

1. 提高键槽铣削精度的方法与措施

（1）提高键槽铣削精度的基本方法　键槽的精度主要是槽宽尺寸与两侧面对工件轴线的对称度要求。提高加工精度的方法如下：

1）采用机用虎钳、V形块和两顶尖装夹工件，确保工件轴线的定位精度，确保工件装夹稳固，减少弹性偏让。

2）采用切痕对刀、试件试切、小直径铣刀试切等方法，与用指示表测量对称度方法相结合，提高铣削位置的找正和工作台调整精度。

3）提高铣刀直径检测和安装精度，减少铣刀偏摆、圆跳动对槽宽尺寸与对称度的影响。批量生产或加工难加工材料时应注意铣刀的磨损，掌握铣刀的使用寿命。

（2）影响键槽铣削加工质量的因素分析

1）影响键槽对称度的主要因素是工件的定位装夹方法和对刀调整方法、检测方法不符合位置精度要求。例如加工一批轴类零件上的键槽，在立式铣床上采用机用虎钳装夹工件。若轴类零件的直径公差大于键槽的对称度公差，则加工后的键槽对称度可能会超差。对刀调整有多种方法，对于精度要求较高（如对称度公差要求为 0.02mm）的键槽，采用切痕对刀法难以保证对称度要求。键槽对称度检测的方法也比较多，精度要求高的键槽，需要采用分度头或对称度精度高的 V 形架装夹并用翻身法进行检测，检测的量具应使用指示表，否则无法达到检测的精度要求。

2）影响键槽宽度尺寸的主要因素是刀具的尺寸精度、磨损程度、安装精度和机床主轴的回转精度。键槽铣刀和槽铣刀是定尺寸刀具，刀具尺寸精度不符合要求，必然会影响槽宽的尺寸精度。刀具加工部位磨损、机床主轴跳动、铣刀安装精度差都会影响键槽的宽度尺寸。

3）键槽表面粗糙度差的影响因素与直角沟槽铣削类似。值得注意的是，若键槽铣刀直径小于 6mm，工件是细长轴，材料是较硬的调质钢件，由于工艺系统的刚性差、切削阻力大，所铣出键槽的表面粗糙度会受到一定的影响。

（3）铣削键槽易产生缺陷的常用纠正措施

1）铣削加工如图 2-21 所示的划线盘底座的半封闭键槽，常见的缺陷和纠正措施如下：

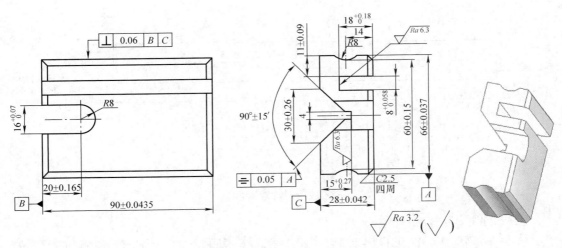

图 2-21 划线盘底座

① 位置精度超差。

a. 主要原因是六面体精度不高、机用虎钳找正精度差、平行垫块精度不高、工件装夹操作有误差等因素，引起工件装夹误差，影响位置加工精度。

b. 主要纠正措施是检测或提高预制件的加工精度；提高夹具的安装、找正精度；选用精度较高的平行垫块等辅具；提高工件装夹操作的熟练程度。

② 键槽宽度超差。

a. 主要原因是立铣头主轴间隙不适当、铣夹头和弹性套精度不高影响铣刀安装精度、键槽铣刀圆周刃与主轴同轴度找正精度差等。

b. 纠正的措施是检测铣床的主轴精度，选用精度较高的机床；用指示表检测铣刀安装精度，选用精度较高的铣夹头和弹性套等辅具。

③ 槽表面的粗糙度差。

a. 主要原因是键槽铣刀圆周刃过早磨损、铣削用量选择不当、工作台间隙较大、进给不平稳等。

b. 纠正措施是更换铣刀或对磨损的铣刀进行修磨，核对切削用量，如铣刀切削速度、进给量、吃刀量，调整机床导轨的镶条间隙、丝杠螺母间隙、推力轴承间隙，注意清洁、润滑导轨滑动面。

2）铣削加工如图 2-22 所示的对称双键槽轴，常见的缺陷和纠正措施如下：

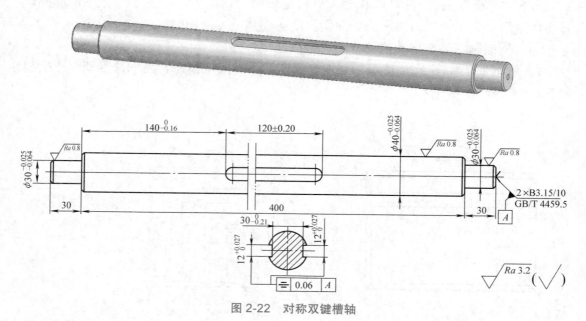

图 2-22　对称双键槽轴

① 平行度超差。

a. 主要原因是分度头顶尖和尾座顶尖的轴线不同轴、工件侧素线与纵向平行度找正精度不高、工件使用辅助夹具夹紧时操作步骤不对、压板压紧机用虎钳时使工件轴线发生微量偏移或工作台镶条精度差及间隙调整不当等。

b. 纠正措施是提高分度头主轴和尾座顶尖的同轴度找正精度，注意尾座顶尖轴线应与进给方向平行，与分度头轴线等高；使用辅助夹具夹紧时，注意选用较高精度的机用虎钳，先用机用虎钳夹紧工件，再用压板压紧机用虎钳；调整工作台导轨、镶条的间隙，使用塞尺控制间隙。

② 槽宽精度超差。

a. 主要原因是铣夹头、弹性套精度不高；立铣头主轴间隙调整不当；铣刀圆周刃直径测量误差、安装找正精度不高，导致铣刀夹紧后跳动量误差增大；工作台纵向导轨镶条精度差、间隙调整不当、进给不平稳等。

b. 纠正措施是选用精度较高的铣夹头、弹性套，检测铣床主轴的精度，选用主轴精度较高的铣床，选用刀具时应进行直径检测和刃磨质量检查，安装后应找正铣刀使其与主轴同轴，预先检查机床的进给平稳性，必要时可用试件进行试铣，对经过调整仍不能达到精度要求的机床应弃用，重新选择精度较高的机床。

③ 对称度超差。

a. 主要原因是工件顶装定位位置在铣削时发生位移。工件与分度头的同轴度找正精度不高。用环表法准确找正或复核铣床主轴与工件轴线位置时，操作失误和找正精度不高。采用辅助夹具夹紧时，工件位置发生偏移。工作台横向紧固机构不可靠，紧固和松开工作台后工作台横向有微量移动等。

b. 纠正措施是注意尾座顶尖的找正精度、顶紧力和顶尖的锁紧。找正工件同轴度时应在轴的两端和键槽加工部位进行找正。注意检查指示表的复位精度，表架的夹持稳固性，操作时不能使指示表与其他部位碰撞。采用辅助夹具夹紧时要保证工件不发生位移，必要时可用指示表测头触及工件侧面素线位置，观察夹紧中的工件是否发生位移。可用指示表检测横向锁紧时工作台的横向是否有微量位移，有故障时请机修钳工维修。

2. 提高工件切断和窄槽铣削精度的方法与措施

（1）工件切断和窄槽铣削加工中的常见质量问题

1）切断加工的常见质量问题有切断件的长度尺寸超差、切断面平面度和垂直度超差以及铣刀破碎折断等。

2）窄槽铣削的常见质量问题有槽向位置精度超差，槽宽尺寸精度超差，槽的形状精度差，如上宽下窄、两端宽中间窄，以及槽侧面粗糙度超差等。

（2）影响工件切断和窄槽铣削加工质量的因素分析

1）影响切断加工质量的因素包括铣刀刀尖的磨损、圆周刃后面磨损，铣刀刀杆的精度和夹持垫圈的平行度、支架轴承的精度，铣刀外圆与工件底面的位置，切削用量和加工方式（如顺铣或逆铣等）。

2）影响窄槽铣削质量的因素除了与切断加工类似的因素外，还有铣刀侧刃的圆跳动误差，铣刀宽度尺寸精度，切削液的选用，万能卧式铣床工作台零位位置误差等。

（3）工件切断和窄槽铣削加工中的缺陷和纠正措施

1）工件切断加工中的缺陷和纠正措施：

① 长度尺寸超差。

a. 主要原因是侧面对刀移动尺寸计算错误或操作失误、测量对刀时金属直尺的刻线未对准等。

b. 纠正措施是提高位移尺寸计算精度，可对计算的尺寸进行复核；位移距离控制可借助划线进行；使用金属直尺等直接对刀移位控制的，要注意金属直尺的刻线与工件基准对齐时的目测角度。

② 切断面垂直度超差。

a. 主要原因是工件微量抬起、铣刀偏让、机用虎钳的固定钳口与工作台横向不平行、工件装夹时上平面与工作台面不平行等。

b. 纠正措施是检测预制件装夹面的平行度，控制夹紧力；选用铣刀的直径应尽可能小，也可以采用较大外径的垫圈，提高刀具的刚度；复核找正夹具侧面、水平定位面与进给方向的垂直度和平行度等。

③ 铣刀折断。

a. 主要原因是万能铣床的加工工作台的零位不准、切断加工时工作台横向未锁紧、铣削受阻停转时没有及时停止进给和主轴旋转、铣刀安装后轴向圆跳动过大以及工件未夹紧铣削时被拉起等。

b. 纠正措施是加工前注意检测万能铣床的工作台与主轴的垂直度；操作中注意横向移位后锁紧工作台；检查铣刀是否夹紧，注意检查铣刀停转的原因并予以排除，如工件微量移动、铣刀未夹紧、切屑堵塞齿槽等；检查刀杆的精度和垫圈的平行度，支架轴承的精度和调整间隙；在切断加工切入阶段，注意减缓进给速度；检查工件夹紧力和预制件的精度，消除工件夹不紧的原因，如预制件平行度差、机用虎钳精度差、夹紧力不够；注意检查铣刀外圆与工件底面的位置，一般应调整到平齐或铣刀外圆略高于工件底面；在薄板切断加工时，调整工作台丝杠螺母间隙后可使用顺铣方式。

2）窄槽铣削加工中的缺陷和纠正措施：

① 铣削加工如图 2-23 所示的纯铜散热器槽工件，易产生的缺陷及原因如下：

a. 槽宽尺寸超差的原因可能是：铣刀安装后轴向圆跳动量大、铣刀改制后切削不平稳、粗铣后槽两侧余量偏差过大等。

b. 表面粗糙度超差的原因可能是：铣刀不锋利、铣刀前后面的表面粗糙度值较大、铣刀改制后齿槽有毛刺、切削液选用不当和切削液量不足以及铣削用量选择不当等。

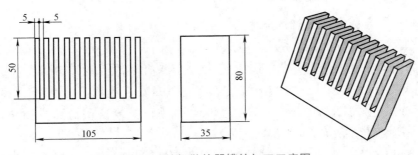

图 2-23　纯铜散热器槽的加工工序图

c.槽的位置精度和形状精度差的原因与直角沟槽铣削加工类似，铣刀在铣削加工中的偏让、侧面跳动也是较常见的原因。

② 常用的纠正措施。

a. 铣削槽时，选用的锯片铣刀应刃口锋利，刀尖无圆弧，容屑槽呈圆弧状，便于切屑的形成与排出。铣刀的前、后面应具有较小的表面粗糙度值，避免铣削时与切屑的黏结。为了增加铣刀的容屑槽空间，可将锯片铣刀改制为交错齿锯片铣刀，如图 2-24 所示。因铣刀直径比较大，槽深比较大，工件因材料塑性大而容易导致切屑堵塞，因此可采用较小厚度的铣刀，深度分几次铣削完成，先对宽度较小的槽进行粗铣加工。

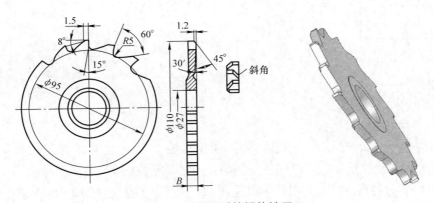

图 2-24　改制后的锯片铣刀

b.为了防止铣削过程中铣刀偏让，在铣削位置的两侧槽中应塞入宽度与槽相等的薄垫片，以防散热片变形。

c.铣削过程中应注意清除铣刀上粘的切屑，以防止切屑阻塞。

d.用厚度为 5mm 的交错齿锯片铣刀精铣槽时，应加注切削液，采用较小的进给速度，以保证槽侧的表面质量。

e.铣槽完毕后，应停刀后退离工件。最好让铣刀全部通过工件后，先垂向退刀，然后调整纵向和垂向至原铣削的起始位置。

2.2.3 提高 V 形槽、T 形槽和燕尾槽铣削精度的措施

1. 提高 V 形槽铣削精度的措施

（1）提高 V 形槽铣削精度的基本方法

1）提高槽形角精度的方法：选择符合槽形夹角精度要求的角度铣刀，最好通过试切测量确定铣刀廓形的实际精度。提高铣刀的安装精度，减少铣刀偏摆与跳动对槽形的影响。在立式铣床上采用端铣法时，可用正弦规准确调整立铣头的倾斜角，采用工件 180° 翻转法铣出精度较高的槽形。

2）提高槽位置精度的方法：V 形槽的位置精度主要是槽与基准的平行度及尺寸精度。通常通过工件的准确找正、借助标准圆棒和指示表提高测量精度等方法，可以提高槽的位置精度。加工两侧对称的 V 形槽时，可在提高两侧平行面精度后，采用工件 180° 翻转法可铣出对称精度较高的 V 形槽。

（2）铣削 V 形槽易产生的缺陷及原因和常用纠正措施

1）铣削加工如图 2-25 所示的 V 形槽，易产生的缺陷及原因如下：

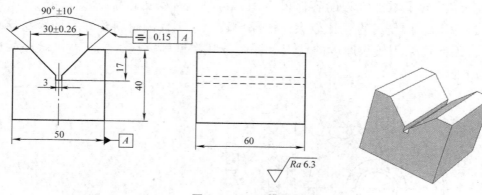

图 2-25 V 形槽零件

① V 形槽槽口的宽度尺寸超差的原因可能是：工件上平面与工作台面不平行、工件夹紧不牢固导致铣削过程中工件底面基准脱离定位面等。

② V 形槽对称度超差的原因可能是：双角度铣刀的槽口对刀不准确、预检测量不准确、精铣时工件重新装夹有误差等。

③ V 形槽与工件侧面不平行的原因可能是：机用虎钳的定钳口与纵向不平行、铣削时机用虎钳产生微量位移、工件多次装夹时侧面与机用虎钳定位面之间有毛刺和污物等。

④ V 形槽槽形角的角度误差大和角度不对称的原因可能是：铣刀角度不准确或不对称、工件上平面未找正、机用虎钳夹紧时工件向上抬起等。

⑤ V 形槽侧面粗糙度值超差的原因可能是：铣刀刃磨质量差、铣刀刀杆弯曲引起铣削振动等。

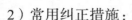

2）常用纠正措施：

① 提高夹具和工件基准的找正精度，采用角度铣刀铣削的，应注意基准面与工作台面的平行度，否则会使加工后的 V 形槽两端宽度不一致；采用工件转动角度和立铣头扳转角度加工 V 形槽斜面的，应注意找正工件的基准面使其与进给方向平行。工件的夹紧力要足以承受切削力，发现微量位移应重新进行工件位置的找正。

② 采用工件翻转法加工的，应注意预制件的质量，预制件基准面之间的垂直度、平行度较差的不宜采用翻转法加工；用双角度铣刀加工时，须粗铣后进行对称度预检，按对称度预检的偏差进行调整，调整后应确认对称度符合要求后再进行精加工。在试切、预检和调整中，注意装夹位置的准确性、工件基准面与夹具定位面之间的清洁度。

③ V 形槽的槽向有误差，应注意复核夹具定位面、工件基准面与进给方向的平行度，多次装夹的需要注意定位部位的清洁度。

④ V 形槽的槽形角有误差，应注意检查角度铣刀的刃磨质量、锥面刃与刀具轴线的实际夹角，通常是通过对试切斜面的测量来判断刀具锥面角度的精度；采用工件转动角度和立铣头转动角度加工的，可使用正弦规等精度较高的量具检测工件的装夹位置精度，检测立铣头扳转角度的准确性；在检测槽形角的操作中应注意游标角度量具的使用方法。

⑤ 根据 V 形槽斜面加工的方法，注意检查刀具的刀尖、切削刃等的磨损程度，其余的检查和纠正措施与一般的平面加工类似。

2. 提高 T 形槽铣削精度的措施

（1）提高 T 形槽铣削精度的基本方法

1）机床等工作台面使用的 T 形槽的直槽常用作夹具的定位和机床精度的找正基准，具有较高的精度要求。提高 T 形槽的直槽宽度尺寸精度和位置精度的方法与提高直角槽铣削精度的方法类似。

2）铣削加工 T 形槽底槽时一般精度要求不高，保证底槽与直槽的平行度、尺寸精度和表面粗糙度的主要方法是选择刃磨质量和刚度较好的刀具，有条件的最好选用交错齿 T 形槽铣刀。在铣削过程中应特别注意刀具的排屑和冷却，以使刀具保持长时间连续加工所需要的切削性能。

（2）铣削 T 形槽易产生的缺陷及原因和常用纠正措施

1）铣削加工图 2-26 所示的 T 形槽时易产生的缺陷及原因如下：

① 直角槽宽度尺寸超差的原因可能是：立铣刀宽度尺寸测量不准确、铣刀安装后跳动误差大、进给速度比较快使铣刀发生偏让以及两次铣削时进给方向不同等。

② 底槽与直角槽对称度超差的原因可能是：工件重装后 T 形铣刀对刀不准确或铣削底槽时因工作台横向未锁紧产生拉动偏移。

铣 工（中级）

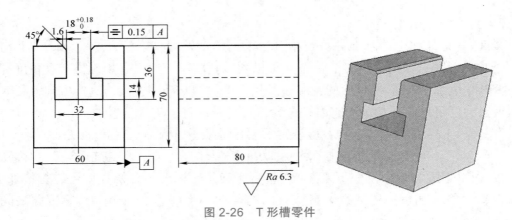

图 2-26　T 形槽零件

③ T 形槽槽底与基准底面不平行的原因可能是：因铣刀未夹紧微量下移、工件在铣削过程中因夹紧不牢固导致基准底面偏离定位面或装夹时底面与工作台面不平行等。

④ 底槽表面粗糙度误差大的原因可能是：铣削过程中未及时清除切屑、进给量过大等。

⑤ 铣削 T 形槽底槽铣刀折断的原因可能是：进给量过大、铣刀杆部伸出过长导致刚性差以及切屑堵塞等。

2）常用纠正措施

① 直角槽槽宽尺寸超差常见的纠正措施与键槽加工类似。

② 底槽与直角槽对称度差时，应注意铣削加工底槽时的对刀操作。除了用目测端面切痕的方法控制外，可在直角槽中塞入与槽宽尺寸相同的塞规或标准量块，然后借助塞规侧素线或量块侧面测量底槽侧面的相对位置，按误差值的一半进行铣削位置的调整，以保证底槽与直角槽的对称位置精度。铣削过程中应注意切入时减小进给速度，工作台横向应锁紧。

③ 底槽底面与工件的基准底面不平行时，观察底面的形状，若底面平整，应注意检查工件基准底面与工作台台面的平行度；若底面有由浅入深的圆弧状台阶，应检查铣刀是否夹紧，是否受切削力影响而微量下移。然后排除刀具下移的各种因素，如更换精度较高的弹簧夹头等。

④ 注意控制铣刀刀杆的伸出长度，在保证铣削的前提下，尽可能缩短刀杆的伸出长度；进给量应略小一些，主要根据排屑和切削温度进行调整，避免刀具因切削热难以散发导致退火损坏；切削过程中注意清除槽中的切屑，钢件加工应加注足够的切削液。

3. 提高燕尾槽（块）铣削精度的措施

（1）提高燕尾槽（块）铣削精度的基本方法　燕尾槽因能进行磨损补偿，通常用于导轨配合。为控制配合间隙，还配有镶条。对于相互配合的燕尾槽和燕尾块，提高配合精度的方法主要是槽形角的一致性，以及槽的一侧与侧面基准斜度的准确性。

1）提高槽形角精度的方法：选择符合槽形角精度要求的角度铣刀或专用铣刀，采用试切测量，确定铣刀的实际廓形角再作选择。精铣时，燕尾配合件的槽采用同一把铣刀，以保持槽形角的一致性。

2）提高槽侧斜角精度的方法：在检测或提高侧面基准精度后，采用正弦规和指示表找正工件进给方向的倾斜角，以提高槽侧斜角铣削的加工精度。燕尾槽侧面斜角的测量方法如图 2-27 所示。

（2）铣削燕尾槽（块）易产生的缺陷及原因和常用纠正措施

1）铣削加工如图 2-28 所示的燕尾配合件，易产生的缺陷及原因如下：

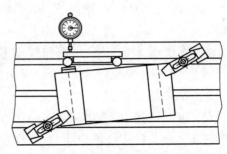

图 2-27　燕尾槽侧面斜角的测量方法

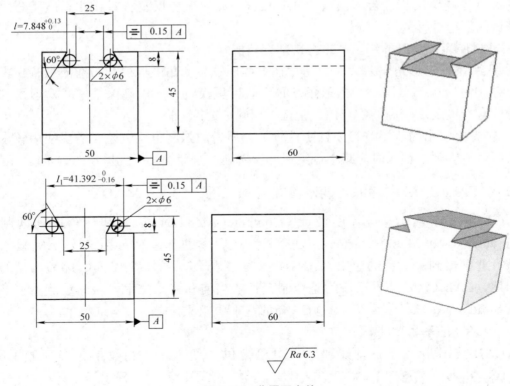

图 2-28　燕尾配合件

① 燕尾槽（块）宽度尺寸超差的原因可能是：标准圆棒精度差、测量操作不准确（特别是在用内径千分尺测量槽宽尺寸 l 时）以及横向调整操作失误等。

② 燕尾槽（块）对称度超差的原因可能是：尺寸计算错误、铣削一侧调整对称度时预检测量不准确以及横向调整操作失误等。

③ 燕尾槽（块）与工件侧面不平行的原因可能是：机用虎钳的定钳口与工作台的纵向不平行、工件多次装夹时侧面与机用虎钳定位面之间有毛刺或污物以及工件两侧面的平行度误差大。

④ 燕尾槽（块）槽形角角度误差大的原因可能是：铣刀角度选错或角度不准确。

⑤ 燕尾槽（块）侧面粗糙度值超差的原因可能是：铣刀刃磨质量差、铣刀安装刀杆伸出较长引起铣削振动、铣削余量分配不合理和铣削用量选用不适当等。

2）常用纠正措施

① 在检测燕尾宽度时，应注意检测所用标准圆棒的直径尺寸和圆柱度、直线度误差；用内径千分尺检测时，应注意检测的动作，注意尺身与工件的端面和底面基准平行，并注意控制内卡爪与圆棒的接触压力，以提高检测准确性。

② 通过计算值调整铣刀加工位置的，应注意通过端面的划线进行核对；精加工时的位置检测要反复进行，读数应准确无误，测量值应反复核对；注意应用公式计算获得的值应进行逆运算复核。

③ 槽向有误差时的纠正措施与铣削直角槽时类似。

④ 燕尾槽槽形角误差大时，注意检查燕尾铣刀的角度规格和刃磨质量，在粗铣或半精铣时应检测燕尾槽的槽形角，必要时可更换铣刀，以确保精铣时槽形角的精度；配合精度要求较高的配合件，精铣采用同一把铣刀。

⑤ 规格较小的燕尾铣刀刀杆刚性较差，刀齿的强度也比较差，需要使用较小的切削用量，铣削中切入时应减小进给速度，铣削中避免各种引发振动的因素。

2.2.4　CAD/CAM 软件的功能及其轮廓加工的方法

CAD/CAM 即计算机辅助设计（Computer Aided Design）和计算机辅助制造（Computer Aided Manufacturing）。随着计算机科学的迅速发展，CAD/CAM 技术在机械行业中得到了广泛的应用，它们能够大大提高产品的设计质量，缩短产品的设计周期，CAD/CAM 技术已成为整个制造行业当前和将来技术发展的重点。本书主要以 SolidWorks 软件来介绍 CAD/CAM 的基本功能及其应用。

1. CAD 的基本功能

CAD 技术是为产品设计和生产对象提供方便、高效的数字化表现的工具，SolidWorks 包含了草图绘制、特征建模、评估、装配设计、工程图等工具。

（1）草图绘制　SolidWorks 的草图绘制基本功能如图 2-29 所示，它主要包括直线、圆、曲线、四边形、圆弧、椭圆、多边形、裁剪实体、转换实体引用、等距实体、镜像实体、线性草图阵列等功能。

图 2-29　草图绘制基本功能

草图绘制工具栏包含控制草图创建的所有方面。在新建草图中，首先选中某一基准面或平面，单击草图绘制功能按钮 █ 进入草图，按设计要求绘制平面草图，再次单击退出草图功能按钮█ 或退出草图图标 █ 实现退出草图，完成草图绘制。

（2）特征建模　SolidWorks 的特征建模基本功能如图 2-30 所示，它主要包括拉伸凸台 / 基体、旋转凸台 / 基体、扫描、放样凸台 / 基体、拉伸切除、圆角、线性阵列、抽壳等功能。

图 2-30　特征建模基本功能

特征建模工具栏是提供生成模型特征的工具。通过准确的草图，创建 3D 实体及表面模型，并且能对实体本身进行编辑。

（3）评估功能　SolidWorks 的评估基本功能如图 2-31 所示，它主要包括测量、质量属性、检查、误差分析、曲率等功能。

图 2-31　评估基本功能

评估功能能够快速准确的得到被测对象的距离、面积、体积、重心等参数，也能够帮助设计者找出产品在设计中存在的缺陷，从而对其进行修改。

（4）装配体功能　SolidWorks 的装配基本功能如图 2-32 所示，它主要包括配合、智能扣件、新建运动算例、爆炸视图等功能。

图 2-32　装配基本功能

装配功能，能够较好地表达机器或部件的整体结构，演示工作的原理，以及零件之间的装配关系。

（5）工程图　SolidWorks 的工程图基本功能如图 2-33 所示，它主要包含视图布局和注解两大模块，主要功能包括标准三视图、投影视图、剖面视图、局部视图、断开的剖视图、智能尺寸、注释、标注形位公差等功能。

图 2-33　工程图基本功能

SolidWorks 的工程图由三维图转换而来，一般先出三维图，再出工程图，因此在图中的各要素之间存在严格的几何关系。

2. CAM 的基本功能

CAM 是先进制造技术的重要组成部分。在产品加工中，CAM 通常是指数控（NC）加工，即利用 CAD 的信息在数控加工设备上实现制造自动化，它的输入信息是零件的工艺路线和工序内容，输出信息是刀具加工时的运动轨迹和数控程序，以控制机床运动。

SolidCAM 的基本功能如图 2-34 所示，主要的功能包括提供多种加工策略和多种模拟形式并产生数控的加工程序等。

图 2-34　SolidCAM 的基本功能

SolidCAM 的加工策略包括 i Machining、2.5D 加工、3D 加工、多轴加工、高速加工、钻孔加工、车削加工等。通过对 CAD 软件所产生的加工零件图进行图样及加工工艺的分析，使用合理的加工策略产生刀具轨迹，模拟仿真并优化刀具路径，最后生成符合数控机床要求的数控（NC）代码。

3. CAD/CAM 软件

CAD/CAM 技术经过了几十年的发展，出现了一批优秀且流行的商品化软件，有的还是 CAD/CAE/CAM 集成化的软件，尽管它们的功能有强有弱，操作方法也各有不同，但是使用的基本思路都是相近的，大部分软件之间也能做到文件格式的相通转换。

㊀　形位公差的标准名称为"几何公差"。——编者注

国外的 CAD/CAM 软件主要有 UG、Pro/E、Catia、SolidWorks、AutoCAD 等，国内的 CAD/CAM 软件包括 CAXA 制造工程师、高华 CAD、GS-CAD 等。在产品设计和模具加工中，UG、Catia 等因其功能更为强大、操作更为细化而占有了较大的份额；SolidWorks 因其界面更容易掌握，可以十分方便地实现复杂的三维零件实体造型、复杂装配和生成工程图；而 AutoCAD 在二维设计平面图领域也是占据了绝对的优势。国产软件因起步比较晚，功能上相对来说还没国外软件那么强大，但因其具有明显的经济性，在中小企业中的市场份额较多，而且国产软件更适合中国设计人员的习惯，相信在不远的将来，能够赶上国外软件。

4. 沟槽加工实例

在数控铣床上加工图 2-35 所示平面圆弧沟槽。

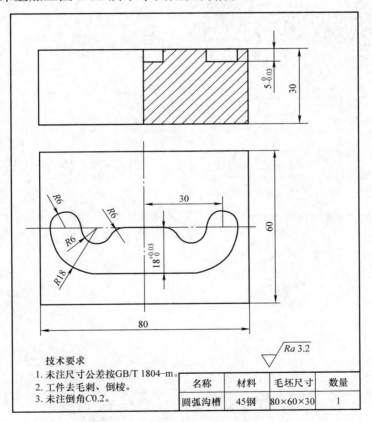

图 2-35　平面圆弧沟槽

（1）SolidWorks 产生三维模型　打开 SolidWorks 软件，新建文件如图 2-36a 所示。点选前视基准面 ◇ 前视基准面 ，单击草图工具栏"草图绘制"选项，新建草图如图 2-36b 所示。利用"草图绘制"的直线、圆弧等功能绘制草图，使用"智能尺寸"添加约束尺寸，使草图符合图样要求，如图 2-36c 所示，退出草图完成草图绘制（当完成的草图颜色为黑色代表图形完全定义、蓝色代表欠定义、红色代表错误过定义需要修改）。使用特征拉伸凸台 功能，选择矩形形状，设置深度尺寸 30mm，如图 2-36d 所示。在设计树中再次选中草图 1，单击显示草图 ，利用"拉伸切除" 功能，选中圆弧沟槽作拉伸切除 5mm 的操作，如图 2-36e 所示。

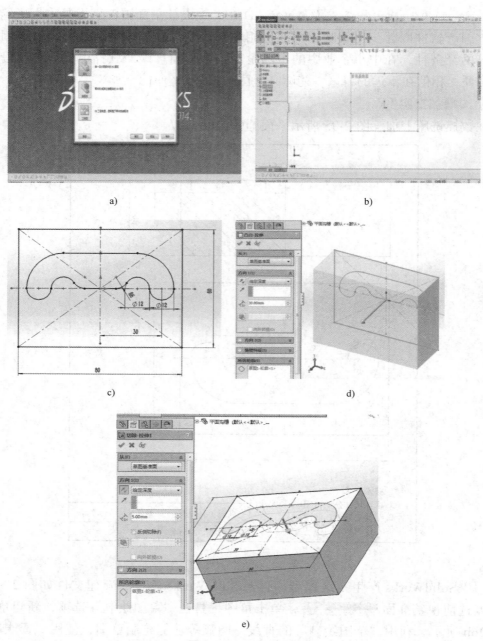

图 2-36　CAD 造型

a）新建文件　b）新建草图　c）草图绘制　d）拉伸矩形　e）拉伸切除沟槽

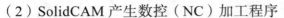
（2）SolidCAM 产生数控（NC）加工程序

1）预设值。选择菜单栏中"SolidCAM" SolidCAM 选项，单击新增铣床功能选项 新增(N) 铣床(M) ，选择平面圆弧沟槽模型文件如图 2-37a 所示。数控机床系统选择"FANUC" 数控机床 ，单击"加工原点"选择"原点位置实体框顶部中心"如图 2-37b 所示。单击素材形状（工件毛坯）选择"区域定义"生成毛坯零件如图 2-37c 所示。单击加工形状选择工件如图 2-37d 所示，打钩确定离开预设选项。

项目 2

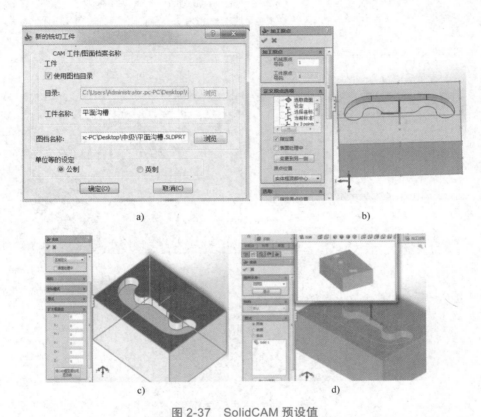

图 2-37　SolidCAM 预设值

a）导入零件　b）设置加工原点　c）设置加工毛坯　d）设置加工零件

2）生成加工工程。选择"2.5D"加工 🛆 2.5D 的"轮廓加工" 🛆 轮廓 （也可右键单击设计树中的加工工程选择"轮廓"加工）弹出加工窗口如图 2-38a 所示。"图形定义"选择"新增" ▭ ，选择圆弧沟槽轮廓线打钩确定如图 2-38b 所示。"刀具设定"选择"新增刀具" ▦ ，新增直径 ϕ10mm 面铣刀如图 2-38c 所示。铣削高度设置轮廓深度 5mm 轮廓深度 5 。单击"技术" 🗊 技术 ，选择刀具位置左侧使其在沟槽内部 左侧 ▾ 图形 ，单击"图形"按钮进行位置判断如图 2-38d 所示，选择精加工加工次数 1 次，保存并计算生成刀具加工轨迹，勾选加工工程 ⊞ ☑ 🛆 F_contour ，查看刀具轨迹如图 2-38e 所示。（CAM 设置参数项较多，不作展开。）

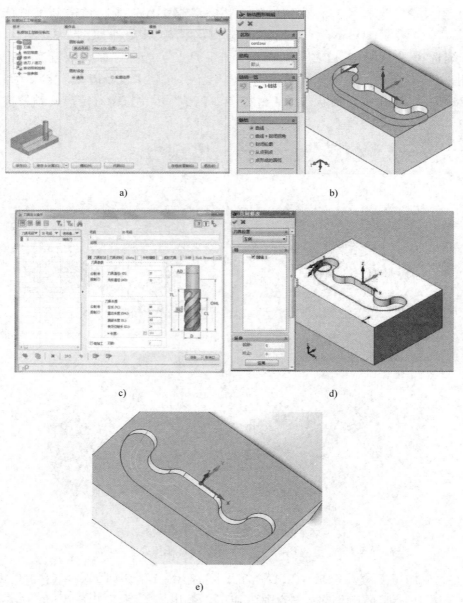

a）"2.5D" 加工 b）加工轮廓的设置 c）刀具设置 d）刀具位置设定 e）刀具轨迹

图 2-38 SolidCAM 加工

3）仿真模拟 右键单击轮廓加工工程选择"模拟" 📋 模拟(S)，弹出新窗口如图 2-39a 所示。选择"SolidVerify 模拟"，单击"播放"检查模拟轨迹如图 2-39b 所示。确认加工轨迹正确之后，右键单击轮廓加工工程产生 FANUC 数控加工代码

G01 代码(G)   ▶   产生(G) 如图 2-39c 所示。

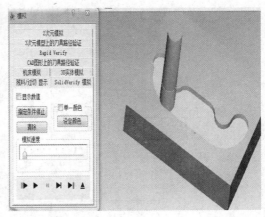

a)   b)

c)

图 2-39　模拟加工

a）模拟方式　b）轨迹模拟　c）加工代码

2.3　普通铣床高精度连接面、沟槽加工技能训练实例

技能训练 1　台阶、斜面复合工件加工

重点与难点：重点掌握台阶、斜面复合工件铣削工序制订方法；难点为台阶与斜面加工精度的控制。

1. 台阶、斜面复合工件加工工艺准备

铣削加工如图 2-40 所示台阶、斜面复合工件，须按以下步骤进行工艺准备：

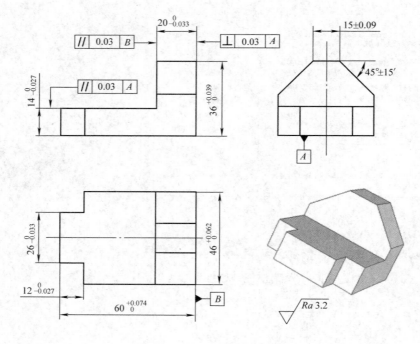

图 2-40　台阶、斜面复合工件

（1）分析图样

1）加工精度分析。

① 斜面与顶面的夹角为 45° ± 15′，顶面连接尺寸为（15 ± 0.09）mm。

② 单台阶相关尺寸：长度为 $20_{-0.033}^{0}$ mm，高度为 $14_{-0.027}^{0}$ mm。

③ 双台阶（凸台）宽度尺寸为 $26_{-0.033}^{0}$ mm，深度为 $12_{-0.027}^{0}$ mm。

④ 外形尺寸为 $60_{0}^{+0.074}$ mm × $46_{0}^{+0.062}$ mm × $36_{0}^{+0.039}$ mm。

⑤ 单台阶对基准的平行度公差均为 0.03mm；端面基准对底面基准的垂直度公差为 0.03mm。

2）表面粗糙度分析。表面粗糙度值要求为 Ra3.2μm，铣削加工比较容易达到。

3）材料分析。HT200，切削性能较好。

4）形体分析。工件主体是立方体，宜采用机用虎钳装夹。

（2）拟订加工工艺与工艺准备

1）拟订台阶、斜面工件加工工序过程。根据图样的精度要求，在立式铣床上采用套式面铣刀、立铣刀铣削加工。加工工序过程：安装找正机用虎钳→安装面铣刀铣削六面体→预检六面体精度→工件表面画线→安装立铣刀铣削凸台→铣削台阶→调整立铣头角度铣削斜面→台阶、斜面工件检验。

2）选择铣床。选用 X5032 型立式铣床。

3）选择工件装夹方式。选用机用虎钳装夹工件。

4）选择刀具。根据图样选用直径为 $\phi 25$mm 的锥柄中齿标准立铣刀，直径为 $\phi 80$mm 的套式面铣刀。

5）选择检验测量方法

① 用外径千分尺测量工件的凸台宽度、外形、台阶相关尺寸。

② 用游标万能角度尺和游标卡尺测量斜面角度及连接尺寸。

③ 用深度千分尺测量凸台深度尺寸。

④ 用指示表、直角尺及塞尺测量连接面平行度和垂直度。

2. 台阶、斜面工件加工

1）粗精铣凸台（图 2-41a）。

① 换装立铣刀，注意各接合面的清洁和配合精度。铣刀安装后应检测铣刀的圆跳动误差。

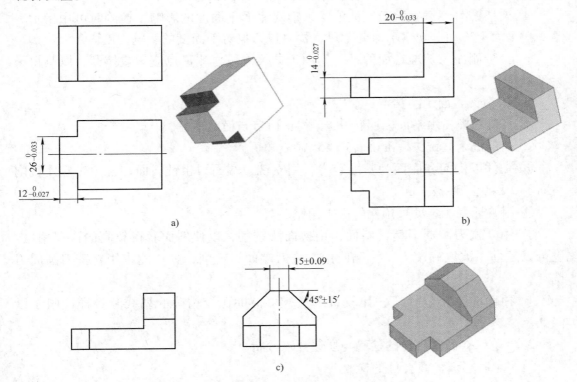

图 2-41　台阶、斜面工件铣削步骤

② 工件以端面与侧面定位装夹，注意用指示表复核顶面与工作台台面的平行度，以及侧面与纵向的平行度。

③ 按铣削凸台的步骤操作，铣削时注意以下几点：

在试铣和粗铣中应检查铣刀的端面和圆周刃的锋利程度，以及表面粗糙度。

采用纵向铣削凸台的两侧台阶时，因铣削方向不一致，应注意检测与顶面的平行度；凸台两台阶面与顶面的深度是否一致。

凸台的两侧面由立铣刀的圆周刃铣成，由于铣刀的跳动和偏让，应注意检测侧面的平行度，因侧面高度尺寸比较小，因此可用指示表测量。而沿 36mm 方向具有一定长度，注意测量长度两端的尺寸，若较长的侧面能达到要求，铣除台阶部分后，凸台面积缩小，尺寸精度必然合格。

2）粗精铣台阶（图 2-41b）。

① 工件以侧面和底面为基准装夹，注意用指示表检测台阶端面基准与横向的平行度。选择精度较高的平行垫块将工件垫高，因夹紧高度比较小，平行垫块应使台阶底面略高于钳口 1mm。

② 手动进给铣除大部分余量。

③ 精铣前重新装夹工件，注意清除切屑和粗铣的毛刺。

④ 半精铣时注意立铣刀底面的接刀痕对底面平面度的影响。检测时可用指示表测头在平面上移动，观察示值变动量，检测接刀痕对平面度的影响程度。

⑤ 台阶侧面与基准端面的平行度用千分尺测量，测量点应尽量拉开，以测得最大误差。

3）粗精铣斜面（图 2-41c）。

① 将机用虎钳水平面内回转 90°，找正钳口与横向平行。

② 调整机床立铣头，准确转过 45° 倾斜角。

③ 工件以侧面和底面为基准装夹，用立铣刀端面刃粗铣斜面，铣削时应使铣削力向下，以免工件被拉起。

④ 用游标万能角度尺预检斜面夹角精度。

⑤ 用立铣刀圆周刃精铣斜面，用换面法铣削，以使斜面获得较高的位置精度。也可以工件一次准确装夹，一侧使用立铣刀端面刃铣削，另一侧采用立铣刀圆周刃铣削。

⑥ 顶面的连接位置尺寸比较难测量，可借助比较精确的划线和打样冲眼予以保证。

3. 台阶、斜面复合件的检验与质量要点分析

（1）台阶、斜面复合件的检验

1）凸台检验。

① 用外径千分尺测量凸台侧面尺寸，应在 25.967～26.000mm 范围内。

② 用深度千分尺以端面为基准测量凸台深度，应在 11.973～12.000mm 范围内。

2）台阶检验。

① 用外径千分尺以底面为基准，测量台阶底面至基准底面的尺寸，应在 13.973～

14.000mm 范围内。

② 用外径千分尺测量台阶侧面至端面基准的尺寸，应在 19.967 ~ 20.000mm 范围内。

3）斜面检验。

① 用游标万能角度尺测量顶面与斜面的夹角，误差值在 ±15′ 范围内。

② 测量斜面与顶面的连接位置尺寸时，可借助两根等直径的标准圆棒，用类似燕尾槽的测量方法，测得圆棒的外侧尺寸，计算达到连接位置的实际尺寸。如图 2-42 所示，测量计算方法如下

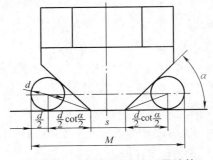

图 2-42　斜面连接尺寸测量计算

$$M = d + s + d\cot\frac{\alpha}{2}, \quad s = M - d\left(1 + \cot\frac{\alpha}{2}\right)$$

本例采用直径为 6mm 的标准圆棒，用千分尺测得圆棒外侧的尺寸 M 为 35.47mm，则连接尺寸 s 为

$$s = M - d\left(1 + \cot\frac{\alpha}{2}\right) = 35.47\text{mm} - 6\text{mm} \times (1 + \cot 22.5°)$$

$$= 35.47\text{mm} - 20.485\text{mm} = 14.985\text{mm}$$

4）表面粗糙度检验可通过目测类比法进行。本例各面分别用端铣和周铣样板对照检验。

（2）台阶、斜面复合件铣削质量要点分析

1）凸台精度超差的主要原因。

① 六面体的平行度和垂直度误差影响凸台加工基准的装夹定位精度和测量精度。

② 立铣刀的刃磨精度不高。

③ 工件按端面基准装夹后，顶面与工作台台面的平行度、侧面与纵向的平行度找正精度不高。

④ 铣刀安装的精度不高，圆跳动误差影响凸台侧面平行度和表面粗糙度，轴向圆跳动影响凸台底面的质量。

2）台阶精度超差的原因。

① 六面体两侧面平行度精度不高、机用虎钳活动钳口的导轨间隙较大、平行垫块精度不高、工件装夹操作有误差等因素，引起工件装夹后底面基准与工作台面不平行。

② 立铣头与工作台台面的垂直度影响立铣刀接刀铣削的平面度。

③ 立铣刀圆跳动误差影响台阶侧面对基准端面的平行度和尺寸精度。

④ 工作台横向导轨镶条精度差、间隙调整不适当、进给不平稳等因素，影响台阶铣削的表面粗糙度和平面度。

3）斜面精度差的原因。

① 斜面角度超差是由于工件装夹位置不准确，立铣头扳转角度精度不高，精铣时立铣刀锥度影响斜面角度，铣削过程中工件因夹紧力不适当而发生微量位移等因素所致。

② 斜面粗糙度值超差是由铣刀圆跳动误差、横向进给不平稳等因素所致。

③ 斜面与顶面连接位置尺寸超差是由划线错误、铣削操作失误、工件翻身装夹位置不准确等因素所致。

技能训练 2　划线盘底座加工

重点与难点：重点掌握六面体、沟槽复合件的铣削加工方法；难点为工艺步骤制订与阶梯铣削操作方法。

1. 划线盘底座加工工艺准备

铣削加工如图 2-21 所示的划线盘底座，须按以下步骤进行工艺准备：

（1）分析图样

1）加工精度分析。

① V 形槽夹角为 90° ± 15′，槽口宽度为（30 ± 0.26）mm，窄槽宽度为 4mm，深度为 $15^{+0.027}_{0}$ mm。V 形槽对基准 A 的对称度公差为 0.05mm。

② 敞开式直角沟槽尺寸：宽度为 $8^{+0.058}_{0}$ mm，深度为 $18^{+0.018}_{0}$ mm，至侧面基准的尺寸为（11 ± 0.09）mm。

③ 半封闭键槽宽度尺寸为 $16^{+0.07}_{0}$ mm，长度为（20 ± 0.165）mm，收尾形式为半圆弧。底部与 V 形槽接通，槽两侧对基准 A 的对称度公差为 0.05mm。

④ 两侧圆弧槽 R8mm，槽中心对称外形，槽底之间的尺寸为（60 ± 0.15）mm。

⑤ 外形尺寸为（90 ± 0.0435）mm ×（66 ± 0.037）mm ×（28 ± 0.042）mm。侧面对基准面 B、C 的垂直度公差为 0.06mm。

⑥ 顶面四周倒角 C2.5mm。

2）表面粗糙度分析。除槽底粗糙度值为 Ra6.3μm 外，其余均为 Ra3.2μm，铣削加工比较容易达到规定。

3）材料分析。工件材料为 HT200，切削性能较好。

4）形体分析。工件主体是立方体，宜采用机用虎钳装夹。

（2）拟订加工工艺与工艺准备

1）拟订划线盘底座加工工序过程。根据图样的精度要求，六面体和半封闭键槽在立式铣床上铣削加工，其余在卧式铣床上加工。加工工序过程：立式铣床安装找

2. 提高外花键尺寸精度的方法

提高键宽和小径尺寸精度的方法主要是提高测量准确度与工作台的移动精度。通常采用组合三面刃铣刀侧刃铣削方法。调整键宽尺寸时，先用试件试切实测键宽尺寸，然后通过平面磨削，精确调整铣刀中间垫圈，并注意检验所用刀杆垫圈的平行度，可有效提高键宽尺寸的加工精度。

3. 提高外花键位置精度的方法

花键的位置精度包括键宽对工件轴线的对称度和平行度，以及键的等分精度。小径圆弧的位置精度主要是指圆弧面与工件轴线的同轴度和平行度，以及与键侧面的连接精度。提高精度常用的方法如下：

（1）选用精度较高的分度头　选用万能分度头时，应注意调整蜗杆副的啮合间隙；如有条件，最好选用是花键齿数 2 倍的等分分度头，以便于测量花键对称度，减少复位和分度误差，提高花键等分精度。

（2）精确找正分度头轴线的相对位置　铣削外花键一般采用两顶尖装夹工件。要提高工件轴线与工作台台面和进给方向的平行度，应注意找正分度头轴线与尾座顶尖轴线的同轴度，并使轴线与工作台台面和进给方向有较精确的平行度。

如图 3-3 所示，若分度头轴线与尾座顶尖轴线不同轴，对单个工件可能会使其轴线达到找正要求，但很难保证其重复定位精度；如果有几个工件，顶尖的深度略有差异，便会产生定位误差，从而影响键宽对轴线的平行度和对称度，以及小径的形状和尺寸精度。

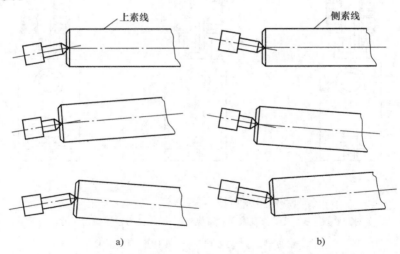

a)　　　　　　　　　　　　　　b)

图 3-3　两顶尖轴线不同轴对工件定位的影响

a）上素线偏斜　b）侧素线偏斜

精确找正时，可采用大于工件长度的带锥柄标准心轴，将锥柄部分插入分度头前端锥孔，并检查其配合精度，然后借助标准轴的上素线和侧素线精确找正分度头的轴线位置。找正尾座顶尖轴线位置时，可先拆下尾座顶尖，用类似的带锥柄心轴，插入尾座顶尖锥孔，然后精确找正其轴线的位置，达到与分度头轴线同轴，并与工作台台面和进给方向平行的找正要求。

（3）精确调整铣刀的对中切削位置

1）采用试件试切或切痕、划线对刀法调整铣刀位置时，提高对称度的途径主要是提高用翻转法检验键侧对称度时的测量精度。除了准确转动工件角度，提高工件测量位置精度外，在使用指示表测量键侧时，考虑到工作台台面粗糙度与平面度对测量精度的影响，可在工作台台面上放置一个精度较高的平行垫块，将指示表座在垫块平面上移动测量，以此提高调整过程中的测量精度。按对称度误差微量横向调整工作台时，为提高工作台微量移动精度，可借助指示表进行控制。

2）采用对刀装置（图 3-4a）调整铣削位置时，先使铣刀大致与对刀块侧面对齐，试切试件后，用指示表测量键侧与对刀块侧面的位置偏差，并注意测量两侧的偏差值。当键宽与对刀块宽度尺寸相等时，两者侧面的示值差就是中心偏差值；当键宽略小于对刀块宽度尺寸时，微量调整的尺寸还应考虑键宽尺寸的影响。将铣出的键侧与对刀块侧面比较测量，若测量示值相同，或键两侧同时比对刀块侧面低相等的尺寸，则表明铣刀位置已调整完毕。在微量调整时，应注意工作台移动方向，如图 3-4b、c 所示。

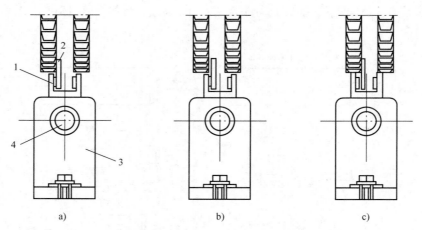

a)　　　　　　　　　　b)　　　　　　　　　　c)

图 3-4　用对刀装置调整铣刀切削位置

a）对刀装置　b）铣刀位置偏向对刀块外侧　c）铣刀位置偏向对刀块内侧

1—对称槽　2—对刀块　3—顶尖座　4—顶尖

4. 减小花键铣削表面粗糙度值的方法

（1）采用成形铣刀、三面刃铣刀　一般是通过选择刃磨质量好的铣刀铣削，并注意铣刀的安装精度，调节支架支承轴承的间隙和工作台的导轨间隙，以及采取增强工艺系统刚性的相关措施等途径，减小花键铣削的表面粗糙度值。

（2）采用硬质合金花键精铣刀盘　如图 3-5 所示，用硬质合金花键精铣刀盘精铣非淬硬的花键，不经磨削就能达到较小的表面粗糙度值。这种带微调机构的硬质合金花键精铣刀盘（图 3-5a），刀尖调整精度可达 0.01 ~ 0.02mm，使用前最好经过动平衡校正。刀片采用金刚石砂轮刃磨，铣刀直径一般为 $\phi60mm$，铣床主轴转速 $n_0 = 750 ~ 1000r/min$，进给速度 $v_f = 750 ~ 1000mm/min$。硬质合金组合铣刀盘（图 3-5b）通常用于批量较大的花键精铣加工。成批量加工时，先用高速钢成形铣刀加工花键小径，键侧留有精铣余量；然后用硬质合金花键精铣刀盘精铣键侧。这种刀盘上共有两组刀，其中一组刀（共两把）铣削花键两侧，另一组刀（也是两把）铣削花键两侧倒角。每组刀的左右刀齿间距可按照花键键宽和倒角尺寸进行调整，使用这种刀盘精铣花键，不但生产效率高，而且表面粗糙度值可达到 $Ra0.8 ~ 1.6\mu m$，而高速钢铣刀铣削时的表面粗糙度值一般只能达到 $Ra3.2 ~ 6.3\mu m$。

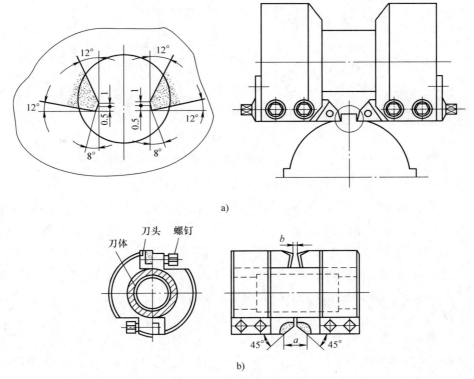

a)

b)

图 3-5　硬质合金花键精铣刀盘

a）带微调机构的硬质合金花键精铣刀盘　b）硬质合金组合铣刀盘

3.1.3　花键成形铣刀的结构和检验

1. 花键成形铣刀的种类和功用

常见的花键成形铣刀有铲齿成形铣刀（图 3-6a）、尖齿成形铣刀（图 3-6b），以及焊接式、机夹式硬质合金成形铣刀（图 3-6c、d）。尖齿成形铣刀一般用于粗铣花键，铲齿成形铣刀用于精铣花键，硬质合金花键铣刀一般用于大批量生产时高速铣削花键。还有一种用于精加工小径和粗铣键侧的成形铣刀，可用于粗铣花键、精铣花键小径。

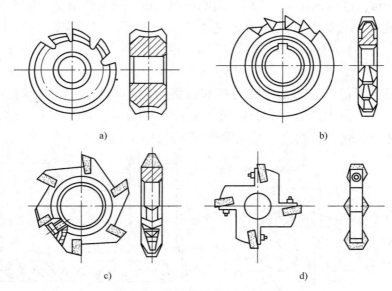

图 3-6　常见花键成形铣刀种类

a）铲齿成形铣刀　b）尖齿成形铣刀　c）焊接硬质合金成形铣刀　d）机夹式硬质合金成形铣刀

2. 花键铲齿成形铣刀的几何参数与结构特点

（1）主要几何角度　铲齿花键成形铣刀的前角一般为 0°；齿背采用阿基米德螺旋线，以保证铣刀刃磨前面后齿形不变，同时，使铣刀具有足够的后角。成形铣刀的后角有径向后角与法向后角之分，切削刃上各点的后角是不同的。切削刃上的点旋转半径越小，径向后角越大，而法向后角一般大于 3°～4°，而且，铣刀重磨后后角逐渐增大，因此，成形铣刀的标注后角规定在新铣刀的齿顶处。

（2）结构特点　刀齿截面形状与花键齿槽形状相同，两侧切削刃铣削花键侧面，中间圆弧切削刃铣削花键槽底圆弧面，齿形按花键精度要求进行铲磨，当铣刀处于正确的铣削位置时，可在工件上铣出符合精度要求的花键。花键铲齿成形铣刀类似于凹半圆成形铣刀，只是与凹圆弧连接的直线切削刃是倾斜的，倾斜的角度与花键的齿数有关。成形铣刀容屑槽的夹角为 18°、22°、25° 和 30°，槽底是折线加强底，齿数一般为 9～14，以使刀齿有足够的齿根厚度和较多的重磨次数。

3. 花键成形铣刀的选择和检验

（1）目测检验　主要是对铣刀的装夹部位完好程度、切削刃的锋利程度、前面的刃磨表面质量进行检验。

（2）前角检验　铲齿成形铣刀的前角 $\gamma_o = 0°$。检验时，用安装在分度头上的心轴装夹刀具，用指示表找正，使前面处于水平位置，然后用游标高度卡尺检测前面是否通过刀具轴线，若通过轴线，则前角 $\gamma_o = 0°$（图 3-7）；否则，因前角 $\gamma_o \neq 0°$，齿形会有一定的误差。

（3）试件试切检验　通过试件试切，铣出三个齿槽（相邻齿槽和 180° 对称齿槽），可以对小径尺寸和键宽尺寸精度进行检验，若测得小径尺寸与键宽尺寸均在允许的公差范围内，说明齿形准确。若铣出的表面粗糙度值与图样要求相符，说明铣刀刃磨质量符合使用要求。

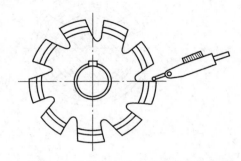

图 3-7　用指示表检验成形铣刀前角

（4）用样板和合格工件比照检验　在有专用样板和合格花键工件的情况下，可将样板和合格花键工件的法向槽形沿铣刀的前面作比照检验。若两者的廓线相吻合，则说明铣刀基本符合铣削加工要求，然后在铣削调整中，通过测量小径尺寸和键宽尺寸，进一步对铣刀廓形的精度进行检验。

3.1.4　花键专用检具的结构和使用方法

（1）花键专用检具的结构特点　花键综合量规实质上是一个内齿面具有一定硬度，并具有符合图样精度要求的内花键套，如图 3-8a 所示。为了测量时便于外花键容易对准内花键的测量位置，在量具的一端有花键插入导向部分。花键综合量规是用花键拉刀加工而成的，较高精度的花键综合量规使用花键圆孔复合拉刀加工而成，以保证大径、小径和键侧的同轴度。一些量规的外形是一个与花键齿数相同的正棱柱，便于量规握持或转位检验。此外，其外棱柱侧面经过磨削，具有较高的几何精度，并与花键有较高的位置精度，借助套入外花键的量规外棱柱可较方便地找正花键的位置。使量规相对工件转过一个分齿角度，可以不同的配合位置检验花键加工精度。

（2）综合量规的使用方法　综合量规适用于成批量生产。在单件加工时，若有与图样要求相符的量规，也可用于对铣削加工的花键进行检验。具体使用时，应首先对工件的键宽与小径尺寸进行测量，在确认所有键宽和小径尺寸均在公差范围内后，方可使用综合量规，以检查花键的其他精度要求。因此，这种量规还常与花键键宽卡规（图 3-8b）、小径卡规（图 3-8c）配合使用，配合使用方法如图 3-8 所示。具体操作中，还应注意合理使用量规，在工件加工完毕后，应去除毛刺再用量规进行检验。当工件无法顺利通过量规时，不能依靠加大外力迫使工件通过，以免损坏量规测量面，影响量规的精度。

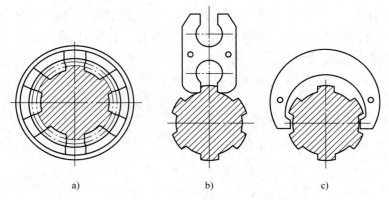

a)   b)   c)

图 3-8　用卡规和综合量规配合检验花键

a）用综合量规检验花键　　b）用卡规检验花键键宽　　c）用卡规检验花键小径

3.2　高精度角度面加工

3.2.1　提高分度精度的方法

1. 分度夹具的分度机构的主要特点

（1）万能分度头分度机构的主要特点

1）蜗杆副传动机构：万能分度头的分度机构主要由蜗轮蜗杆传动机构组成。蜗杆螺旋部分的直径不大，所以与轴做成一个整体。蜗轮一般采用整体浇注式和拼铸式结构，如图 3-9 所示。蜗杆安装在偏心套内；蜗轮套装在分度头的主轴中部，与主轴用平键联接，并用螺母紧固。蜗轮与蜗杆的啮合位置由蜗杆脱落手柄控制，啮合间隙由偏心套端面的扇形板调节。蜗杆的轴向间隙由偏心套端面的螺塞调节，蜗轮的轴向间隙由主轴与回转体的轴向间隙控制。

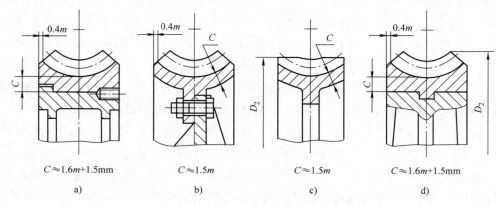

$C \approx 1.6m + 1.5\text{mm}$　　　　$C \approx 1.5m$　　　　$C \approx 1.5m$　　　　$C \approx 1.6m + 1.5\text{mm}$

a)   b)   c)   d)

图 3-9　万能分度头蜗轮的常用结构形式

a）齿圈式　b）螺栓联接式　c）整体浇注式　d）拼铸式

2）分度插销与分度盘结构特点：万能分度头的分度操作是通过分度手柄进行的。由分度头的结构可知，分度手柄连接板与传动轴通过平键联接，并用轴端的螺母紧固。传动轴通过一对直齿圆柱齿轮将分度手柄的分度运动传递给轴端的圆柱齿轮的蜗杆轴。分度手柄连接板一端是分度握手柄，另一侧的键槽内安装分度插销，分度插销的结构如图 3-10 所示。分度和手动使主轴作回转运动时，分度插销可由操作者拔出，分度插销脱离分度盘上的分度定位孔，分度后，分度插销在预定的孔位插入孔中。由于分度孔盘上各等分孔圈的分布直径不同，因此，分度插销可沿键槽移动，以调节分度插销与不同分布直径孔圈的插入位置。分度插销与手柄连接板通过插销套端的平行凸台侧面与键槽配合，并用螺母紧固。

分度盘通过中间定位孔和螺钉与套装螺旋齿轮的传动轴套连接，分度盘的两侧环形面上有不同分布直径、不同孔数的等分孔圈。孔圈的分布圆与分度盘的定位孔同轴。分度盘不需转动时通过紧固螺钉固定；松开紧固螺钉，可通过螺旋齿轮在分度头侧轴和孔盘之间传递运动。分度定位孔的结构如图 3-11 所示。孔底锥体部分可存放润滑油，孔口倒角可在分度插销插入时起导向作用，并对分度定位孔起到保护作用。分度定位孔的直径与分度插销的直径相同，属于精度较高的间隙配合，以保证分度盘分度插销的分度定位精度。

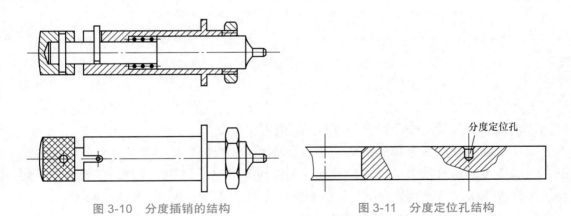

图 3-10 分度插销的结构　　　　图 3-11 分度定位孔结构

3）差动分度时的传动机构特点：由差动分度原理和传动系统可知，除了分度手柄带动分度头主轴作分度运动外，还由分度头主轴通过主轴与侧轴之间的交换齿轮，将运动传递给分度盘作差动运动，从而实现差动分度运动，以达到工件所需的等分或角度分度精度要求。

主轴与侧轴之间交换齿轮的动力由主轴交换齿轮轴传递，插入主轴后端的交换齿轮轴与主轴通过内外锥面连接，传动转矩通过锥面之间的摩擦力进行传递。

装入交换齿轮架的交换齿轮轴的结构如图 3-12 所示，阶梯传动轴 5 一端的平行侧面在装入交换齿轮架的键槽时起定位作用，螺母 2 和平垫圈 3 将传动轴紧固在交换齿

轮架上。阶梯传动轴的另一端通过轴套 4 安装交换齿轮，齿轮的内孔与轴套之间属于较高精度的间隙配合，并用平键 1 联接。套中间的环形凸起部分，用于同轴齿轮的端面定位，使两齿轮之间有一定间距。轴套的内孔与传动轴外圆属于较高精度的间隙配合，轴的圆柱面上还有润滑油槽，与轴端的钢珠式注油孔相通。轴套的长度小于轴的台阶高度。平垫圈的作用是控制轴套转动时的轴向间隙。旋紧轴端的螺母，可防止轴套脱离传动轴，以免中断交换齿轮传动而影响差动分度的运动传递。

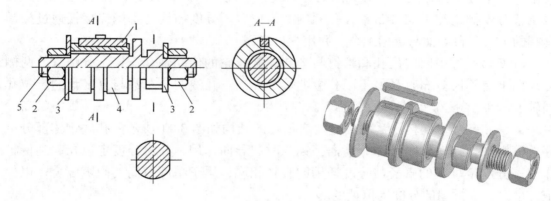

图 3-12　装入交换齿轮架的齿轮轴结构

1—平键　2—螺母　3—平垫圈　4—轴套　5—阶梯传动轴

4）直线移距分度传动机构的特点：用分度头直线移距分度时，由传动系统可知，除了分度头分度运动外，在分度头主轴（或侧轴）与工作台纵向丝杠之间须安装交换齿轮，将分度头的分度运动传递给工作台纵向丝杠，以实现工作台纵向直线移距分度运动，达到工件的直线移距分度的精度要求。直线移距分度与其他分度不同的是，传动系统中包括工作台纵向的丝杠螺母传动机构。

工作台纵向丝杠螺母传动机构的特点是具有双螺母间隙调整结构；工作台丝杠与工作台的连接部位有推力球轴承，丝杠的轴向间隙可进行调整。此外，工作台沿燕尾导轨作直线移动，通过调节镶条与导轨的配合位置，可以调整燕尾导轨的间隙。

（2）回转工作台分度机构的主要特点

1）回转工作台蜗杆副传动机构：与万能分度头类似，回转工作台的主要分度机构是蜗轮蜗杆传动机构，蜗轮呈齿圈式结构，蜗轮通过孔和端面定位与回转工作台的回转中心同轴，并用螺钉紧固在工作台的底部台阶面上。蜗杆轴穿装在偏心套内，通过脱落手柄可以使蜗轮与蜗杆脱开和啮合。改变脱落手柄与偏心套的相对位置，可以调节蜗轮蜗杆的啮合间隙。

2）回转工作台的手柄与刻度盘：回转工作台的外圆上有 360° 刻度圈，对照底座上的零线，可以显示回转工作台的分度值。根据蜗轮的齿数，或称为分度夹具的定数，与（分度）手柄同轴旋转的刻度盘上有手柄旋转一周的细分刻度，例如定数为 90 的回转工作台,手柄回转一周为 4°,若细分刻度共有 48 格,则每一格的分度值为 5′。

(3)等分分度头分度机构的特点 等分分度头的分度机构一般采用具有 24 个槽或孔的等分盘,直接实现 2、3、4、6、8、12、24 等分的分度,也可直接采用等分数。

(4)专用分度夹具分度机构的特点 专用分度夹具为了实现各种等分数,在回转工作台下端安装可换分度盘。分度盘上均布的分度孔装有衬套,以保证分度定位孔与分度销的配合精度。为了分度回转,夹具一般有分度插销拔出和插入的机构,以便回转时分度插销脱离分度盘。为了在加工中避免损坏分度插销、孔,分度夹具都有回转工作台锁紧机构。

2. 影响分度精度的主要因素

(1)工件装夹引起的分度误差 工件与分度夹具回转中心同轴度的误差会引起工件的分度或等分误差,如图 3-13 所示。即使分度夹具的分度精度达到所需要求,由于工件与分度夹具的回转中心偏离一个距离,也会导致工件的实际分度误差增大。

(2)分度夹具的分度机构精度引起的分度误差 分度机构的精度引起分度误差的具体原因很多,常见原因列举如下:

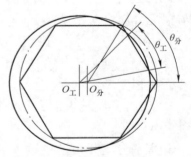

图 3-13 工件与分度夹具回转中心不同轴引起分度误差

1)分度头与回转工作台的蜗杆副传动机构因蜗轮、蜗杆的制造精度及齿面磨损,引起分度精度下降。若蜗轮在机动加工螺旋槽工件时发生梗刀冲击,部分轮齿磨损较大,此时,将引起较大的分度误差。

2)分度头和回转工作台蜗杆副的啮合位置不适当,使传动机构未处于正常啮合状态,传动间隙过大和过小,引起分度误差。

3)分度传动系统中采用交换齿轮时,交换齿轮齿面有缺损、定位孔配合和平键联接的间隙过大,会引起分度运动传递误差而产生分度误差。若交换齿轮架与侧轴的紧固螺孔或螺钉的螺纹损坏、装入交换齿轮架的齿轮轴紧固螺母或轴端螺纹损坏,引起齿轮啮合位置变动,也会因分度运动传递误差而产生分度误差。

4)直线移距分度传动系统中有机床纵向工作台丝杠螺母传动机构,若工作台燕尾导轨和丝杠局部磨损较严重,会产生直线移距分度误差。

5)分度头插入主轴的交换齿轮轴锥柄或主轴的内锥面损坏,配合时贴合面积小,传动时引起松动或角度位移,会引起分度运动传递误差。

6)分度专用夹具的分度盘分度孔等分精度及其磨损、分度插销磨损、分度插销轴与轴套磨损,产生较大间隙,会引起分度误差。

（3）分度方法引起的分度误差　比较典型的是采用近似分度法对分度要求较高的工件进行分度时，将会因误差使工件报废。又如，在采用差动分度时，若假定等分数大于工件等分数，分度手柄与分度盘的转向相同，理论上并不会产生分度误差，但在实际操作中，由于同向跟踪比较困难，会产生误差。若假定等分数与所需等分数差距较大，还会给交换齿轮配置造成困难。特别是在分度数较大时，会因传动环节较多，间隙控制等因素引起误差。

（4）分度操作不正确引起分度误差

1）分度手柄转数 n 计算错误。

2）分度叉调整错误，扇形间包含的不是孔距数，而是孔数，或分度叉在分度过程中扇形角度变动。

3）交换齿轮配置安装不正确，主、从位置错误，齿数错误，齿轮轴松动，齿轮套与轴配合面之间不清洁，啮合间隙过大或过小等。

4）回转工作台、分度头分度和加工时，锁紧手柄使用不当，如锁紧时分度操作，松开时铣削加工。专用分度夹具加工时不锁紧回转工作台，也会引起分度插销、孔的磨损和变形。

5）直线移距分度时，工作台的导轨调整不当，间隙过大或过小；丝杠的轴向间隙过大或过小。

3. 提高分度精度的主要途径和方法

根据铣床常用分度机构的特点和影响分度精度的因素，在铣削角度面和刻线加工中，提高分度精度的主要途径和常用方法如下：

1）选用精度较高的分度夹具。在选择分度头和回转工作台时，应挑选精度较高的型号，最好选择没有使用过机动进给的分度夹具，因经常用于机动进给铣削螺旋槽、圆弧面等的加工会使蜗轮蜗杆传动机构的磨损比较大。

2）对选用的分度头、回转工作台或专用分度夹具，应对主要的分度机构进行精度检验。如在适当调整蜗轮蜗杆的传动间隙和主轴的轴向间隙后，可借助标准等分的正棱柱检测分度机构的分度精度。也可以通过试件试切，对试件进行检测，用以判断分度机构的精度。试切或借助标准件测量时，可以在分度机构圆周上不同的位置进行，以发现分度机构精度较差的部位，使用精度较高的分度区域，如图3-14所示，提高工件分度精度。选用等分分度头或专用等分夹具，也可以采用类似的方法。

3）在选用分度盘孔圈时，尽量选用较大倍数的孔圈，一方面可以提高分度精度，另一方面可以在角度分度或找正工件位置时作微量角位移调节。

4）对使用分度头和回转工作台都可以加工的角度面工件，最好使用回转工作台进行加工，因回转工作台的定数比较大（通常使用的是90、120），可获得较高的分度精度。

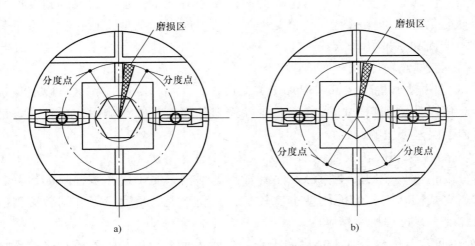

图 3-14　使用精度较高的分度区域提高工件分度精度

a）正棱柱加工避开局部磨损区域　b）角度面加工避开局部磨损区域

5）使用回转工作台时，可将手柄处的细分刻度盘改装为孔圈分度盘，以提高分度精度。如定数为 90 的回转工作台，细分刻度一周为 4°，若细分刻度共有 48 格，则每一格的分度值为 5′。改装使用孔圈分度盘，若选择 66 圈孔数，则每一孔距的分度值为 3.64′。此外，采用孔圈分度盘，因使用分度插销与定位孔确定分度手柄位置，与使用细分刻度目视对线方法相比，具有较高的分度精度。

6）在使用差动分度时，尽量选择较小的假定齿数，使分度盘与分度手柄的转向相反，使分度插销较准确地插入反向运动的定位孔中，以方便操作和提高分度准确性。

7）直线移距分度时，即使是间距较大的分度，也应尽可能采用主轴分度法，虽然分度手柄需多转一些，但可提高分度精度。

3.2.2　提高角度面加工精度的方法

除了提高分度精度以外，还可以通过以下途径提高角度面的铣削加工精度：

1）提高工件的找正精度，主要是找正与角度面的尺寸、形状和位置精度相关的基准位置，避免找正时因基准转换引起的加工误差。例如，铣削如图 3-15 所示的工件，要求凹四方角度面的中心与孔同轴，但一般采用自定心卡盘装夹，工件定位是外圆和端面，若选定的端面与基准孔垂直度较差，外圆与基准孔同轴度较差，即使在找

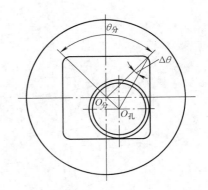

图 3-15　找正部位与基准不符影响
角度面加工精度

正时端面与回转工作台台面平行，外圆与回转中心同轴，加工而成的角度面与基准孔的同轴度仍无法确保精度。找正此类工件时，应先对工件进行预检，选定与基准孔垂直的端面和基准孔作为找正基准，使该端面与工作台台面平行，基准孔与回转中心同轴，以提高角度面的加工精度。

2）对端铣法和周铣法都可以加工的角度面，尽可能采用端铣法，以避免铣刀几何形状对角度面铣削精度的影响。在排除铣刀几何形状的影响后，可较准确地判断角度面加工误差产生的原因。

3）对分度头和回转工作台都可以加工的工件，尽量采用回转工作台加工，除了可提高分度精度外，回转工作台台面有多条 T 形槽，便于选择多种附加装置装夹各类工件。立式回转工作台的刚性也比较好，有利于提高角度面工件的装夹精度、操作观察准确度、过程检测精确度。

4）在回转工作台上加工精度要求很高的角度面，可以借助正弦规来验证角度分度的精度，如图 3-16 所示。工件以端面的直角槽为基准，在外圆上铣削与槽夹角为 10°54′ 的角度面。具体验证时，先找正平行垫块侧面使其与槽向平行，并与铣削进给方向平行，然后按公式 $100 \times \sin 10°54′$ 计算量块高度，以平行垫块侧面为基准，放置正弦规和量块，当回转工作台按 10°54′ 进行角度分度后，正弦规的测量面应与铣削进给方向平行，否则说明角度分度有误差。误差角度由下列公式计算

$$\Delta \alpha = \alpha_{实际} - \alpha_{图样} = \pm \arcsin \left(\frac{e}{100} \right)$$

式中　　$\Delta \alpha$——角度分度误差（°）；

　　　　e——平行度误差值（mm）。

上例若 $e = 0.05\text{mm}$，则 $\Delta \alpha = \pm \arcsin(0.05/100) = \pm 0.02864° \approx \pm 1′43″$。

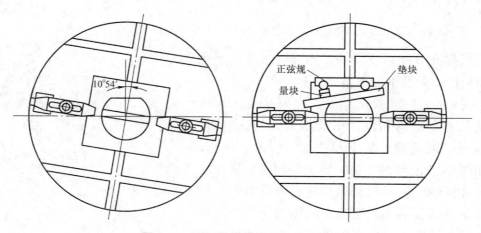

图 3-16　用正弦规验证角度分度精度

3.3　高精度刻线加工

3.3.1　提高刻线加工精度的方法

1）选用分度精度较高的分度头或回转工作台进行圆柱面、圆锥面和平面向心刻线加工。直线移距分度刻线时，除分度头精度外，应选用工作台移动精度较好的铣床作直线移距刻线加工。

2）提高刻线刀的刃磨质量，必要时采用工具磨床刃磨刻线刀。

3）根据不同的工件材料，选择相应的前角和后角，减小刻线槽侧面的表面粗糙度值。

4）提高工件刻线所在表面的质量，表面粗糙度值较大的表面无法达到刻线清晰的要求。

5）提高工件刻线表面的找正质量，重点是找正刻线表面、刻线部位的位置精度。例如，在套类零件圆柱面上刻线，若采用心轴装夹工件，只找正心轴与分度夹具回转中心的同轴度，而工件圆柱表面会因圆跳动误差引起刻线深度不一致，刻线有粗有细，影响刻线质量。又如，在圆锥面上刻线，只找正圆锥大端的圆跳动，而刻线部位在圆锥面小端，若小端有圆跳动误差，也会影响刻线质量。

3.3.2　刻线加工质量的检验与分析

1. 刻线加工质量的检验要点

（1）圆柱面刻线的检验要点　圆柱面精度要求较高的刻线，一般工件刻线表面精度较高，检验时应掌握以下要点：

1）检验前，用细磨石去除刻线的毛刺。

2）目测检验刻线的清晰度、粗细是否均匀、刻线的直线度以及长短中的分布是否符合图样要求。

3）检验起始位置尺寸，抽检刻线长度和间距尺寸，测量方法与预检相同。

4）仔细检查刻线的等分度，也即间距尺寸的波动情况。

（2）圆锥面刻线的检验要点　圆锥面刻线的要求比较高，若刻线加工位置调整有偏差，不仅会造成刻线槽偏斜，还会因偏离中心而造成刻线槽有深有浅等问题。除了检验刻线的常规项目外，检验时还应掌握以下要点：

1）仔细用放大镜目测检查刻线槽深度是否一致。

2）检验刻线槽是否位于圆锥面素线位置，检验可以借助游标高度卡尺和分度头进行。检验时将工件装夹放置在标准平板上的高精度分度头上，分度头的主轴与标准平板平行，游标高度卡尺的划线头准确位于主轴中心高度，此时用游标高度卡尺划线头检验工件上 180° 对应位置的刻线，可检测圆锥面刻线是否在圆锥面的素线位置。

（3）平面向心刻线的检验要点　检验向心刻线的线向时，用游标高度卡尺画出三等分位置刻线的延长线，若交点重合于一点，则说明线向准确，否则，说明线向有偏差，且交点相距越远，偏差越大，如图 3-17 所示。

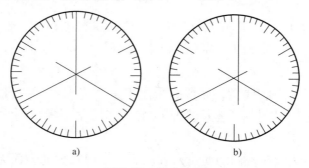

图 3-17　线向检验

a）线向准确　b）线向不准确

2. 刻线加工质量的分析要点

（1）刻线加工质量差的基本原因

1）刻线起始位置误差大的主要原因可能是：画线不准确、对刀不准确等。

2）刻线长度和间距尺寸误差过大的原因可能是：分度计算或调整错误、分度操作失误、纵向刻度盘松动、手动进给操作失误等。

3）刻线不清晰、直线度不好或粗细不均的原因可能是：刻线刀刃磨质量不好、刀具安装位置不正确影响刻制切削、刻线过程中刀尖损坏或微量偏转（图 3-18）、工件刻线平面与工作台台面不平行等。可能还有选用的夹紧刻线刀的刀杆垫圈端面的环形面积较小、垫圈两端面平行度较差、内孔与刀杆的间隙过大，从而使得刀具夹紧不稳定等因素。其中，刀尖损坏可使刻线阻力增大，槽底圆弧变大，侧面出现振纹，从而影响刻线的清晰度和直线度，如图 3-18a 所示。刀尖微量偏转是由于刀具刻线中两侧刃受力不均匀和安装找正不准确引起的，由于偏转后影响对称刻制切削，因此可能会出现单边毛刺较大、有振纹的现象，如图 3-18b 所示。

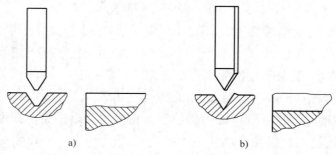

图 3-18　刀尖损坏或微量偏转对刻线的影响

a）刀尖损坏对刻线槽形状的影响　b）刀尖偏转对刻线的影响

（2）高精度刻线加工质量的分析要点

1）圆锥面刻线质量的分析要点。

① 刻线位置误差大的原因可能是：画线不准确、对刀不准确以及工件轴线与工作台纵向进给方向不平行等。

② 刻线长度和等分误差过大的原因可能是：分度头精度差、分度头传动间隙调整不当、分度装置调整不当、分度操作失误等。

③ 刻线不清晰、直线度不好或粗细不均的原因可能是：除刻线刀质量等因素外，主要原因是圆锥面上素线与工作台台面不平行、刻线刀未对准工件素线位置等。

2）平面向心刻线质量的分析要点。

① 刻线长短误差大的原因可能是：工件外圆与回转中心不同轴、线向不准确、对刀不准确、横向刻度盘记号移动等。

② 刻线等分误差过大的原因可能是：回转工作台精度差、分度传动间隙调整不当、回转工作台主轴锁定装置失灵、分度装置调整不当、分度操作失误等。

③ 刻线不清晰、直线度不好或粗细不均的原因可能是：除刻线刀质量等因素外，主要原因是圆柱端面与工作台台面不平行、刻线刀刻线过程中切削角度不合理等。

3）平面直线移距刻线加工质量的分析要点。刻线长度和间距尺寸误差过大的原因可能是：工作台传动机构间隙、丝杠推力轴承间隙和镶条间隙调整不当、工作台丝杠和螺母不清洁、分度移距传动系统润滑不好以及横向进给操作或分度移距操作失误等。

3.4　高精度外花键、角度面与刻线加工技能训练实例

技能训练 1　双头外花键加工

重点与难点： 重点掌握具有位置要求的双头花键铣削方法；难点为工件装夹找正及小径圆弧面精度控制。

1. 双头外花键铣削加工工艺准备

铣削如图 3-19 所示的双头外花键，须按以下步骤做好加工工艺准备：

分析图样如下：

1）加工精度分析：键宽 $B = 7_{-0.043}^{-0.013}$ mm；小径 $d = \phi 28_{-0.039}^{0}$ mm，小径对轴线的径向圆跳动公差为 0.02mm；大径 $D = \phi 34_{-0.039}^{-0.025}$ mm；键对工件轴线的对称度和平行度公差均为 0.05mm；花键的等分误差范围为 0.04mm，两端花键应处于同一角度位置，同名键中间平面角度偏差为 ±10′。

2）表面粗糙度分析：小径和键侧的表面粗糙度值要求为 $Ra1.6\mu m$，大径的表面粗糙度值要求为 $Ra3.2\mu m$，其余表面的表面粗糙度值要求为 $Ra6.3\mu m$。

3）材料分析：45钢，调质硬度220～250HBW。

4）形体分析：工件是光轴，花键在外圆柱面上，两端花键有效长度均为80mm，工件两端有孔径为 $\phi 3.15$mm 的 B 型中心孔可用于定位，双头外花键须调头定位装夹。

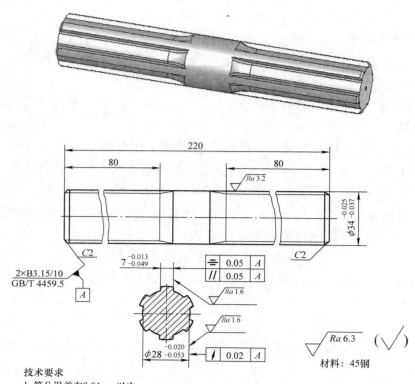

技术要求

1. 等分误差在0.04mm以内。
2. 两端花键角度误差在±10′以内。

图 3-19　双头外花键零件图

2. 拟订双头外花键铣削加工工艺及工艺准备

（1）双头外花键加工工序　采用组合三面刃铣刀加工键侧，专用小径圆弧成形铣刀铣削加工槽底小径圆弧面的方法，花键铣削加工工序过程与用两把三面刃铣刀组合铣削单头花键基本相同。工件调头装夹后，须用指示表找正已加工花键与铣刀的相对角度位置，使两端花键同名键中间平面的角度偏差在 ±10′ 范围内。

（2）选择铣床　选择 X6132 型或类似的卧式铣床。

（3）选择工件装夹方式　选用 F11125 型分度头，采用两顶尖、鸡心卡头和拨盘装夹工件。考虑到一端铣成花键后，用鸡心卡头夹紧工件有可能损坏花键，故在花键大径外圆和鸡心卡头之间用一个轴套，用轴套和鸡心卡头装夹外花键的方法如图 3-20 所示。轴套的内径与工件大径配合，材料选用 HT200；轴套具有弹性槽，以

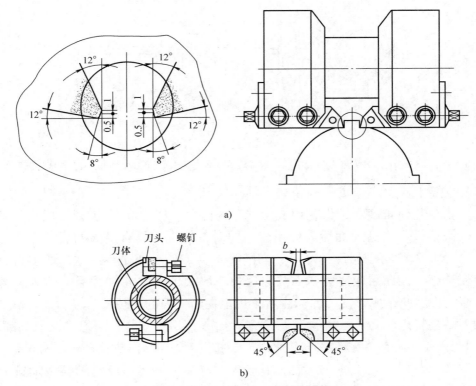

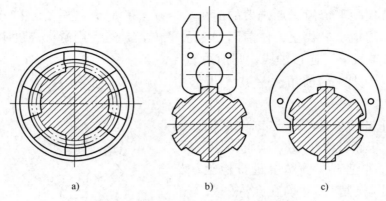

a) $C \approx 1.6m+1.5mm$　　b) $C \approx 1.5m$　　c) $C \approx 1.5m$　　d) $C \approx 1.6m+1.5mm$

使鸡心卡头螺钉旋紧时轴套受力收缩，将工件均匀受力夹紧。

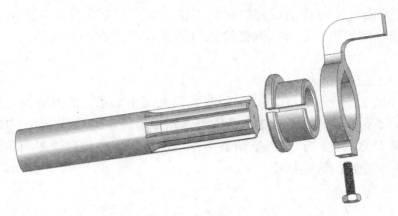

图 3-20　用轴套和鸡心卡头装夹外花键

（4）选择铣刀

1）铣削键侧的组合三面刃铣刀，铣刀的厚度不受严格限制，两把铣刀进行组合的侧面刃应完好无损，刃磨质量基本相同，夹持部位的表面无凸起、拉毛等瑕疵。因花键的收尾部分圆弧并没有尺寸要求，故选 63mm×8mm 直齿三面刃铣刀。

2）铣削槽底圆弧面刀具，因花键属于小径定心的零件，使用专用小径圆弧成形铣刀铣削槽底圆弧面，可以达到圆弧面的表面粗糙度和尺寸精度要求。

（5）选择铣削用量　工件材料为 45 钢，调质后的材料硬度为 235HBW，宜选用优质碳素结构钢切削用量范围内较小的切削速度和进给量。小径圆弧成形铣刀属于铲齿成形铣刀，选用较小的铣削用量；也可以通过试切确定最合理的铣削用量。

（6）选择检验测量方法　试件试切的检验是提高组合铣刀花键铣削精度的重要操作步骤。试件的长度应与工件大致相同，试件的顶尖孔应具有较高的精度。试件试切后的键宽尺寸、对称度检验方法与组合三面刃铣刀铣削单头花键时基本相同。本例因工件精度要求较高，故选用的量具应进行精度校核，指示表应检验其复位精度。

3. 双头外花键铣削加工

（1）试件试切对刀　按单头花键试件试切过程操作，操作时掌握以下要点：

1）试件的装夹应与工件一样要求，借助素线找正时，注意试件的圆柱度误差对找正精度的影响。

2）用试件试切调整键宽尺寸。试切后，按试切的键宽尺寸与 6.98mm 的差值，在平面磨床上磨削修正组合刀具中间垫圈的厚度。拆装中间垫圈时，最好大致保持刀具与垫圈的周向位置，即拆卸前，用粉笔沿轴向在刀具周刃、垫圈外圆上画一条线，安装时按画线大致对齐，此操作有利于恢复拆卸前的相对位置，避免位移产生新的误差。

3）试切调整对称度时，应铣出较长一段键侧，键侧深度可大于工件深度，以提高测量精度。

4）用圆弧成形铣刀铣削试件检验铣刀精度时，根据工件预定的对刀、铣削步骤，余量和铣削用量进行。小径圆弧检验须铣削 180° 方向的对应槽底，然后用外径千分尺检验小径尺寸。本例小径尺寸进入 $\phi 28_{-0.033}^{0}$ mm 范围后，用较小测头的指示表测量圆弧面与工件的同轴度，以确定小径圆弧的形状位置和尺寸精度。圆弧有误差的几种情况如图 3-21 所示。图 3-21a 是圆弧偏大偏小示意，此时应注意根据误差大小确定是否需要更换铣刀。图 3-21b 是铣刀圆弧偏工件左侧示意，图 3-21c 是铣刀圆弧偏工件右侧示意。此时，应微量调整工作台横向，准确找到铣刀圆弧和工件的同轴位置，以保证小径的铣削精度。

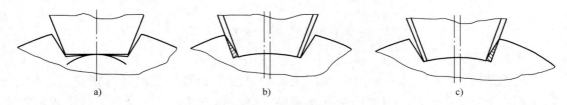

图 3-21　小径圆弧的误差示意

a）圆弧尺寸有误差　b）圆弧偏左　c）圆弧偏右

5）试件试切后，工作台横向有两个位置记号，一个是键宽对称工件的铣削位置，另一个是小径圆弧对称工件的铣削位置。铣削双头外花键时，一般应先铣削花键的对称位置键宽尺寸，然后铣削圆弧槽底。为了确保精度，本例先用组合三面刃铣刀铣削工件的两端对称键宽，然后再铣削两端槽底圆弧。

（2）装夹找正工件铣削键侧

1）在键侧铣削的位置拆下试件。

2）装夹找正工件。装夹时注意把握尾座顶尖的顶入力度、鸡心卡头夹紧工件的力度和拨盘螺钉夹紧鸡心卡头柄部的力度，以使工件获得准确的定位，并在铣削过程中不发生位移。工件的找正主要是两端外圆与分度头、尾座顶尖轴线的同轴度，以及上素线与工作台台面和侧素线与进给方向的平行度（借助素线找正注意工件圆柱度的影响），误差应控制在 0.01mm 以内，否则无法保证尺寸和几何精度。

3）铣削键侧，注意复核对称度和键宽尺寸精度，并控制花键的有效长度 80mm。

4）准确按 6 等分分度，依次铣削工件一端 6 键 12 面键侧。

5）拆下工件，调头重新装夹，在使用鸡心卡头时注意轴套的弹性槽避开螺钉和鸡心斜面与轴套相切的位置，螺钉旋紧的方向对准工件凸键位置，如图 3-20 所示。

6）用指示表找正工件两端外圆与分度头主轴的同轴度，并找正工件一端花键的对应键侧面与工作台台面平行，即对应键处于水平位置，花键槽处于工件上方铣削位置。随后，分度头准确转过 90°，依次分度铣削工件另一端的 6 键 12 侧面。

（3）铣削槽底圆弧面

1）分度使工件准确转过 1/2 分齿角度，横向移动使工件、铣刀处于槽底圆弧铣削的对称位置，根据试切调整的垂向位置留 0.5mm 的余量，复核工作台复位的准确性，预检的方法与试件试切时相同。

2）确认铣削位置准确后，垂向准确控制小径尺寸（注意有效长度内的误差）达到图样要求，准确分度，依次铣削 6 个槽底圆弧。

3）调头装夹工件，找正后铣削另一端槽底圆弧。

（4）双头外花键铣削注意事项

1）本例精度要求比较高，因此，分度夹具精度和安装精度、铣床精度、铣削用量的合理性、铣刀刃磨质量和安装精度、操作过程的合理性均会影响加工精度。

2）工件调头装夹的次数比较多，重新装夹后的位置精度必须复核，否则无法达到工件铣削加工精度要求。

3）在找正一端花键键侧水平位置的过程中，若周向有微量的偏差，无法用分度手柄转过一个孔恰好达到找正要求，可松开拨盘螺钉，通过拨盘两侧螺钉的一进一退，实现工件微量周向调整，使工件两端花键获得准确的相对位置。

4. 组合铣刀铣削外花键的检验与质量分析

（1）外花键检验　外花键键宽、小径、有效长度尺寸检验，键侧平行度、对称度的检验与用其他方法加工花键时相同。本例的小径圆弧的径向圆跳动误差和双头花键的位置度误差，检验方法如下：

1）在铣床上测量小径径向圆跳动误差时，先松开拨盘螺钉，复核工件两端外圆与分度头主轴的同轴度，然后将指示表用吸铁座固定在铣床横梁上，指示表测头接触小径圆弧面。测量操作时，在一个花键槽内，移动工作台纵向，可使指示表测头沿圆弧面轴向移动，转动分度手柄，可使测头沿圆弧周向移动，观察指示表示值的变动量。测头沿纵向退离工件，分度头转过一个花键等分角度，测头可进入另一个花键槽测量小径圆弧面对轴线的径向圆跳动量。经过 6 个槽内的测量，可获得小径圆弧对工件轴线的径向圆跳动误差，其误差值应在 0.02mm 以内。

2）两端位置度检验比较简单，拨盘螺钉松开后，用指示表找正工件一端的对应花键侧面与工作台台面平行，用同样高度的测头位置，比较测量工件另一端花键键侧是否与工作台台面平行，若有偏差，可按示值差和大径的比值计算得出位置度误差：$\Delta \theta = \arcsin(\Delta h/D)$，本例若测得示值差 $\Delta h = 0.02$mm，则 $\Delta \theta = \arcsin(0.02/34) = 2'$。

（2）加工质量要点分析

1）小径尺寸与位置精度差的原因：圆弧成形铣刀的刃磨精度不高；对刀试铣后预检不准确；预检小径圆跳动量的操作方法不准确；工件与分度头同轴度找正精度不高。

2）双头花键位置度超差的原因：分度头的等分精度不高；一端花键铣削时等分

操作不准确；花键的对称度有误差；铣削另一端花键时，一端花键的相对位置找正不准确；工件多次装夹后位置精度不高。

技能训练 2　不等边五边形角度面加工

重点与难点：重点掌握不等边多边形角度面铣削加工方法；难点为相邻角度面的分度与角度面位置精度控制操作。

1. 不等边五边形角度面铣削加工工艺准备

铣削加工如图 3-22 所示的不等边五边形角度面，须按以下步骤进行工艺准备：

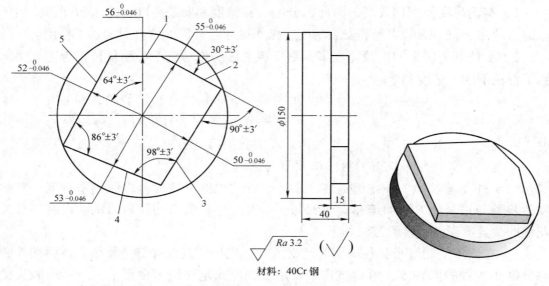

材料：40Cr 钢

图 3-22　不等边五边形角度面工件

（1）分析图样

1）加工精度分析。

① 角度面与轴心的距离分别为 56mm（面 1）、55mm（面 2）、50mm（面 3）、53mm（面 4）和 52mm（面 5），上、下极限偏差均分别为 0mm 和 −0.046mm。

② 相邻角度面之间的夹角分别为 30°±3′（余角）、90°±3′（余角）、98°±3′、86°±3′ 和 64°±3′（中心角）。

③ 角度面台阶高度尺寸为 15mm。

④ 预制件的总长度为 40mm，外圆直径为 φ150mm。

2）表面粗糙度分析：表面粗糙度值要求为 Ra3.2μm，铣削加工比较容易达到。

3）材料分析：40Cr 钢，切削性能较好。

4）形体分析：工件短圆柱状，宜采用自定心卡盘装夹。

（2）拟订加工工艺与工艺准备

1）拟订不等边五边形角度面铣削加工工序过程：根据图样的精度要求，角度面在立式铣床上用回转工作台分度，用立铣刀铣削加工。不等边五边形角度面加工工序过程：预制件检验→安装回转工作台及自定心卡盘→装夹和找正工件→安装立铣刀→工件端面按图样画线→调整角度面铣削位置→粗精铣角度面→调整相邻角度面铣削位置→粗精铣相邻角度面→预检相邻角度面位置尺寸和夹角精度→重复以上过程→依次粗精铣各角度面→不等边五边形角度面铣削工序检验。

2）选择铣床：选用 X5032 型立式铣床或类似的立式铣床。

3）选择工件装夹方式：选用 T12320 型回转工作台分度，采用自定心卡盘，以预制件的外圆柱面和一端面为基准装夹工件。

4）选择刀具：根据图样给定的角度面最小距中心距离 50mm 与预制件半径的差值，即 75mm – 50mm = 25mm，选择所使用立铣刀的规格，现选用直径为 $\phi 30$mm 的锥柄中齿标准立铣刀。

5）选择检验测量方法。

① 角度面夹角测量借助回转工作台和指示表测量。

② 角度面至轴线的尺寸用千分尺测量，或借助量块和指示表测量，台阶高度用游标卡尺测量。

2. 不等边五边形角度面加工

在加工前应按图样计算各面之间的中心角，并根据计算结果、简单角度分度公式计算回转工作台分度手柄转数 n。

1）铣削角度面 1。

① 端面与外圆对刀，垂向粗铣余量为 14mm，采用纵向进给，横向粗铣余量为 150.2mm/2 – 56mm – 1mm = 18.1mm。分几次铣削，粗铣角度面 1。

② 用千分尺测量角度面至外圆的尺寸，精铣后的尺寸应为 150.2mm/2 + 56mm = 131.1mm，若粗铣后测得尺寸为 132.15mm，则还有 1.05mm 的余量。因尺寸精度要求比较高，若机床刻度盘控制有困难，可借助指示表控制横向移动的距离，如图 3-23 所示。

③ 采用量块和指示表测量角度面位置尺寸，按预制件实际半径减去角度面至轴线的尺寸换算量块尺寸，测量面 1 的量块尺寸为 75.1mm – 56mm = 19.1mm。

量块组合后将一侧测量面与角度面贴合，另一侧测量面与工件外圆用指示表进行比较测量，如图 3-24 所示。测量时，先使指示表测头与工件外圆的最高点接触，纵向移动工作台，将最高点的指针刻度调整至零位，然后与量块测量面比较，若量块测量面低 0.02mm，则面 1 至轴线的尺寸为 55.98mm，在 55.954 ~ 56mm 范围之内。

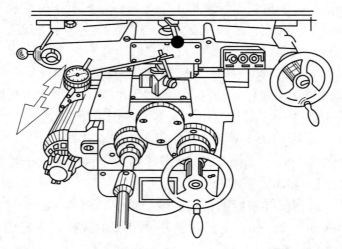

图 3-23　借助指示表控制工作台移动精度

2）铣削角度面 2。

① 按 $n_1 = 7\dfrac{33}{66}$r 准确分度。

② 按铣削角度面 1 的方法，铣削角度面 2。

3）依次铣削各角度面，按铣削角度面 1、2 的
方法，依次铣削角度面 3、4、5，铣削操作过程中
应注意以下要点：

① 注意检查回转工作台主轴锁定装置的性能，
特别应注意锁紧主轴后，角度面是否发生微量角位
移，检查的方法是：锁紧主轴铣削角度面→用指示
表测量角度面与进给方向平行度→松开锁紧手柄再
次测量其平行度，若有误差，即说明锁紧时工件有
微量角度位移，应进行必要的检修。

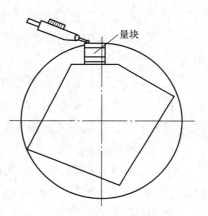

图 3-24　借助量块、指示表
测量角度面至轴线尺寸

② 注意回转工作台的分度机构间隙，若间隙较大，应调整后再予使用。

③ 分度粗铣角度面后，若预检发现夹角超差，应及时采用正弦规测量分度精度，
测量的方法参见图 3-16 及有关内容。

④ 用量块测量尺寸时，注意防止刀尖形成的圆弧影响量块测量面与角度面贴合，
此时可将与角度面贴合的量块略抬高一些，避开角度面根部的倒角或圆弧。

⑤ 为避免立铣头对角度面的影响，应采用纵向进给铣削。

3. 不等边五边形角度面检验与质量要点分析

（1）检验

1）相邻角度面的夹角检测。

① 借助精度较高的分度头或回转工作台，安装、找正工件。注意找正工件外圆与分度机构回转中心的同轴度，以及台阶面与工作台台面的垂直度或平行度。

② 用指示表找正角度面 1 与测量方向平行，按相邻角度面之间的中心转角准确分度，测量角度面 2 与测量方向是否平行，以此检测相邻角度面之间的夹角误差。由于测得的是指示表示值误差，因此须通过计算确定具体误差值。**计算的方法参见3.2 相关内容。**

③ 其他各相邻面的夹角误差可采用相同方法检测。

2）角度面至轴线的尺寸检测：测量具体方法与控制加工余量的预检方法相同。

（2）不等边五边形角度面铣削质量要点分析

1）角度面夹角超差的主要原因可能是：角度换算计算错误，分度计算错误，分度机构精度差，操作失误（如孔距数错、铣削时未锁紧主轴等）。

2）角度面至轴心尺寸超差的原因可能是：预制件实际尺寸测量误差大，量块组合计算错误，测量操作和量具读数不准确等。

技能训练 3 圆锥面刻线加工

重点与难点：重点掌握圆锥面刻线加工方法；难点为工件找正及刻线精度控制。

1. 圆锥面刻线加工工艺准备

如图 3-25 所示工件的圆锥面刻线，须按以下步骤进行工艺准备：

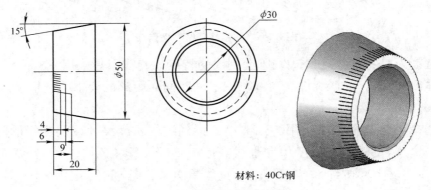

材料：40Cr钢

图 3-25　圆锥面刻线零件

（1）分析图样

1）刻线尺寸分析。

① 刻线有短、中、长三种。长度尺寸：短线 4mm、中线 6mm、长线 9mm。

② 刻线在圆周上 90 等分。

③ 刻线位置在圆锥表面上，刻线刻制方向的起始位置为锥台上底面与圆锥面的交线。

2）刻线清晰度要求分析：刻线的清晰度与铣削加工的表面粗糙度有相似之处。

从微观分析，刻线槽底部交线及侧面与刻线表面的交线的直线度是刻线的主要目测指标。

3）材料分析：40Cr 钢，切削性能较好，刻线刀取正前角。

4）形体分析：圆锥台为带孔零件，采用专用心轴装夹。

（2）拟订加工工艺与工艺准备

1）拟订圆锥面刻线加工工序过程：根据刻线要求和工件外形，拟订在卧式铣床上加工。刻线加工工序过程：预制件检验→安装分度头并找正→安装心轴、装夹和找正工件→刃磨、安装刻线刀→工件表面画中分线→调整分度头仰角→对刀并调整刻线深度→试刻长线（1 条）、短线（4 条）、中线（1 条）→预检长度尺寸和清晰度→准确调整刻线深度和刻线进给距离→依次准确分度和刻线→刻线工序检验。

2）选择铣床：选用 X6132 型等类似的卧式铣床。

3）选择工件装夹方式：圆锥面刻线零件装夹如图 3-26 所示。

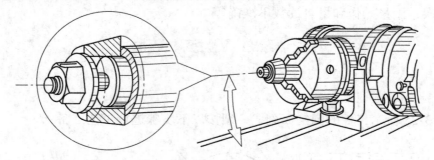

图 3-26　圆锥面刻线零件装夹

4）选择刀具：根据在卧式铣床上刻线的特点，刻线刀具采用 12mm 的正方形高速钢车刀修磨而成。根据工件材料和刻线尺寸、间隔距离的要求，选取 $\gamma_o = 4° \sim 5°$，$\varepsilon_r = 45°$，$\alpha_o = 6° \sim 8°$。

5）选择检验测量方法：用游标卡尺测量刻线的长度尺寸以及刻线的间距尺寸，等分精度通过精度较高的分度头和画线高度尺检验。检验时，工件轴线与测量平面平行，游标高度卡尺画线头位置与起始刻线重合，然后通过精确分度，用划针与工件表面的刻线比对，必要时可划出刻线的延长线，以检验其等分精度。对于刻度的清晰度以及四短一中、四短一长的刻线长度分布要求，一般用目测检验。

2. 圆锥面刻线工件加工

1）对刀。

① 纵向端面对刀时，调整工作台，使刻线刀刀尖对准工件起始端面与圆锥面的交线，作为纵向刻度盘控制长线、中线、短线起点位置。

② 横向对刀时，分度头准确转过 90°，使中心画线转至工件上方，调整工作台，使刻线刀刀尖对准工件表面的中心画线。

③ 垂向对刀时，使刀尖恰好与圆锥面最高点接触，可稍留一些间隙。

2）调整刻线长度与深度：纵向按对刀位置使刀尖向刻线方向调整长线为 9mm，中线为 6mm，短线为 4mm，并分别采用不同颜色的粉笔，如红、黄、蓝粉笔在纵向刻度盘上做好记号；垂向升高 0.1mm，作为第一条刻线的试刻深度。

3）试刻线及预检。

① 在第一条刻线位置，纵向手动进给，试刻长线。

② 退刀后测量刻线长度尺寸为 9mm，目测刻线是否清晰，直线度及粗细是否符合要求。

4）依次刻线：按预检的结果，微量调整垂向，达到刻线的粗细要求，随后每刻一条线后按等分数分度，纵向根据图样短线、中线、长线的分布要求依次刻线。在刻线的过程中，应掌握以下要点：注意分度操作的准确性，注意分度叉的验证，本例为 54 孔圈 24 个孔距，属于 9 等分孔圈数的类型，因此，分度销的位置应始终在 9 个固定的圈孔上循环。对于主轴刻度，90 等分，每刻一条线，主轴转过 4°。

3. 圆锥面刻线检验与质量要点分析

（1）圆锥面刻线检验

1）检验前，用细砂纸去除刻线的毛刺。

2）目测检验刻线的清晰度、粗细是否均匀、刻线的直线度以及长线、短线、中线的分布是否符合图样要求。

3）抽验刻线长度，用游标高度卡尺借助分度头检测刻线等分精度。

（2）圆锥面刻线加工质量要点分析

1）刻线位置误差大的主要原因可能是：画线不准确、对刀不准确、工件圆锥面上素线与工作台纵向进给方向不平行等。

2）刻线长度和等分误差过大的原因可能是：分度头精度差、分度头传动间隙调整不当、分度装置调整不当、分度操作失误等。

3）刻线不清晰、直线度不佳或粗细不均的原因可能是：除刻线刀质量等因素外，主要原因是圆锥面上素线与工作台台面不平行、刻线刀未对准工件素线位置等。

Chapter 4

项目4
平行孔系与椭圆孔加工

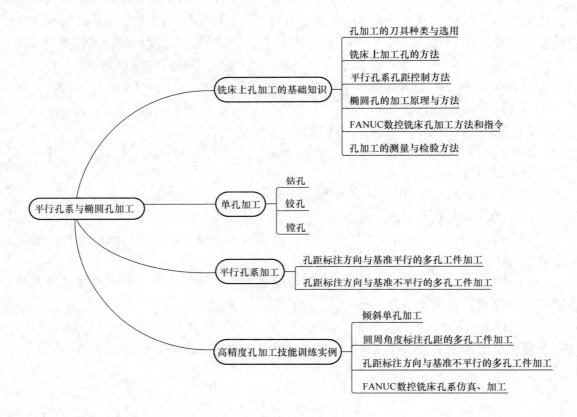

平行孔系与椭圆孔加工
- 铣床上孔加工的基础知识
  - 孔加工的刀具种类与选用
  - 铣床上加工孔的方法
  - 平行孔系孔距控制方法
  - 椭圆孔的加工原理与方法
  - FANUC数控铣床孔加工方法和指令
  - 孔加工的测量与检验方法
- 单孔加工
  - 钻孔
  - 铰孔
  - 镗孔
- 平行孔系加工
  - 孔距标注方向与基准平行的多孔工件加工
  - 孔距标注方向与基准不平行的多孔工件加工
- 高精度孔加工技能训练实例
  - 倾斜单孔加工
  - 圆周角度标注孔距的多孔工件加工
  - 孔距标注方向与基准不平行的多孔工件加工
  - FANUC数控铣床孔系仿真、加工

4.1 铣床上孔加工的基础知识

4.1.1 孔加工的刀具种类与选用

1.孔加工的刀具种类

在铣床上加工孔的常用刀具有麻花钻、铣刀、镗刀和铰刀，使用时须根据孔径的尺寸大小与精度要求予以选用。

（1）麻花钻及其他钻头　在铣床上钻孔通常用麻花钻加工。麻花钻有直柄和锥柄两种，直柄钻头的直径一般在 $\phi 0.3 \sim \phi 20mm$，锥柄钻头的柄部大多是莫氏锥度，莫氏锥柄钻头的直径见表 4-1。此外，还有扩孔钻（直柄、锥柄和套式）、锪钻（直柄、锥柄）、中心钻与扁钻。

表 4-1　莫氏锥柄钻头的直径

莫氏钻柄号	1	2	3	4	5	6
钻头直径 /mm	≥ 3~14	>14~23.02	>23.02~31.75	>31.75~50.08	>50.08~76.2	>76.2~80

扩孔通常使用扩孔钻，如图 4-1 所示的扩孔钻由于扩孔的切削条件比钻孔有较大改善，因此结构与麻花钻有很大区别。其结构特点是：扩孔因中心不切削，故扩孔钻没有横刃，切削刃较短，且背吃力量 a_p 小，容屑槽较小、较浅，钻心较粗，刀齿增加，整体式扩孔钻有 3 ~ 4 个齿。

图 4-1　扩孔钻

锪孔钻分圆柱形锪钻、端面锪钻和锥形锪钻三种。圆柱形锪钻（图 4-2）用来锪圆柱形埋头孔。圆柱形锪钻具有主切削刃和副切削刃，端面切削刃 1 为主切削刃，起主要切削作用，外圆切削刃 2 为副切削刃，起修光孔壁的作用。

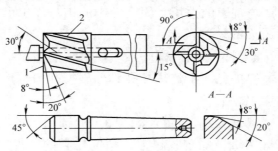

图 4-2　圆柱形锪钻

1—端面切削刃（主切削刃）　2—外圆切削刃（副切削刃）

锥形锪钻用来锪锥形埋头孔，其结构如图 4-3 所示，按其圆锥角大小可分为 60°、75°、90° 和 120° 四种，其中 90° 使用最多。锥形锪钻直径 $d = 12 \sim 60mm$，齿数为 4 ~ 12 个。锥形锪钻的前角 $\gamma_o = 0°$，侧后角 $\alpha_f = 6° \sim 8°$。

端面锪钻用来锪平孔端面，端面锪钻为多齿形锪钻，其端面刀齿为切削刃，前端导柱用来定心，用以保证加工后的端面与孔中心线垂直。锪钻的前角由工件材料决定，锪铸铁孔时

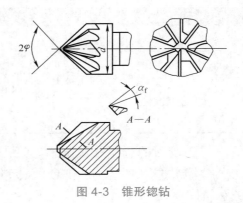

图 4-3　锥形锪钻

$\gamma_o = 5° \sim 10°$；锪钢件时 $\gamma_o = 15° \sim 25°$。后角 $\alpha_o = 6° \sim 8°$，$\alpha'_o = 4° \sim 6°$。

（2）铣刀　在铣床上扩孔通常使用铣刀。常用的扩孔铣刀有立铣刀和键槽铣刀。

（3）镗刀　镗刀的种类比较多，按切削刃数量可分为单刃镗刀和双刃镗刀；按用途可分为内孔镗刀与端面镗刀；按镗刀的结构可分为整体式单刃镗刀、镗刀刀头、固定式镗刀刀块和浮动式镗刀刀块等。

（4）铰刀　铰刀用于孔的精加工。铰刀按使用方式分为手用铰刀与机用铰刀，根据安装部分结构可分为直柄、锥柄与套式三种。

2．孔加工刀具的选用

（1）中心钻的选用　中心钻是孔加工的定位刀具，在铣床上加工孔通常也需要选用中心钻加工定位中心孔。选用的中心钻直径应考虑铣床主轴转速能保证达到一定的切削速度，否则中心钻的头部容易损坏。

（2）麻花钻的选用　麻花钻的直径一般按孔的加工要求选用，用于加工的钻头应注意修磨后实际孔径与钻头标注规格的偏差。用于粗加工钻头的实际孔径要留有精加工余量，用于直接加工达到图样要求的钻头，应控制钻头的实际孔径在尺寸公差范围之内。钻头切削部分的长度在钻孔深度足够的条件下应尽可能短，以减少钻头钻削时的扭动。

（3）扩孔钻、锪钻与铣刀的选用　深度较小的扩孔加工可以选用铣刀，选用立铣刀时应注意铣刀端面刃的铣削范围，以免损坏铣刀。立铣刀的直径经外圆修磨，可达到较多孔径要求。键槽铣刀因外圆一般不修磨，能通过扩孔达到铣刀规格尺寸的精度要求。深度较大的扩孔加工选用扩孔钻。根据孔口的形状（锥面、平面、球面）和尺寸，选用相应的锪钻。

（4）镗刀的选用　根据孔加工的要求，镗刀的选用一般与镗刀杆选用相结合。在铣床上镗孔，通常选用机械固定式镗刀，精度较高的孔加工可选用浮动式镗刀，也可选用镗刀杆与可调节镗刀头。镗刀的几何角度参数选取参考数值见表4-2。

表4-2　镗刀几何角度参数选取参考数值

工件材料	前角	后角	刃倾角	主偏角	副偏角	刀尖圆弧半径
铸铁	$5° \sim 10°$	$6° \sim 12°$ 粗镗与孔径大时取小值，精镗和孔径小时取大值	一般情况下取 $0° \sim 5°$；通孔精镗时取 $5° \sim 15°$	镗通孔时取 $60° \sim 70°$；镗阶台孔时取 $5° \sim 15°$	一般取 $15°$ 左右	粗镗孔时取 $0.5 \sim 1mm$；精镗孔时取 $0.3mm$ 左右
40Cr 钢	$10°$					
45 钢	$10° \sim 15°$					
铝合金	$25° \sim 30°$					

（5）铰刀的选用　在铣床上铰孔选用机用铰刀。同时，在选用时须根据孔的加工公差等级选用H7、H8和H9级标准铰刀；必要时须对铰刀直径进行研磨，以达到铰孔精度要求。

4.1.2 铣床上加工孔的方法

1. 钻孔方法

（1）钻头安装

1）与直柄立铣刀的规格对应和相近的直柄钻头可直接安装在铣夹头及弹性套内，与安装直柄立铣刀的方法相同。使用钻夹头安装直柄钻头，有利于钻、扩、铰的连续进行。

2）锥柄钻头可直接或用变径套连接安装在铣床专用的带有腰形槽锥孔的刀杆内。

（2）钻头刃磨　钻头刃磨时只修磨两个后面，形成主切削刃，但同时要保证后角、两主偏角 $2\kappa_r$ 与横刃斜角，修磨方法如图 4-4 所示。刃磨后的麻花钻应达到如下要求：

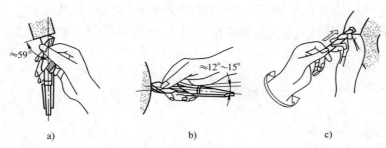

图 4-4　麻花钻的刃磨

a）偏角刃磨定位　b）后角刃磨定位　c）刃磨动作示意

1）后角符合不同材料的切削要求。

2）两主偏角 $2\kappa_r$ 为 118°（$\kappa_r = 59°$）。

3）横刃斜角为 55°。

4）主切削刃对称且长度一致。

（3）钻孔方法　在铣床上钻孔一般是单件或小批量加工，钻削速度选择可参照键槽铣刀；一般都用手动进给，机动进给时进给量在 0.1 ~ 0.3mm/r 范围内选择。钻孔具体步骤如下：

1）按图样要求在工件表面画线，当孔分布在圆周上时，可利用分度头等进行画线。

2）在孔的中心打一个较深的样冲眼。

3）安装中心钻。

4）把工件装夹在工作台或转台上，横向和纵向调整工作台位置，使铣床主轴中心与孔中心对准并锁紧工作台。

5）用中心钻钻定位锥坑，主轴转速为 600 ~ 900r/min。

6）用钻头钻孔。

2. 铰孔

铰孔是利用铰刀对已经粗加工的孔进行精加工，铰孔精度可达到 IT7～IT9 公差等级，表面粗糙度值可达 $Ra1.6～3.2\mu m$。在铣床上铰孔方法：

（1）选择铰刀　根据图样要求选择适合的机用铰刀，并用千分尺检测铰刀直径是否符合尺寸要求。

（2）安装铰刀　直柄铰刀安装在钻夹头内；锥柄铰刀用变径套连接安装在主轴孔内，安装方法与锥柄钻头相同。采用固定连接的铰刀，需防止铰刀的径向圆跳动，以免孔径超差。

（3）确定铰孔余量　铰孔前一般经过钻孔，精度要求较高的孔还需要扩孔或镗孔。铰孔余量直接影响铰孔质量：余量过少，铰孔后可能会残留粗加工的痕迹；余量过多，会使切屑挤塞在屑槽中，切削液不能进入切削区，从而严重影响孔的表面粗糙度，并使铰刀负荷过重而迅速磨损，甚至切削刃崩裂，造成废品。铰孔余量见表 4-3。

表 4-3　铰孔余量　　　　　　　　　　　　　（单位：mm）

铰刀直径	<5	5～20	20～32	32～50	50～70
铰削余量	0.1～0.2	0.2～0.3	0.3	0.5	0.8

（4）调整主轴转速及进给量　铰孔的切削速度与进给量应根据铰刀切削部分的材料与工件材料确定，进给量的具体数值可参照表 4-4。

表 4-4　铰削进给量参考数值　　　　　　　　　（单位：mm/r）

铰刀直径 /mm	高速钢铰刀				硬质合金铰刀			
	钢		铸铁		钢		铸铁	
	$R_m=$ 0.883GPa	$R_m>$ 0.883GPa	硬度 <170HBW 铸铁、铜及铝合金	硬度 >170HBW	未淬火钢	淬火钢	硬度 <170HBW	硬度 >170HBW
<5	0.2～0.5	0.15～0.35	0.6～1.2	0.4～0.8	—	—	—	—
>5～10	0.4～0.9	0.35～0.7	1.0～2.0	0.65～1.3	0.35～0.5	0.25～0.35	0.9～1.4	0.7～1.1
>10～20	0.65～1.4	0.55～1.2	1.5～3.0	1.0～2.0	0.4～0.6	0.3～0.4	1.0～1.5	0.8～1.2
>20～30	0.8～1.8	0.65～1.5	2.0～4.0	1.3～2.6	0.5～0.7	0.35～0.45	1.2～1.8	0.9～1.4
>30～40	0.95～2.1	0.8～1.8	2.5～5.0	1.6～3.2	0.6～0.8	0.4～0.5	1.3～2.0	1.0～1.5
>40～60	1.3～2.8	1.0～2.3	3.2～6.4	2.1～4.2	0.7～0.9	—	1.6～2.4	1.25～1.8
>60～80	1.5～3.2	1.2～2.6	3.75～7.5	2.6～5.0	0.9～1.2	—	2.0～3.0	1.5～2.2

注：1. 表内进给量用于加工通孔，加工不通孔时进给量应取为 0.2～0.5mm/r。

　　2. 大进给量用于在钻或扩孔之后，精铰孔之前的粗铰孔。

　　3. 中等进给量用于：粗铰之后精铰 H7 公差等级（GB/T 1801—2009）的孔；精镗之后精铰 H7 公差等级的孔；对硬质合金铰刀，用于精铰 H8～H9 公差等级的孔。

　　4. 最小进给量用于：抛光或研磨之前的精铰孔；用一把铰刀铰 H8～H9 公差等级的孔；对硬质合金铰刀，用于精铰 H7 公差等级的孔。

（5）装夹工件与调整铰孔位置　工件装夹与钻孔时相同；调整铰孔位置通常应按预制孔进行调整。

（6）铰孔　铰孔时应加注适用的切削液；铰孔深度以铰刀引导部分超过加工终止线为准；精度要求较高的孔应钻、扩、铰依次完成；加工完毕退刀时铰刀不能停转，更不能反转。

3. 镗孔

（1）镗刀刃磨　镗刀切削部分的几何形状基本上与外圆车刀相似，刃磨时需磨出前角、后角、主偏角和副偏角，其主要几何参数见表4-2。刃磨镗刀的方法如图4-5所示。

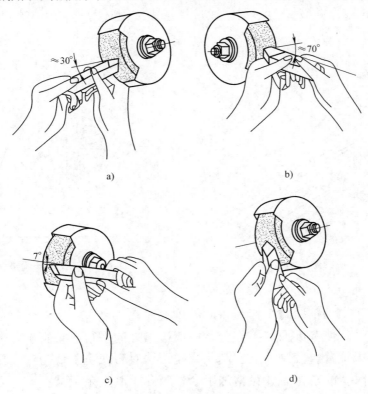

图4-5　镗刀刃磨方法

镗刀刃磨时的注意事项如下：

1）当镗刀柄较短小时，可用接杆装夹后刃磨，刃磨时用力不能过猛。

2）磨削高速钢时应在白刚玉WA（白色）砂轮上刃磨，并不时放入水中冷却，以防镗刀切削刃退火。

3）磨削硬质合金时应在绿色碳化硅砂轮上刃磨，磨削时不可用水冷却，否则刀头会产生裂纹。

4）各刀面应刃磨准确、平直，不允许有崩刃、退火现象。

5）镗削钢件时，应刃磨出断屑槽。

（2）镗刀安装与调整

1）镗刀安装在镗刀杆上的刀孔内，镗刀杆可直接用拉紧螺杆安装在铣床主轴上，或通过锥柄安装在预先固定在铣床主轴上的变径套内。

2）镗刀安装位置调整直接影响到镗孔的尺寸，一般用以下两种方法：

① 测量法调整如图 4-6 所示。先留有充分余量预镗一个孔，测量孔的直径和镗刀刀尖与镗刀杆外圆的尺寸，以此为依据，调整镗刀刀尖至镗刀杆外圆的尺寸，逐步达到孔径的图样要求。

② 试镗法调整如图 4-7 所示。镗刀杆落入预钻孔中适当位置，调整镗刀使刀尖恰好擦到预钻孔壁，并以此为依据，通过指示表或上述方法，调整镗刀刀尖的位置，逐步达到图样要求。

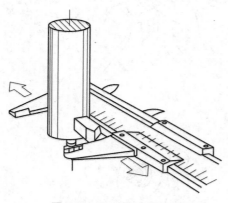

图 4-6　用测量法调整镗刀

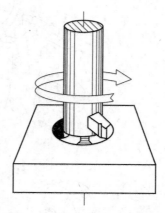

图 4-7　用试镗法调整镗刀

（3）镗孔一般步骤

1）校正铣床主轴轴线对工作台台面的垂直度。

2）装夹工件，使基准面与工作台台面或进给方向平行（垂直）。

3）找正加工位置，按画线、预制孔或碰刀法对刀找正工件与镗刀杆的位置。

4）粗镗孔时，注意留有孔径精加工余量与孔距调整余量。

5）退刀操作时注意在主轴停转后使镗刀刀尖对准操作者。

6）预检孔距与孔径，确定孔径、孔距调整的数值与孔距调整的方向。

7）调整孔距，根据实际测量的尺寸与所要求尺寸的差值，横向、纵向调整工作台，试镗后再做检测，直至孔距达到图样要求。

8）控制孔径尺寸，借助游标卡尺、指示表调整镗刀刀尖的伸出量，逐步达到图样尺寸。

9）精镗孔时，注意同时控制孔的尺寸精度与形状精度。

4. 铣孔

用铣刀加工孔，通常应用于薄板零件、难加工部位（如单边孔壁加工）等。铣孔的方法与钻孔方法基本相同，但应钻预制孔，以解决因铣刀端面刃靠近中心部位无法或难以切削的问题。

4.1.3 平行孔系孔距控制方法

常用的平行孔系孔距的控制方法有以下三种：

（1）利用画线控制孔距

1）在工件表面画线，在孔加工位置画出孔中心线和孔加工参照圆，并在中心和参照圆上打样冲眼。

2）在镗刀杆上黏大头针，调整工作台与大头针位置，使大头针的回转轨迹与工件上孔加工画线位置重合。

3）预制孔，预检孔距。

4）根据差值调整工作台，直至达到图样孔距要求。

（2）利用工作台刻度盘控制孔距

1）用碰刀对刀法或划线对刀法初步调整孔的加工位置，掌握工作台移动时的间隙方向。

2）预制孔，预检孔距。

3）根据差值利用刻度盘移动工作台调整孔距，直至达到图样孔距要求。

（3）利用指示表、量块控制孔距

1）纵向控制，如图 4-8 所示。利用量块纵向控制孔距时，需在纵向工作台台面上装夹一块平行垫块，预先找正垫块侧面使其与工作台横向平行，将等于孔距的量块组测量面紧贴垫块的侧面，然后移动工作台纵向使指示表测头接触量块组另一面，指示表的指针调整至"0"位，然后抽去量块组，调整工作台纵向，使指示表测头与平行垫块的侧面接触时指针位置为"0"，此时，工作台纵向移动了一个等于量块组的孔距。

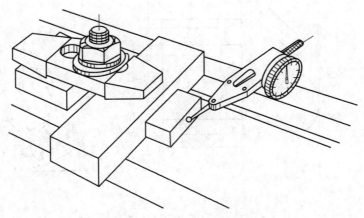

图 4-8　用量块纵向控制孔距

2）横向控制，如图 4-9 所示，利用量块组横向控制孔距时，量块组放在经研磨的工作台底座的前端面，具体方法与纵向控制相同，但须注意指示表座不能松动，以免造成位移差错。

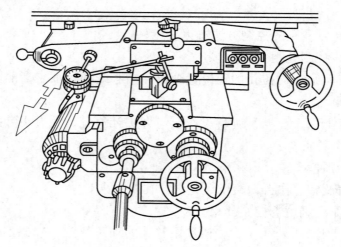

图 4-9　用量块横向控制孔距

4.1.4　椭圆孔的加工原理与方法

（1）加工原理　在镗削时，镗刀刀尖的运动轨迹是一个圆，但当立铣头转过一个角度时，这个圆在工作台台面上的投影便是一个椭圆。因此，在立铣头转过 θ 角（即镗刀回转轴线与孔中心线的夹角）后，利用工作台垂向进给，能镗出一个椭圆孔。椭圆的长轴 $2a$，短轴 $2b$ 与刀尖回转半径 R 之间的关系如图 4-10 所示。

$$a = R \tag{4-1}$$

$$b = R\cos\theta \tag{4-2}$$

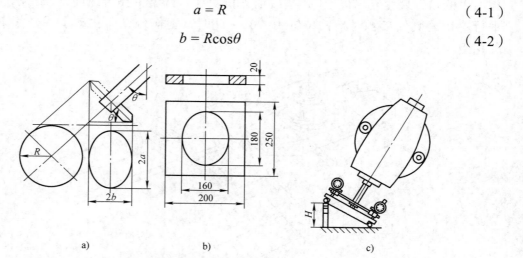

a)　　　　　　　　b)　　　　　　　　c)

图 4-10　椭圆加工原理与几何关系

a）几何关系　　b）椭圆孔板　　c）立铣头倾斜角找正

（2）加工方法　镗削椭圆孔时按以下步骤进行：

1）把镗刀尖的回转半径 R 调整到等于椭圆长轴半径 a，可试镗一个圆孔予以确定。

2）根据椭圆长轴半径 a 与短轴半径 b 计算出 θ 值，按图 4-10b 所示椭圆孔板，$\cos\theta = b/R = 80/90 \approx 0.8889$，$\theta = 27.26°$。

3）按 θ 值调整立铣头，使铣床主轴倾斜角度 θ。

4）装夹工件，使工件的椭圆长轴与工作台横向平行，短轴与工作台纵向平行。

5）按工件厚度复核镗刀杆直径，当工件的厚度较大以及立铣头偏转角度较大时，镗刀杆的直径 d 应满足下式：

$$d < 2a\cos2\theta - 2B\sin\theta \qquad (4\text{-}3)$$

式中　B——工件厚度（mm）；

　　　θ——立铣头偏转角（°）。

6）用切痕法找正工件的加工位置，如图 4-11 所示。

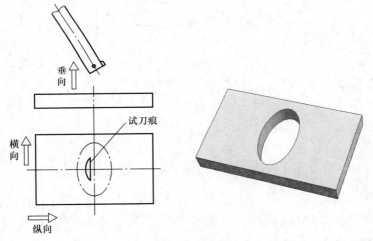

图 4-11　用切痕法在找正椭圆孔加工位置

7）粗镗椭圆孔，预检，根据差值调整椭圆孔尺寸和加工位置。

8）精镗椭圆孔，达到图样要求。

4.1.5　FANUC 数控铣床孔加工方法和指令

在数控铣床上，可以应用孔加工刀具，如麻花钻、中心钻等在实体材料上加工孔，也可应用扩孔钻、铰刀、镗刀等进行扩孔加工和孔的精加工。

1. 数控机床孔加工常用刀具

（1）麻花钻　麻花钻是最常见的孔加工刀具，它可在实心材料上钻孔，也可用来扩孔，主要用于加工 $\phi30\text{mm}$ 以下的孔，如图 4-12 所示。

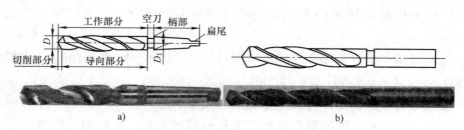

图 4-12　麻花钻

a）锥柄式　b）直柄式

（2）扩孔钻　将工件上已有的孔（铸出、锻出或钻出的孔）扩大的加工方法叫作扩孔。加工中心上进行扩孔多采用扩孔钻，也可使用键槽铣刀或立铣刀进行扩孔，比普通扩孔钻的加工精度高，如图 4-13 所示。

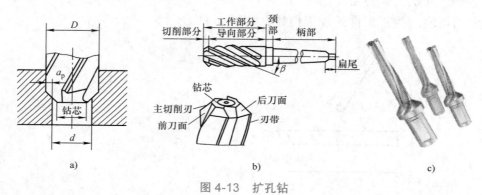

图 4-13　扩孔钻

a）扩孔加工　b）扩孔钻结构　c）刀片夹紧式扩孔钻

（3）中心钻和定心钻　中心钻主要用于钻中心孔，也可用于麻花钻钻孔前预钻定心孔。定心钻主要用于麻花钻钻孔前预钻定心孔，也可用于孔口倒角，α 主要有 90° 和 120° 两种，如图 4-14 所示。

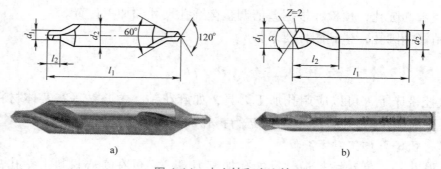

图 4-14　中心钻和定心钻

a）中心钻　b）定心钻

（4）镗刀　在机床上用镗刀对大、中型孔进行半精加工和精加工称为镗孔。镗孔的公差等级一般可达 IT7 ~ IT10。镗刀种类很多，按切削刃数量可分为单刃镗刀和双刃镗刀。微调镗刀可以在机床上精确地调节镗孔尺寸，它有一个精密游标刻线的指示盘，指示盘同装有镗刀头的心杆组成一对精密丝杠螺母副机构。当转动螺母时，装有刀头的心杆即可沿定向键作直线移动，借助游标刻度读数精度可达 0.001mm，如图 4-15 所示。

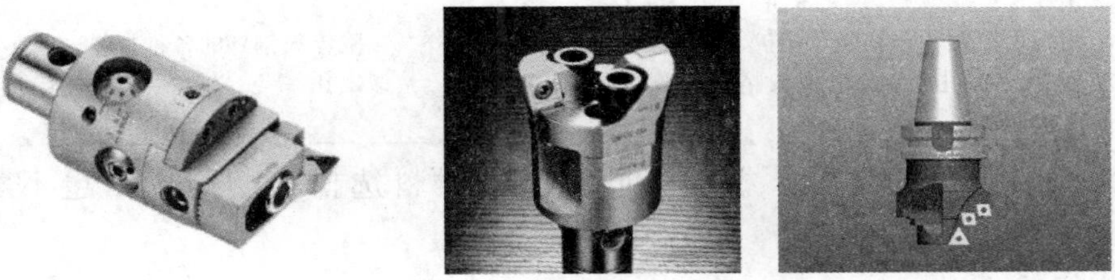

a)　b)　c)

图 4-15　镗刀

a）微调单刃镗刀　b）微调双刃镗刀　c）阶梯组合镗刀

（5）铰刀　用铰刀铰孔是对孔进行精加工的方法。铰孔往往作为中小孔钻、扩后的精加工，也可用于磨孔或研孔前的预加工。铰孔只能提高孔的尺寸精度和形状精度，减小其表面粗糙度值，不能提高孔的位置精度，也不能纠正孔的轴线歪斜。一般铰孔的公差等级可达 IT7 ~ IT9，表面粗糙度值可达 $Ra0.8 \sim 1.6\mu m$，如图 4-16 所示。

2. 数控机床孔加工工艺知识

（1）加工方法及使用范围　数控铣床上加工孔的方法很多，根据孔的尺寸精度、位置精度及表面粗糙度等要求，一般有点孔、钻孔、扩孔、铰孔和镗孔等方法。常用孔的加工方法与步骤见表 4-5。

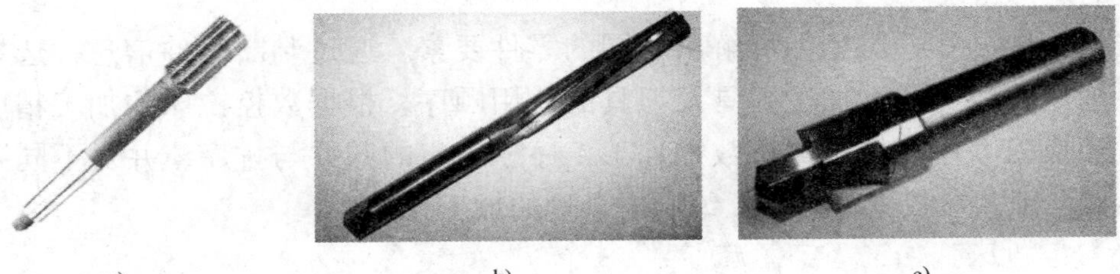

a)　b)　c)

图 4-16　铰刀

a）锥柄铰刀　b）直柄铰刀　c）钻铰刀

表 4-5 孔的加工方法与步骤

序号	加工方案	公差等级	表面粗糙度 Ra/μm	适用范围
1	钻	11～13	50～12.5	加工未淬火钢及铸铁的实心毛坯，也可用于加工非铁金属（但表面粗糙度较差），孔径 <15mm
2	钻 - 铰	9	3.2～1.6	
3	钻 - 粗铰（扩）- 精铰	7～8	1.6～0.8	
4	钻 - 扩	11	6.3～3.2	同上，但孔径 > 15mm
5	钻 - 扩 - 铰	8～9	1.6～0.8	
6	钻 - 扩 - 粗铰 - 精铰	7	0.8～0.4	
7	粗镗（扩孔）	11～13	6.3～3.2	除淬火钢外的各种材料，毛坯有铸出孔或锻出孔
8	粗镗（扩孔）- 半精镗（精扩）	8～9	3.2～1.6	
9	粗镗（扩孔）- 半精镗（精扩）- 精铰	6～7	1.6～0.8	

（2）切削用量的选择 根据不同刀具和材料选择的切削用量也不相同，见表 4-6。

表 4-6 孔加工切削用量

刀具名称	刀具材料	切削速度 /（m/min）	进给量 /（mm/r）	背吃刀量 /mm
中心钻	高速钢	20～40	0.05～0.1	0.5D
标准麻花钻	高速钢	20～40	0.15～0.25	0.5D
	硬质合金	40～60	0.05～0.2	0.5D
扩孔钻	硬质合金	45～90	0.05～0.4	≤ 2.5
机用铰刀	硬质合金	6～12	0.3～1	0.1～0.3
粗镗刀	硬质合金	80～250	0.1～0.5	0.5～2
精镗刀	硬质合金	80～250	0.05～0.3	0.3～1

注：D 为已加工孔直径。

（3）加工路线选择

1）对于位置精度要求不高的孔系，可按加工路线最短的原则安排孔的加工顺序。

2）对于位置精度要求较高的孔系，则应考虑反向间隙对孔系的影响，从而再选择合理的走刀路线。

根据不同的零件类型，分解出不同的零件要素。通过判断零件信息，选择合理的孔系加工路线、孔系加工刀具及刀具的使用顺序。根据数控铣床的加工精度、装夹方法和换刀顺序等情况进行数控加工工序、工步的归并与排序，并对不同刀具的切削参数、工艺参数进行确定，编制出合理的加工程序。

3.数控机床孔加工固定循环指令

（1）固定循环顺序动作 通常由六个动作组成，如图 4-17 所示。动作①：快速移动到（X、Y）坐标点。动作②：沿 Z 轴快速移动到 R 平面。动作③：切削进给加工。动作④：加工至孔底位置（如暂停、主轴停、主轴反转等）。动作⑤：返回到 R 点。动作⑥：快速返回到起始点位置。

（2）固定循环的相关平面

1）初始平面是为安全下降刀具规定的一个平面。初始平面到零件表面的距离可以任意设定在一个安全的高度上，使用 G98 指令时，刀具将回到该参考面上，如图 4-18a 所示。

2）R 点安全平面是刀具下刀时从快速进给转为切削进给的高度平面，距工件的距离主要考虑工件表面尺寸的变化，一般为 2 ~ 5mm。使用 G99 指令时，刀具将回到该参考面上，如图 4-18b 所示。

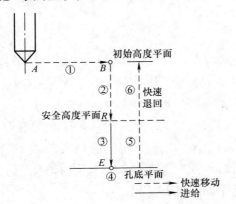

图 4-17　固定循环动作顺序

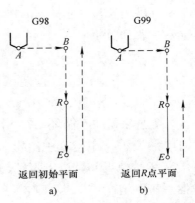

图 4-18　G98/G99 指令动作示意

3）加工不通孔时孔底平面就是孔底的 Z 轴高度；加工通孔时一般刀具还要伸出工件底平面一段距离，主要是要保证全部孔深都加工到图样尺寸；钻削加工时还应考虑钻头对孔深的影响。

（3）固定循环指令（表 4-7）

表 4-7　固定循环指令表

G 指令	加工动作 Z	孔底部动作	回退动作	用途
G73	间隙进给		快速进给	高速深孔加工循环
G76	切削进给	主轴准停	快速进给	精镗
G80				取消固定循环
G81	切削进给		快速进给	钻孔
G82	切削进给	暂停	快速进给	钻、镗阶梯孔
G83	间隙进给		快速进给	深孔加工循环
G85	切削进给		切削进给	镗孔循环
G86	切削进给	主轴停	快速进给	镗孔循环
G87	切削进给	主轴正转	手动移动	反镗孔循环
G88	切削进给	暂停、主轴停	手动移动	镗孔循环
G89	切削进给	暂停	切削进给	镗孔循环

（4）指令格式

G90/G91 指令　G98/G99 指令　G__X__Y__Z__R__P__Q__F__K__

G__——孔加工方式，对应固定循环指令表 4-7 里的指令。

X、Y——孔位置坐标。

Z——孔底坐标：按 G90 指令编程时，编入绝对坐标值；按 G91 指令编程时，编入增量坐标值。

R——G90 指令编程时，编入绝对坐标值；G91 指令编程时，编入相对于初始点的增量坐标值。

Q——深孔钻时规定每一次的加工深度，镗孔时规定移动值。

P——孔底暂停的时间，用整数表示（ms）。

F——进给速度（mm/min）。

K——循环次数。

以上孔加工数据，不一定全部都写，根据需要可省去若干地址和数据，固定循环指令是模态指令，一旦指定，就一直保持有效，直到用 G80 指令撤销指令为止。此外，G00、G01、G02、G03 指令也起撤销固定循环指令的作用。

1）高速深孔加工循环 G73 指令：G73 指令循环执行高速深孔钻。每次背吃刀量为 Q（用增量表示，在指令中给定）。退刀量为 d，由 NC 系统内部通过参数设定。G73 指令沿着 Z 轴执行间歇进给直到孔的底部，同时从孔中排出切屑。有利于断屑、排屑，减少退刀量，适用于深孔加工。该循环加工动作如图 4-19 所示。

格式：G73X__Y__Z__R__Q__F__K__

2）精镗孔循环指令 G76：执行 G76 指令循环，刀具以切削进给方式加工至孔底，实现主轴准停，然后使刀头沿孔径向离开已加工内孔表面后抬刀退出，刀具向刀尖相反方向移动 Q 值，使刀具脱离工件表面，带有让刀的退刀可保证刀具不擦伤工件表面，然后快速退回到 R 平面或初始平面。该循环加工动作如图 4-20 所示。

格式：G76X__Y__Z__R__Q__P__F__

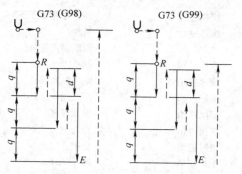

图 4-19　G73 指令深孔加工动作

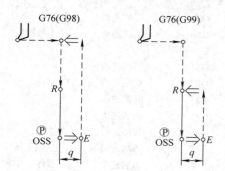

图 4-20　G76 指令精镗孔加工动作

3）钻孔循环、点钻循环指令 G81：G81 指令循环用作正常钻孔，切削进给至孔底，然后刀具从孔底快速移动退回。该循环加工动作如图 4-21 所示。

格式：G81X__Y__Z__R__F__

4）钻孔循环、锪镗循环指令 G82：该循环用作正常钻孔，切削进给执行到孔底，执行暂停以确保孔底平整。然后，刀具从孔底快速移动回退。该指令常用于不通孔、锪孔、沉头台阶孔的加工，以提高孔底表面的加工精度。该循环加工动作如图 4-22 所示。

格式：G82X__Y__Z__R__P__F__

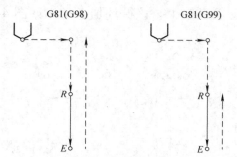

图 4-21　G81 指令钻孔加工动作

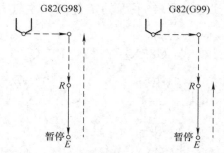

图 4-22　G82 指令钻、镗阶梯孔加工动作

5）钻孔循环指令 G83：该循环用于深孔钻，执行间歇切削进给至孔底，钻孔过程中从孔中排出切屑。与 G73 循环指令的区别在于，G83 指令在每次进刀 Q 深度后都返回 R 平面高度处，再下去作第二次进给，这样更有利于钻深孔时的排屑。该循环加工动作如图 4-23 所示。

格式：G83X__Y__Z__R__Q__F__

6）粗镗孔循环指令 G85：循环指令 G85 动作过程和 G81 指令一样，刀具以切削进给方式加工到孔底，然后以切削进给方式返回到 R 平面，且回退时主轴照样旋转。因此，该指令除可用于镗孔外，还可用于铰孔、扩孔。该循环加工动作如图 4-24 所示。

格式：G85X__Y__Z__F__

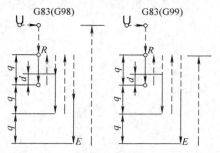

图 4-23　G83 指令深孔加工动作

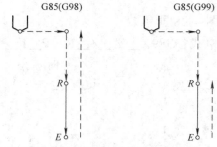

图 4-24　G85 指令镗孔加工动作

7）粗镗孔循环指令 G86：循环指令 G86 动作过程和 G81 类似，不同的是 G86 指令进刀到孔底后将使主轴停转，然后快速退回安全平面或初始平面，主轴正转。由于退刀前没有让刀动作，快速回退时可能划伤已加工表面，所以该指令常用于精度或粗糙度要求不高的镗孔加工。该循环加工动作如图 4-25 所示。

格式：G86X__Y__Z__R__P__F__

8）反镗孔循环指令 G87：执行 G87 指令循环，刀具在 G17 指令平面定位后，主轴准停，刀具向刀尖相反方向偏移 Q 值，然后刀具快速移动到孔底 R 点，在这个位置刀具按偏移量反向移动相同的 Q 值，主轴正转并以切削进给方式加工到 Z 平面，主轴再次准停，并沿刀尖相反方向偏移 Q 值，快速提刀至初始平面并按原偏移量返回到 G17 指令平面的定位点，主轴开始正转，循环结束。该循环加工动作如图 4-26 所示。

格式：G87X__Y__Z__R__Q__F__

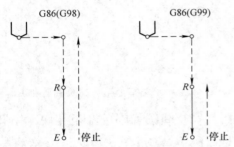

图 4-25　G86 指令镗孔加工动作

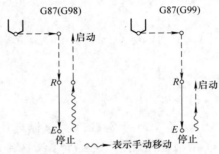

图 4-26　G87 指令反镗孔加工动作

9）粗镗孔循环指令 G88：执行 G88 指令循环，刀具以切削进给方式加工到孔底，刀具在孔底暂停后主轴停转，自动转换为手动状态，这时可通过手动方式从孔中安全退出刀具，再开始自动加工，Z 轴快速返回 R 点或初始平面，主轴恢复正转，再转入下一个程序段自动加工。此种方式虽能相应提高孔的加工精度，但加工效率较低。该循环加工动作如图 4-27 所示。

格式：G88X__Y__Z__R__P__F__

10）粗镗孔循环指令 G89：G89 指令动作与 G85 指令动作基本类似，不同的是 G89 指令动作在孔底增加了暂停，因此该指令常用于阶梯孔的加工。该循环加工动作如图 4-28 所示。

格式：G89X__Y__Z__R__P__F__

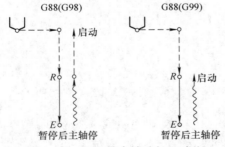

图 4-27　G88 指令镗孔加工动作

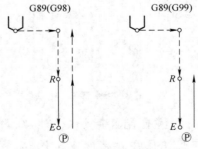

图 4-28　G89 指令镗孔加工动作

4.1.6　孔加工的测量与检验方法

1. 孔的尺寸精度检验

1) 对精度较低的孔径尺寸及孔的深度，一般用游标卡尺和金属直尺检验。

2) 对精度较高的孔径尺寸及孔深度，孔径尺寸可用内径千分尺检验（图 4-29），或用内卡钳与外径千分尺配合检验，或用内径指示表与外径千分尺或标准套规配合检验，或直接用塞规检验；孔的深度可用深度千分尺检验。

2. 孔的形状精度检验

（1）圆度检验　在孔圆周的各个径向位置测量直径尺寸，测量所得的最大差值即为孔的圆度误差。

（2）圆柱度检验　如图 4-30 所示，在孔沿轴线方向不同位置的圆周上测量直径尺寸，测量所得的最大差值即为孔的圆柱度误差。

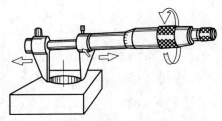

图 4-29　用内径千分尺测量孔径

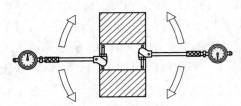

图 4-30　孔的圆柱度检验

3. 孔的表面粗糙度检验

表面粗糙度检验一般都用比较样块或经检验的同一粗糙度等级的工件进行比照检验。

4. 孔的位置精度检验

（1）孔距检验　一般精度孔距可用游标卡尺检验；精度较高的孔距用指示表与量块检验。测量时，工件装夹在六面角铁上（或放在平板上），底面与平板接触，将计算出的量块组放在工件附近，用指示表进行比较测量，如图 4-31 所示。

（2）孔轴线与基准面的平行度检验　检验时将检验用心轴放入孔内，将基准面与平板贴合。若是通孔，可直接用指示表测量孔口两端心轴最高点的偏差，两端尺寸的差值即为两孔的平行度误差；若是不通孔，插入心轴的外露部分长度只需略大于孔深，然后用指示表测量外露部分的孔口与端部最高点的偏差，以确定孔与基准面的平行度误差。

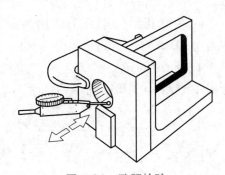

图 4-31　孔距检验

（3）孔轴线与基准面的垂直度检验　将工件的基准面装夹在六面角铁上，用指示表测量孔的两端孔壁最低点偏差，然后将六面角铁转 90° 测量另一方向孔的两端孔壁最低点偏差，以确定垂直度的误差。

4.2　单孔加工

4.2.1　钻孔

1. 标准麻花钻的结构与参数

在进行钻孔加工前，需要对麻花钻进行修磨和检查，钻孔加工后孔的质量主要取决于麻花钻的刃磨质量。在刃磨和检查麻花钻时，必须熟悉麻花钻的结构和几何参数。

（1）麻花钻的构造和组成　如图 4-32 所示，麻花钻主要由柄部、空刀和工作部分组成。工作部分由切削部分和导向部分组成。

（2）麻花钻各组成部分的主要作用

1）柄部。钻头的柄部是与钻孔机械的连接部分，钻孔时用来传递所需的转矩和进给力，柄部有圆柱形和圆锥形（莫氏圆锥）两种形式，钻头直径小于 ϕ13mm 的采用直柄结构，钻头直径大于 ϕ13mm 的一般都是锥柄结构。锥柄的扁尾能避免钻头在主轴孔或钻套中打滑，并便于用镶条把钻头从主轴锥孔中打击拆卸。

2）空刀。在钻头制造中，钻头的空刀为磨削钻头切削部分外圆和柄部时供砂轮退刀用，一般也用来打印商标和规格。直柄钻头没有明显的空刀，摩擦焊接制成的麻花钻，空刀通常是高速钢制成的切削部分和结构钢制成的柄部对焊连接的部位。

3）工作部分。在钻削过程中，切削部分担负主要的切削工作，导向部分是利用切削部分钻成的孔进行继续加工的导向，以保证孔的加工精度。

（3）麻花钻切削部分的组成及其作用　钻头由两条主切削刃、一条横刃、前面和两个后面组成，如图 4-33 所示。各组成部分的作用如下：

1）前面即螺旋槽的表面，是切屑流过的表面，前面的表面粗糙度直接影响切屑排出的难易程度和切削负荷的大小。

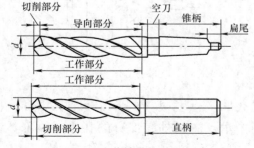

图 4-32　麻花钻的构造和组成

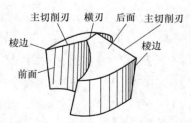

图 4-33　麻花钻切削部分的组成

2）后面是钻孔时与孔底相对的表面，是麻花钻刃磨的主要表面，形状可以是螺旋面、圆锥面或平面。后面的状态影响钻头的后角。

3）主切削刃是前面与后面的相交部分，担负主要的切削任务。

4）横刃是两个后面的相交部分，位于钻头的最前端，担负中心部分的切削任务。由于横刃处的前角是负前角，故会产生很大的进给力，因此横刃一般需要进行修磨才能进行钻孔加工。

（4）麻花钻刃磨质量的检验方法 麻花钻刃磨后可以采用标准样板进行对称性检测，也可以在钻出的锥坑中进行检测。

1）用试钻的锥坑检测。检测前用刃磨后的钻头在试件上钻出一个锥坑，此时观察钻头后面，若后角为正值，除了主切削刃与锥面接触外，后面应没有与加工表面摩擦的痕迹。检测主切削刃和顶角时，应注意主切削刃的对称性，包括 φ 角的对称性与切削刃长度一致，如图 4-34 所示为切削刃刃磨后对钻孔的影响及其切削刃不对称的原因。根据检测的结果，对不符合要求的部位进行修磨。

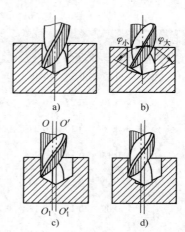

图 4-34 切削刃不对称对钻孔的影响

a）切削刃对称 b）顶角不对称

c）切削刃长度不等 d）顶角与切削刃均不对称

2）用标准样板进行检测。用标准样板检测刃磨后钻头的几何精度的方法如图 4-35 所示。检测步骤如下：

① 用标准样板顶角检测部位检测顶角和主切削刃的长度，同时可以进行主切削刃长度和角度的对称性检测，如图 4-35 下部所示。

② 用标准样板楔角检测部位检测钻头的后角，如图 4-35 左侧所示。

③ 用标准样板横刃检测部位检测钻头的横刃斜角和横刃的长度，如图 4-35 上部所示。

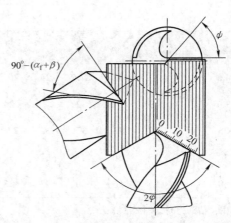

图 4-35 用标准样板检测刃磨后钻头的几何精度

2. 切削用量和切削液的选择

（1）切削用量的调整和控制

1）选择切削用量应根据不同直径的钻头、被加工零件的材料、加工的部位和精度要求等多种因素综合考虑。切削速度与进给量是互相影响的，选择时应注意合理对应。用切削液钻钢料时的切削速度为 6～55m/min，进给量为 0.09～0.88mm/r。钻铸铁的切削速度为 9.5～55m/min，进给量为 0.13～1.7mm/r。麻花钻钻钢料的切削用量和钻铸铁的切削用量见表 4-8 和表 4-9。当加工条件特殊时，也可根据实际情况作一定的修整或试切后确定切削用量。

表 4-8　麻花钻钻钢料的切削用量（用切削液）

钢材的性能	进给量 f/（mm/r）													
	0.20	0.27	0.36	0.49	0.66	0.88								
	0.16	0.20	0.27	0.36	0.49	0.66	0.88							
	0.13	0.16	0.20	0.27	0.36	0.49	0.66	0.88						
	0.11	0.13	0.16	0.20	0.27	0.36	0.49	0.66	0.88					
好	0.09	0.11	0.13	0.16	0.20	0.27	0.36	0.49	0.66	0.88				
↓		0.09	0.11	0.13	0.16	0.20	0.27	0.36	0.49	0.66	0.88			
差			0.09	0.11	0.13	0.16	0.20	0.27	0.36	0.49	0.66	0.88		
				0.09	0.11	0.13	0.16	0.20	0.27	0.36	0.49	0.66	0.88	
					0.09	0.11	0.13	0.16	0.20	0.27	0.36	0.49	0.66	0.88
						0.09	0.11	0.13	0.16	0.20	0.27	0.36	0.49	0.66
							0.09	0.11	0.13	0.16	0.20	0.27	0.36	0.49
钻头直径 /mm	切削速度 v_c/（m/min）													
≤4.6	43	37	32	27.5	24	20.5	17.7	15	13	11	9.5	8.2	7	6
≤9.6	50	43	37	32	27.5	24	20.5	17.7	15	13	11	9.5	8.2	7
≤20	55	50	43	37	32	27.5	24	20.5	17.7	15	13	11	9.5	8.2
≤30	55	55	50	43	37	32	27.5	24	20.5	17.7	15	13	11	9.5
≤60	55	55	55	50	43	37	32	27.5	24	20.5	17.7	15	13	11

注：钻头为高速钢标准麻花钻。

2）确定背吃刀量时，钻孔直径 D 为 30～35mm 时，可一次钻出，如孔径 D 大于此范围，可分两次钻削，第一次钻削直径为（0.5～0.7）D。开始钻孔时，钻头要缓慢地接触工件，不能用钻头撞击工件，以免碰伤钻尖。在工件的未加工表面上钻孔时，开始要用手动进给，这样当碰到过硬的质点时，钻头可以退让，避免打坏刃口。当钻孔即将穿透时，也最好改用手动进给。

表 4-9　麻花钻钻铸铁的切削用量

铸铁硬度 HBW	进给量 f（mm/r）												
140～152	0.20	0.24	0.30	0.40	0.53	0.70	0.95	1.3	1.7				
153～166	0.16	0.20	0.24	0.30	0.40	0.53	0.70	0.95	1.3	1.7			
167～181	0.13	0.16	0.20	0.24	0.30	0.40	0.53	0.70	0.95	1.3	1.7		
182～199		0.13	0.16	0.20	0.24	0.30	0.40	0.53	0.70	0.95	1.3	1.7	
200～217			0.13	0.16	0.20	0.24	0.30	0.40	0.53	0.70	0.95	1.3	1.7
218～240				0.13	0.16	0.20	0.24	0.30	0.40	0.53	0.70	0.95	1.3
钻头直径 /mm	**切削速度 v_c／（m/min）**												
≤ 3.2	40	35	31	28	25	22	20	17.5	15.5	14	12.5	11	9.5
≤ 8	45	40	35	31	28	25	22	20	17.5	15.5	14	12.5	11
≤ 20	51	45	40	35	31	28	25	22	20	17.5	15.5	14	12.5
> 20	55	53	47	42	37	33	29.5	26	23	21	18	16	14.5

注：钻头为高速钢标准麻花钻。

（2）切削液选用　根据不同的材料选用切削液可提高钻孔的质量。钻削各种材料所用的切削液见表 4-10。

表 4-10　钻削各种材料所用的切削液

工件材料	切削液（质量分数）
各类结构钢	3%～5% 乳化液，7% 硫化乳化液
不锈钢耐热钢	3% 肥皂加 2% 亚麻油水溶液、硫化切削油
纯铜、黄铜、青铜	不用，或 5%～8% 乳化液
铸铁	不用，或 5%～8% 乳化液、煤油
铝合金	不用，或 5%～8% 乳化液、煤油、煤油加柴油混合油
有机玻璃	5%～8% 乳化液、煤油

3. 孔加工工件的装夹方法和孔加工位置的控制方法

钻孔的工件有各种形状，孔加工位置的类型各有不同，如图 4-36 所示。按工件的形状和钻孔的位置，钻孔时应采用不同的装夹和找正方法，示例如下：

（1）钻排孔　如图 4-36a 所示，在较大的工件上钻排孔，可将工件直接装夹在工作台面上，采用压板和螺栓夹紧工件。夹紧位置应合理对称，为了防止钻坏工作台面，可将钻孔位置落在工作台的 T 形槽位置，若孔的直径大于直槽的宽度，应在工件和工作台面之间垫入平行垫块。注意垫入垫块后，压板的夹紧位置应落在垫块上。一般采用预先划线和打样冲眼的方法找正孔的中心位置，比较精确的孔可用划规划出试钻锥坑参照圆。

（2）钻轴上的径向孔　如图 4-36b 所示，在轴类零件的圆柱面上钻孔，可将工件装夹在 V 形块的 V 形槽内。较长的工件采用等高 V 形块，压板和螺栓安装应合理，压板夹紧点位置落在 V 形槽内，工件装夹时注意两个 V 形块的 V 形槽面应都与工件的圆周面接触定位，夹紧操作应使两块压板轮番逐步夹紧。孔的轴向位置通过划线确定，孔的径向位置一般通过端面划出十字线进行找正，钻孔时应采用中心钻对准样冲眼钻出锥坑，然后使用麻花钻钻孔。

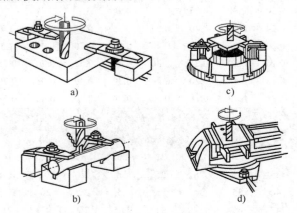

图 4-36　不同工件的钻孔示例

a）直接装夹在工作台面上钻排孔　b）用等高 V 形块装夹钻轴上的径向孔

c）用回转工作台和单动卡盘装夹钻等分孔　d）用机用虎钳装夹钻通孔

（3）钻等分孔　如图 4-36c 所示，在工件上钻等分孔时，可将工件装夹在分度头或回转工作台上，矩形工件可采用单动卡盘装夹。单动卡盘装夹在回转工作台上，然后将回转工作台装夹在铣床上进行加工。加工一个孔后，可以转过一个等分角度，再钻下一个孔。孔的分布圆的直径尺寸可以通过预先划线确定。

（4）钻通孔　如图 4-36d 所示，在较小的矩形工件上钻通孔，可采用机用虎钳装夹工件，在工件与机用虎钳导轨定位面之间垫入平行垫块，注意平行垫块应等高，并在钻孔位置的两侧。孔与基准面的位置尺寸按预先划线并打样冲眼确定。

除了以上常见的孔加工工件和位置外，还有一些比较复杂的钻孔加工，如钻斜面孔、平面半圆孔和相贯半圆孔及骑缝孔等。

4.2.2　铰孔

1. 铰刀的种类与结构

（1）铰刀的种类　铰刀是一种尺寸精确的多刃刀具，铰削时切屑很薄。铰刀的种类很多，按铰刀的使用方法可分为手用铰刀和机用铰刀，按铰刀形状可分为圆柱铰刀和圆锥铰刀，按铰刀结构又可分为整体式铰刀和可调节式铰刀。

（2）铰刀的结构特点　整体圆柱铰刀主要用来铰削标准系列的孔，其结构由工作部分、空刀和柄三个部分组成，如图 4-37 所示。工作部分包括引导部分、切削部分和校准部分。整体圆柱铰刀的结构特点如下：

① 引导部分（l_3）：在工作部分前端，呈 45° 倒角，其作用是便于铰刀开始铰削时放入孔中，并保护切削刃。

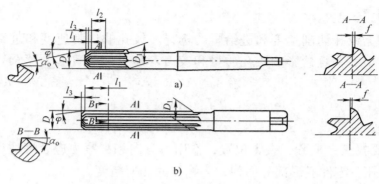

图 4-37　整体圆柱铰刀

a）机用铰刀　b）手用铰刀

② 切削部分（l_1）。担负主要的切削工作。顶角 2φ 很小，一般手用铰刀 $\varphi =$ $30' \sim 1°30'$，切削部分较长，定心作用好。铰削时进给力小，工作省力。铰刀的前角 $\gamma_o = 0°$，使铰削近乎刮削，从而减小孔壁表面粗糙度。为了减少铰刀与孔壁的摩擦，铰刀切削部分和校准部分的后角 $\alpha_o = 6° \sim 8°$。

③ 校准部分（l_2）。用来引导铰孔方向和校准孔的尺寸，也是铰刀的后备部分。为了减少与孔壁的摩擦，铰刀校准部分的切削刃上留有无后角、宽度仅 0.1 ~ 0.3mm 的棱边 f。将整个校准部分制成直径具有 0.005 ~ 0.008mm 差值的倒锥，这样也可防止孔口的扩大。

④ 刀齿分布。为了获得较高的铰孔质量，一般手用铰刀的齿距在圆周上不是均匀分布的，但为了便于制造和测量，不等齿距的铰刀常制成 180° 对称的不等齿距，如图 4-38b 所示。采用不等齿距的铰刀，铰孔时切削刃不会在同一位置停歇而使孔壁产生凹痕，从而能将硬点切除，提高了铰孔质量。使用机用铰刀铰孔时，铰刀靠机床带动连续转动，精度由机床保证，因此机用铰刀与手用铰刀在结构上存在一定的区别。

⑤ 空刀。磨制铰刀时供退刀用，也用来印刻商标和规格。

⑥ 柄。用来装夹和传递转矩，机用铰刀采用直柄、锥柄两种形式，手用铰刀采用直柄带方头结构。

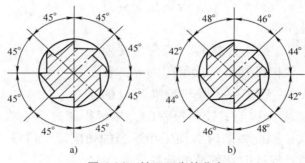

图 4-38　铰刀刀齿的分布

a）均匀分布　b）不均匀分布

2. 铰孔加工的注意事项

（1）铣床上铰孔切削速度和进给量的选择　铰孔的切削速度和进给量要选择适当，过大或过小都将直接影响铰孔质量和铰刀寿命。使用普通高速钢铰刀铰孔，且工件材料为铸铁时，切削速度 v_c 不应超过 10m/min，进给量 f 在 0.8mm/r 左右。当工件材料为钢时，v_c 不应超过 8m/min，f 在 0.4mm/r 左右。

（2）铰孔加工要点

1）工件要找正、夹紧，夹紧位置、作用力方向和夹紧力应合理适当，防止工件变形，以免铰孔后零件变形部分回弹，影响孔的几何精度。

2）手铰时，双手用力要均衡，保持铰削的稳定性，避免由于用力不平衡使铰刀摇摆而造成孔口呈喇叭状和孔径扩大。铰削过程中或退出铰刀时，都不允许反转，否则会将孔壁拉毛，甚至使铰刀崩刃。铰定位锥销孔时，两结合零件应连接在一体，铰削过程中要经常用相配的锥销来检查铰孔尺寸，以防将孔铰深。一般情况下定位配合的锥销其头部应高于工件表面 2~3mm，然后用铜锤敲紧。根据具体情况和要求，锥销头部可略低或略高于工件表面。使用可调节铰刀时注意调整后再次检测铰刀的直径。手铰过程中若铰刀被卡住，不能猛地扳转铰刀手柄，此时应取出铰刀，清除切屑，检查铰刀。继续铰孔时应缓慢进给，以防在原处再次被卡住。

3）在铣床上使用机用铰刀时，要注意机床主轴、铰刀和工件孔三者的同轴度误差是否符合要求。当上述同轴度误差不能满足铰孔精度时，铰刀应采用浮动装夹方式，调整铰刀与所铰孔的中心位置，达到铰孔的精度要求。图 4-39 所示是一种常用的浮动铰刀夹头，将铰刀装入能浮动的套筒内。因套筒外径与主体（或锥柄）的配合间隙较大，同时轴销的配合也有一定的间隙，故在铰削时转矩和进给力通过销轴和支撑块球形头传递，铰刀可以作微量的偏移和歪斜来调整铰刀与孔径的同轴度。机铰结束后，铰刀应退出孔外后停机，否则孔壁有刀痕，退出时孔可能被拉毛。

4）在铰孔过程中，按工件材料、铰孔精度要求合理选用切削液。铰削的切屑一般都很细碎，容易黏附在切削刃上，甚至夹在孔壁与校准部分的

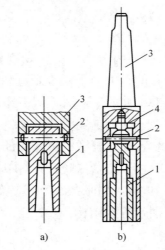

图 4-39　浮动铰刀夹头

a）简单式　b）万向式

1—套筒　2—销轴　3—夹头体　4—支撑块

棱边之间，将已加工表面拉毛。铰削过程中，热量积累过多也将引起工件和铰刀的变形或导致孔径扩大，因此铰削时必须采用适当的切削液，以减少摩擦和散发热量，同时将切屑及时冲掉。铰孔时切削液的选择见表 4-11。

表 4-11　铰孔时切削液的选择

工件材料	切削液
钢	1. 体积分数为 10%～20% 的乳化液 2. 铰孔要求较高时，可采用体积分数为 30% 菜油加 70% 乳化液 3. 高精度铰削时，可用菜油、柴油、猪油
铸铁	1. 不用 2. 煤油，但会引起孔径缩小，最大缩小量为 0.02～0.04mm 3. 低浓度乳化液
铝	煤油
铜	乳化液

4.2.3　镗孔

（1）镗刀对镗孔质量的影响

1）镗刀的几何角度选择不当，会影响孔的加工质量，例如：前角偏小，会引起镗刀杆振动；后角过大，会使主切削刃过早磨损；刀尖圆弧过小，会影响孔壁的表面粗糙度；刃倾角选择不当，可能会引起加工振动，或使刀尖过早损坏等。又如，前面的质量对镗削时的排屑影响较大，前面不平整、粗糙，会增加切削、排屑过程中产生的热量，影响孔壁表面的加工质量。

2）镗刀杆的刚性对镗孔质量有一定的影响，细长的镗刀杆会在加工中引起振动，因此使用悬臂镗刀杆应尽可能选用较短和较大直径的镗刀杆。

3）镗刀在镗刀杆上装夹时应尽可能伸出较小的距离，但需注意切削刃伸出长度应符合加工余量，并有利于排屑。

4）镗刀的尾部伸出部分应小于刀尖伸出部分，否则会影响镗削加工。

5）选用硬质合金镗刀时，应注意硬质合金的牌号，否则会引起刀具不正常磨损，造成孔壁粗糙或孔径不等有锥度。

（2）铣床精度对镗孔质量的影响

1）机床主轴精度会影响孔的表面粗糙度、圆柱度等加工精度。

2）立式铣床主轴与工作台台面的垂直度会影响孔的圆柱度。

3）卧式铣床支架的支承轴承的精度会影响镗刀杆的回转精度，从而影响孔的尺寸精度和圆柱度。

4）工作台进给的平稳性会影响孔壁的表面粗糙度，严重时会影响孔的尺寸精度。

（3）工件装夹与找正对镗孔质量的影响

1）工件底面基准与工作台台面不平行或不垂直，会使加工后孔的轴线与基准不平行或不垂直。

2）工件的侧面基准与进给方向不平行或不垂直，会影响孔距尺寸的控制精度。

3）工件的等高垫块精度差，会影响工件的位置精度，从而影响孔的位置精度。

4）工件的夹紧部位选择不当，可能会引起工件装夹变形，影响工件孔加工的形状位置精度和尺寸精度。

5）工件的夹紧力不适当，可能会引起工件变形或在加工中发生微量位移，影响孔的加工质量。

（4）孔径和孔距调整不当对镗孔质量的影响

1）孔径尺寸检测不准确，引起镗刀伸出距离调整失误，会产生孔径尺寸控制失误，产生废品。

2）孔距位移量调整失误，会产生孔距尺寸控制失误，产生废品。

3）孔距计算错误或基准转换后尺寸链计算错误，会产生孔距尺寸差错。

4）孔距尺寸检测不准确，会引起调整失误，影响孔距尺寸控制。

5）利用量块组、指示表进行孔距调整操作的，因量块组尺寸组合差错，指示表精度差等因素，会造成孔距调整差错，影响孔距尺寸的控制精度。

4.3 平行孔系加工

4.3.1 孔距标注方向与基准平行的多孔工件加工

（1）同轴孔系的加工方法　同轴孔系即多孔轴线在同一直线的孔系，此类孔系多用于箱体、机体类零件，如箱体类零件的两端面同轴的轴承孔以及箱体零件中间隔墙上的支承孔等。此类孔系的轴线与底面基准和侧面基准平行，在铣床上加工常使用卧式铣床进行。加工时可采用螺栓和压板装夹，以使主要的加工基准与工作台台面贴合，侧面基准与横向进给方向平行，以达到孔轴线与基准平行的精度要求。为了保证多孔的同轴度要求，一般可使用长镗刀杆安装镗刀进行加工，由于镗刀杆较长，常使用支架轴承支撑镗刀杆远端。使用长镗刀杆加工，孔径尺寸的测量控制和镗刀调整都比较困难。使用短镗刀杆加工可避免长镗刀杆加工的诸多麻烦，但在加工好一侧的孔后，要将工件转过180°，加工另一端的孔，此时需要仔细找正工件侧面基准与进给方向的平行度，还需要找正主轴与已加工孔的同轴度，以保证同轴孔系的加工精度。

（2）平面孔系的加工方法　平面孔系是指孔系位于同一平面上，如图4-40所示为平面多孔工件，孔距尺寸的标注与基准平行，但尺寸标注为增量坐标方式，而实际加工中需要以左下角为零点的绝对坐标进行测量，因此常需要应用尺寸链的计算方法进行换算，该孔系的尺寸链计算方法如下：

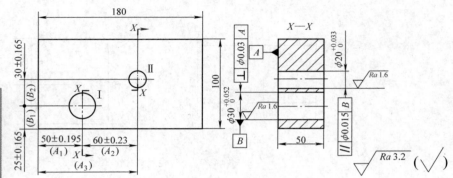

图 4-40 平面多孔工件

① 按图 4-40，计算水平方向尺寸时，孔 I 位置尺寸 A_1、孔 I 和 II 位置尺寸 A_2 与孔 II 至端面基准的位置尺寸 A_3 构成直线尺寸链，如图 4-41a 所示。因 A_2 尺寸是间接获得的尺寸，为封闭环（A_0），组成环 A_1 为减环，A_3 为增环。

计算基本尺寸：增环传递系数 $\xi_3 = -1$，减环传递系数 $\xi_1 = +1$

$$A_0 = \sum_{i=1}^{m} \xi_i A_i = 60\text{mm} = -50 + A_3 \; ; \; A_3 = 110\text{mm}$$

计算中间偏差：$\Delta_1 = 0$ ；$\Delta_0 = 0$ ；故 $\Delta_3 = 0$

计算公差：$T_1 = 0.39\text{mm}$ ；$T_0 = 0.46\text{mm}$

$$T_0 = \sum_{i=1}^{m} |\xi_i| T_i = 0.46\text{mm} = 0.39\text{mm} + T_3 \; ,$$

$$T_3 = 0.46\text{mm} - 0.39\text{mm} = 0.07\text{mm}$$

计算上下偏差

$$\text{ES}_3 = \Delta_3 + T_3/2 = 0 + 0.07/2\text{mm} = 0.035\text{mm} \; ,$$

$$\text{EI}_3 = \Delta_3 - T_3/2 = 0 - 0.07/2\text{mm} = -0.035\text{mm}$$

即 $A_3 = (110 \pm 0.035)\text{mm}$

② 同理，见图 4-41b，垂直方向的尺寸计算

$$B_0 = 25\text{mm} = -30\text{mm} + B_3, \; B_3 = (25+30)\text{mm} = 55\text{mm}$$

$$\Delta_0 = \Delta_1 + \Delta_3 = 0, \; \Delta_1 = 0, \; \Delta_3 = 0$$

$$T_0 = T_1 + T_3 = 0.33\text{mm} + T_3 = 0.39\text{mm}, \; T_3 = 0.06\text{mm}$$

$$\text{ES}_3 = \Delta_3 + T_3/2 = 0.06/2\text{mm} = 0.03\text{mm} \; ,$$

$$\text{EI}_3 = \Delta_3 - T_3/2 = -0.06/2\text{mm} = -0.03\text{mm}$$

即
$$B_3 = (55 \pm 0.03)\text{mm}$$

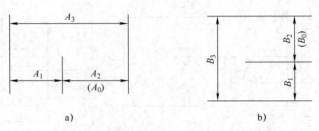

图 4-41 孔距尺寸链计算

具体加工应注意按各个单孔的精度和特点确定各自的加工工艺，在控制孔距尺寸时，应选用与精度相适应的检测控制方法来调整、检测、控制孔距尺寸精度。

4.3.2 孔距标注方向与基准不平行的多孔工件加工

（1）标注尺寸的换算方法 在孔距标注方向与基准不平行孔系的加工中，通常需要将孔距的标注换算成与基准平行的数值，此类孔系多用于变速器和车床主轴箱等。由于变速器的孔距是按变速齿轮的中心距来设计的，因此类似于如图 4-42 所示的孔距标注方式。在加工此类工件时，可按图 4-43 所示，将用 R 标注的尺寸换算成直角坐标尺寸，以便移距调整操作。

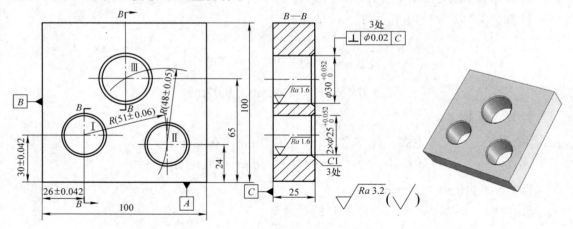

图 4-42 孔距标注方向与基准不平行的多孔工件

1）以孔 I 中心为坐标原点，坐标与侧面基准平行。

2）孔 II 坐标尺寸：$y = (24 - 30)\,\text{mm} = -6\text{mm}$ ；$x = \sqrt{51^2 - 6^2}\,\text{mm} = 50.65\text{mm}$ 。

3）孔 III 坐标尺寸：$y = (65 - 30)\,\text{mm} = 35\text{mm}$ ；

$x = 50.65\text{mm} - \sqrt{48^2 - 41^2}\,\text{mm} = 50.65\text{mm} - 24.96\text{mm} = 25.69\text{mm}$

4）作坐标图，各孔的坐标值见表 4-12。

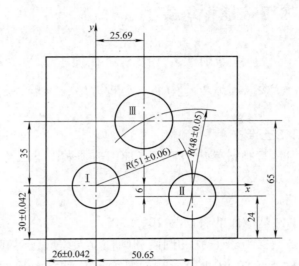

图 4-43　孔距计算坐标图

（2）孔距调整与复核的注意事项

1）量块组合数量应尽可能少，以便于操作。

2）指示表的安装要稳固，否则会影响移距精度。

3）指示表与量块的接触量应适度，过多过少的接触量都可能会因指示表的复位精度而影响移距的精度。

表 4-12　孔的坐标值　　　　　　　　　　　　　　　（单位：mm）

坐标	孔号		
	I	II	III
x	0	+50.65	+25.69
y	0	−6.00	+35.00

4）量块贴合的表面，如工作台横向前端面、安装在工作台台面上的平行垫块侧面，应经过研磨，使量块紧密贴合。

5）测量孔的实际孔径尺寸，进行计算后，以孔壁之间或孔壁与基准之间的计算尺寸进行测量。如试镗孔 II 后，测得孔 I 的实际孔径为 $\phi25.02$mm，孔 II 试镗后实际孔径为 $\phi23.40$mm，则两孔壁间的尺寸为 51mm −（25.02mm+23.40mm）/2 = 26.79mm；孔 II 孔壁至基准 A 之间的尺寸为 24mm −（23.40/2）mm = 12.30mm。

6）考虑到孔的形状误差，实际孔径尺寸应以孔距测量方向的孔径尺寸为准。

7）用游标卡尺在加工过程中测量孔距时，应注意量爪测量平面对孔距测量精度的影响，量爪不能插入过深。

4.4 高精度孔加工技能训练实例

技能训练 1 倾斜单孔加工

重点与难点：重点掌握倾斜单孔的加工测量方法；难点为斜孔钻、铰、位置调整及测量计算。

1. 倾斜单孔加工工艺准备

如图 4-44 所示为具有倾斜单孔的工件，加工前须做以下工艺准备：

（1）分析图样

1）加工精度分析。

① 孔的轴线与工件基准面的夹角为 70°±30′。

② 孔径尺寸为 $\phi 12^{+0.10}_{0}$ mm，孔的圆度和圆柱度误差应包容在孔径公差内。

③ 孔的轴线对称于（50±0.10）mm 两侧面；孔轴线与顶面基准的交点与端面基准的距离为（50±0.10）mm。

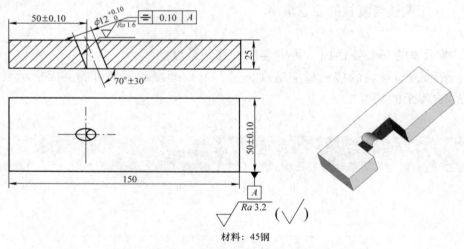

材料：45钢

图 4-44 具有倾斜单孔的工件

2）表面粗糙度分析：孔壁表面粗糙度值为 $Ra1.6\mu m$，其余表面粗糙度值为 $Ra3.2\mu m$。

3）材料分析：45 钢，切削性能较好。

4）形体分析：工件是 150mm×50mm×25mm 的立方体，便于装夹、找正。

5）加工难点分析：倾斜孔的位置尺寸 50mm 对刀与测量比较困难。

（2）拟订倾斜孔加工工艺与工艺准备

1）倾斜孔加工工序：预制件检验→表面划线→铣钻孔平面→钻倾斜孔 $\phi 9.7$mm →铰倾斜孔至 $\phi 10^{+0.10}_{0}$ mm →预检验倾斜孔位置尺寸精度→扩倾斜孔至 $\phi 11.7$mm →铰倾斜孔至 $\phi 12^{+0.10}_{0}$ mm →倾斜孔加工工序检验。

2）选择铣床：根据工件图样分析，加工倾斜孔可选择立式铣床，也可以选择卧式铣床。用立式铣床加工时观察与测量比较方便，但工件装夹定位使用机用虎钳不够稳固。当工件数量较多时，可采用主轴倾斜，并用主轴套筒进给来加工。若选用卧式铣床加工，观察与测量比较困难，但工件可直接装夹在工作台台面上，比较稳固。本例选用 X5032 型立式铣床加工。

3）选择装夹方式：选用较大规格的机用虎钳装夹工件，钳口宽度 $B = 60mm$，高度 $h = 50mm$，钳口工作面带有网纹。

4）选择刀具：铣孔加工定心表面选用 $\phi 10mm$、$\phi 12mm$ 键槽铣刀，铣刀端面刃须进行修磨，使垂向进给铣出的表面为一平面。键槽铣刀端面刃修磨前后的形状如图 4-45 所示；钻、扩、铰工序选用标准规格 $\phi 2.5mm$ 中心钻、$\phi 9.7mm$ 麻花钻、$\phi 11.7mm$ 扩孔钻与 $\phi 10mm$、$\phi 12mm$ 高速钢机用铰刀。

5）选择检验测量方法：孔径尺寸在加工过程采用游标卡尺测量。检验时采用内径千分尺和 $\phi 10mm$、$\phi 12mm$ 精度对应的标准塞规；孔距在加工过程中采用游标卡尺测量，检验时孔与侧面的对称度误差用指示表比较测量；倾斜孔与端面的尺寸采用标准圆棒与深度千分尺配合测量，测量方法示意如图 4-46 所示。测量时，把直径与斜孔孔径相同的标准圆棒 1 插入倾斜孔，再用另一根标准圆棒 2（本例为 $\phi 6mm$）嵌入夹角中，测出尺寸 h，然后通过下列公式计算孔距 H：

$$H = h + \frac{d}{2}\left(1 + \frac{1}{\tan\frac{\theta}{2}}\right) + \frac{D}{2}/\sin\theta \qquad (4\text{-}4)$$

式中　H——被测件倾斜孔至端面基准的孔距（mm）；

　　　h——标准圆棒 2 至基准端面的距离（mm）；

　　　d——标准圆棒 2 直径（mm）；

　　　D——标准圆棒 1 直径（mm）；

　　　θ——倾斜孔轴线与基准顶面的夹角（°）。

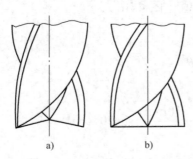

图 4-45　键槽铣刀端面刃修磨形状

a）修磨前形状　b）修磨后形状

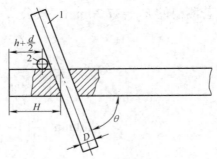

图 4-46　测量斜孔至端面的尺寸

1、2—圆棒

2. 倾斜单孔工件加工

1）钻 ϕ 9.7mm 孔，加工时应注意以下事项：

① 按工件材料（45 钢），刃磨麻花钻选后角 8°。

② 用中心钻钻定位锥坑时，注意钻夹头与工件表面的距离，同时因键槽铣刀加工而成的定心平面中间略有凸起，钻定位锥坑时要采用进给、略退回、再进给的方法，以提高定位锥坑的位置精度。

③ 钢料钻孔应充注切削液。

④ 倾斜孔钻通时，因余量不对称，麻花钻会振动偏让，此时应减缓进给速度，以免损坏孔壁，甚至折断麻花钻。倾斜孔钻通时，也可采用外圆修磨至 ϕ 9.7mm 的立铣刀铣削残留部分，立铣刀的外圆刃不必修磨后角。

2）铰 ϕ 10mm 孔。

① 安装 ϕ 10mm 铰刀，因是固定连接，须用指示表找正铰刀与主轴的同轴度。

② 调整主轴转速为 150r/min（$v_c \approx 4.7$m/min），进给速度为 $v_f = 60$mm/min。

③ 垂向进给铰 ϕ 10mm 孔，注意观察孔端下部铰通时铰刀引导部分须超过孔壁最低点。

3）预检孔距。

① 测量倾斜孔对侧面的对称度误差时，用游标卡尺测量孔壁至侧面的距离。若测得外形的实际尺寸为 49.90mm，倾斜孔直径为 ϕ 10.08mm，则孔壁至侧面的尺寸应为（49.90mm − 10.08mm）/2=19.91mm。

② 测量倾斜孔轴线与顶面交点至端面的距离时，须注意以下事项：将 ϕ 10mm 的标准圆棒插入倾斜孔，若孔与标准圆棒之间间隙为 0.08mm，则可用厚 0.03mm 的薄纸包裹在标准圆棒外塞入倾斜孔；在夹角内放置标准圆棒时，因与插入孔中的标准圆棒为点接触，为避免测量时发生位移，可在 ϕ 6mm 标准圆棒的端面安装一定位块，测量时定位块紧贴工件侧面，从而限制了测量标准圆棒的自由度；在用深度千分尺测量端面至 ϕ 6mm 标准圆棒距离时，注意将测杆端面中心对准两棒的交点，如图 4-47 所示。

若测得的 $h_{实}$=37.20mm，按公式计算标准 h 值（图 4-46）。

$$h = H - \frac{d}{2}\left(1 + \frac{1}{\tan\frac{\theta}{2}}\right) - \frac{D}{2}/\sin\theta$$

$$= 50\text{mm} - \frac{6}{2}\left(1 + \frac{1}{\tan 35°}\right)\text{mm} - \frac{10\text{mm}}{2}/\sin 70°$$

$$= 37.39\text{mm}$$

$$\Delta h = h - h_{实} = 37.39\text{mm} - 37.20\text{mm} = 0.19\text{mm}$$

按偏差方向调整工作台纵、横向，纵向按实际误差值调整，横向按误差值的 1/2 调整。调整时注意误差的方向，可采用指示表控制微量调整值。

4）扩、铰 ϕ12mm 孔：具体步骤、方法与前相似。

① 换装 ϕ12mm 键槽铣刀，铣出整孔前部分圆弧。

② 换装 ϕ11.7mm 扩孔钻，扩钻倾斜孔。

③ 换装 ϕ12mm 铰刀，铰倾斜孔至图样尺寸。

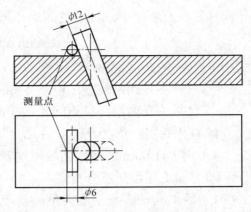

图 4-47 用标准圆棒测量倾斜孔孔距示意

3. 倾斜单孔加工的检验与质量要点分析

（1）检验项目 按图样检验，包括孔径、孔坐标位置、孔轴线与基准面夹角，以及孔加工表面粗糙度。

（2）测量检验

1）用塞规或内径千分尺检验孔径尺寸，测量时应注意测量孔两端孔径尺寸。用塞规检验还可以使塞规在倾斜孔中全部通过，以测量孔的圆柱度（倾斜孔的圆柱度会因两端口加工余量不均匀发生误差）。

2）用指示表测量孔轴线与两侧面的对称度，测量方法如图 4-48 所示。测量孔轴线与顶面交点对端面基准的尺寸采用 ϕ6mm、ϕ12mm 标准圆棒测量方法，具体操作与预检方法相同。关键是通过 ϕ6mm 标准圆棒侧面定位块，使标准圆棒轴线与侧面垂直，深度千分尺的测杆端面中心对准两标准圆棒交点。测得 h 值后，应用公式计算得出 H 值。

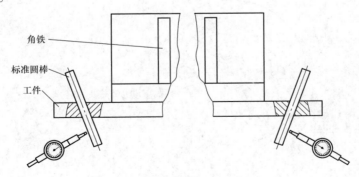

图 4-48 测量倾斜孔对称度

3）用指示表、正弦规和量块检验倾斜孔角度。测量时，把工件装夹在六面角铁上，先用正弦规与量块找正工件与测量平板成 20° 倾斜角，然后将六面角铁转过 90°，测量倾斜孔两端的最低点，若示值相同，即倾斜孔轴线与基准夹角恰好为 70°；

若两端示值有误差 Δ，可通过下式计算角度偏差 $\Delta\theta$。

$$\sin\Delta\theta = \Delta/L \qquad (4\text{-}5)$$

式中　$\Delta\theta$——角度偏差（°）；

　　　Δ——孔两端测量示值差（mm）；

　　　L——孔两端测量点间长度（mm）。

倾斜孔的实际角度 $\theta = 70° \pm \Delta\theta$，正负值视角度偏差方向确定。

4）用 $Ra1.6\mu m$ 的表面粗糙度比较样块比照检验。

（3）加工质量要点分析

1）倾斜孔轴线与基准夹角误差产生原因：工件找正时量块尺寸计算错误；在加工过程中工件受切削力影响发生微量位移；刀具细长，加工时发生偏让。

2）孔圆柱度误差大的产生原因：切削用量选择不当；工作台锁紧装置有故障，在加工中发生微量位移；加工两端孔口时，刀具发生偏让。

3）孔距（孔与端面位置尺寸）误差产生原因：划线、对刀目测误差；测量时，$\phi 6mm$ 标准圆棒端面定位块作用面与标准圆棒轴线不垂直，产生测量误差；测量值 h、H 计算错误；工作台调整方向错误。

技能训练 2　圆周角度标注孔距的多孔工件加工

重点与难点：重点掌握圆周角度标注孔距的多孔加工方法；难点为多孔分布圆周和孔位置夹角精度控制。

1. 圆周角度标注孔距的多孔工件加工工艺准备

加工如图 4-49 所示多孔工件，须按以下步骤作好工艺准备。

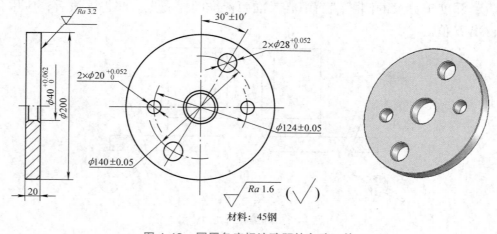

图 4-49　圆周角度标注孔距的多孔工件

（1）分析图样

1）加工精度分析。

① 基准孔与工件同轴，直径为 $\phi 40^{+0.062}_{0}$ mm。

② 2 个 $\phi 28^{+0.052}_{0}$ mm 孔对称工件轴线，与工件垂直中心线的夹角为 $30° \pm 10'$，分布圆周直径为 $\phi (140 \pm 0.05)$ mm。

③ 2 个 $\phi 20^{+0.052}_{0}$ mm 孔对称工件轴线，孔中心处于工件水平中心线上，分布圆周直径为 $\phi (124 \pm 0.05)$ mm。

2）表面粗糙度分析：孔壁表面粗糙度值为 $Ra1.6\mu m$，预制件各表面、基准面表面粗糙度值为 $Ra3.2\mu m$。

3）材料分析：45 钢，切削性能较好。

4）形体分析：工件是 $\phi 200mm \times 20mm$ 圆盘，宜采用螺栓和压板装夹。

（2）拟订孔加工工艺与工艺准备

1）孔加工工序：预制件检验→表面画线→安装回转工作台和螺栓、压板→装夹找正工件→找正机床主轴与回转中心位置→移距、分度钻、扩、铰 2 个 $\phi 20mm$ 孔→移距、分度钻、镗、铰 2 个 $\phi 28mm$ 孔→检验测量、质量分析。

2）选择铣床：根据工件形体分析，在立式铣床上加工比较方便，选择 X5032 型立式铣床。

3）选择工件装夹方式：选用 T12400 型回转工作台，工件用平行等高垫块衬垫，用专用心轴定位，螺栓、压板压紧工件。

4）选择刀具与辅具：选用标准规格 $\phi 2.5mm$ 中心钻钻孔定中心锥坑；$\phi 19mm$ 麻花钻、$\phi 19.5mm$ 扩孔钻与 $\phi 20mm$ 机用铰刀加工 $\phi 20mm$ 孔；$\phi 22mm$ 麻花钻、$\phi 20mm$ 过渡式直柄镗刀杆与硬质合金焊接式镗刀与 $\phi 28mm$ 机用铰刀加工 $\phi 28mm$ 孔。

5）选择移距方法与检验测量方法：分布圆的直径采用指示表、量块移距方法来检验测量，角度位移用回转工作台作角度分度。孔径尺寸采用内径千分尺测量，孔距采用游标卡尺或标准圆棒、外径千分尺测量。

2. 多孔工件加工

1）加工 2 个 $\phi 20mm$ 孔

① 以机床主轴与回转工作台（工件基准孔）同轴的位置为基准，锁紧工作台横向，用量块和指示表精确测量纵向移动孔距 62.00mm。

② 采用钻、扩、铰的工艺，按单孔加工方法，加工一侧孔 $\phi 20mm$ 达到图样要求。

③ 预检孔距和孔径尺寸，若孔的实际孔径尺寸为 $\phi 40.02mm$、$\phi 20.03mm$，则孔 $\phi 20mm$ 至基准孔壁的实测尺寸应为 $124mm/2 - (40.02mm + 20.03mm)/2 = 31.975mm$。

④ 回转工作台准确转过 $180°$，加工对称孔 $\phi 20mm$。

2）加工 2 个 ϕ28mm 孔。

① 以机床主轴与回转工作台（工件基准孔）同轴的位置为基准，锁紧工作台横向，用量块和指示表精确测量纵向移动孔距 70.00mm。

② 以加工 ϕ20mm 孔的圆周位置为基准，回转工作台顺时针准确转过 60°。

③ 采用钻、镗、铰的工艺，按单孔加工方法，加工一侧孔 ϕ28mm 达到图样要求。

④ 预检孔距和孔径尺寸，若孔的实际孔径尺寸为 ϕ40.02mm、ϕ28.04mm，则孔 ϕ28mm 至基准孔壁的实测尺寸应为 140mm/2−（40.02mm + 28.04mm）/2 = 35.97mm。

⑤ 回转工作台准确转过 180°，加工对称孔 ϕ28mm。

3）调整、加工要点。

① 注意调整回转工作台的分度机构间隙和主轴锁定装置，以免孔加工时回转台颤动。

② 工件基准孔定位心轴最好采用锥柄心轴，装夹工件时，在基准孔上部留出一段圆柱体，以便于加工过程中测量孔距，复核工件、转台和机床主轴的相对位置。

③ 角度分度时应注意间隙方向，提高分度精度。

④ 本例移距尺寸比较大，注意纵向锁紧对移距精度的影响。

⑤ 以机床主轴与回转工作台（工件基准孔）同轴的位置为基准移距，注意移距前复核找正的原始位置准确性，特别是加工 ϕ28mm 时，纵向须复位后再移距，此时必须进行复核。

3. 检验与质量要点分析

（1）检验与测量　孔径与孔距的测量与前述基本相同。本例具有圆周角度位置，测量时采用以下方法：

1）制作阶梯标准圆棒，一端直径与 ϕ20mm 的实际孔径配合，本例为 ϕ20.03mm、ϕ20.02mm，另一端直径与 ϕ28mm 的实际孔径配合，本例为 ϕ28.04mm、ϕ28.03mm。标准圆棒结构如图 4-50a 所示。

2）工件安装在回转台上，基准孔与回转中心同轴。

3）找正工件的 2 个孔（ϕ20mm）中心连线与纵向平行。找正时可将标准圆棒插入孔内，用指示表测头找正心轴侧面最高点位置连线与纵向平行，如图 4-50b 所示。

4）将标准圆棒插入 2 个孔（ϕ28mm）中，回转台按角度分度准确转过 60°，用指示表测量标准圆棒同侧最高点连线与纵向的平行度误差，如图 4-50c 所示，若示值误差为 0.05mm，则角度误差为：$\Delta\theta = \arctan\left(\dfrac{0.05}{140}\right) \approx 1'14''$。

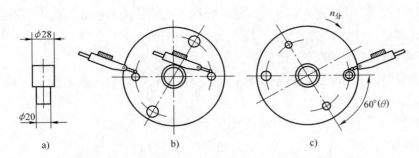

图 4-50　用标准圆棒测量孔圆周角度位置

a）标准圆棒结构　b）找正测量基准　c）测量孔角度位置

（2）加工质量要点分析　除了与前述相同的孔加工内容外，还应注意以下质量要点：

1）本例采用以机床主轴与回转工作台（工件基准孔）同轴的位置为基准移距，产生误差的原因：回转工作台与铣床主轴同轴度找正误差大；移距前未复核找正原始位置；孔距预检操作失误；回转工作台主轴间隙较大。

2）本例采用回转工作台角度分度保证孔圆周角度位置，产生误差的原因：回转工作台分度精度差；分度计算错误；分度操作失误；分度盘、分度手柄换装时不稳固；分度机构间隙较大；回转工作台主轴锁定装置失灵。

技能训练3　孔距标注方向与基准不平行的多孔工件加工

重点与难点：重点掌握多孔坐标尺寸的换算与加工操作方法；难点为孔距控制和检测操作。

1. 加工工艺准备　加工如图 4-42 所示多孔工件，须按以下步骤作好工艺准备：

（1）分析图样

1）加工精度分析

① 孔距尺寸：孔 I 中心至基准端面 A 为（30 ± 0.042）mm，至基准端面 B 为（26 ± 0.042）mm；孔 II 中心至基准端面 A 为 24mm，至孔 I 中心为 R（51 ± 0.06）mm；孔 III 中心至基准端面 A 为 65mm，至孔 II 中心为 R（48 ± 0.05）mm。

② 孔径尺寸为 $\phi 25^{+0.052}_{0}$ mm、$\phi 30^{+0.052}_{0}$ mm，孔的圆度和圆柱度误差应包容在孔径公差内。

③ 三孔轴线对底面 C 的垂直度公差为 $\phi 0.02$mm。

2）表面粗糙度分析：孔壁表面粗糙度值为 $Ra1.6\mu m$，基准面粗糙度值为 $Ra3.2\mu m$。

3）材料分析：铸铁 HT200，切削性能较好。

4）形体分析：工件是 100mm × 100mm × 25mm 的立方体，便于装夹、找正。

（2）拟订孔加工工艺与工艺准备

1）孔加工工序：预制件检验 →表面划线 →钻孔 ϕ22mm（孔Ⅰ、孔Ⅱ）、钻孔 ϕ26mm（孔Ⅲ）→计算坐标尺寸、作坐标图（参见图4-43，表4-12）→依次移距镗孔Ⅰ、Ⅱ、Ⅲ →检验测量、质量分析。

2）选择铣床：根据工件形体分析，在立式铣床上加工比较方便，选择 X5032 型立式铣床。

3）选择工件装夹方式：选用机用虎钳装夹工件。

4）选择刀具与辅具：钻、镗工艺选用标准规格 ϕ2.5mm 中心钻、ϕ22mm 与 ϕ26mm 麻花钻、ϕ18mm 的过渡式直柄镗刀杆与硬质合金焊接式镗刀，硬质合金的牌号为 K01。

5）选择移距方法与检验测量方法：采用指示表、量块移距方法。孔径尺寸采用内径千分尺测量，孔距采用升降规、量块或标准圆棒、外径千分尺测量。

2．多孔工件加工

按钻、粗镗、精镗的工艺顺序，本例在预钻孔后应按以下步骤和要点进行加工：

1）镗孔Ⅰ：用镗刀杆侧面对刀法初定孔中心位置，试镗后根据预检测得的孔径尺寸，用带钢珠的千分尺测量孔的中心位置，精确调整孔Ⅰ的位置尺寸，粗精镗孔Ⅰ，达到图样要求。

2）镗孔Ⅱ：以孔Ⅰ中心为坐标原点，用指示表和量块移距方法，沿 y 负方向移动 6mm，即工作台横向向前精确移动 6mm；沿 x 正方向移动 50.65mm，即纵向工作台向左精确移动 50.65mm。粗镗孔Ⅱ后，应用游标卡尺复核孔距，然后精镗孔Ⅱ达到图样要求。

3）镗孔Ⅲ：以孔Ⅰ中心为坐标原点，用指示表和量块移距方法，沿 y 正方向移动 35mm，即工作台横向向外精确移动 35mm；沿 x 正方向移动 25.69mm，即纵向工作台向左精确移动 25.69mm。粗镗孔Ⅲ后，用游标卡尺复核孔距，然后精镗孔Ⅲ达到图样要求。

4）孔距调整要点。

① 量块组合数量应尽可能少，以便于操作。

② 指示表的安装要稳固，否则会影响移距精度。

③ 指示表与量块的接触应适度，过多或过少的接触都可能会因指示表的复位精度影响移距的精度。

④ 量块贴合的表面，如工作台横向前端面、安装在工作台台面上的平行垫块侧面，应经过研磨，光洁平整，使量块紧密贴合。

5）复核孔距要点。

① 测量孔的实际孔径尺寸，进行计算后，以孔壁之间或孔壁与基准之间的计算尺寸进行测量。如试镗孔Ⅱ后，测得孔Ⅰ的实际孔径为 ϕ24.82mm，孔Ⅱ试镗后

实际孔径为 $\phi23.22$mm，则两孔壁间的尺寸为 51mm−（24.82mm + 23.22mm）/2 = 26.98mm；孔Ⅱ孔壁至基准 A 之间的尺寸为 24mm − 23.22mm/2 = 12.39mm。

② 考虑到孔的形状误差，实际孔径尺寸以孔距测量方向的孔径尺寸为准。

③ 用游标卡尺在加工过程中测量孔距时，应注意量爪测量平面对孔距测量精度的影响，量爪不能插入过深。

3.检验与质量要点分析

（1）检验与测量　多孔检验的项目和检验方法与训练 1 基本相同。用标准圆棒测量孔距和用量块、升降规、指示表测量孔距时掌握以下几点：

1）插入孔内的标准圆棒直径与实际孔径的间隙应计算在孔距尺寸内。如插入的标准圆棒直径为 $\phi24.98$mm，孔Ⅰ的实际孔径为 $\phi25.02$mm，间隙为 0.04mm；孔Ⅱ的实际直径为 $\phi25.03$mm，间隙为 0.05mm。若测得孔和标准圆棒之间的尺寸为 75.97mm，则孔Ⅰ与孔Ⅱ之间的实际孔距为：75.97mm − 24.98mm +（0.04mm + 0.05mm）/2 = 51.035mm，如图 4-51 所示。

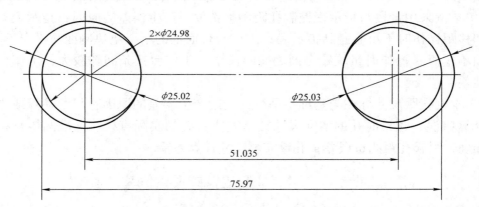

图 4-51　用标准圆棒测量孔距时孔距尺寸计算

2）测量时，为减少标准圆棒与孔配合间隙对测量的影响，千分尺的测量位置应尽量靠近孔口，标准圆棒应与孔的近侧孔壁紧密接触。

3）用升降规、量块和指示表测量孔距的方法如图 4-52 所示。测量时，将工件装夹在六面角铁上（图 4-52a），基准 A 面至孔Ⅰ的中心距实测尺寸为 30mm − 25.02mm/2 = 17.49mm，基准 B 面至孔Ⅰ的中心距实测尺寸为 26mm − 25.02mm/2 = 13.49mm。分别以 A、B 面为基准，选用 17.49mm 和 13.49mm 的量块组，用指示表、升降规并用比较法测量（图 4-52b）。测量其他孔距方法相同，实测尺寸须进行计算确定。

4）测量孔Ⅰ孔Ⅱ和孔Ⅱ孔Ⅲ之间的距离，应找正中心连线与基准平板垂直后进行测量。

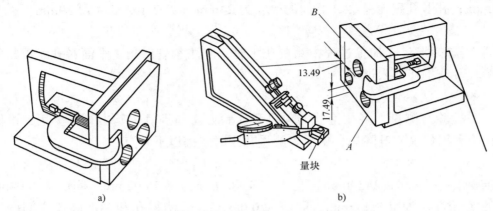

图 4-52　用量块、升降规和指示表测量孔距

（2）加工质量分析　除了与前述相同的孔加工内容外，还应注意以下质量要点：

1）本例采用量块与指示表控制孔距调整精度，产生误差的原因：指示表安装不稳固和移距操作时不小心碰到指示表；工作台台面上的平行垫块侧面与横向不平行、与台面不垂直；操作时量块贴合面之间不清洁；工作台镶条间隙较大，工作台移距直线性差。

2）本例孔距尺寸标注与基准不平行，孔距产生误差的原因：尺寸换算成坐标尺寸时计算错误；预检时孔的实际尺寸计算差错；孔的实际直径、标准圆棒直径等测量不准确，引起孔距测量误差；孔壁实测尺寸计算差错。

技能训练 4　FANUC 数控铣床孔系仿真、加工

重点与难点：重点为掌握数控孔系加工固定循环指令的基本方法。难点为掌握仿真软件的基本运用、熟悉数控指令功能及其注意事项、组合孔系加工精度的控制。

本训练应用钻孔循环指令，选用加工中心，编写如图 4-53 所示零件轨迹程序的具体步骤如下：

1. 图样分析

1）孔系加工工件主要加工 $4 \times \phi 10$mm 孔，$4 \times \phi 14$mm 的沉孔，和 $\phi 25$mm 孔加工。

2）工件以孔系加工为主，刀具使用较多，工件较小，适合立式加工中心进行加工，可保证加工精度。

3）孔系表面粗糙度值为 $Ra1.6\mu$m，较难达到。

4）工件材料为 45 钢，切削加工性能较好。

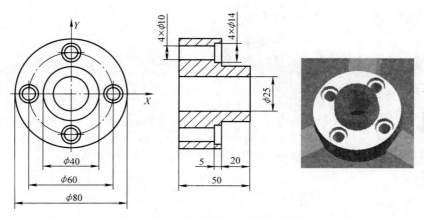

图 4-53 数控孔系加工编程实例

2. 工艺分析

1）所有钻孔之前都需用中心钻先定位，保证位置精度。

2）中间 $\phi25$mm 孔，用 $\phi20$mm 麻花钻钻孔，再进行粗、精镗孔。

3）4 × $\phi10$mm 孔直接用麻花钻加工。

4）4 × $\phi14$mm 的沉孔用平底刀加工。

3. 仿真模拟加工

1）采用数控仿真软件（宇龙仿真软件等）进行模拟加工，掌握软件基本使用方法。设置模拟软件数控系统：标准数控加工中心，系统 FANUC-0i。设置刀具直径为 $\phi20$mm，总长 145mm 平底刀铣削工件上 $\phi40$mm 凸台。中心钻，总长 120mm。$\phi10$mm 麻花钻，总长 140mm。$\phi20$mm 麻花钻，总长 200mm。$\phi14$mm 平底刀，总长 140mm。$\phi24$mm，总长 190mm；$\phi25$mm，总长 180mm 镗刀。设置工件毛坯尺寸为 $\phi80$mm×50mm。设置工件夹具为自定心卡盘，工件露出夹具高度 30mm，大于加工深度。

2）软件复位，包括急停取消、电源起动、数控机床返回原点等基本操作。

3）新建加工程序。熟练应用插补、孔系循环等功能指令。

4）软件仿真模拟。掌握仿真软件模拟功能，检查并修改加工程序使其符合数控机床的使用要求。

5）测量检验。掌握刀补控制功能，控制尺寸精度，利用仿真软件测量功能，检测工件尺寸精度。

4. 机床加工

机床加工是仿真加工后的实际操作，测量工具采用游标卡尺、千分尺、百分表、塞规等。尺寸控制：熟练掌握刀补的控制方法来实现工件的粗、精加工，并控制零件精度尺寸；工件的几何精度要求依靠机床保证；表面粗糙度靠孔系的加工方法和刀具保证。

5. 加工程序和注释（表4-13）

表4-13　数控孔系加工编程实例程序及注释

段号	程序	注释	段号	程序	注释
	O0001 ；	程序名	N230	Y0 Z-4. R2. ；	钻孔循环，返回起始平面
N10	G17 G54 G90 G40 G49 ；	程序初始化	N240	G80 ；	取消固定循环
N20	G28 Z80. ；	回参考点	N250	G00 G49 Z50. ；	快速退刀，取消刀具长度补偿
N30	M06 T1 ；	换1#刀	N260	M05 ；	主轴停止
N40	M03 S800 ；	主轴正转，转速为800r/min	N270	G28 Z80. ；	回参考点
N50	G43 Z20. H01 ；	建立刀具长度补偿	N280	M06 T3 ；	换3#刀
N60	G00 X50. Y-30. ；	快速定位	N290	M03 S800 ；	主轴正转，转速为800r/min
N70	G01 Z-20. F100. ；	直线进给	N300	G43 G00 Z20. H03 ；	建立刀具长度补偿
N80	G42 G01 X20. Y-10. D01	建立刀具半径右补偿	N310	G99 G81 X30. Y0 Z-55. R2. F60. ；	钻孔循环，返回安全平面
N90	Y0	直线进给	N320	X0 Y30. ；	钻孔循环，返回安全平面
N100	G03 I-20. ；	圆弧铣削	N330	X-30. Y0 ；	钻孔循环，返回安全平面
N110	G01 Y10.. ；	直线进给	N340	X0 Y-30. ；	钻孔循环，返回安全平面
N120	G40 G01 X50. Y30. ；	取消刀具半径补偿	N350	G80 ；	取消固定循环
N130	G00 G49 Z50. ；	快速退刀，取消刀具长度补偿	N360	G00 G49 Z50. ；	快速退刀，取消刀具长度补偿
N140	M05 ；	主轴停止	N370	M05 ；	主轴停止
N150	G28 Z80. ；	回参考点	N380	G28 Z80. ；	回参考点
N160	M06 T2 ；	换2#刀	N390	M06 T4 ；	换4#刀
N170	M03 S1500 ；	主轴正转，转速为1500r/min	N400	M03 S600 ；	主轴正转，转速为600r/min
N180	G43 G00 Z20. H02 ；	建立刀具长度补偿	N410	G43 G00 Z20. H04 ；	建立刀具长度补偿
N190	G99 G81 X30. Y0 Z-24. R2. F60. ；	钻孔循环，返回安全平面	N420	G99 G83 X0. Y0 Z-55. R2. Q10. F60. ；	深孔加工循环，返回安全平面
N200	X0 Y30. ；	钻孔循环，返回安全平面	N430	G80 ；	取消固定循环
N210	X-30. Y0 ；	钻孔循环，返回安全平面	N440	G00 G49 Z70. ；	快速退刀，取消刀具长度补偿
N220	G98 X0 Y-30. ；	钻孔循环，返回起始平面	N450	M05 ；	主轴停止

（续）

段号	程序	注释	段号	程序	注释
N460	G28 Z80.;	回参考点	N600	G43 G00 Z20.H06;	建立刀具长度补偿
N470	M0 6T5;	换5#刀	N610	G99 G85 X0.Y0 Z-53. R2.F60.;	镗孔循环，返回安全平面
N480	M03 S800;	主轴正转，转速为800r/min	N620	G80;	取消固定循环
N490	G43 G00 Z20.H05;	建立刀具长度补偿	N630	G00 G49 Z50.;	快速退刀，取消刀具长度补偿
N500	G99 G82 X30.Y0 Z-25. R2.P1000 F60.;	钻孔循环，返回安全平面	N640	M05;	主轴停止
N510	X0 Y30.;	钻孔循环，返回安全平面	N650	G28 Z80.;	回参考点
N520	X-30. Y0;	钻孔循环，返回安全平面	N660	M06 T7;	换7#刀
N530	X0 Y-30.;	钻孔循环，返回安全平面	N670	M03 S1500;	主轴正转，转速为1500r/min
N540	G80;	取消固定循环	N680	G43 G00 Z20.H07;	建立刀具长度补偿
N550	G00 G49 Z50.;	快速退刀，取消刀具长度补偿	N690	G99 G76 X0.Y0 Z-53. R2. Q1.F60.;	精镗孔循环，返回安全平面
N560	M05;	主轴停止	N700	G80;	取消固定循环
N570	G28 Z80.;	回参考点	N710	G00 G49 Z50.;	快速退刀，取消刀具长度补偿
N580	M06 T6;	换6#刀	N720	G28 Z80.;	回参考点
N590	M03 S1200;	主轴正转，转速为1200r/min	N730	M30;	程序结束

刀具长度补偿具体数值如图4-54所示，此补偿数值以第一把刀为基准。

图4-54 表4-13 程序长度补偿值

Chapter 5

项目 5
齿轮与齿条、链轮加工

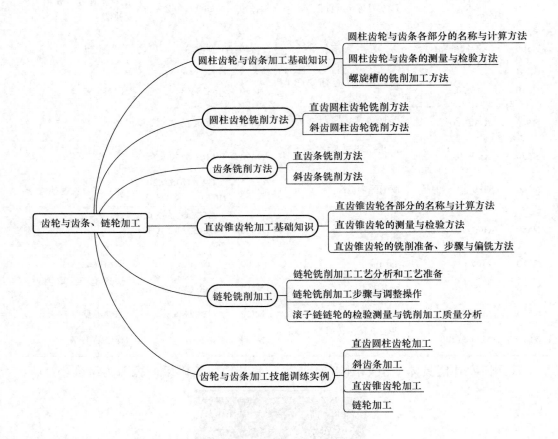

齿轮与齿条、链轮加工
- 圆柱齿轮与齿条加工基础知识
  - 圆柱齿轮与齿条各部分的名称与计算方法
  - 圆柱齿轮与齿条的测量与检验方法
  - 螺旋槽的铣削加工方法
- 圆柱齿轮铣削方法
  - 直齿圆柱齿轮铣削方法
  - 斜齿圆柱齿轮铣削方法
- 齿条铣削方法
  - 直齿条铣削方法
  - 斜齿条铣削方法
- 直齿锥齿轮加工基础知识
  - 直齿锥齿轮各部分的名称与计算方法
  - 直齿锥齿轮的测量与检验方法
  - 直齿锥齿轮的铣削准备、步骤与偏铣方法
- 链轮铣削加工
  - 链轮铣削加工工艺分析和工艺准备
  - 链轮铣削加工步骤与调整操作
  - 滚子链链轮的检验测量与铣削加工质量分析
- 齿轮与齿条加工技能训练实例
  - 直齿圆柱齿轮加工
  - 斜齿条加工
  - 直齿锥齿轮加工
  - 链轮加工

5.1　圆柱齿轮与齿条加工基础知识

5.1.1　圆柱齿轮与齿条各部分的名称与计算方法

1. 标准圆柱齿轮与齿条的齿形曲线

根据齿轮传动的原理，为了使一对啮合的齿轮能均匀地传动，标准圆柱齿轮的齿形曲线采用渐开线。渐开线齿轮具有传动平稳、制造和装配简便等优点。

根据渐开线齿形曲线的形成可知，渐开线是一条和圆相切的直线在圆周上作纯滚动时，直线上任意一点所描出的轨迹。这个圆称为基圆。渐开线曲线具有以下特点：发生线 b_c 的长度等于基圆上相应的展开弧长 a_c；发生线 b_c 是渐开线上 b 点的法线；基圆越大，渐开线越平直；基圆越小，渐开线越弯曲；基圆相同，相对应的渐开线弯曲程度相同；基圆以内无渐开线。

2.直齿圆柱齿轮各部分的名称、含义和计算公式

（1）直齿圆柱齿轮各部分的名称、含义（表 5-1）

直齿圆柱齿轮常用标准模数见表 5-2。

表 5-1　直齿圆柱齿轮各部分的名称、含义

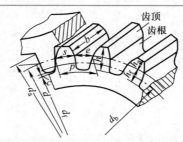

序号	名称	含义
1	分度圆	槽宽与齿厚相等处的圆。分度圆直径用 d 表示
2	齿顶圆	通过齿轮顶部的圆。齿顶圆直径用 d_a 表示
3	齿根圆	通过齿轮根部的圆。齿根圆直径用 d_f 表示
4	齿距	相邻两个齿的对应点在分度圆圆周上的弧长，用 p 表示
5	齿宽	齿轮轮齿部分的轴向长度，用 b 表示
6	齿厚	一个轮齿在分度圆上所占的弧长，用 s 表示
7	槽宽	一个齿槽在分度圆上所占的弧长，用 e 表示
8	齿顶高	从齿顶圆到分度圆的径向距离，即齿顶圆到分度圆之间的那一段齿高，用 h_a 表示
9	齿根高	从齿根圆到分度圆的径向距离，即齿根圆到分度圆之间的一段齿高，用 h_f 表示
10	齿高	轮齿的全深，齿根圆与齿顶圆之间的径向距离，用 h 表示
11	顶隙	当两个齿轮完全啮合时，一个齿轮的齿顶与另一个齿轮的齿根间的间隙称为顶隙，用 c 表示
12	中心距	相互啮合的两个齿轮轴线之间的距离，用 a 表示
13	压力角	渐开线上任意点受力方向与该点运动方向之间的夹角称为该点的压力角 α。压力角随其位置不同而变化，齿顶部位的压力角最大，齿根部位的压力角最小，国家标准规定齿轮分度圆上的压力角为 20°。压力角又称为齿形角
14	模数	模数是齿轮尺寸计算中的主要参数，用来表示轮齿的大小；模数值等于分度圆直径除以齿数；模数越大，齿形越大；模数越小，齿形越小。直齿圆柱齿轮常用标准模数见表 5-2

表 5-2　直齿圆柱齿轮常用标准模数　　　　　（单位：mm）

第一系列	1	1.25	1.5	2	2.5	3	4	5	6
第二系列	1.125	1.375	1.75	2.25	2.75	3.5	4.5	5.5	(6.5)
第一系列	8	10	12	16	20	25	32	40	50
第二系列	7	9	11	14	18	22	28	36	45

注：优先选用表中给出的第一系列法向模数。应避免采用第二系列中的法向模数 6.5。

（2）标准直齿圆柱齿轮各部分尺寸的计算公式（表 5-3）

表 5-3　标准直齿圆柱齿轮各部分尺寸的计算公式

各部分名称	代　号	计算公式
分度圆直径	d	$d = mz$
齿顶高	h_a	$h_a = m$
齿根高	h_f	$h_f = 1.25m$
齿高	h	$h = 2.25m$
齿顶圆直径	d_a	$d_a = d + 2h_a = m(z + 2)$
齿根圆直径	d_f	$d_f = d - 2h_f = m(z - 2.5)$
基圆直径	d_b	$d_b = mz\cos\alpha$
齿距	p	$p = \pi m$
齿厚	s	$s = 1.5708m$
槽宽	e	$e = 1.5708m$
顶隙	c	$c = 0.25m$
中心距	a	$a = \dfrac{1}{2}(d_1 + d_2) = \dfrac{m}{2}(z_1 + z_2)$

3. 斜齿圆柱齿轮各部分的名称、含义及计算方法

（1）斜齿圆柱齿轮各部分的名称、含义

1）模数：斜齿圆柱齿轮的模数有法向模数 m_n 与端面模数 m_t，法向模数是斜齿轮的标准模数。

2）压力角（齿形角）：斜齿圆柱齿轮的压力角有法向压力角 α_n 与端面压力角 α_t，法向压力角是斜齿圆柱齿轮的标准压力角。

3）螺旋角：分度圆柱上的轮齿螺旋角，用 β 表示。

4）齿高、齿顶高、齿根高、齿厚、齿隙的定义与直齿圆柱齿轮相同，计算时用法向模数。

5）分度圆、齿顶圆、齿根圆等与齿形有关的尺寸，其定义与直齿圆柱齿轮相同，计算时用端面模数。

（2）斜齿圆柱齿轮各部分尺寸的计算公式　见表 5-4。

4. 齿条各部分的名称、含义及其计算

（1）直齿条各部分的名称及其计算

1）直齿条是基圆直径无限大时的直齿轮，齿轮的分度圆、齿顶圆、齿根圆在齿条中称为分度线、齿顶线、齿根线（图 5-1）。其余各部分的名称和含义与直齿圆柱

齿轮相同。

2）直齿条各部分的尺寸计算公式见表 5-5。

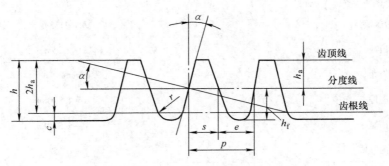

图 5-1 直齿条的齿形

表 5-4 斜齿圆柱齿轮各部分尺寸的计算公式

各部分名称	代 号	计算公式
端面模数	m_t	$m_t = \dfrac{m_n}{\cos\beta}$
法向齿距	p_n	$p_n = \pi m_n$
端面齿距	p_t	$p_t = \dfrac{p_n}{\cos\beta} = \dfrac{\pi m_n}{\cos\beta}$
齿厚	s	$s = \dfrac{p_n}{2} = \dfrac{\pi m_n}{2} = 1.5708 m_n$
分度圆直径	d	$d = m_t z = \dfrac{m_n z}{\cos\beta}$
齿顶高	h_a	$h_a = m_n$
齿隙	c	$c = 0.25 m_n$
齿根高	h_f	$h_f = h_a + c = m_n + 0.25 m_n = 1.25 m_n$
齿高	h	$h = h_a + h_f = m_n + 1.25 m_n = 2.25 m_n$
齿顶圆直径	d_a	$d_a = d + 2h_a = \dfrac{m_n z}{\cos\beta} + 2m_n = m_n\left(\dfrac{z}{\cos\beta} + 2\right)$
导程	p_x	$p_x = \dfrac{\pi}{\tan\beta} \times \dfrac{m_n z}{\cos\beta} = \dfrac{\pi m_n z}{\sin\beta}$

表 5-5　直齿条各部分的尺寸计算公式

各部分名称	代　号	计算公式
齿顶高	h_a	$h_a = m$
齿根高	h_f	$h_f = 1.25m$
齿高	h	$h = 2.25m$
齿距	p	$p = \pi m$
齿厚	s	$s = 1.5708m$
槽宽	e	$e = 1.5708m$
径向间隙	c	$c = 0.25m$

（2）斜齿条各部分的名称、含义　斜齿条各部分的名称、含义与斜齿圆柱齿轮完全相同，各部分的尺寸计算公式可参照表 5-4。

5.1.2　圆柱齿轮与齿条的测量与检验方法

1. 弦齿厚的检测方法

弦齿厚测量的方法是保证齿侧间隙的单齿测量法，计算与操作都比较方便，但测量时齿轮的齿顶圆直径误差会影响测量精度。

（1）游标齿厚卡尺的结构与规格　游标齿厚卡尺是由两个相互垂直的齿高尺和齿厚尺组成的，齿高尺用以调整弦齿高，保证齿厚尺的测量位置，弦齿厚的测量由齿厚尺的固定测量爪与活动测量爪配合完成。游标齿厚卡尺有 1 ~ 16mm、1 ~ 26mm、5 ~ 32mm 和 15 ~ 55mm 四种规格，分度值为 0.01mm 和 0.02mm。

（2）齿厚的计算

1）分度圆弦齿厚的计算：分度圆弦齿厚略小于分度圆弧齿厚，弦齿高略大于分度圆弧齿高。分度圆弦齿厚与弦齿高计算公式

$$\bar{s} = mz \sin \frac{90°}{z} \tag{5-1}$$

$$\bar{h}_a = m\left[1 + \frac{\pi}{2}\left(1 - \cos \frac{90°}{2}\right)\right] \tag{5-2}$$

由公式可知，影响弦齿厚和弦齿高的参数是模数 m 与齿数 z。为了简化计算，分度圆弦齿厚与弦齿高数据表 5-6 列出了当模数 $m = 1$mm 时不同齿数的弦齿厚 $\bar{s}^*$ 和弦齿高 $\bar{h}_a^*$。计算不同模数的弦齿厚与弦齿高时，可在表中按被测齿轮的齿数查出 $\bar{s}^*$ 与 $\bar{h}_a^*$，然后按 $\bar{s} = m\bar{s}^*$ 与 $\bar{h}_a = m\bar{h}_a^*$ 进行计算。

表 5-6　分度圆弦齿厚与弦齿高（$m = 1mm$）　　　（单位：mm）

齿数 z	齿厚 $\bar{s}$	齿高 $\bar{h_a}$	齿数 z	齿厚 $\bar{s}$	齿高 $\bar{h_a}$
12	1.5663	1.0513	49	1.5705	1.0126
13	1.5669	1.0474	50	1.5705	1.0124
14	1.5675	1.0440	51	1.5705	1.0121
15	1.5679	1.0411	52	1.5706	1.0119
16	1.5683	1.0385	53	1.5706	1.0116
17	1.5686	1.0363	54	1.5706	1.0114
18	1.5688	1.0342	55	1.5706	1.0112
19	1.5690	1.0324	56	1.5706	1.0110
20	1.5692	1.0308	57	1.5706	1.0108
21	1.5693	1.0294	58	1.5706	1.0106
22	1.5694	1.0280	59	1.5706	1.0104
23	1.5695	1.0268	60	1.5706	1.0103
24	1.5696	1.0257	61	1.5706	1.0101
25	1.5697	1.0247	62	1.5706	1.0100
26	1.5698	1.0237	63	1.5706	1.0098
27	1.5699	1.0228	64	1.5706	1.0096
28	1.5699	1.0220	65	1.5706	1.0095
29	1.5700	1.0212	66	1.5706	1.0093
30	1.5701	1.0205	67	1.5706	1.0092
31	1.5701	1.0199	68	1.5706	1.0091
32	1.5702	1.0193	69	1.5706	1.0089
33	1.5702	1.0187	70	1.5706	1.0088
34	1.5702	1.0181	71	1.5707	1.0087
35	1.5703	1.0176	72	1.5707	1.0086
36	1.5703	1.0171	73	1.5707	1.0084
37	1.5703	1.0167	74	1.5707	1.0083
38	1.5703	1.0162	75	1.5707	1.0082
39	1.5704	1.0158	76	1.5707	1.0080
40	1.5704	1.0154	77	1.5707	1.0080
41	1.5704	1.0150	78	1.5707	1.0079
42	1.5704	1.0146	79	1.5707	1.0078
43	1.5705	1.0144	80	1.5707	1.0077
44	1.5705	1.0140	81	1.5707	1.0076
45	1.5705	1.0137	82	1.5707	1.0075
46	1.5705	1.0134	83	1.5707	1.0074
47	1.5705	1.0131	84	1.5707	1.0073
48	1.5705	1.0128	85	1.5707	1.0073

（续）

齿数 z	齿厚 $\overline{s}$	齿高 $\overline{h_a}$	齿数 z	齿厚 $\overline{s}$	齿高 $\overline{h_a}$
86	1.5707	1.0072	100	1.5707	1.0062
87	1.5707	1.0071	105	1.5708	1.0059
88	1.5707	1.0070	110	1.5708	1.0056
89	1.5707	1.0069	115	1.5708	1.0054
90	1.5707	1.0069	120	1.5708	1.0051
91	1.5707	1.0068	125	1.5708	1.0049
92	1.5707	1.0067	127	1.5708	1.0048
93	1.5707	1.0066	130	1.5708	1.0047
94	1.5707	1.0065	135	1.5708	1.0046
95	1.5707	1.0065	140	1.5708	1.0044
96	1.5707	1.0064	145	1.5708	1.0042
97	1.5707	1.0064	150	1.5708	1.0041
98	1.5707	1.0063			
99	1.5707	1.0062	齿条	1.5708	1.0000

注：1. 本表也适用于斜齿轮和锥齿轮，但要按当量齿数查此表。

2. 如果当量齿数带有小数，就要用比例插入法，把小数考虑进去。

2）固定弦齿厚的计算：所谓固定弦齿厚，是指基准齿条齿形与齿轮齿形对称相切时两切点间的距离 AB（图 5-2a），而固定弦 AB 到齿顶的距离称为固定弦齿高。具体计算时按以下公式：

$$\overline{s}_c = \frac{\pi m}{2}\cos^2\alpha \tag{5-3}$$

$$\overline{h}_c = m\left(1 - \frac{\pi}{8}\sin 2\alpha\right) \tag{5-4}$$

由计算公式可知，固定弦齿厚与固定弦齿高只与齿轮模数、压力角有关，与齿数无关，也就是说不论齿轮的齿数多少，只要模数与压力角一定，它的齿厚尺寸也就固定了。为了简化计算，表 5-7 列出了压力角 $\alpha = 20°$ 时不同模数对应的固定弦齿厚和固定弦齿高，供测量时参考使用。

表 5-7　固定弦齿厚与弦齿高（$\alpha = 20°$）　　　　（单位：mm）

模数 m	固定弦齿厚 $\bar{s}_c$	固定弦齿高 $\bar{h}_c$	模数 m	固定弦齿厚 $\bar{s}_c$	固定弦齿高 $\bar{h}_c$
1	1.3871	0.7476	6	8.3223	4.4854
1.25	1.7338	0.9344	6.5	9.0158	4.8592
1.5	2.0806	1.1214	7	9.7093	5.2330
1.75	2.4273	1.3082	7.5	10.4029	5.6068
2	2.7741	1.4951	8	11.0964	5.9806
2.25	3.1209	1.6820	9	12.4834	6.7282
2.5	3.4677	1.8689	10	13.8705	7.4757
2.75	3.8144	2.0558	11	15.2575	8.2233
3	4.1612	2.2427	12	16.6446	8.9709
3.25	4.5079	2.4296	13	18.0316	9.7185
3.5	4.8547	2.6165	14	19.4187	10.4661
3.75	5.2017	2.8034	15	20.8057	11.2137
4	5.5482	2.9903	16	22.1928	11.9612
4.25	5.8950	3.1772	18	24.9669	13.4564
4.5	6.2417	3.3641	20	27.7410	14.9515
4.75	6.5885	3.5510	22	30.5151	16.4467
5	6.9353	3.7379	24	33.2892	17.9419
5.5	7.6288	4.1117	25	34.6762	18.6895

注：测量斜齿轮时，应按法向模数查表。测量锥齿轮时，应按大端模数查表。

（3）弦齿厚的测量方法（图 5-2a）　测量时，应首先根据计算得到的固定弦齿高或分度圆弦齿高调整齿高尺游标。若齿顶圆直径有误差，应计入误差对弦齿高的影响值。测量齿厚时，将垂直尺测量面紧贴齿顶面，然后用齿厚尺测量弦齿厚。

2. 公法线长度的检测方法

公法线长度是两平行平面与齿轮轮齿两异名齿侧相切的两切点间的直线距离（图 5-2b）。公法线长度测量是保证齿侧间隙的有效方法，在齿轮加工中因测量简便、准确，不受测量基准的限制而得到广泛应用。

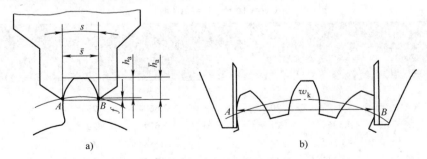

图 5-2　弦齿厚与公法线长度测量位置

a）弦齿厚测量位置　b）公法线长度测量位置

（1）公法线千分尺的结构与规格　测量公法线长度通常使用公法线千分尺。公法线千分尺的测砧与外径千分尺不同，主要作用是便于将测砧伸入齿槽进行测量。公法线千分尺的规格与外径千分尺相同。测量较大齿轮（$m > 2mm$）的公法线长度也可以使用普通的游标卡尺。

（2）公法线长度与跨测齿数的计算

1）直齿轮的公法线长度与跨测齿数的计算。跨测齿数是根据被测齿轮的齿数和压力角确定的，目的是使测量点尽量接近分度圆。公法线长度 w_k 与跨齿数 k 的计算公式为

$$k = \frac{\alpha}{180°}z + 0.5 \qquad (5-5)$$

$$w_k = m\cos\alpha\left[(k-0.5)\pi + z\,\text{inv}\alpha\right] \qquad (5-6)$$

式中 k——跨测齿数；

　　　w_k——公法线长度（mm）；

　　　m——齿轮模数（mm）；

　　　α——压力角（°）；

　　　z——齿轮齿数；

　　invα——渐开线函数。

　　当压力角 $\alpha = 20°$ 时，有

$$k = 0.111z + 0.5 \qquad (5-7)$$

$$w_k = m[2.9521(k-0.5) + 0.014z] \qquad (5-8)$$

为了简化计算，表 5-8 列出了模数 $m = 1mm$、压力角 $\alpha = 20°$ 时不同齿数的跨测齿数与公法线长度值，查表后可按 $w_k = m\,w_k^*$ 的计算值进行测量。

表 5-8　标准直齿圆柱齿轮公法线长度表

（$m = 1mm$、$\alpha = 20°$ 时）

被测齿轮总齿数 z	跨测齿数 k	公法线长度值 w_k^*/mm	被测齿轮总齿数 z	跨测齿数 k	公法线长度值 w_k^*/mm	被测齿轮总齿数 z	跨测齿数 k	公法线长度值 w_k^*/mm
10		4.5683	19		7.6464	28		10.7246
11		4.5823	20		7.6604	29		10.7386
12		4.5963	21		7.6744	30		10.7526
13		4.6103	22		7.6884	31		10.7666
14	2	4.6243	23	3	7.7025	32	4	10.7806
15		4.6383	24		7.7165	33		10.7946
16		4.6523	25		7.7305	34		10.8086
17		4.6663	26		7.7445	35		10.8226
18		4.6803	27		7.7585	36		10.8367

（续）

被测齿轮总齿数 z	跨测齿数 k	公法线长度值 w_k^* / mm	被测齿轮总齿数 z	跨测齿数 k	公法线长度值 w_k^* / mm	被测齿轮总齿数 z	跨测齿数 k	公法线长度值 w_k^* / mm
37		13.8028	64		23.0373	91		32.2719
38		13.8168	65		23.0513	92		32.2859
39		13.8308	66		23.0653	93		32.2999
40		13.8448	67		23.0793	94		32.3139
41	5	13.8588	68	8	23.0933	95	11	32.3279
42		13.8728	69		23.1074	96		32.3419
43		13.8868	70		23.1214	97		32.3559
44		13.9008	71		23.1354	98		32.3699
45		13.9148	72		23.1494	99		32.3839
46		16.8810	73		26.1155	100		35.3500
47		16.8950	74		26.1295	101		35.3641
48		16.9090	75		26.1435	102		35.3781
49		16.9230	76		26.1575	103		35.3921
50	6	16.9370	77	9	26.1715	104	12	35.4061
51		16.9510	78		26.1855	105		35.4201
52		16.9650	79		26.1995	106		35.4341
53		16.9790	80		26.2135	107		35.4481
54		16.9930	81		26.2275	108		38.4142
55		19.9591	82		29.1937	109		38.4282
56		19.9732	83		29.2077	110		38.4422
57		19.9872	84		29.2217	111		38.4563
58		20.0012	85		29.2357	112		38.4703
59	7	20.0152	86	10	29.2497	113	13	38.4843
60		20.0292	87		29.2637	114		38.4983
61		20.0432	88		29.2777	115		38.5123
62		20.0572	89		29.2917	116		38.5263
63		20.0712	90		29.3057	117		38.5403

（续）

被测齿轮总齿数 z	跨测齿数 k	公法线长度值 w_k^* / mm	被测齿轮总齿数 z	跨测齿数 k	公法线长度值 w_k^* / mm	被测齿轮总齿数 z	跨测齿数 k	公法线长度值 w_k^* / mm
118		41.5064	145		50.7410	172		59.9755
119		41.5205	146		50.7550	173		59.9895
120		41.5344	147		50.7690	174		60.0035
121		41.5484	148		50.7830	175		60.0175
122	14	41.5625	149	17	50.7970	176	20	60.0315
123		41.5765	150		50.8110	177		60.0456
124		41.5905	151		50.8250	178		60.0596
125		41.6045	152		50.8390	179		60.0736
126		41.6185	153		50.8530	180		60.0876
127		44.5846	154		53.8192	181		63.0537
128		44.5986	155		53.8332	182		63.0677
129		44.6126	156		53.8472	183		63.0817
130		44.6266	157		53.8612	184		63.0957
131	15	44.6406	158	18	53.8752	185	21	63.1097
132		44.6546	159		53.8892	186		63.1237
133		44.6686	160		53.9032	187		63.1377
134		44.6826	161		53.9172	188		63.1517
135		44.6966	162		53.9312	189		63.1657
136		47.6628	163		56.8973	190		66.1319
137		47.6768	164		56.9113	191		66.1459
138		47.6908	165		56.9254	192		66.1599
139		47.7048	166		56.9394	193		66.1739
140		47.7188	167		56.9534	194	22	66.1879
141	16	47.7328	168	19	56.9674	195		66.2019
142		47.7468	169		56.9814	196		66.2159
143		47.7608	170		56.9954	197		66.2299
144		47.7748	171		57.0094	198		66.2439
						199	23	69.2101
						200		69.2241

2）斜齿轮的公法线长度与跨测齿数的计算。斜齿圆柱齿轮的公法线长度是在法面上测量的，跨测齿数与当量齿数有关，当量齿数可用公式 $z_v = z/\cos\beta^3$ 计算，也可按螺旋角 β 从表 5-9 中查得系数 K，然后用简化公式 $z_v = Kz$ 计算。斜齿轮的法向公法线长度和跨测齿数计算公式为

$$w_{kn} = m_n \cos\alpha_n [\pi(k - 0.5) + z \mathrm{inv}\alpha_t] \tag{5-9}$$

$$k = \frac{\alpha_t}{180°} z_v + 0.5 \tag{5-10}$$

式中　w_{kn}——斜齿轮法向公法线长度（mm）；

　　　　m_n——斜齿轮法向模数（mm）；

　　　　$α_n$——斜齿轮法向压力角（°）；

　　　　z——斜齿轮的齿数；

　　　　k——跨测齿数；

　　　$invα_t$——齿轮端面压力角的渐开线函数值（$invα_t = tanα_t - α_t$）；

　　　　z_v——斜齿轮当量齿数。

表 5-9　斜齿圆柱齿轮当量齿数计算系数 K

$β/(°)$	K	$β/(°)$	K	$β/(°)$	K	$β/(°)$	K	$β/(°)$	K
0°0′	1.000	17°0′	1.145	34°0′	1.755	51°0′	4.012	68°0′	19.98
0°30′	1.000	17°30′	1.154	34°30′	1.787	51°30′	4.144	68°30′	20.31
1°0′	1.001	18°0′	1.163	35°0′	1.819	52°0′	4.284	69°0′	21.72
1°30′	1.001	18°30′	1.172	35°30′	1.853	52°30′	4.433	69°30′	23.33
2°0′	1.002	19°0′	1.182	36°0′	1.889	53°0′	4.586	70°0′	25.00
2°30′	1.003	19°30′	1.193	36°30′	1.926	53°30′	4.752	70°30′	26.88
3°0′	1.004	20°0′	1.204	37°0′	1.963	54°0′	4.925	71°0′	28.97
3°30′	1.005	20°30′	1.216	37°30′	2.003	54°30′	5.106	71°30′	31.40
4°0′	1.007	21°0′	1.228	38°0′	2.044	55°0′	5.295	72°0′	33.88
4°30′	1.009	21°30′	1.241	38°30′	2.086	55°30′	5.497	72°30′	36.92
5°0′	1.011	22°0′	1.254	39°0′	2.130	56°0′	5.710	73°0′	40.00
5°30′	1.013	22°30′	1.268	39°30′	2.177	56°30′	5.940	73°30′	43.88
6°0′	1.016	23°0′	1.282	40°0′	2.225	57°0′	6.190	74°0′	47.79
6°30′	1.019	23°30′	1.297	40°30′	2.275	57°30′	6.447	74°30′	52.36
7°0′	1.022	24°0′	1.312	41°0′	2.326	58°0′	6.720	75°0′	57.68
7°30′	1.026	24°30′	1.328	41°30′	2.380	58°30′	7.010	75°30′	64.15
8°0′	1.030	25°0′	1.344	42°0′	2.436	59°0′	7.321	76°0′	70.65
8°30′	1.034	25°30′	1.360	42°30′	2.495	59°30′	7.650	76°30′	79.20
9°0′	1.038	26°0′	1.377	43°0′	2.557	60°0′	8.000	77°0′	87.84
9°30′	1.042	26°30′	1.395	43°30′	2.621	60°30′	8.380	77°30′	99.50
10°0′	1.047	27°0′	1.414	44°0′	2.687	61°0′	8.780	78°0′	111.30
10°30′	1.052	27°30′	1.434	44°30′	2.756	61°30′	9.209	79°0′	144.00
11°0′	1.057	28°0′	1.454	45°0′	2.828	62°0′	9.664	80°0′	191.20
11°30′	1.062	28°30′	1.474	45°30′	2.904	62°30′	10.160	81°0′	261.40
12°0′	1.068	29°0′	1.495	46°0′	2.983	63°0′	10.69	82°0′	370.640
12°30′	1.074	29°30′	1.517	46°30′	3.066	63°30′	11.27	83°0′	552.40
13°0′	1.080	30°0′	1.540	47°0′	3.152	64°0′	11.87	84°0′	876.40
13°30′	1.087	30°30′	1.563	47°30′	3.242	64°30′	12.55	85°0′	1510.80
14°0′	1.094	31°0′	1.588	48°0′	3.336	65°0′	13.25	86°0′	2940.00
14°30′	1.102	31°30′	1.613	48°30′	3.436	65°30′	14.03	87°0′	6990.00
15°0′	1.110	32°0′	1.640	49°0′	3.540	66°0′	14.86		
15°30′	1.118	32°30′	1.667	49°30′	3.650	66°30′	15.80		
16°0′	1.127	33°0′	1.695	50°0′	3.767	67°0′	16.76		
16°30′	1.136	33°30′	1.724	50°30′	3.887	67°30′	17.84		

为了简化计算，可采用近似计算法和查表计算法。采用近似计算法时，先计算当量齿数 z_v，然后将 z_v 代入标准直齿轮的公法线长度计算公式进行计算，即

$$w_{kn} \approx m_n[2.9521(k-0.5)+0.014z_v] \qquad (5-11)$$

采用查表计算法时，可在表 5-10、表 5-11 中查得计算系数 A、B，然后代入以下简化公式进行计算

$$w_{kn} = m_n(A + Bz) \qquad (5-12)$$

表 5-10　斜齿圆柱齿轮公法线长度计算系数 A（$\alpha = 20°$）

k	A	k	A	k	A
1	1.4761	9	25.0931	17	48.7102
2	4.4282	10	28.0452	18	51.6623
3	7.3802	11	30.9974	19	54.6144
4	10.3325	12	33.9495	20	57.5666
5	13.2846	13	36.9016	21	60.5187
6	16.2367	14	39.8538	22	63.4708
7	19.1889	15	42.8059	23	66.4230
8	22.1410	16	45.7580	24	69.3751

表 5-11　斜齿圆柱齿轮公法线长度计算系数 B（$\alpha = 20°$）

β	B	β	B	β	B	β	B
7°30′	0.014353	17°0′	0.015908	26°30′	0.019199	36°0′	0.025492
8°0′	0.014402	17°30′	0.016031	27°0′	0.019439	36°30′	0.025951
8°30′	0.014454	18°0′	0.016159	27°30′	0.019687	37°0′	0.026427
9°0′	0.014510	18°30′	0.016292	28°0′	0.019944	37°30′	0.026920
9°30′	0.014569	19°0′	0.016429	28°30′	0.020210	38°0′	0.027431
10°0′	0.014631	19°30′	0.016572	29°0′	0.020484	38°30′	0.027961
10°30′	0.014697	20°0′	0.016720	29°30′	0.020768	39°0′	0.028510
11°0′	0.014767	20°30′	0.016874	30°0′	0.021062	39°30′	0.029080
11°30′	0.014840	21°0′	0.017033	30°30′	0.021366	40°0′	0.029671
12°0′	0.014917	21°30′	0.017198	31°0′	0.021680	40°30′	0.030285
12°30′	0.014998	22°0′	0.017368	31°30′	0.022005	41°0′	0.030921
13°0′	0.015082	22°30′	0.017545	32°0′	0.022341	41°30′	0.031582
13°30′	0.015171	23°0′	0.017728	32°30′	0.022689	42°0′	0.032269
14°0′	0.015264	23°30′	0.017917	33°0′	0.023049	42°30′	0.032982
14°30′	0.015360	24°0′	0.018113	33°30′	0.023422	43°0′	0.033723
15°0′	0.015461	24°30′	0.018316	34°0′	0.023808	43°30′	0.034493
15°30′	0.015566	25°0′	0.018526	34°30′	0.024207	44°0′	0.035294
16°0′	0.015676	25°30′	0.018743	35°0′	0.024620	44°30′	0.036127
16°30′	0.015790	26°0′	0.018967	35°30′	0.025049	45°0′	0.036994

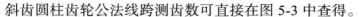

斜齿圆柱齿轮公法线跨测齿数可直接在图 5-3 中查得。

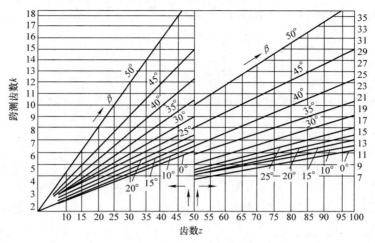

图 5-3　斜齿圆柱齿轮公法线跨测齿数 k

（3）公法线长度的测量方法　测量公法线长度时，按计算所得的跨测齿数粗调量具测量面之间的尺寸。将游标卡尺测量爪（或千分尺测砧）伸入齿槽后，尺身置于法向位置，调节活动测量爪（或千分尺活动测砧），使量具测量面与齿侧面相切，测出齿轮公法线长度。当齿轮齿宽小于公法线长度的 $\sin\beta$ 倍时，测量公法线长度量具的一只测量爪落在齿轮的外面，无法测量，如图 5-4 所示，此时应改用其他测量方法。

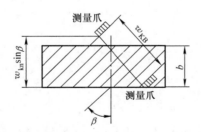

图 5-4　斜齿圆柱齿轮宽度与公法线长度的关系

5.1.3　螺旋槽的铣削加工方法

在铣削加工中，会遇到有螺旋形沟槽（或面）的工件，如刀具螺旋齿槽、凸轮矩形螺旋槽（或面）、圆柱斜齿轮的螺旋齿槽等。

1. 螺旋线的形成

如图 5-5 所示，圆柱体上一点 A 在沿圆周作等速旋转运动的同时，又沿母线作等速直线运动，则 A 点在圆柱体表面所留下的运动轨迹称为圆柱螺旋线。**若将绕圆**

柱体一周的螺旋线展开，可形成由螺旋线 *AB*、圆柱体周长 *AC* 和动点轴向移动距离 *BC* 组成的三角形。当螺旋线 *AB* 由左下方指向右上方时，称为右螺旋；当螺旋线 *AB* 由右下方指向左上方时，称为左螺旋。

2. 螺旋槽的要素

（1）直径 *D*　螺旋槽的直径可分为外径（槽口所在圆柱面直径）、底径（槽底所在圆柱面直径）和中径（槽中部所在圆柱面直径，如斜齿圆柱齿轮的分度圆直径）。

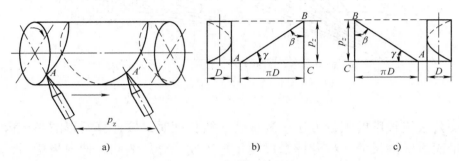

图 5-5　圆柱等速螺旋线

a）螺旋线的形成　b）右螺旋线　c）左螺旋线

（2）导程 p_z　动点沿螺旋线一周，在轴线方向移动的距离称为导程。在同一条螺旋槽上各处的导程都相等。

（3）螺旋角 β　螺旋线的切线与圆柱体轴线的夹角称为螺旋角。螺旋角与导程、圆柱体直径的关系为

$$\tan \beta = \frac{\pi D}{p_z} \tag{5-13}$$

$$p_z = \pi D \cot \beta \tag{5-14}$$

由公式可知，在同一螺旋槽上，自槽口到槽底因直径不同，导程相同而螺旋角却不相等。这是螺旋槽铣削时产生干涉的主要原因。螺旋槽螺旋角的标注应注意其所处的位置，如斜齿圆柱齿轮的螺旋角是指分度圆处的螺旋角。

（4）导程角 γ　螺旋线的切线与圆柱体端面的夹角称为导程角，又称螺旋升角，$\gamma + \beta = 90°$。

（5）螺旋线的线数 *z* 与齿距 *p*　在圆柱体上有多条在圆周上等分的等导程螺旋线称为多线螺旋线，斜齿圆柱齿轮就是由多线螺旋线形成的，多线螺旋线的数目称为线数 *z*。相邻两螺旋线之间的轴向距离称为齿距 *p*。齿距、导程和线数之间的关系为：$p_z = p_z$。

3.螺旋槽的铣削方法要点

1）选择万能分度头装夹工件，在万能卧式铣床上用盘形铣刀铣削圆柱螺旋槽时，应在分度头与工作台纵向丝杠之间配置交换齿轮，以保证工件作等速旋转运动的同时作等速直线运动，其关系是工件匀速旋转一周的同时，工作台带动工件匀速直线移动一个导程。铣削情况如图 5-6a 所示，螺旋运动的传动系统如图 5-6b 所示。盘形铣刀的齿形应与工件螺旋槽的法向截形相同，为了使铣刀的旋转平面与螺旋槽方向一致，必须将工作台在水平面内旋转一个角度，转角的大小与螺旋角相等，转角的方向为：铣削左螺旋时，工作台顺时针转（图 5-7a）；铣削右螺旋时，工作台逆时针转（图 5-7b）。

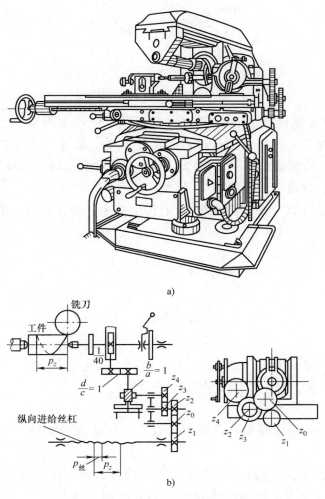

图 5-6　用盘形铣刀铣削螺旋槽

a）铣削示意　b）传动系统

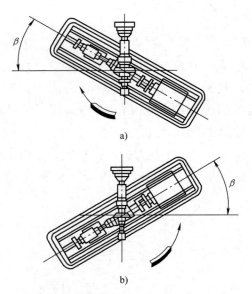

图 5-7　铣削螺旋槽时工作台转动方向

a）铣削左螺旋槽　b）铣削右螺旋槽

2）在加工矩形螺旋槽时，由于用三面刃铣刀会产生严重的干涉，通常采用立铣刀或键槽铣刀加工，此时工作台可不必转动角度。采用立铣刀加工圆柱面螺旋槽，虽然因螺旋槽各处的螺旋角不同也会产生干涉，但对槽形的影响较小。

4. 交换齿轮的计算和配置要点

（1）交换齿轮计算　根据图 5-6b 中的传动关系，当工件转一转时，工作台纵向丝杠应转 $p_z / p_丝$（r），故传动链为

$$1 = \frac{p_z}{p_丝} \times \frac{z_1}{z_2} \times \frac{z_3}{z_4} \times \frac{1}{1} \times \frac{1}{1} \times \frac{1}{40}$$

$$i = \frac{z_1 z_3}{z_2 z_4} = \frac{40 p_丝}{p_z} \qquad （5\text{-}15）$$

为了减少烦琐的计算，一般采用查表法选取交换齿轮。使用查表法时，应先计算工件的导程或速比，然后查出交换齿轮的齿数。

（2）交换齿轮配置要点

1）主动齿轮 z_1 或 z_3 应安装在纵向丝杠上，从动齿轮 z_2 或 z_4 应安装在分度头侧轴上。

2）中间齿轮的配置应根据工件螺旋方向确定，因工作台纵向丝杠是右旋螺纹，故铣削右螺旋槽时应使工件与工作台丝杠转向相同；铣削左螺旋槽时，应使工件转向与工作台丝杠转向相反。

3）配置交换齿轮后，应对螺旋方向及导程值进行复核。

5.2 圆柱齿轮铣削方法

5.2.1 直齿圆柱齿轮铣削方法

（1）选择加工直齿圆柱齿轮的铣刀 齿轮铣刀的刃口形状是渐开线齿形，渐开线的形状又与齿轮基圆的大小有关。现行标准把齿轮铣刀按齿轮的齿数划分成段，每一段为一个号数，并把这一段中最少齿数的轮齿齿形作为铣刀的廓形，以免齿轮啮合时发生干涉。具体选择时，当齿轮模数 $m = 1 \sim 8\text{mm}$ 时，按齿轮的齿数在 8 把一套齿轮铣刀号数表的表 5-12 中选择铣刀号数。当齿轮模数 $m = 1 \sim 8\text{mm}$ 且精度要求较高时，按齿轮的齿数在 15 把一套齿轮铣刀号数表的表 5-13 中选择铣刀号数。

表 5-12　8 把一套齿轮铣刀号数表

刀具	1	2	3	4	5	6	7	8
所铣齿轮齿数	12 ~ 13	14 ~ 16	17 ~ 20	21 ~ 25	26 ~ 34	35 ~ 54	55 ~ 134	135 ~ + ∞

表 5-13　15 把一套齿轮铣刀号数表

刀具	1	$1\frac{1}{2}$	2	$2\frac{1}{2}$	3	$3\frac{1}{2}$	4	$4\frac{1}{2}$	5	$5\frac{1}{2}$	5	$6\frac{1}{2}$	7	$7\frac{1}{2}$	8
所铣齿轮齿数	12	13	14	15 ~ 16	17 ~ 18	19 ~ 20	21 ~ 22	23 ~ 25	26 ~ 29	30 ~ 34	35 ~ 41	42 ~ 54	55 ~ 79	80 ~ 134	135 ~ + ∞

（2）调整直齿圆柱齿轮铣削位置的方法

1）铣削直齿圆柱齿轮时，按划线或切痕对刀法使铣刀齿形对称工件的轴平面，以保证铣成的轮齿齿形不发生偏斜。齿轮的齿槽深度基本上按 $2.25m$ 计算值调整，表面精度要求较高时可分粗、精铣，精铣时须考虑齿顶圆直径的误差和齿厚尺寸的公差进行微量调整。

① 按弦齿厚测量控制尺寸时，齿槽精铣深度调整量的估算公式为

$$\Delta a = 1.37\left(\overline{s}_c - \overline{s}_t\right) \tag{5-16}$$

式中　Δa——精铣时的吃刀量；

　　　$\overline{s}_c$——粗铣后的分度圆弦齿厚或固定弦齿厚（mm）；

　　　$\overline{s}_t$——图样要求的分度圆弦齿厚或固定弦齿厚（mm）。

② 按公法线长度测量控制尺寸时，齿槽精铣深度调整量的估算公式为

$$\Delta a = 1.46\left(w_c - w_t\right) \tag{5-17}$$

式中　Δa——精铣时的吃刀量（mm）；

　　　w_c——粗铣后的公法线长度（mm）；

　　　w_t——图样要求的公法线长度（mm）。

2）直齿圆柱齿轮的分齿一般用分度头按简单分度法分度。

（3）试铣、验证齿槽位置　垂向上升 $1.5m = 1.5 \times 2.5\text{mm} = 3.75\text{mm}$ 铣出一条齿槽，工件退刀后，将工件转过 90°，使齿槽处于水平位置。在齿槽中放入 $\phi 6\text{mm}$ 的标准圆棒，用指示表测量标准圆棒，然后将工件转过 180°，用同样方法进行比较测量（图 5-8）。若指示表的示值不一致，则按示值差的 1/2 微量调整横向工作台，调整的方向应使铣刀靠向指示表示值高的一侧。

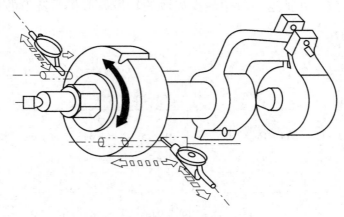

图 5-8　测量齿槽对称度位置

（4）铣削的注意事项

1）注意按测量的方法选择 Δa 的计算方法。若图样给定的数据是分度圆弦齿厚，预检后决定第二次的吃刀量 Δa 应按式（5-16）计算。

2）若齿轮齿面质量要求较高，需分粗铣、精铣两次进给铣削，对齿面要求不高或齿轮模数较小，也可一次进给铣出。为了保证尺寸公差要求，首件一般需要经过两次调整铣削深度，第一次铣削后留 0.50mm 左右余量进行精铣。

3）在预检后第二次升高工作台时，应将公差值考虑进去，否则会使铣出的轮齿变厚而无法正确啮合使用。

4）齿轮的齿槽必须对称于工件中心，否则会发生齿形偏斜，影响齿轮的传动平稳性。因此，对刀后验证齿槽的对称度是加工中的重要环节。

5）若使用的机床是万能卧式铣床，应注意检查铣床工作台的零位是否已对准，若未对准时铣削齿轮，会产生多种误差。

5.2.2　斜齿圆柱齿轮铣削方法

（1）选择加工斜齿圆柱齿轮的铣刀　斜齿圆柱齿轮的铣刀号数应按当量齿数选择，因此，须根据齿轮齿数与螺旋角计算得到当量齿数，然后按当量齿数查表 5-12 或表 5-13 选择铣刀刀号。为避免烦琐的计算，也可直接在图 5-9 中按齿轮齿数和螺旋角查出铣刀刀号。

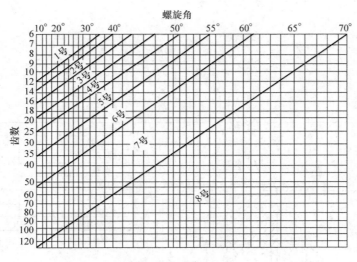

图 5-9　铣削斜齿圆柱齿轮的铣刀刀号选用图

（2）调整斜齿圆柱齿轮铣削位置的方法

1）斜齿圆柱齿轮的齿形同样须对称于工件轴平面，铣刀的对中一般在工作台扳转角度后操作。齿槽深度的调整方法与直齿圆柱齿轮铣削相同。

2）对斜齿圆柱齿轮的分齿可使用简单分度法，但因孔盘是活动的，分度时应注意间隙对分齿精度的影响。

3）调整铣刀横向切削位置的操作方法与螺旋槽铣削相同，对刀时，也可以在扳转工作台转角后采用切痕对刀法，如图 5-10 所示。

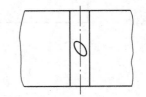

图 5-10　切痕对刀法示意

4）调整工作台转角时，按左螺旋方向，顺时针（左手推）将工作台扳转螺旋角（如 $\beta = 20°$），紧固四个锁紧螺母时注意按对角轮换顺序，逐步拧紧，拧紧后应复核回转工作台的角度。

5）调整铣削位置，松开分度头主轴锁紧手柄和分度盘紧固螺钉，摇动分度手柄使对刀切痕处于铣削位置，然后将分度手柄插入 66 圈孔中，并调整自动进给的停止挡铁位置。

（3）计算和验算交换齿轮和螺旋角的方法

1）基本计算方法。斜齿圆柱齿轮铣削时的交换齿轮的计算与螺旋槽铣削时基本相同，导程计算按以下公式

$$p_z = \frac{\pi m_n z}{\sin \beta} \qquad (5\text{-}18)$$

查导程交换齿轮表，按与 p_z 最相近的导程选择交换齿轮，然后按以下公式验算实际螺旋角

$$\sin\beta = \frac{z_1 z_3}{z_2 z_4} \times \frac{\pi m_n z}{40 p_{\text{丝}}} \qquad （5\text{-}19）$$

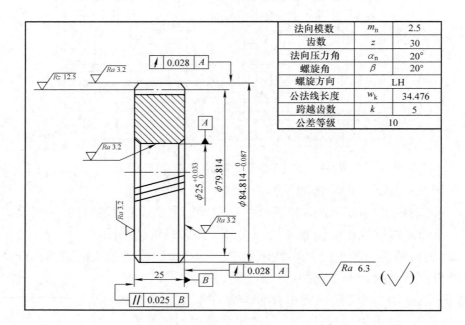

法向模数	m_n	2.5
齿数	z	30
法向压力角	α_n	20°
螺旋角	β	20°
螺旋方向	LH	
公法线长度	w_k	34.476
跨越齿数	k	5
公差等级	10	

图 5-11　斜齿圆柱齿轮工件图

2）计算示例。例如加工图 5-11 所示的斜齿圆柱齿轮，须按以下步骤进行计算和验算：

① 按式（5-18）计算导程

$$p_z = \frac{\pi m_n z}{\sin\beta} = \frac{3.1416 \times 2.5 \times 30}{\sin 20°}\text{mm} = 688.90708\text{mm}$$

② 查导程交换齿轮表得出与计算值相近的导程 687.28mm 及交换齿轮，即主动轮 $z_1 = 40$、$z_3 = 55$，从动轮 $z_2 = 70$、$z_4 = 90$。

③ 按式（5-19）验算斜齿圆柱齿轮的实际螺旋角

$$\sin\beta = \frac{z_1 z_3}{z_2 z_4} \times \frac{\pi m_n z}{40 p_{\text{丝}}} = \frac{40 \times 55}{70 \times 90} \times \frac{3.1416 \times 2.5 \times 30}{40 \times 6} = 0.34283$$

$$\beta = 20°2'25''$$

根据验算结果，实际螺旋角与图样要求的螺旋角误差为 $2'25''$。

（4）配置交换齿轮的注意事项　交换齿轮的配置方法与螺旋槽加工基本相同，但须注意以下几点：

1）本例是复式轮系，主动轮 $z_1 = 40$ 安装在工作台丝杠上，从动轮 $z_4 = 90$ 安装在分度头侧轴上，主动轮 $z_3 = 55$ 与从动轮 $z_2 = 70$ 同轴安装在交换齿轮轴上，安装时须注意交换齿轮的主从位置（图 5-12）。

2）中间轮的个数应保证齿轮的左螺旋方向。

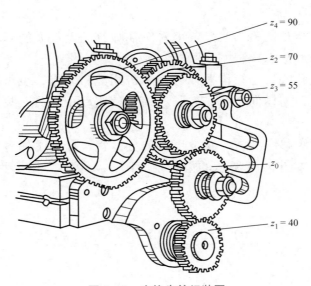

图 5-12　交换齿轮组装图

3）安装时应先使交换齿轮架上的齿轮与分度头侧轴的齿轮啮合，然后使齿轮架上的齿轮逐个啮合，最后将交换齿轮架绕分度头的侧轴转动下摆，与工作台丝杠的齿轮啮合。

4）注意检查导程和螺旋方向，具体操作方法与铣削螺旋槽基本相同，但导程值应按 687.28mm 检验。检验时注意左螺旋线是自右下方指向左上方。

（5）斜齿圆柱齿轮铣削加工质量的要点分析

1）槽形误差较大的原因可能是：选错铣刀刀号、工作台转角误差大、交换齿轮计算或配置错误等。

2）齿向误差大的原因是：交换齿轮计算和配置差错。

3）齿厚不等、齿距误差较大的原因可能是：分度操作失误、工件圆跳动过大、每次垂向进给位置不等或未消除分度头传动间隙等。

4）齿槽偏斜的原因是：对刀不准确、分度头未安装在中间 T 形槽内等。

5）齿面粗糙的原因除了与直齿圆柱齿轮类似的原因外，主要是交换齿轮啮合间隙过大或过小造成的。

6）轮齿铣坏的原因是：配置交换齿轮时中间轮数不对、铣削时分度销未插入圈孔中或铣削中分度插销跳出孔外、工作台扳转角度方向错误或铣削退刀时未完全下降工作台等。

5.3　齿条铣削方法

5.3.1　直齿条铣削方法

（1）选择加工齿条的铣刀　齿条可看作基圆直径无限大的齿轮，因此，加工齿条的铣刀应选择 8 号铣刀。

（2）工件装夹和找正　短齿条一般使用机用虎钳装夹，也可采用专用夹具，找正工件侧面基准使其与横向平行；较长的齿条使用专用夹具，找正工件侧面基准与纵向平行。

（3）安装分度盘移距装置　将分度头的分度盘、分度手柄拆下，改装在工作台横向丝杠的端部。以图 5-13 所示的齿条轴为例，移距时，分度手柄应转过的转数 n 计算如下

$$n = \frac{\pi m}{p_\text{丝}} = \frac{3.1416 \times 2.5}{6}\text{r} = \frac{7.854}{6}\text{r} = 1\frac{13}{42}\text{r}$$

即每铣一齿移距时，分度手柄转过 1r 外加 42 孔圈中的 13 个孔距，因此分度叉应调整为 13 个孔距。

（4）调整铣削位置　铣削直齿条时，铣刀应在齿条起始位置上对刀后加工第一条齿槽。齿条的齿槽深度基本上按 2.25m 计算值调整，齿表面精度要求较高时可分粗、精铣。齿条采用弦齿厚测量方法，预检后决定第二次的铣削深度 Δt，应按式（5-16）计算。具体铣削步骤如图 5-14 所示，包括垂向对刀、调整铣削深度、调整横向铣削位置、试铣预检和移距依次铣削加工等。

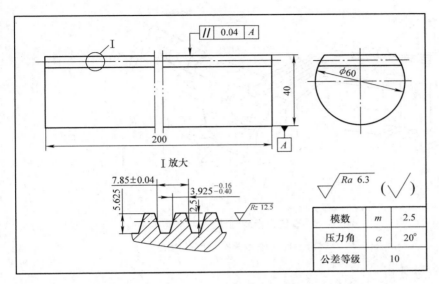

图 5-13 齿条轴工件图

模数	m	2.5
压力角	α	20°
公差等级		10

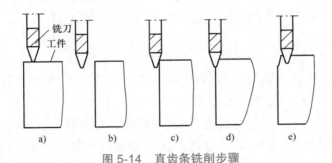

图 5-14 直齿条铣削步骤

a）垂向对刀 b）槽深调整 c）横向对刀 d）横向调整 e）移距铣槽

（5）检测齿距 齿距的检验方法有以下两种：

1）用游标齿厚卡尺测量齿距（图 5-15a），测量时将齿高尺调整到 2.5mm，齿厚尺两测量爪之间的尺寸为 p（齿距）$+ s$（齿厚），本例为 7.854mm + 3.927mm = 11.781mm。

2）用标准圆棒、千分尺测量齿距（图 5-15b），测量时选用两根直径相同的标准圆棒，其直径 $D \approx 2.4m$。本例中为 $D \approx 2.4m = 2.4 \times 2.5mm = 6mm$。

将圆棒放入齿槽中，用千分尺测量两圆棒间距离 L，应等于 p（齿距）$+D$，本例为 $L = p + D = 7.85mm + 6mm = 13.85mm$。

221

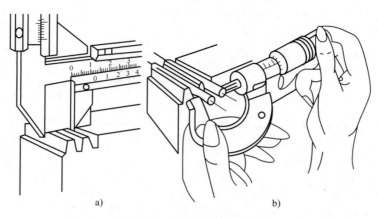

图 5-15　直齿条齿距测量

a）用游标齿厚卡尺测量　b）用标准圆棒、千分尺测量

（6）铣削加工质量分析

1）齿厚与齿距误差较大的原因可能是：齿顶面与工作台台面不平行、预检测量不准确、移距计算错误或操作失误、铣削层深度调整计算错误等。

2）齿向误差大的原因可能是：工件轴线与工作台横向不平行。

5.3.2　斜齿条铣削方法

（1）选择加工齿条的铣刀　与直齿条相同，齿条是基圆直径无限大的齿轮，因此，加工斜齿条的铣刀应选择 8 号铣刀。

（2）工件装夹和找正　首先找正夹具，例如加工如图 5-16 所示的斜齿条，可采用机用虎钳装夹工件。安装机用虎钳时，找正定钳口使其与工作台横向成一螺旋角。找正的方法如图 5-17 所示，机用虎钳转动的方向与螺旋的方向有关。精度较低的斜齿条可用游标万能角度尺找正（图 5-17a），也可直接按机用虎钳的底盘刻度找正。精度较高的斜齿条应采用正弦规、量块和指示表进行找正（图 5-17b），找正的步骤如下：

1）选用中心距 100mm 的正弦规。

2）计算量块的高度：$h = L\sin\beta = 100\sin20°mm = 34.20mm$。

3）在机用虎钳导轨面上放一平行垫块使规定钳口面与量块组的测量面贴合，将正弦规侧转放置，使其中一圆柱与量块的另一测量面贴合，另一圆柱与固定钳口面贴合。松开机用虎钳转盘上的螺母，按逆时针方向转动，目测正弦规工作面使其与工作台横向平行。装上指示表，检测正弦规工作面是否与工作台横向平行，然后紧固机用虎钳的转盘螺母。

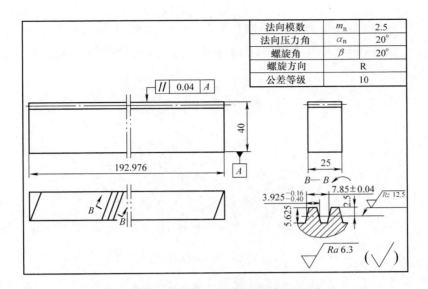

法向模数	m_n	2.5
法向压力角	α_n	20°
螺旋角	β	20°
螺旋方向		R
公差等级		10

图 5-16　斜齿条工件图

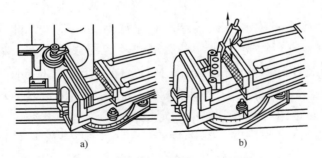

图 5-17　铣削斜齿条时用机用虎钳找正

a）用游标万能角度尺找正　b）用指示表、正弦规和量块找正

（3）安装指示表、量块移距装置　用专用夹座安装一钟面式指示表，并将夹座安装在工作台横向导轨左侧（图 5-18）。用细磨石研修工作台鞍座端面，以使量块能与其良好贴合。

（4）斜齿条的齿距控制　根据工件的装夹方式，控制方式有两种。用工件转动角度铣削，即工件侧面基准与移距方向夹角为螺旋角时，应按法向齿距（$p_n = \pi m_n$）进行分齿移动；若用工作台转动角度铣削，即工件侧面基准与移距方向平行时，应按端面齿距（$p_t = \pi m_n / \cos\beta$）进行分齿移动。本例斜齿条的齿距有法向齿距 p_n 和端面齿距 p_t，分别计算如下

$$p_n = \pi m_n = 3.1416 \times 2.5\text{mm} = 7.854\text{mm}$$

$$p_t = \pi m_t = \pi m_n / \cos\beta = 3.1416 \times 2.5\text{mm}/\cos20° = 8.358\text{mm}$$

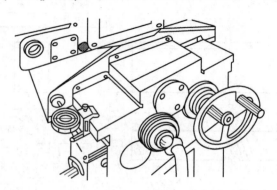

图 5-18　用指示表和量块移动齿距

　　当工件转动螺旋角铣削时，移距量为 p_n（7.854mm）；在用纵向移距法铣削长齿条时，若用工作台转动螺旋角铣削，则移距量为 p_t（8.358mm）。

　　（5）斜齿条铣削加工注意事项　铣削斜齿条时对刀、齿槽深度调整、预检等均与直齿条铣削相同。铣削操作中应注意以下几点：

　　1）采用指示表、量块移距的方法是精度较高的移距方法，具体操作方法与孔距移动调整时基本相同，但齿条移距是多次重复和有累积误差的移距操作。因此，量块的尺寸应与齿距尺寸一致，若有误差，应注意消除误差值，即在齿距公差允许的范围内，每次移距可进行微量调整，以免出现较大的累积误差。移距操作时，注意量块与鞍座端面的贴合，以及用横向紧固手柄紧固工作台时对移距的影响。

　　2）铣削斜齿条时，注意铣刀的旋转方向、机用虎钳的回转方向和工作台的进给方向应使铣削力指向定钳口或夹具侧面的定位基准。

　　3）对于斜齿条的起始位置，若图样没有要求，应使角上部分成为齿条的一部分，否则会影响齿轮齿条啮合；但也不能过小，以免断裂，影响齿条的完整程度。

5.4　直齿锥齿轮加工基础知识

5.4.1　直齿锥齿轮各部分的名称与计算方法

1. 直齿锥齿轮传动的种类

　　直齿锥齿轮按照两轮轴线的相互位置可分为正交锥齿轮传动（图 5-19a），非正交锥齿轮传动（图 5-19b、c）。按齿轮齿形向锥顶收缩的情况，可分为等间隙收缩齿锥齿轮传动（图 5-20a）和正常收缩齿锥齿轮传动（图 5-20b）。

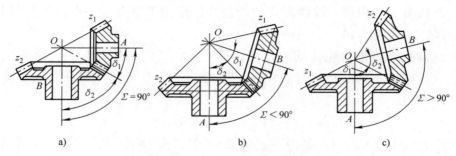

图 5-19　锥齿轮传动的类型

a）正交锥齿轮传动　b）、c）非正交锥齿轮传动

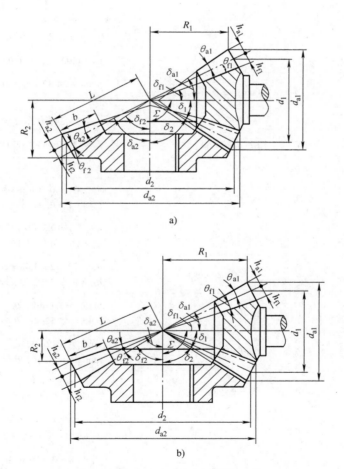

图 5-20　等间隙收缩齿和正常收缩齿锥齿轮传动

a）等间隙收缩齿锥齿轮传动　b）正常收缩齿锥齿轮传动

2. 直齿锥齿轮各部分的名称及计算方法

（1）等间隙收缩齿锥齿轮传动的几何计算　这种齿轮在传动时，齿顶间隙沿齿

长方向各个截面上均相等，故两齿轮的齿顶圆锥锥顶不重合于一点，其各部分名称、代号及计算公式见表 5-14。

（2）正常收缩齿锥齿轮传动的几何计算　这种齿轮在传动时，齿顶的间隙由大端至小端逐渐减小，当两齿啮合时，各锥顶重合于一点，其各部分名称、代号及计算公式见表 5-15。

表 5-14　等间隙收缩齿锥齿轮传动的几何计算　　　　　　（单位：mm）

序号	名称	代号	计算公式	示例 $z_1=24$，$z_2=32$，$m=3$，$h_a^*=1$，$c^*=0.2$，$\chi=0.16$，$\chi_t=0.02$
1	大端模数	m	取标准值	$m=3$
2	压力角	α	$\alpha=20°$	$20°$
3	轴交角	Σ	$\Sigma=90°$ 正交	
4	径向变位系数	χ_1，χ_2		$\chi_1=0.16$，$\chi_2=-0.16$
5	切向变位系数	χ_{t1}，χ_{t2}		$\chi_{t1}=0.02$，$\chi_{t2}=-0.02$
6	分度圆锥角	δ	$\tan\delta_1=z_1/z_2$，$\delta_2=90°-\delta_1$	$\tan\delta_1=24/32$，$\delta_1=36°52'$，$\delta_2=90°-\delta_1=53°8'$
7	分度圆直径	d	$d=mz$	$d_1=3\times24=72$，$d_2=3\times32=96$
8	锥距	L	$L=d/(2\sin\delta)$	$L=72/(2\sin36°52')=60$
9	齿宽	b	$b\le L/3$	$b=20$
10	齿顶高	h_a	$h_a=(h_a^*+\chi_1)m$	$h_{a1}=(1+0.16)\times3=3.48$ $h_{a2}=(1-0.16)\times3=2.52$
11	齿根高	h_f	$h_f=(h_a^*+c^*-\chi_1)m$	$h_{f1}=(1+0.2-0.16)\times3=3.12$ $h_{f2}=(1+0.2+0.16)\times3=4.08$
12	齿顶圆直径	d_a	$d_a=d+2h_a\cos\delta$	$d_{a1}=72+2\times3.48\times\cos36°52'=77.57$ $d_{a2}=96+2\times2.52\times\cos53°8'=99.02$
13	齿顶角	θ_a	$\tan\theta_a=h_a/L$	$\tan\theta_{a1}=3.48/60$，$\theta_{a1}=3°19'$ $\tan\theta_{a2}=2.52/60$，$\theta_{a2}=2°24'$
14	齿根角	θ_f	$\tan\theta_f=h_f/L$	$\tan\theta_{f1}=3.12/60$，$\theta_{f1}=2°59'$ $\tan\theta_{f2}=4.08/60$，$\theta_{f2}=3°53'$
15	顶圆锥角	δ_a	$\delta_{a1}=\delta_1+\theta_{f2}$	$\delta_{a1}=36°52'+3°53'=40°45'$ $\delta_{a2}=53°8'+2°59'=56°7'$
16	根圆锥角	δ_f	$\delta_f=\delta-\theta_f$	$\delta_{f1}=36°52'-2°59'=33°53'$ $\delta_{f2}=53°8'-3°53'=49°15'$
17	外锥距	R	$R_1=0.5d_1-h_{a1}\sin\delta_1$ $R_2=0.5d_2-h_{a2}\sin\delta_2$	$R_1=48-3.48\times\sin36°52'=45.91$ $R_2=36-2.52\times\sin53°8'=33.98$
18	大端分度圆弧齿厚	s	$s=(0.5\pi+2\chi\tan\alpha+\chi_t)m$	$s_1=(0.5\pi+2\times0.16\times\tan20°+0.02)\times3$ $=5.121$ $s_2=(0.5\pi-2\times0.16\times\tan20°-0.02)\times3$ $=4.303$

表 5-15　正常收缩齿锥齿轮传动的几何计算　　　　　　　　（单位：mm）

序号	名称	代号	计算公式	示例 z_1=20，z_2=40，m=3，h_a^*=1，c^*=0.188
1	大端模数	m	取标准值	$m = 3$
2	压力角	α	$\alpha = 20°$	$\alpha = 20°$
3	轴交角	Σ	$\Sigma = 90°$ 正交	
4	径向变位系数	χ_1，χ_2	查有关表	$\chi_1 = 0.35$，$\chi_2 = -0.35$
5	切向变位系数	χ_{r1}，χ_{r2}	查有关表	$\chi_{r1} = 0$，$\chi_{r2} = 0$
6	分度圆锥度	δ	$\tan\delta_1 = z_1/z_2$，$\delta_2 = 90° - \delta_1$	$\tan\delta_1 = 20/40$，$\delta_1 = 26°33'54''$，$\delta_2 = 63°26'6''$
7	分度圆直径	d	$d = mz$	$d_1 = 3 \times 20 = 60$，$d_2 = 3 \times 40 = 120$
8	锥距	R	$R = 0.5d_1/ \sin\delta_1$	$R = 0.5 \times 60/\sin26°33'54'' = 67.08$
9	齿宽	b	$b \leqslant R/3$	$b \leqslant 67.08/3 = 22$
10	齿顶高	h_a	$h_a = (h_a^* + \chi)m$	$h_{a1} = (1 + 0.35) \times 3 = 3.9$ $h_{a2} = (1 - 0.35) \times 3 = 1.95$
11	齿根高	h_f	$h_f = (h_a^* + c^* - \chi)m$	$h_{f1} = (1 + 0.188 - 0.35) \times 3 = 2.514$ $h_{f2} = (1 + 0.188 + 0.35) \times 3 = 4.614$
12	齿顶圆直径	d_a	$d_a = d + 2h_a\cos\delta$	$d_{a1} = 60 + 2 \times 3.9 \times \cos26°33'54'' = 66.97$ $d_{a2} = 120 + 2 \times 1.95 \times \cos63°26'6'' = 121.74$
13	齿顶角	θ_a	$\tan\theta_a = h_a/R$	$\tan\theta_{a1} = 3.9/67.08$，$\theta_{a1} = 3°19'$ $\tan\theta_{a2} = 1.95/67.08$，$\theta_{a2} = 1°40'$
14	齿根角	θ_f	$\tan\theta_f = h_f/R$	$\tan\theta_{f1} = 2.514/67.08$，$\theta_{f1} = 2°8'46''$ $\tan\theta_{f2} = 4.614/67.08$，$\theta_{f2} = 3°56'$
15	顶圆锥角	δ_a	$\delta_a = \delta + \theta_a$	$\delta_{a1} = 26°33'54'' + 3°19' = 29°52'54''$ $\delta_{a2} = 63°26'6'' + 1°40' = 65°6'6''$
16	根圆锥角	δ_f	$\delta_f = \delta - \theta_f$	$\delta_{f1} = 26°33'54'' - 2°8'46'' = 24°25'8''$ $\delta_{f2} = 63°26'6'' - 3°56' = 59°30'6''$
17	外锥距	R_a	$R_{a1} = 0.5d_2 - h_{a1}\sin\delta_1$ $R_{a2} = 0.5d_1 - h_{a2}\sin\delta_2$	$R_{a1} = 30 - 3.9 \times \sin26°33'54'' = 28.26$ $R_{a2} = 60 - 1.95 \times \sin63°26'6'' = 58.26$
18	大端分度 圆弧齿厚	s	$s = (0.5\pi + 2\chi\tan\alpha + \chi_1)m$	$s_1 = (0.5\pi + 2 \times 0.35 \times \tan20° + 0) \times 3 = 5.476$ $s_2 = (0.5\pi - 2 \times 0.35 \times \tan20° + 0) \times 3 = 3.95$

5.4.2　直齿锥齿轮的测量与检验方法

1. 齿坯检验

齿坯几何形状和尺寸的准确与否是锥齿轮加工时工件装夹、找正、铣削、齿形测量的重要依据。通常齿坯检验的内容如下：

（1）检验齿顶圆直径　锥齿轮的加工图样一般都有齿顶圆的直径尺寸与偏差。由于加工时须按齿顶圆对刀调整齿槽的铣削深度，因此必须预先进行检验。

（2）检验内孔直径　锥齿轮的内孔是齿形加工的主要定位基准，检验的内容有：孔的尺寸精度、圆柱度及孔轴线与端面的垂直度；检验方法参见孔加工内容。

（3）检验顶锥角　图 5-21 所示为用游标万能角度尺测量顶锥角的常用方法。图 5-21a 是用量具测量面与小端外锥面交线和顶锥面贴合进行检验，用这种方法时如交线的倒角不均匀将影响测量精度。图 5-21b 是以定位端面为基准，测量时将齿坯基准面放在置于测量平板上的平行垫块上，量具测量面与平板和顶锥面贴合进行测量。用以上两种方法检验时，量具测量面对准顶锥面素线位置，才能保证角度测量的准确度。

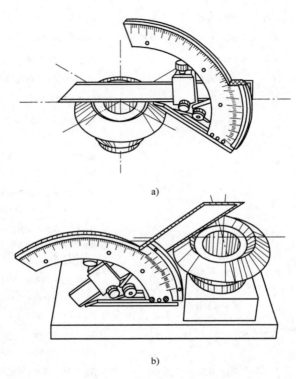

a)

b)

图 5-21　检验锥齿轮顶锥角

a）以顶部锥面交线为基准测量　b）以定位端面为基准测量

（4）检验顶圆锥面的径向圆跳动量　检验的方法是将工件套入心轴，使定位面紧贴心轴台阶面，将指示表测头与顶锥面接触，用手转动齿坯，由指示表示值的变动量范围确定顶锥面的径向圆跳动误差。

2. 锥齿轮检验

在铣床上铣削直齿锥齿轮属于成形加工法，齿形存在一定误差，通常检验的项目和方法如下：

（1）检验齿厚　直齿锥齿轮的齿厚检验一般是指用游标齿厚卡尺测量锥齿轮背锥上齿轮大端的分度圆弦齿厚，测量方法如图 5-22a 所示。测量时的具体操作方法与圆柱齿轮的齿厚测量方法基本相同，但须注意测量点应在背锥与轮齿的交线上，尺身平面与轮齿背锥的中间素线基本平行。

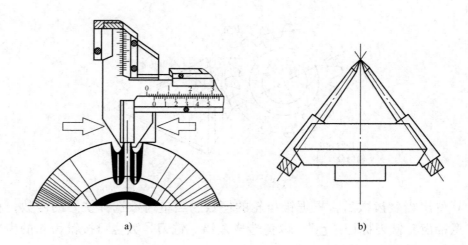

图 5-22 锥齿轮的齿厚和齿向检验

a）测量大端齿厚 b）测量齿向

（2）检验齿向误差 齿向误差是指通过齿高中部，在齿全长内实际齿向对理论齿向的最大允许误差。直齿锥齿轮的齿向测量方法如图 5-22b 所示。测量时，把一对量针放在对应的两个齿槽中，若齿向正确，量针的针尖会碰在一起，否则便说明齿向有一定误差。

5.4.3 直齿锥齿轮的铣削准备、步骤与偏铣方法

1. 铣削准备

（1）选择铣刀号数 锥齿轮铣刀的齿形曲线按大端齿形设计制造，大端齿形与当量圆柱齿轮的齿形相同（图 5-23），而铣刀的厚度按小端设计制造，并且比小端的齿槽略小一些。选择直齿锥齿轮铣刀时，应根据图样上的模数 m、齿数 z 和分锥角 δ 计算当量齿数，计算公式如下：

$$R_{\text{分}} = \frac{mz_{\text{v}}}{2} = \frac{mz}{2\cos\delta} \tag{5-20}$$

$$z_{\text{v}} = \frac{z}{\cos\delta} \tag{5-21}$$

式中 $R_{\text{分}}$——当量齿轮分度圆半径，锥齿轮的背锥距（mm）；

δ——锥齿轮分锥角（°）；

z——锥齿轮的实际齿数；

z_{v}——锥齿轮的当量齿数。

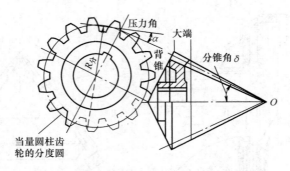

图 5-23　选择锥齿轮铣刀的当量圆柱齿轮

计算得出当量齿数后，根据锥齿轮的模数、当量齿数选择铣刀的号数，在选取时应注意锥齿轮铣刀标记"⊓"，以免造成差错。铣刀号数也可按锥齿轮的齿数和分锥角在图 5-24 中直接选择。

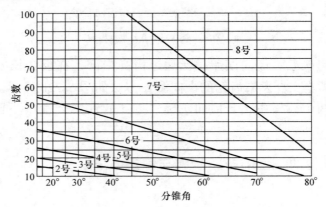

图 5-24　锥齿轮铣刀号数选择

（2）工件的装夹与找正

1）选择装夹方式。锥齿轮工件通常带轴或带孔，常用的装夹方式如图 5-25 所示。其中带孔工件锥柄装夹方式因工件靠近分度头主轴，铣削时比较稳固（图 5-25c），同时因采用内六角圆柱头螺钉和埋头垫圈夹紧工件，有利于加工时对刀观察。

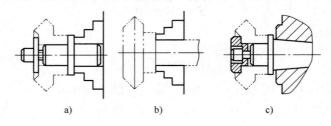

图 5-25　锥齿轮装夹方式

a）用直柄心轴装夹　b）用自定心卡盘直接装夹　c）用锥柄心轴装夹

2）安装、调整分度头。根据工件的大小和机床垂向行程，选择适用的分度头。在安装分度头时预先按选定的工件装夹方式安装自定心卡盘或定位心轴。用纵向进给铣削时，在水平安装分度头后，按锥齿轮的根圆锥角 δ_f 调整分度头主轴与工作台台面的仰角；用垂向进给铣削时，在水平安装分度头后，按（$90° - \delta_f$）调整分度头主轴与工作台台面的仰角。具体操作时可根据分度头壳体和壳体压板上的刻度确定仰角值。

3）找正工件。由于工件通过心轴或自定心卡盘与分度头连接，形成定位累积误差，加上工件的自身误差，因此，工件装夹后须用指示表找正顶锥面的径向圆跳动量，测量是否在允许范围内。若偏差较大，可复验齿坯精度和定位心轴或卡盘与分度头主轴的同轴度。若偏差较小，可把齿坯适当转过一个角度，夹紧后再作测量，直至顶锥面径向圆跳动量在允许范围内。

4）分度和齿厚计算。在卧式铣床上铣削直齿锥齿轮，采用简单分度法进行分度计算，若遇到无法用简单分度的齿数，可用差动分度法预先制作专用孔盘，利用特制的等分孔圈进行简单分度。在直齿锥齿轮的图样上一般都注有大端弦齿厚和弦齿高的尺寸和偏差值，若要计算则可沿用直齿轮的分度圆弦齿厚和弦齿高计算公式，但其中的齿数应以当量齿数 z_v 代入，即

$$\bar{s} = mz_v \sin\frac{90°}{z_v} \tag{5-22}$$

$$\bar{h}_a = m\left[1 + \frac{z_v}{2}\left(1 - \cos\frac{90°}{z_v}\right)\right] \tag{5-23}$$

2. 铣削步骤

（1）对刀　为保证准确的齿向，对刀的目的是使刀具齿形中间平面通过工件的轴线。由于工件与工作台台面倾斜一角度，因此通常采用划线对刀法，如图 5-26 所示。具体操作时，利用分度头回转 180° 的方法，用游标高度卡尺在工件顶圆锥面上划出对称轴线的菱形框，调整工作台横向，使铣刀切痕位于菱形框的中间，从而使铣刀齿形中间平面通过工件轴线。

（2）铣削中间齿槽　铣削中间齿槽时的进刀深度控制以垂向对刀作为依据。锥齿轮的垂向对刀是工件大端的最高点和铣刀旋转面的最低点接触，操作时比较难控制，因此，对刀时应往复纵向移动工作台，并逐步垂向升高工作台，使铣刀最低点恰好切到工件大端的最高点。进刀深度按 $2.2m$ 调整，模数 m 较大时，可分几次铣削达到齿槽深度。为便于偏铣对刀，通常由小端向大端铣削，铣削完一齿后，按分度计算值分度，依次铣削全部中间齿槽。

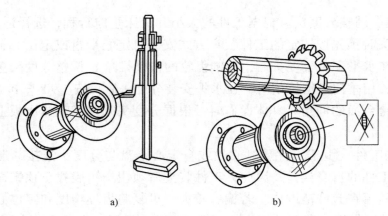

图 5-26　锥齿轮铣削划线对刀法

a）划线　b）对刀

（3）偏铣齿侧　中间齿槽铣削完成后，若齿轮的外锥距与齿宽的比值为 3，小端的齿厚已达到要求，而小端以外的齿厚还有余量，因此，需要通过对称偏铣两齿侧达到大端齿厚的尺寸要求。偏铣时应使工件绕自身轴线转过角度 θ 或在水平面内使工件轴线偏转 α 角，工作台横向移动 s，使铣刀廓形重新对准工件小端齿槽，偏铣一侧。偏铣另一侧时，反向转过 2θ 或 2α，工作台横向反方向移动 $2s$，以达到对称偏铣左、右齿侧的目的。根据横向偏移和工件偏转的关系，如图 5-27 所示，工件偏转角越大，横向偏移量越大，齿侧的偏铣量也越大。

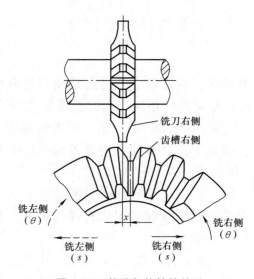

图 5-27　偏移与偏转的关系

在实际应用中，一般使用工件绕自身轴线旋转的方法实现工件偏转。偏铣操作的基本方法有两种：一种是通过计算确定工件偏转角，然后移动工作台横向重新对刀进行左、右齿侧对称偏铣，以达到大端齿厚的要求；另一种是通过计算确定工件横向偏移量，然后回转工件重新对刀进行偏铣。为便于控制大端齿厚的尺寸公差，在第一个齿试铣调整操作时，计算所得的横向偏移量或分度头偏转角可由小到大，两侧一致，以使轮齿大端逐步达到齿厚尺寸和齿形对称要求。

采用计算确定工件偏转角，横向偏移对刀的方法时，偏转角 A 可根据铣刀号和锥距与齿宽比 R/b 由表 5-16 查得，相应的分度头转数 N（r）的计算公式为

$$N = \frac{A}{540z} \tag{5-24}$$

式中　A——齿坯的基本旋转角（′）；

　　　z——工件的齿数。

表 5-16　基本旋转角　　　　　　　　　[单位：（′）]

刀号	比值 R/b									
	$2\frac{1}{2}$	$2\frac{3}{4}$	3	$3\frac{1}{3}$	$3\frac{2}{3}$	4	$4\frac{1}{2}$	5	6	8
1	1950	1885	1835	1720	1725	1695	1650	1610	1560	1500
2	2005	1955	1915	1860	1820	1795	1755	1725	1680	1625
3	2060	2020	1990	1950	1920	1900	1865	1840	1805	1765
4	2125	2095	2070	2035	2010	1995	1970	1950	1920	1880
5	2170	2145	2125	2095	2075	2065	2045	2030	2010	1980
6	2220	2205	2190	2175	2160	2150	2130	2115	2100	2080
7	2285	2270	2260	2250	2240	2235	2225	2220	2200	2180
8	2340	2335	2330	2320	2315	2310	2305	2300	2280	2260

分度头手柄转过的孔数 N 的计算也可采用以下经验公式

$$N = \left(\frac{1}{8} \sim \frac{1}{6}\right)n \tag{5-25}$$

式中　N——偏铣时分度头手柄应转过的孔数；

　　　n——工件每铣削一齿时分度头手柄转过的总孔数。

采用计算确定横向偏移量，回转工件对刀的方法，工作台横向偏移量 s 的计算公式为

$$s = \frac{T}{2} - mx \tag{5-26}$$

式中　T——铣刀节圆处厚度（mm）；

　　　x——偏移系数（表 5-17）。

表 5-17 偏移系数

铣刀号	外锥距与齿宽之比												
	3:1	$3\frac{1}{4}$:1	$3\frac{1}{2}$:1	$3\frac{3}{4}$:1	4:1	$4\frac{1}{4}$:1	$4\frac{1}{2}$:1	$4\frac{3}{4}$:1	5:1	$5\frac{1}{2}$:1	6:1	7:1	8:1
1	0.275	0.286	0.296	0.309	0.319	0.331	0.338	0.344	0.352	0.361	0.368	0.380	0.386
2	0.289	0.298	0.308	0.316	0.324	0.329	0.334	0.338	0.343	0.350	0.360	0.370	0.376
3	0.311	0.318	0.323	0.328	0.330	0.334	0.337	0.340	0.343	0.348	0.352	0.356	0.362
4	0.280	0.285	0.290	0.293	0.295	0.296	0.298	0.300	0.302	0.307	0.309	0.313	0.315
5	0.275	0.280	0.285	0.287	0.291	0.293	0.296	0.298	0.298	0.302	0.305	0.308	0.311
6	0.266	0.268	0.271	0.273	0.275	0.278	0.280	0.282	0.283	0.280	0.287	0.290	0.292
7	0.266	0.268	0.271	0.272	0.273	0.274	0.274	0.275	0.277	0.279	0.280	0.283	0.284
8	0.254	0.254	0.255	0.256	0.257	0.257	0.257	0.258	0.258	0.259	0.260	0.262	0.264

5.5 链轮铣削加工

5.5.1 链轮铣削加工工艺分析和工艺准备

1. 链轮的技术参数

链传动的种类很多，其中滚子链传动使用最为广泛。滚子链链轮的齿形国家标准（GB/T 1243—2006）中规定了最大齿槽形状和最小齿槽形状及其极限参数，见表5-18。组成齿槽的各段曲线应光滑连接，一般可用展成法或成形法铣削加工。表5-19中为三圆弧一直线齿形（或称为凹齿形）链轮的齿槽形状及其几何参数，一般也可用展成法或专用的成形铣刀铣削。

表 5-18 最大和最小齿槽形状及其极限参数（摘自 GB/T 1243—2006）（单位：mm）

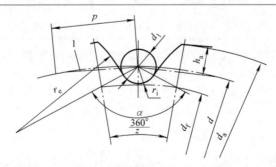

名称	符号	计算公式	
		最大齿槽形状	最小齿槽形状
齿面圆弧半径	r_e	$r_{emin} = 0.008d_1(z^2 + 180)$	$r_{emax} = 0.12d_1(z + 2)$
齿沟圆弧半径	r_i	$r_{imax} = 0.505d_1 + 0.069\sqrt[3]{d_1}$	$r_{imin} = 0.505d_1$
齿沟角 /（°）	α	$\alpha_{min} = 120° - \dfrac{90°}{z}$	$\alpha_{max} = 140° - \dfrac{90°}{z}$

表 5-19　三圆弧一直线齿形链轮的齿槽形状及其几何参数

（摘自 GB/T 1243—2006） （单位：mm）

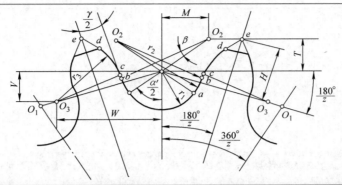

名称	符号	计算公式
齿沟圆弧半径	r_1	$r_1 = 0.5025d_1 + 0.05$
齿沟半角 /（°）	$\dfrac{\alpha}{2}$	$\dfrac{\alpha}{2} = 55° - \dfrac{60°}{z}$
工作段圆弧中心 O_2 的坐标	M	$M = 0.8d\sin\dfrac{\alpha}{2}$
	T	$T = 0.8d\cos\dfrac{\alpha}{2}$
工作段圆弧半径	r_2	$r_2 = 1.3025d_1 + 0.05$
工作段圆弧中心角 /（°）	β	$\beta = 18° - \dfrac{56°}{z}$
齿顶圆弧中心 O_3 的坐标	W	$W = 1.3d_1\cos\dfrac{180°}{z}$
	V	$V = 1.3d_1\sin\dfrac{180°}{z}$
齿形半角 /（°）	$\dfrac{\gamma}{2}$	$\dfrac{\gamma}{2} = 17° - \dfrac{64°}{z}$
齿顶圆弧半径	r_3	$r_3 = d_1[1.3\cos(\gamma/2) + 0.8\cos\beta - 1.3025] - 0.05$
工作段直线部分长度	bc	$bc = d_1\left(1.3\sin\dfrac{\gamma}{2} - 0.8\sin\beta\right)$
e 点至齿沟圆弧中心连线的距离	H	$H = \sqrt{r_3^2 - \left(1.3d - \dfrac{p}{2}\right)^2}$

注：1. 齿沟圆弧半径 r_1 允许比表中公式计算的大 $0.0015d_1 + 0.06$mm，d_1 为滚子直径。

2. 按 GB/T 1243—2006 规定，节距 p 称为弦节距，等于链条节距；齿沟圆弧半径 r_1 称为滚子定位圆弧半径；齿沟角 α 称为滚子定位角。

　　在单件生产、修配或不具备标准的链轮成形铣刀时，若链轮齿数大于 20，常采用直线齿形。在铣床上铣削加工的链轮大都是这一种。**表 5-20 列出了直线齿形链轮**

主要尺寸计算公式。

表 5-20　直线齿形链轮主要尺寸计算表

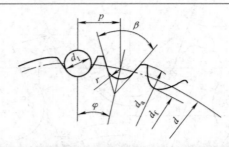

名称	符号	计算公式
节距	p	链条节距
滚子直径	d_1	
链轮齿数	z	
分度圆直径	d	$d = \dfrac{p}{\sin\dfrac{180°}{z}}$
齿顶圆直径	d_a	$d_a = d + 0.8d_1$
齿根圆直径	d_f	$d_f = d - 2r$
齿槽半径	r	$r = 0.505d_1$
链轮转角	φ	$\varphi = \dfrac{360°}{z}$
齿槽角	β	$t/d_1 < 1.6 \qquad \beta = 58°$
		$t/d_1 = 1.6 \sim 1.7 \qquad \beta = 60°$
		$t/d_1 > 1.7 \qquad \beta = 62°$

2. 滚子链轮齿形铣削加工工艺要求与分析

铣削滚子链轮时，一般应达到下列工艺要求：齿根圆直径尺寸与分度圆节距准确；链轮轴向圆跳动量和齿根圆径向圆跳动量在允许的范围内；齿形准确，齿沟圆弧半径与齿面表面粗糙度符合图样要求。

对于三圆弧一直线的标准链轮，批量生产时大都采用链轮滚刀在滚齿机上滚切齿形；数量较少时，一般可用按链轮节距、滚子或套筒外径和齿数设计的专用铣刀铣削，铣削方法与铣削直齿圆柱齿轮基本相同。由于滚子链传动是一种具有中间挠性件的非共轭啮合传动，其齿形要求不高，不像齿轮那样对齿形曲线有较高的要求。因此，如果缺乏专用的链轮铣刀，可采用通用铣刀进行铣削，所获得的近似齿形也能在传动中得到较好的使用效果。

5.5.2　链轮铣削加工步骤与调整操作

1. 直线齿形链轮的铣削方法

（1）实例图样分析　图 5-28 所示是单圆弧直线齿形链轮，齿数 $z = 24$，滚子直

径 d_1 = 11.91mm，齿顶圆直径 d_a = 155.48mm，工件的内孔为工艺基准，工件材料为 45 钢，经调质处理，硬度为 28~32HRC。机加工工作是车削齿坯和铣削齿形。铣削齿形时，一般先用通用铣刀铣削齿沟圆弧，然后再铣削齿侧。

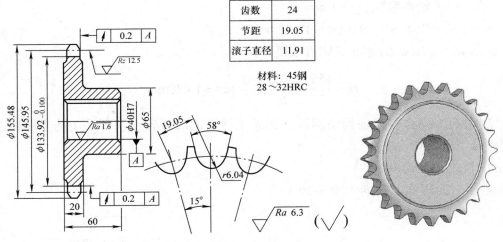

齿数	24
节距	19.05
滚子直径	11.91

材料：45钢
28~32HRC

图 5-28　单圆弧直线齿形链轮

（2）加工工艺过程（表 5-21）

表 5-21　加工工艺过程

序　号	加工内容	序　号	加工内容
1	锻坯	5	键槽划线
2	调质处理 28~32HRC	6	插床加工键槽
3	粗、精车削全部	7	钳工修毛刺
4	粗、精铣削齿形		

（3）铣削加工步骤　根据工件的形体和尺寸，拟定在铣床上用 F11125 型分度头装夹工件进行铣削。单圆弧直线齿形链轮铣削步骤如下：

1）工件装夹。由于链轮轮缘比较窄，铣削时容易振动，所以装夹工件应稳固牢靠，以减少铣削时的振动。

① 当链轮齿顶圆直径和滚子直径较小时，可采用分度头装夹工件进行铣削。本例采用 F11125 型分度头装夹工件。

② 如链轮齿顶圆直径和滚子直径较大时，则可采用回转工作台装夹工件进行铣削。

2）铣削齿沟圆弧

① 用立铣刀铣削齿沟圆弧（图 5-29）。立铣刀直径 d_0 和铣削深度 H 按下式计算：

$$d_0 = 1.01 d_1 \qquad\qquad (5\text{-}27)$$

式中　d_1——滚子直径（mm）。

$$H = \frac{d_a - d_f}{2} \qquad\qquad (5\text{-}28)$$

式中　d_a——链轮齿顶圆直径（mm）；

　　　d_f——链轮齿根圆直径（mm）。

本例：$d_0 = 1.01 \times 11.91\text{mm} = 12.029\text{mm}$

选取 $d_0 = 12\text{mm}$ 的标准立铣刀或键槽铣刀。

$$H = \frac{155.48 - 133.92}{2}\text{mm} = 10.78\text{mm}$$

② 用凸半圆铣刀铣削齿沟圆弧。如果工件齿沟圆弧较小，可采用凸半圆铣刀在卧式铣床上铣削齿沟圆弧。

3）铣削齿槽两侧。

① 用三面刃铣刀铣削（图5-30）。

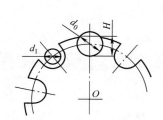

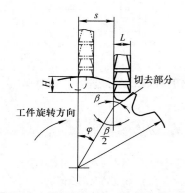

图 5-29　用立铣刀铣削齿沟圆弧　　　　图 5-30　用三面刃铣刀铣削齿槽两侧

a. 直齿三面刃铣刀厚度 $L \leqslant 2r$，$2r = 6.04\text{mm} \times 2 = 12.08\text{mm}$，故本例选取 $L = 10\text{mm}$。

b. 铣削时，先使铣削好齿沟圆弧的工件上的一条槽处于居中位置，并把铣刀的一侧对准工件轴心，然后将工件偏转 φ（$\beta/2$）角，即齿槽角的 1/2。工作台横向移动 s 距离，s 值与 β 的大小有关：

当 $\beta = 58°$ 时

$$s = 0.242d - 0.5d_0$$

当 $\beta = 60°$ 时

$$s = 0.25d - 0.5d_0$$

当 $\beta = 62°$ 时

$$s = 0.258d - 0.5d_0$$

式中　d——链轮节圆直径（mm）；

　　　d_0——铣削齿沟圆弧的立铣刀直径（mm）。

c. 工作台垂向上升距离 H 随工件齿数不同而变化，一般目测铣削至与齿沟圆弧相切。

d. 铣削齿槽另一侧时，工作台垂向位置不变，分度头主轴反向回转 2φ（β）角，工作台横向沿反方向移动 $2s + L$ 距离。值得注意的是：工件偏转 φ、2φ 角时，所取分度盘孔圈数应与铣削齿沟圆弧分齿时所取的分度盘孔圈数相同，即铣削齿沟圆弧时，分度手柄转数为

$$n = \frac{58°}{9°} = 6\frac{24}{54} \ (\text{r})$$

② 用立铣刀铣削。用铣削齿沟圆弧的立铣刀再分别铣削齿沟两侧余量（图 5-31）。

a. 在铣削完齿沟圆弧槽后，把齿坯转过 $\beta/2$ 角，并将工作台偏移 s 距离，s 按下式计算：

$$s = \frac{d}{2}\sin\frac{\beta}{2} \qquad (5-29)$$

式中　d——链轮分度圆直径（mm）；

　　　β——链轮齿槽角（°）。

本例：$s = \dfrac{d}{2}\sin\dfrac{\beta}{2} = \dfrac{145.95}{2}\text{mm}\sin 29° = 35.38 \ \text{mm}$

b. 调整铣削深度时，先使铣刀与工件外圆相切，然后工作台移动 H 距离，H 按下式计算：

$$H = \frac{d_a}{2} - \frac{d}{2}\cos\frac{\beta}{2} + \frac{d_0}{2} \qquad (5-30)$$

本例：$H = \dfrac{155.48\text{mm}}{2} - \dfrac{145.95\text{mm}}{2}\cos 29° + \dfrac{12\text{mm}}{2} = 19.91\,\text{mm}$

c. 铣削齿槽另一侧时，齿坯反向转过 β 角，工作台反向移动 $2s$（70.76mm）距离。

③ 用立铣刀同时铣削齿沟圆弧与齿槽两侧（图 5-32）。如果工件的数量较多，可以用立铣刀分两次进给将链轮齿沟圆弧和齿槽两侧同时铣出。

a. 先使铣刀与齿坯同轴，然后工作台横向移动 s 距离，纵向移动 H 距离。此时必须记住纵向刻度盘的转向和刻度位置，并做好标记，然后纵向移动工作台，使齿坯退离铣刀。s 及 H 按下式计算：

$$s = \frac{d}{2}\sin\frac{\beta}{2} \qquad (5-31)$$

$$H = \frac{d}{2} \cos \frac{\beta}{2} \qquad\qquad (5\text{-}32)$$

式中　d——链轮分度圆直径（mm）；

　　　β——链轮齿槽角（°）。

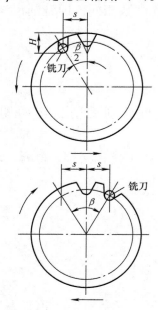

图 5-31　用立铣刀铣削齿槽两侧

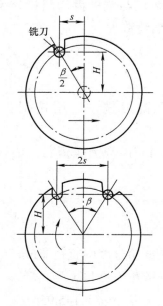

图 5-32　用立铣刀同时铣削齿沟圆弧和齿槽两侧

本例：

$$s = \frac{d}{2} \sin \frac{\beta}{2} = \frac{145.95\text{mm}}{2} \sin 29° = 35.38\text{mm}$$

$$H = \frac{d}{2} \cos \frac{\beta}{2} = \frac{145.95\text{mm}}{2} \cos 29° = 63.83\text{mm}$$

　　b. 垂向升高工作台作纵向进给，铣削至链轮槽底，然后分度依次铣削各齿的同一侧面。

　　c. 铣削另一侧时，工件转过 β 角，工作台横向移动 2s（70.76mm）距离，使另一侧面与纵向进给方向平行，然后分度依次铣削各齿的另一侧面。

　　2. 用立铣刀展成铣削滚子链链轮

　　（1）铣削加工原理分析　　这种方法主要适用于缺乏专用铣刀和节距较大的滚子链链轮。这种方法的工作原理是把立铣刀看作与链轮啮合传动的链条滚子，当铣刀直线移动一个链轮齿距（$\pi d/2$）时，链轮坯相应地转过一个齿，为了获得这个展成运动，只需把链轮坯装夹在分度头或有机动装置的回转工作台上，再用交换齿轮把分度头（回转台）与铣床的工作台纵向丝杠连接起来，使工作台直线移动一个链轮齿距时，分度头（回转台）相应转过（$1/z$）r。

（2）铣削计算、步骤与调整操作（图 5-33）

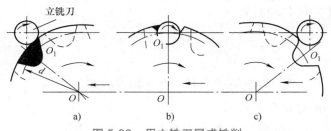

图 5-33　用立铣刀展成铣削

a）展成切入　b）铣至中部　c）展成切出

1）选择铣刀。为了改善铣削条件，减少铣削振动，提高齿面质量，一般可选用大螺旋角立铣刀，铣刀直径按下列公式计算：

$$d_0 = 1.005d_1 + 0.1 \qquad (5\text{-}33)$$

式中　d_0——立铣刀直径（mm）；

　　　d_1——链轮滚子直径（mm）。

2）选择、安装交换齿轮。交换齿轮按下式计算

$$i = \frac{z_1 z_3}{z_2 z_4} = \frac{K p_{丝}}{\pi d} x \qquad (5\text{-}34)$$

式中　K——分度头定数（40）或回转台定数；

　　　$p_{丝}$——铣床工作台丝杠螺距（一般为 6mm）；

　　　x——修正系数，与链轮齿数有关，推荐数值：$x = 1.05$（齿数 12）；$x = 1.04$（齿数 14 ~ 16）；$x = 1.03$（齿数 17 ~ 50）。

① 采用修正系数 x 是为了将链轮齿顶部分多铣去一些，使铣出的齿形接近标准链轮的齿形，使链条滚子能自如地进入和退出齿槽，达到链传动平稳的目的。

② 交换齿轮主动轮 z_1、z_3 安装在铣床工作台纵向丝杠上，从动轮 z_2、z_4 安装在分度头侧轴上。

③ 由于受到铣床工作台纵向行程的限制，一般铣床工作台丝杠与分度头侧轴之间需用接长轴才能安装交换齿轮。

3）展成铣削步骤。

① 铣削前，调整铣刀中心与工件轴线的横向距离为 $d/2$。一般可根据齿坯的外圆实际尺寸采用切痕对刀法进行调整。

② 展成铣削时工件与铣刀的相对运动位置关系如图 5-33 所示，一齿铣削完毕后，铣刀垂向退离工件，工作台返回原坐标位置进行分度，铣削第二齿，重复以上操作，铣削第三齿，直至全部铣削完毕。

（3）实例计算　在立式铣床上用 F11125 型分度头展成铣削一标准滚子链轮。已知链轮节距 $p = 19.05\text{mm}$，滚子直径 $d_1 = 11.91\text{mm}$，齿数 $z = 24$，链轮分度圆直径 $d = 145.95\text{mm}$，试进行各项计算。

解：

1）选择铣刀。

$$d_0 \approx 1.005d_1 + 0.10\text{mm} = 12.07\text{mm}$$

选取 $d_0 = 12\text{mm}$ 的标准立铣刀。

2）选择交换齿轮。按齿数选取修正系数 $x = 1.03$，则

$$i = \frac{z_1 z_3}{z_2 z_4} = \frac{KP_{\text{丝}}}{\pi d} x = \frac{40 \times 6}{3.1416 \times 145.95} \times 1.03$$

$$= 0.53913 \approx \frac{15}{28} = \frac{100 \times 30}{70 \times 80}$$

即主动轮 $z_1 = 100$、$z_3 = 30$；被动轮 $z_2 = 30$、$z_4 = 80$

3）调整工件轴线与刀具轴线之间的距离。

$$\frac{d}{2} = \frac{145.95}{2}\text{mm} = 72.975\text{mm}$$

4）分度计算。

$$n = \frac{40}{z} = \frac{40}{24} = 1\frac{44}{66}\text{r}$$

即每次分度时分度手柄在 66 孔圈内转过 1r 又 44 个孔距。

5.5.3　滚子链链轮的检验测量与铣削加工质量分析

（1）滚子链链轮测量　在铣床上铣削链轮齿槽后，一般通过量柱测量距 M_R 来间接测量齿根圆直径（图 5-34），量柱直径 $d_R = d_1$，其上、下极限偏差分别为 +0.01mm 和 0mm。量柱的极限偏差与相应的齿根圆直径偏差相同。

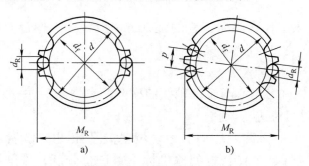

图 5-34　量柱测量距 M_R

a）偶数齿　b）奇数齿

量柱测量距 M_R 按下式计算：

对于偶数齿链轮

$$M_R = d + d_{Rmin}$$ （5-35）

$$d = \frac{p}{\sin \dfrac{180°}{z}}$$

式中　M_R——量柱测量距（mm）；

　　　d——链轮分度圆直径（mm）；

　　　z——链轮齿数；

　　　p——链轮节距（mm）；

　　　d_{Rmin}——量柱下极限尺寸（mm）。

（2）链轮铣削的常见质量问题及其原因（表 5-22）

表 5-22　链轮铣削的常见质量问题及其原因

序号	质量问题	原因分析
1	齿形不准确	① 铣削标准链轮时，未按链轮齿数选择铣刀或铣刀与工件相对位置调整不准确 ② 采用通用铣刀铣削标准链轮 ③ 用立铣刀展成铣削链轮时，交换齿轮计算错误或配置安装不正确 ④ 铣削齿槽两侧时，工件与铣刀的相对位置调整不准确（包括工件偏移量计算或操作错误、分度头回转角度不准确）
2	齿表面粗糙度较大	① 铣刀不锋利、切削刃已磨损 ② 工件装夹不稳固，夹紧部位与铣削部位距离较大，铣削振动较大 ③ 铣削用量选择不当，如进给量较大
3	齿沟圆弧与直线连接不圆滑	① 铣削齿侧时，工作台控制侧面铣削深度不准确 ② 铣削齿侧时，工作台偏移距离不准确 ③ 齿沟圆弧位置不准确
4	齿根圆直径超差	① 铣削深度不对 ② 量柱直径尺寸不对 ③ 铣削过程中测量错误
5	链轮节距超差	① 分度头等分精度差 ② 分齿分度操作错误 ③ 分度头主轴与工件不同轴 ④ 工件装夹不稳固牢靠，铣削时工件发生微量位移 ⑤ 依次铣削齿沟圆弧或齿侧时，未锁紧分度头主轴
6	齿圈径向圆跳动量超差	① 齿坯内孔与外圆同轴度差 ② 工件装夹时基准孔与分度头主轴不同轴

项目
5

5.6　齿轮与齿条加工技能训练实例

技能训练 1　直齿圆柱齿轮加工

重点与难点：重点掌握直齿圆柱齿轮铣削方法；难点为对刀与齿厚尺寸控制操作。

1. 加工工艺准备

加工如图 5-35 所示直齿圆柱齿轮，须按以下步骤进行工艺准备：

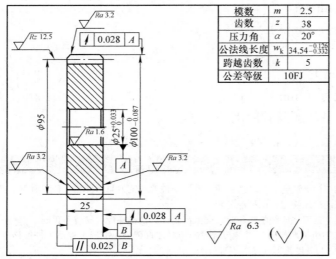

模数	m	2.5
齿数	z	38
压力角	α	20°
公法线长度	w_k	$34.54^{-0.126}_{-0.352}$
跨越齿数	k	5
公差等级		10FJ

图 5-35　直齿圆柱齿轮工件图

（1）分析图样

1）齿轮参数分析。

① 齿轮模数 $m = 2.5$mm，齿数 $z = 38$，压力角 $\alpha = 20°$。

② 齿顶圆直径 $d_a = 100^{0}_{-0.087}$ mm，分度圆直径 $d = 95$mm，齿宽 $b = 25$mm。

2）齿轮精度要求分析：公差等级 10FJ，公法线长度 $w_k = 34.54^{-0.126}_{-0.352}$ mm，跨齿数 $k = 5$。

3）坯件相关要求分析：基准内孔的精度较高，齿顶圆和基准端面对基准孔轴线的轴向圆跳动公差为 0.028.mm，两端面的平行度公差为 0.025mm。

4）齿面粗糙度要求分析：齿轮齿面通常用轮廓最大高度上限值表示，本例 $Rz = 12.5\mu$m。

5）材料分析：45 钢，T235（220 ~ 250HBW），具有较高硬度。

6）形体分析：套类零件，宜采用专用心轴装夹工件。

（2）拟订加工工艺与工艺准备

1）拟订直齿圆柱齿轮加工工序过程：拟订在卧式铣床上用分度头加工。铣削加工工序过程：齿轮坯件检验→安装并调整分度头→装夹和找正工件→工件表面画中心线→计算、选择和安装齿轮铣刀→对刀并调整进刀量→试切、预检公法线长度→准确调整进刀量→依次准确分度和铣削→直齿圆柱齿轮铣削工序检验。

2）选择铣床：选用 X6132 型或类似的卧式铣床。

3）选择工件装夹方式：在 F11125 型分度头上用两顶尖、鸡心卡头和拨盘装夹心轴与工件，心轴的形式如图 5-36 所示。

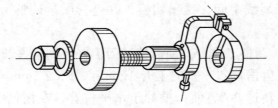

图 5-36　心轴和工件装夹

4）选择刀具：根据齿轮的模数、齿数和压力角查表 5-12 选择：$m = 2.5$mm、$\alpha = 20°$ 的 6 号齿轮铣刀。

5）选择检验测量方法：用 25～50mm 公法线千分尺测量公法线长度。

2. 铣削加工

（1）齿轮坯件检验

1）用专用心轴套装工件，用指示表检测工件齿顶圆和内孔基准的同轴度误差，检测工件端面对轴线的轴向圆跳动误差。

2）用外径千分尺测量齿轮坯件两端面的平行度误差和齿顶圆直径。

（2）安装、调整分度头及其附件　安装分度头，找正分度头主轴顶尖与尾座顶尖的同轴度，以及与纵向进给方向和工作台台面的平行度。计算分度手柄转数 n，调整分度插销、分度盘及分度叉。

$$n = \frac{40}{z}\text{r} = \frac{40}{38}\text{r} = 1\frac{3}{57}\text{r}$$

（3）装夹、找正工件　使工件外圆与分度头主轴同轴，轴向圆跳动误差在 0.03mm 以内，如图 5-37 所示。

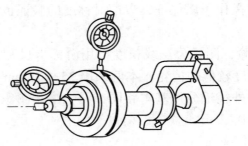

图 5-37　齿轮坯件找正

（4）工件圆柱面画线　在工件圆柱面画出对称于中心，间距 3mm 的两条齿槽对刀线。

（5）安装铣刀及调整铣削用量　铣刀安装在刀杆中间部位，主轴的转速调整为 $n = 75\text{r/min}$（$v_\text{c} \approx 15\text{m/min}$），$v_\text{f} = 37.5\text{mm/min}$。

（6）对刀

1）横向对刀时，分度头准确转过 90°，使画线位于工件上方，调整工作台横向，使齿轮铣刀刀尖位于划线中间，铣出切痕，并进行微量调整，使切痕处于对刀线中间。

2）垂向对刀时，调整工作台，使齿轮铣刀恰好擦到工件圆柱面最高点。

（7）试铣、验证齿槽位置　垂向上升 $1.5m = 1.5 \times 2.5\text{mm} = 3.75\text{mm}$ 铣出一条齿槽。退刀后，将工件转过 90°，使齿槽处于水平位置，在齿槽中放入 $\phi 6\text{mm}$ 的标准圆棒，用指示表测量标准圆棒；然后，将工件转过 180°，用同样方法进行比较测量。若指示表的示值不一致，则按示值差的 1/2 微量调整工作台横向，调整的方向应使铣刀靠向指示表示值高的一侧。

（8）调整齿槽深度及预检　将工件转过 90°，使齿槽处于铣削位置，根据垂向对刀记号，工作台上升 $2.25m = 2.25 \times 2.5\text{mm} = 5.625\text{mm}$，先上升 5.40mm 进行试铣。根据铣削距离，调整好纵向自动挡铁，铣削时使用切削液。试铣 6 个齿槽后，用公法线千分尺预检，测量公法线长度后，第二次吃刀量 Δa 按式（5-17）计算。

本例预检时若测得 $w_\text{c} = 34.68\text{.mm.}$，根据图样给定的公差值，则

$$\Delta a = 1.46 \times (34.68\text{.mm} - 34.54\text{mm} - 0.12\text{mm}) = 0.0292\text{mm}$$

（9）粗、精铣齿槽　按原铣削位置，逐齿粗铣齿槽；按计算得到的 Δt 值调整工作台垂向，准确分度精铣齿槽；铣出 6 个齿槽后，可再次复核公法线长度是否符合图样要求，然后依次精铣全部齿槽。

（10）铣削注意事项　参见前述有关内容。

3. 检验与质量分析

（1）直齿圆柱齿轮的检验

1）齿形的检验：在铣床上用成形法加工的齿轮精度不高，因此齿形一般由正确选择铣刀和准确地对刀操作予以保证，齿槽对称度的验证也是齿形验证的方法和内容之一。

2）公法线长度检验：测量公法线长度可用游标卡尺和公法线千分尺。前者适用于齿槽较宽，测量精度较低的齿轮。本例采用 25～50mm 的公法线长度千分尺测量，测量的方法与使用外径千分尺基本相同，但应注意测砧之间的齿数应是跨测齿数（本例跨测齿数是 5），测砧与侧面的测量接触力应使用千分尺的测力装置，否则会因测力过大，影响测量准确性。

3）分齿精度检验：分齿精度由准确的分度操作和分度头传动机构的精度保证。通常的检验方法是选择多个测量公法线长度或分度圆弦齿厚的部位，以间接地检测分齿精度。若公法线长度或分度圆弦齿厚的变动量比较小，分齿精度相应也比较高。

（2）直齿圆柱齿轮加工质量分析

1）齿槽偏斜的主要原因：对刀不准确、铣削时工作台横向未锁紧等。

2）齿厚（或公法线长度）不等、齿距误差较大的原因：分度操作不准确（少转或多转圈孔），工件径向圆跳动过大，分度时未消除分度间隙，铣削时未锁紧分度头主轴，铣削过程中工件微量角位移等。

3）齿厚（或公法线长度）超差的原因：测量不准确，铣刀选择不正确，分度失误，调整铣削层深度错误，工作台零位不准（使齿槽铣宽），工件装夹不稳固（铣削时工件松动）等。

4）齿形误差较大的原因：选错铣刀号数、工作台零位不准确等。

5）齿向误差大的原因：心轴垫圈不平行，工件装夹后未找正轴向圆跳动，分度头和尾座轴线与进给方向不平行等。

6）齿面粗糙的原因：铣削用量选择不当，工件装夹刚度差，铣刀安装精度差（圆跳动大），分度头主轴间隙较大等。

技能训练 2 斜齿条加工

重点与难点：重点掌握斜齿条铣削加工方法；难点为工件装夹方法与移距操作及齿厚测量。

1. 加工工艺准备

（1）分析图样 加工如图 5-38 所示的斜齿条，须按以下步骤进行工艺准备：

1）齿条参数分析：齿条模数 $m = 2.5$mm，压力角 $\alpha = 20°$，齿厚 $s = 3.925_{-0.40}^{-0.16}$ mm，齿距 $p = (7.85 \pm 0.04)$ mm，螺旋角 $\beta = 15°$。齿顶高 $h_a = 2.5$mm，齿高 $h = 5.625$mm，齿宽 $b = 25$mm。

2）齿条精度要求分析：公差等级 10FJ。

3）坯件相关要求分析：齿条长度 200mm，坯件高度 40mm。

4）齿面粗糙度要求分析：齿轮齿面 $Rz = 12.5\mu m$。

5）材料分析：45 钢，切削性能较好。

6）形体分析：矩形长条零件，宜用机用虎钳装夹工件。

（2）拟订加工工艺与工艺准备

1）拟订斜齿条加工工序过程。拟订在万能卧式铣床上用横向移距进行加工。铣削加工工序过程与加工直齿条基本相同，在找正机用虎钳时，应使固定钳口与铣刀杆轴线之间成一螺旋角。移距装置按采用指示表和量块移距的方法配置。

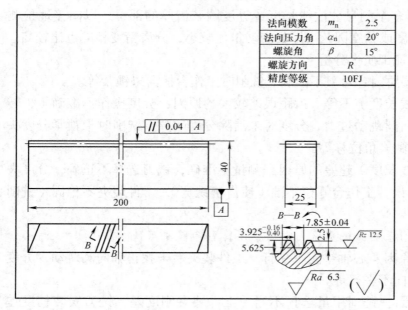

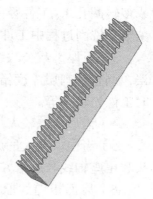

法向模数	m_n	2.5
法向压力角	α_n	20°
螺旋角	β	15°
螺旋方向	R	
精度等级	10FJ	

图 5-38　斜齿条零件图

2）选择铣床。选用 X6132 型或类似的卧式铣床。

3）选择工件装夹方式。采用机用虎钳装夹工件。

4）选择刀具和检验测量方法与铣削直齿条相同。

2. 铣削加工

（1）预制件检验　用游标卡尺检验预制件长度，用千分尺测量宽度、高度尺寸和平行度，用刀口形直尺检验齿顶面的平面度。

（2）安装、找正机用虎钳　安装机用虎钳时，应找正定钳口与工作台横向成一螺旋角。找正的方法如图 5-17 所示，机用虎钳转动的方向与螺旋的方向有关。精度较低的斜齿条可用游标万能角度尺找正（图 5-17a），也可直接按机用虎钳的底盘刻度找正。精度较高的斜齿条应采用正弦规、量块和指示表进行找正（图 5-17b），找正的步骤如下：

1）选用中心距 100mm 的正弦规。

2）计算量块的高度 h : $h = L\sin\beta = 100\text{mm} \times \sin 15° = 25.88\text{mm}$。

3）在机用虎钳导轨面上放一平行垫块使固定钳口面与量块组的测量面贴合，正弦规侧转放置，使一圆柱与量块另一测量面贴合，另一圆柱与固定钳口面贴合。松开机用虎钳转盘上的螺母，按逆时针方向转动机用虎钳，目测正弦规工作面与工作台横向平行。装上指示表，检测正弦规工作面与工作台横向平行，然后紧固机用虎钳转盘紧固螺母。

（3）装夹、找正工件　装夹工件，用指示表找正齿顶平面与工作台台面平行，工件下面垫上平行垫块，使工件高出钳口略大于齿高。

（4）安装指示表、量块移距装置　用专用夹座安装一钟面式指示表，并将夹座安装在工作台横向导轨左侧，如图 5-18 所示。用细磨石研修工作台鞍座端面，以使量块能与其良好贴合。

（5）安装铣刀及调整铣削用量　铣刀安装在适当位置，以保证横向行程能铣削加工齿条的全部齿槽。主轴转速和纵向进给量调整为 $n = 75\text{r/min}$（$v_c \approx 15\text{m/min}$），$v_f = 30\text{mm/min}$。

（6）斜齿条铣削加工对刀、齿槽深度调整、预检等均与直齿条铣削相同。铣削操作中应注意以下几点：

1）斜齿条的齿距有法向齿距 p_n 和端面齿距 p_t。本例分别为：

$$p_n = \pi m_n = 3.1416 \times 2.5\text{mm} = 7.854\text{mm}$$

$$p_t = \pi m_t = \pi m_n/\cos\beta = 3.1416 \times 2.5\text{mm}/\cos15° = 8.131\text{mm}$$

当工件转动螺旋角铣削时，移距量为 p_n（7.854mm）；在用纵向移距法铣削长齿条时，若用工作台转动螺旋角的方法铣削，则移距量为 p_t（8.131mm），本例为工件转动螺旋角铣削，因此移距量为 p_n（7.854mm）。

2）指示表、量块移距的方法是精度较高的移距方法，具体操作方法与孔距移动调整时基本相同，但齿条移距是多次重复和有累积误差的移距操作。因此，量块的尺寸应与齿距尺寸一致，若有误差，应注意误差值的消化，即在齿距公差允许的范围内，每次移距可微量进行调整，以免出现较大的累积误差。移距操作时，注意量块与鞍座端面的贴合，以及横向紧固手柄紧固工作台时对移距的影响。

3）铣削斜齿条时，铣刀旋转方向、机用虎钳回转方向和工作台进给方向应使铣削力指向定钳口。

4）斜齿条起始位置，若图样没有要求，应使角上部分成为齿条的一部分，否则会影响齿轮齿条啮合；但也不能过小，以免断裂，影响齿条的完好程度。

3. 检验与质量分析

（1）斜齿条的检验

检验方法与直齿条基本相同。齿厚检验的依据是法向齿厚 $s_n = 3.925^{-0.16}_{-0.48}$ mm，齿顶高 $h_a = 2.5$.mm；齿距检验的依据是法向齿距 $p_n = （7.85 \pm 0.04）$mm。

（2）斜齿条铣削加工质量分析

1）齿厚与齿距误差较大的原因。齿顶面与工作台面不平行，预检测量不准确，移距计算错误或操作失误，铣削层深度调整计算错误，工作台丝杠精度不够及各段磨损不均，移距时将法向齿距与端面齿距搞错。

2）齿向误差大的原因。调整工件转角误差较大。

技能训练 3　直齿锥齿轮加工

铣削加工如图 5-39 所示的直齿锥齿轮。具体步骤参照前述相关内容。

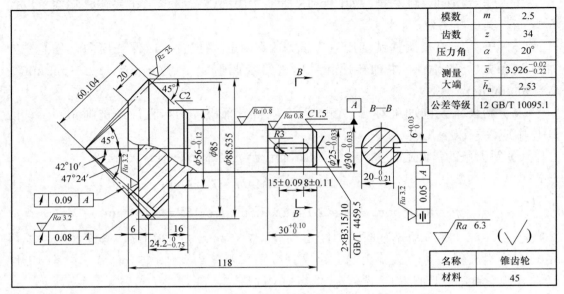

模数	m	2.5
齿数	z	34
压力角	α	20°
测量大端	$\overline{s}$	$3.926^{-0.02}_{-0.22}$
	$\overline{h}_a$	2.53
公差等级		12 GB/T 10095.1

名称	锥齿轮
材料	45

图 5-39　直齿锥齿轮零件图

技能训练 4　链轮加工

铣削加工图 5-28 所示的链轮。具体步骤参照前述相关内容。

Chapter 6

项目 6
牙嵌离合器加工

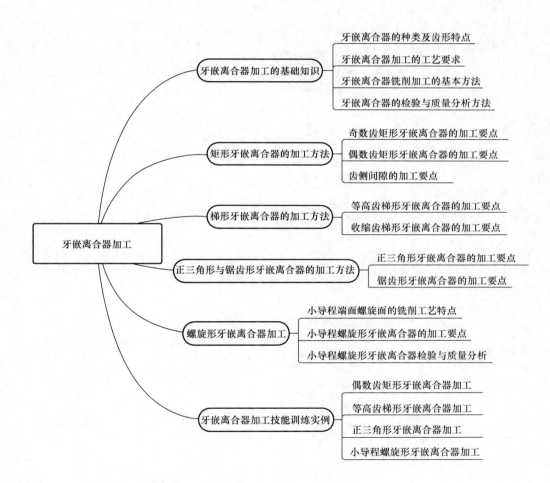

牙嵌离合器加工的基础知识 ── 牙嵌离合器的种类及齿形特点
                    ├─ 牙嵌离合器加工的工艺要求
                    ├─ 牙嵌离合器铣削加工的基本方法
                    └─ 牙嵌离合器的检验与质量分析方法

矩形牙嵌离合器的加工方法 ── 奇数齿矩形牙嵌离合器的加工要点
                    ├─ 偶数齿矩形牙嵌离合器的加工要点
                    └─ 齿侧间隙的加工要点

梯形牙嵌离合器的加工方法 ── 等高齿梯形牙嵌离合器的加工要点
                    └─ 收缩齿梯形牙嵌离合器的加工要点

正三角形与锯齿形牙嵌离合器的加工方法 ── 正三角形牙嵌离合器的加工要点
                            └─ 锯齿形牙嵌离合器的加工要点

螺旋形牙嵌离合器加工 ── 小导程端面螺旋面的铣削工艺特点
                ├─ 小导程螺旋形牙嵌离合器的加工要点
                └─ 小导程螺旋形牙嵌离合器检验与质量分析

牙嵌离合器加工技能训练实例 ── 偶数齿矩形牙嵌离合器加工
                    ├─ 等高齿梯形牙嵌离合器加工
                    ├─ 正三角形牙嵌离合器加工
                    └─ 小导程螺旋形牙嵌离合器加工

牙嵌离合器加工

6.1　牙嵌离合器加工的基础知识

6.1.1　牙嵌离合器的种类及齿形特点

　　牙嵌离合器是依靠端面上的齿与槽相互嵌入或脱开来传递或切断动力的。根据齿形的基本特征，牙嵌离合器可分为等高齿牙嵌离合器和收缩齿牙嵌离合器两大类；根据齿形展开的不同几何特点，可分为矩形牙嵌离合器、梯形牙嵌离合器、正三角形牙嵌离合器、锯齿形牙嵌离合器和螺旋形牙嵌离合器多种类型。牙嵌离合器的种类与齿形特点见表 6-1。

表 6-1　牙嵌离合器的种类与齿形特点

名　称	基本齿形	特　点
矩形牙嵌离合器	外圆展开齿形	齿侧平面通过工件轴线
正三角形牙嵌离合器	外圆展开齿形	整个齿形向轴线上一点收缩
锯齿形牙嵌离合器	外圆展开齿形	直齿面通过工件轴线，斜齿面向轴线上一点收缩
收缩齿梯形牙嵌离合器	外圆展开齿形	齿顶及槽底在齿长方向都等宽，而且中心线通过离合器轴线

（续）

名　称	基本齿形	特　点
等高齿梯形牙嵌离合器	外圆展开齿形	齿顶面与槽底面平行，并且垂直于离合器轴线。故齿高不变，齿侧中线汇交于离合器轴线
单向梯形牙嵌离合器	外圆展开齿形	齿顶面与槽底平行，并且垂直于离合器轴线，故齿高不变。直齿面为通过轴线的径向平面，斜齿面的中线交于离合器轴线
双向螺旋形牙嵌离合器	外圆展开齿形	离合器接合面为螺旋面，其他特点与等高齿梯形牙嵌离合器相同
单向螺旋形牙嵌离合器	外圆展开齿形	离合器接合面为螺旋面，其他特点与单向梯形牙嵌离合器相同

6.1.2　牙嵌离合器加工的工艺要求

1. 坯件加工工艺要求

（1）主要尺寸精度要求　基准孔直径、齿部内外圆直径、齿部凸台高度。

（2）位置精度要求　齿部内外圆或锥面对装配基准孔的同轴度、工件装夹端面对基准孔的垂直度、齿部端面与基准孔轴线的垂直度或齿端部内锥面的锥度。

2. 离合器铣削加工工艺要求

（1）齿形　齿侧平面通过工件轴线或齿面向轴线上一点收缩；保证一定的齿槽深度，以使矩形牙嵌离合器顶部宽度略小于齿槽底部宽度，其余齿形齿顶宽度一般均略大于齿槽底部宽度（有特殊齿侧要求的例外）；相接合的两个离合器压力角正确一致。

（2）同轴度　离合器的齿形轴线与工件基准孔的轴线同轴。

（3）等分度　离合器各齿在齿部圆周上均匀分布，即各齿在圆周上的分齿精度。

（4）表面粗糙度　齿侧工作面的表面粗糙度值为 $Ra3.2\mu m$。齿槽底面不应有明显的接刀痕迹。

6.1.3　牙嵌离合器铣削加工的基本方法

1. 铣削等高齿牙嵌离合器的基本方法

（1）工件装夹位置　等高齿牙嵌离合器的槽底与工件轴线是垂直的，因此，工件装夹在分度头或回转工作台上应使其轴线与进给方向垂直。

（2）铣刀切削位置

1）齿深尺寸按图样的标注尺寸调整。

2）铣削矩形牙嵌离合器时，因齿侧平面通过工件轴线，若选用三面刃铣刀加工，可采用画线对刀、擦边对刀和试切对刀等方法，使铣刀的一侧切削平面通过工件轴线。铣削等高齿梯形牙嵌离合器时，因齿侧是斜面，齿侧斜面的中间线通过离合器的轴线（图6-1），故铣削时先按偏离中心距离 e 的划线铣出与轴线平行的齿侧，然后铣削齿侧斜面（图6-2）。偏移距离 e 的计算公式为

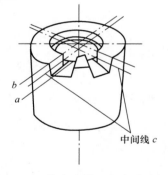

图6-1　等高齿梯形牙嵌离合器齿侧斜面中间线位置

$$e = \frac{T}{2}\tan\frac{\theta}{2} \qquad (6\text{-}1)$$

式中　e——三面刃铣刀侧刃偏离工件中心距（mm）；

　　　T——离合器齿槽深（mm）；

　　　θ——离合器压力角（°）。

（3）铣刀选用的限制条件　铣削等高齿牙嵌离合器时，铣刀的外形尺寸受到工件齿槽宽度、齿部内径尺寸的限制，因此，须在选择铣刀时预先计算铣刀厚度（或立铣刀直径）和外径的许用尺寸，然后按刀具标准进行尺寸圆整。

1）三面刃铣刀厚度（或立铣刀直径）的限制条件计算，如图 6-3 所示，计算公式如下

$$L \leqslant \frac{d}{2}\sin\alpha = \frac{d}{2}\sin\frac{180°}{z} \tag{6-2}$$

式中　d——离合器齿部孔径（mm）；

$\quad\quad$ α——齿槽中心角（°）；

$\quad\quad$ z——离合器齿数。

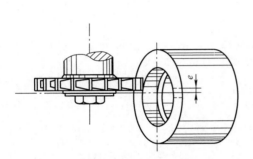

图 6-2　等高齿梯形牙嵌离合器齿侧铣削方法

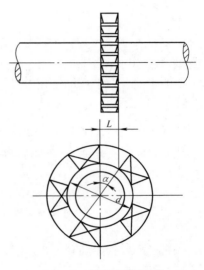

图 6-3　铣刀厚度计算

2）三面刃铣刀直径的限制条件计算，如图 6-4 所示。铣削奇数齿等高齿牙嵌离合器时，铣刀可以通过工件整个端面，三面刃铣刀直径不受限制。铣削偶数齿时，铣刀直径（d_0）必须符合以下限制条件

$$d_0 \leqslant \frac{d^2 + T^2 - 4L^2}{T} \tag{6-3}$$

式中　d——离合器齿部孔径（mm）；

$\quad\quad$ T——离合器齿深（mm）；

$\quad\quad$ L——三面刃铣刀厚度（mm）。

（4）等高齿牙嵌离合器奇数齿与偶数齿铣削的主要区别

1）铣削奇数齿离合器时铣刀厚度受到限制。铣削偶数齿离合器时铣刀厚度与直径均受到限制，齿部孔径较小的离合器若无法满足铣刀直径的限制条件，只能选用立铣刀加工。

2）铣削奇数齿离合器一次能铣出两个侧面，而铣削偶数齿离合器时只能铣出一

项目
6

个齿侧面。由此，奇数齿等高牙嵌离合器因具有较好的工艺性而得到较广泛的应用。

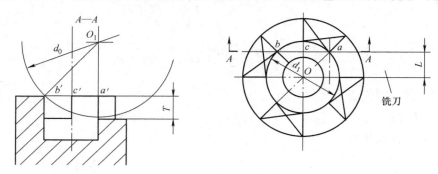

图 6-4 铣刀直径计算

2. 铣削收缩齿牙嵌离合器的基本方法

（1）工件装夹位置 收缩齿牙嵌离合器的齿槽底与工件轴线倾斜一个角度，因此，铣削时通常选用万能分度头装夹工件，使工件轴线与工作台台面形成一个仰角，角度的计算与离合器的压力角、齿数有关。

1）铣削收缩齿三角形牙嵌离合器和收缩齿梯形牙嵌离合器时分度头主轴的仰角计算如下

$$\cos\alpha = \tan\frac{90°}{z}\cot\frac{\theta}{2} \tag{6-4}$$

式中 α——分度头主轴仰角（°）；

z——牙嵌离合器齿数；

θ——牙嵌离合器压力角（°）。

2）铣削收缩齿锯齿形牙嵌离合器时，分度头主轴的仰角计算如下

$$\cos\alpha = \tan\frac{180°}{z}\cot\theta \tag{6-5}$$

（2）铣刀切削位置 收缩齿牙嵌离合器的齿形特点是齿面向工件轴线上一点收缩，因此加工收缩齿三角形牙嵌离合器和收缩齿梯形牙嵌离合器时，铣刀刀齿廓形应对称工件轴线进行铣削；加工收缩齿锯齿形牙嵌离合器时，单角铣刀的端面刃切削平面对准工件轴线进行铣削，使铣出的齿槽各表面的交线延长后汇交于工件轴线上一点。

6.1.4 牙嵌离合器的检验与质量分析方法

1. 检验方法

（1）测量等分精度 矩形牙嵌离合器的等分精度检验，通常是在铣削加工后直接在铣床上用指示表逐一对齿侧进行测量。指示表示值的变动量即为等分精度误差。

（2）测量接触面积　把一对离合器同装在一根标准心轴上，离合器接合后用塞尺或用涂色法检查接触齿数和贴合面积。接触齿数应不小于 50%，贴合面积应不小于 60%。

2. 质量分析

（1）等分精度误差　通常由分度夹具的分度精度、分度操作失误引起。

（2）齿槽形状误差　常由铣刀廓形误差、计算错误与操作失误引起。

（3）齿槽位置误差　一般由仰角计算和操作不准确，偏移量计算、操作失误，划线对刀失误等因素引起。

（4）齿形与工件同轴度误差　由工件与分度头同轴度找正不准确，铣削中工件微量位移等因素引起。

具体运用分析方法时应根据测量的结果，并结合加工的实际情况进行分析判断。

6.2　矩形牙嵌离合器的加工方法

6.2.1　奇数齿矩形牙嵌离合器的加工要点

（1）奇数齿矩形牙嵌离合器的主要加工步骤

1）拟订铣削加工工序过程：预制件检验→安装并调整分度头→安装自定心卡盘，装夹和找正工件→工件端面按齿数等分，划齿侧中心线→计算、选择和安装三面刃铣刀→对刀并调整吃刀量→试切、预检齿侧位置→准确调整齿侧铣削位置和齿深尺寸→依次准确分度和铣削→按图样规定的齿槽中心角铣削齿侧→奇数齿矩形牙嵌离合器铣削工序检验。

2）选择刀具的厚度尺寸：奇数齿矩形牙嵌离合器的铣刀直径不受限制，铣刀厚度受齿部孔径和工件齿数限制。可按式（6-2）计算，也可查阅表 6-2 直接获得铣刀厚度尺寸，在查阅时可按比例查表法，例如工件齿数为 7，齿部孔径为 $\phi 30$mm 时铣刀厚度为 6mm，则当齿部孔径为 $\phi 60$mm 时，铣刀厚度为 12mm。

表 6-2　铣削矩形牙嵌离合器的铣刀厚度　　　　　　　　　　（单位：mm）

工件齿数 z	工件齿部孔径													
	$\phi 10$	$\phi 12$	$\phi 16$	$\phi 20$	$\phi 24$	$\phi 25$	$\phi 28$	$\phi 30$	$\phi 32$	$\phi 35$	$\phi 36$	$\phi 40$	$\phi 45$	$\phi 50$
3	4	5	6	8	10	10	12	12	12	14	14	16	16	20
4	3	4	5	6	8	8	8	10	10	12	12	14	14	16
5		3	4	5	6	6	8	8	8	10	10	10	12	14
6		3	4	5	6	6	6	8	8	8	8	10	10	12
7			3	4	4	6	6	6	6	6	6	8	8	10

（续）

工件齿数 z	工件齿部孔径													
	φ10	φ12	φ16	φ20	φ24	φ25	φ28	φ30	φ32	φ35	φ36	φ40	φ45	φ50
8				3	4	4	5	5	6	6	6	6	8	8
9				3	4	4	4	5	5	6	6	6	6	8
10					3	3	4	4	5	5	5	6	6	6
11					3	3	4	4	4	4	5	5	6	6
12					3	3	3	4	4	4	4	5	5	5
13						3	3	3	3	4	4	4	5	6
14							3	3	3	3	4	4	4	5
15								3	3	3	3	4	4	5

注：当孔径大于 φ50mm 时，可根据表中数值按比例算出。例如齿部孔径为 φ60mm，则查 φ30mm 一列所得数值乘 2 即可；齿部孔径为 φ80mm，则按查 φ40mm 一列所得数值乘 2 即可。

3）检测齿侧面位置：在加工过程中注意应用如图 6-5 所示的方法检测齿侧面是否通过工件轴线。用指示表借助分度头测量齿侧面是否通过工件轴线，测量方法如图 6-5a 所示。图 6-5b 是用千分尺测量齿侧位置的示意。

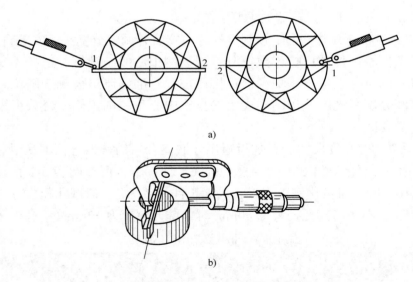

图 6-5　矩形牙嵌离合器齿侧位置测量

a）用指示表借助分度头测量　b）用千分尺测量

4）注意铣刀安装精度：在使用短刀杆铣削加工奇数齿矩形牙嵌离合器时，在不妨碍铣削的情况下，铣刀位置应尽量靠近铣床主轴。

5）检查立式铣床的主轴位置：在立式铣床上加工牙嵌离合器时，需要检测铣床主轴与工作台台面的垂直度，避免齿侧面产生形状误差。

6）铣削加工要点。

① 注意工件的装夹、找正精度，工件装配基准孔应与分度头的主轴同轴。

② 端面通过工件中心的画线要准确、清晰。

③ 试铣对刀要留有余量，即不能将画线全部铣去，待检测齿侧面位置合格后再进行准确的微量调整。

④ 奇数齿矩形牙嵌离合器铣削时一次可铣出两个不同齿的齿侧面，如图 6-6 所示，因此，铣削次数与齿数相等时，等分齿可铣削完成。

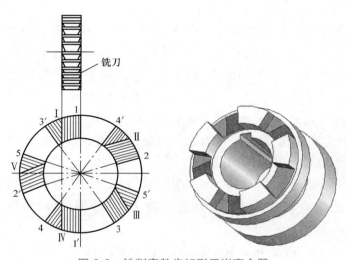

图 6-6　铣削奇数齿矩形牙嵌离合器

⑤ 预检齿的等分精度，可借助指示表和分度头测量，每分度一次，用指示表测量一次，指示表示值的变动量为矩形齿等分误差。

（2）奇数齿矩形牙嵌离合器加工的质量分析要点

1）离合器等分精度差的主要原因可能是：分度头的分度精度差、工件外圆与基准孔不同轴、工件找正不准确、分度操作失误，以及工件因铣削余量较大而微量位移等。

2）齿侧位置不准确的原因可能是：工件外圆与分度头的主轴不同轴、画线不准确、预检测量不准确等。

3）对于齿槽角有要求的离合器，齿槽中心角不符合要求的原因可能是：偏转分度数 Δn 计算错误、角度分度操作失误（偏转方向不对、偏转时未消除分度间隙）等。

6.2.2　偶数齿矩形牙嵌离合器的加工要点

（1）偶数齿矩形牙嵌离合器的主要加工步骤

1）拟订铣削加工工序过程：预制件检验→安装并调整分度头→安装自定心卡盘，装夹和找正工件→工件端面按齿数等分，划齿侧中心线→计算、选择和安装三面刃铣刀→第一次对刀并调整吃刀量→试切、预检齿侧位置→准确调整齿一侧的铣削位置和齿深尺寸→依次准确分度和铣削齿一侧→第二次对刀铣削齿另一侧→按图样标注的齿槽中心角铣削齿侧→偶数齿矩形牙嵌离合器铣削检验。

2）选择刀具的厚度和直径尺寸：偶数齿矩形牙嵌离合器的铣刀直径和铣刀厚度均受齿部孔径、工件齿数、齿深限制。可按式（6-2）、式（6-3）计算，也可查阅表6-2直接获得刀具的厚度，然后按表6-3直接获得铣刀的最大直径尺寸。例如工件齿数为6，齿部孔径为 ϕ40mm 时，查表6-2，铣刀厚度为10mm；当齿深为8mm时，查表6-3，铣刀直径为 ϕ100mm。具体铣刀规格选择 80mm×10mm×27mm 的错齿三面刃铣刀。

3）检测齿侧面位置：在加工过程中注意应用如图6-7所示的方法检测齿侧面是否通过工件轴线。用指示表借助分度头、量块组、升降规测量齿侧面是否通过工件轴线，量块组的尺寸为工件半径的实际尺寸，首先调节升降规高度，用指示表找正量块组上测量面与工件外圆最高点等高，具体方法见图6-7a，然后用指示表测量升降规测量面与齿侧面是否等高，具体方法如图6-7b所示。

4）注意铣刀的安装精度：在使用长刀杆铣削加工偶数齿矩形牙嵌离合器时，应注意调节支架轴承与刀杆轴颈的间隙。

5）检查工作台回转盘的位置：在万能卧式铣床上加工牙嵌离合器时，需要检测铣床主轴与纵向进给方向的垂直度，注意检查工作台回转盘的零位是否对准，避免齿侧面产生形状误差。

表6-3　铣削偶数齿矩形牙嵌离合器的铣刀最大直径　　　（单位：mm）

齿部孔径	齿深 T	齿数 z						
		4	6	8	10	12	14	16
ϕ16	≤3	63	80					
	≤3.5	63*	63					
ϕ20	≤4	63	80	80				
	≤5	63*	63	63				
	≤6	63*	63*	63				
ϕ24	≤4	80	100	100	100	100		
	≤6	63*	63	63	80	80		
	≤10	63*	63	63	63	63		
ϕ30	≤6	80	125	125	125	125	125	
	≤8	63	100	100	100	100	100	
	≤12	63*	63	80	80	80	80	
ϕ35	≤6	100	125	125	125	125	125	125
	≤8	80	100	125	125	125	125	125
	≤14	80*	80	80	80	80	80	80
ϕ40	≤6	100	125	125	125	125	125	125
	≤12	80	100	125	125	125	125	125
	≤18	80*	80	80	80	100	100	100

注：有 * 者，应采用较小宽度规格的铣刀来加工。

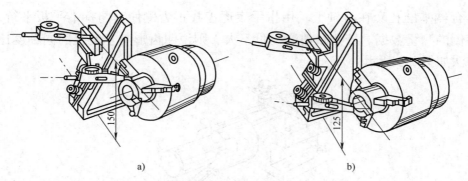

图 6-7 用升降规测量矩形牙嵌离合器齿侧位置

a）升降规测量面找正 b）齿侧位置测量

6）加工操作要点。

① 为了便于观察，在卧式铣床上加工矩形牙嵌离合器时可使用垂向进给，以便于划线、对刀和加工观察。

② 注意偶数齿矩形牙嵌离合器是不能一次铣出两个齿侧面的，铣削加工时用三面刃铣刀的一端侧刃加工各等分齿的同一侧，然后调整横向和分度头转角，用三面刃铣刀的另一端侧刃铣削各等分齿的另一侧，对刀铣削步骤如图 6-8 所示。

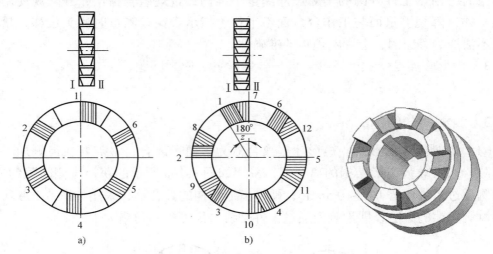

图 6-8 偶数齿矩形牙嵌离合器对刀铣削步骤

a）铣削矩形齿右侧 b）铣削矩形齿左侧

③ 由于加工两个齿侧是分别对刀进行加工的，因此两个齿侧都需要使用图 6-7 所示的方法进行检测，以保证齿侧面通过工件轴线。

（2）偶数齿矩形牙嵌离合器加工的质量分析要点

1）离合器等分精度差的主要原因与奇数齿矩形牙嵌离合器相同。偶数齿矩形牙嵌离合器常出现齿形与基准孔不同轴的现象。检验齿形与工件基准孔的同轴度时，可将离合器基准孔套在心轴上，用指示表逐齿找正齿侧使其与标准平板平行，并记录各齿侧的测量数据。若测量值变动量不大，则说明齿形与基准孔的同轴度比较好。测量方法如图 6-9 所示。

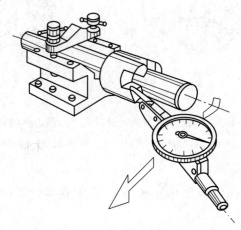

图 6-9　测量矩形牙嵌离合器齿形与基准孔的同轴度

2）齿侧位置不准确的原因除与奇数齿矩形牙嵌离合器类同外，在使用升降规比较测量时，由于工件外圆的实际尺寸测量不准确，量规组合错误，升降规使用操作失误（如升降规测量面与工作台台面不平行、指示表比较测量时测头位移、量块接合面不清洁）等原因，会影响预检的准确性。

3）齿形破坏是偶数齿矩形牙嵌离合器常见的质量问题，主要原因是刀具直径选择不当，或在操作过程中进给距离控制不当等。

6.2.3　齿侧间隙的加工要点

（1）齿侧间隙的形式　矩形牙嵌离合器为了便于离合，常需要在齿侧加工一定的间隙，通常软齿齿形结构的离合器，采用如图 6-10a 所示的获得齿侧间隙的方法，即齿侧超过工件中心 0.1 ~ 0.5mm；硬齿齿形结构的离合器，采用如图 6-10b 所示的获得齿侧间隙的方法，即齿侧面通过工件轴线，齿槽中心角略大 1° ~ 2°。

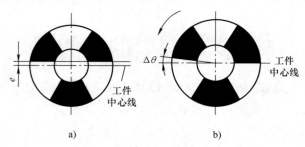

图 6-10　矩形牙嵌离合器获得齿侧间隙的方法

a）偏移中心法　b）偏转角度法

（2）软齿矩形牙嵌离合器齿侧间隙加工要点　软齿矩形牙嵌离合器齿侧主要采用偏移中心法进行加工，如图6-10a所示。在铣刀侧面准确通过工件轴线的基础上，通过调整铣刀侧刃与工件中心的偏移量 e 来达到齿侧超过工件中心的加工要求。在具体加工时，注意结合奇数齿和偶数齿加工齿侧面的基本特点，奇数齿可以同时加工两个齿侧，偶数齿只能加工一个齿侧。对于齿侧间隙的控制，需要通过齿侧偏离中心的尺寸检测和加工位置的调整来确定。

（3）硬齿矩形牙嵌离合器齿侧间隙的加工要点　加工硬齿矩形牙嵌离合器的齿侧主要采用偏转角度法，如图6-10b所示。在铣刀侧面按齿数等分位置准确通过工件轴线的基础上，按图样的规定要求，通过调整分度头的角度，使齿槽侧面偏转角度 $\Delta\theta$ 加工齿侧面。具体加工时，与软齿矩形牙嵌离合器不同的是，只要加工各齿的同一侧面，即可达到齿槽中心角的要求。在进行偏转角度调整时，需要计算偏转角度分度手柄的转数 Δn：$\Delta n=\Delta\theta/9°$。例如 $\Delta\theta=1°$，$n=\theta/9°=1°/9°=6/54r$。

6.3　梯形牙嵌离合器的加工方法

6.3.1　等高齿梯形牙嵌离合器的加工要点

（1）等高齿梯形牙嵌离合器的主要加工步骤

1）齿形和齿侧加工要求分析：齿顶线 b 与槽底线 a 平行于中间线 c，齿侧斜面中间线 c 通过工件中心，如图6-11所示。压力角为16°，齿侧斜角为8°。

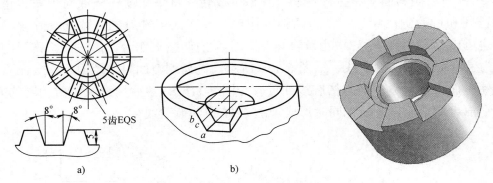

图6-11　等高齿梯形牙嵌离合器齿形特点分析示例

a）局部齿形图　b）齿形特点分析

2）拟订等高齿梯形牙嵌离合器铣削加工工序过程：预制件检验→安装并调整分度头→安装自定心卡盘→装夹和找正工件→工件表面画偏离中心 e 尺寸的齿侧线→计算、选择和安装三面刃铣刀→对刀并调整吃刀量→试切、预检齿侧偏离位置→等分铣削齿槽→调整立铣头转角→齿侧对刀，依次铣削齿侧→等高齿梯形牙嵌离合器铣削工序检验。

3）计算刀具厚度：等高齿梯形牙嵌离合器铣刀的厚度受齿部孔径、工件齿数、齿深和压力角的限制。以图 6-11a 所示的齿形为例，计算方法与矩形牙嵌离合器类似。

$$L \leqslant b = \frac{d}{2}\sin\frac{180°}{z} - 2\times\frac{T}{2}\tan\frac{\theta}{2}$$

$$= \frac{30}{2}\sin\frac{180°}{5}\text{mm} - 2\times\frac{5}{2}\tan\frac{16°}{2}\text{mm} = 8.114\text{mm}$$

可选择 63mm×6mm×22mm 的错齿三面刃铣刀。

4）计算过渡齿侧偏离中心距离：在工件端面画线和检测过渡侧面加工位置时，均需要预先计算铣刀侧刃偏离中心的距离 e。

$$e = \frac{T}{2}\tan\frac{\theta}{2} = \frac{5}{2}\times\tan\frac{16°}{2}\text{mm} = 0.3514\text{mm}$$

在工件端面先画出中心线（图 6-11b），然后按 0.35mm 升高或降低游标高度卡尺，画出偏离中心的过渡侧面对刀线；检测过渡侧面加工位置时，也按偏离中心距进行。

5）铣削加工要点。

① 依次铣削底槽：找正工件端面的对刀划线使其与工作台台面平行，调整工作台垂向，使三面刃铣刀侧刃对准工件端面的画线，如图 6-12 所示。按 5 等分依次铣削留有斜面余量的过渡齿侧和底槽，与矩形牙嵌离合器相同，铣刀可通过整个端面，5 次横向进给可铣出全部齿槽。

② 铣削齿侧斜面：根据齿侧斜度（8°）扳转立铣头角度；槽底对刀时，将已铣出的槽底和过渡侧面涂色，纵向调整工作台，使三面刃铣刀的尖角处恰好与槽底接平，也可以稍留一些缝隙，如图 6-13a 所示。垂向调整工作台，使三面刃铣刀的侧刃接触过渡侧面与端面的交线，如图 6-13b 所示。铣齿侧斜面时，调整工作台的垂向位置，使三面刃铣刀尖角处与槽底线 a 重合（图 6-11b），然后用铣削底槽相同的方法，铣削全部齿侧斜面，此时也同时形成了图 6-11 中的齿顶线 b。

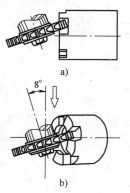

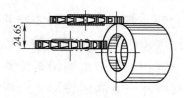

图 6-12 梯形齿底槽铣削对刀　　　　图 6-13 槽底与齿侧对刀示意

6）铣削注意事项。

① 按偏距 e 调整铣刀侧刃铣削位置时，实际铣削出的过渡侧面与工件轴线的距离应略大于 e，以使等高齿梯形牙嵌离合器的齿顶略大于槽底，可保证齿侧斜面在啮合时接触良好。

② 由于齿侧斜面角度较小，铣削时应对吃刀量进行估算。本例垂向升高 0.1mm，斜面沿轴向增加大约 0.75mm。具体操作时，可微量升高工作台进行试铣，若齿侧对刀准确，总升高量约为 $2e$。

③ 槽底对刀时应采用贴薄纸对刀的方法，使铣刀尖角与槽底略有间距（在 0.05mm 以内），以免对刀时铣坏槽底。

④ 铣削两个啮合的工件时，齿槽深度、齿侧斜面控制与偏距 e 的调整应尽可能一致，以使两个梯形牙嵌离合器的齿侧接触良好。

（2）等高齿梯形牙嵌离合器加工的质量分析要点　除与矩形牙嵌离合器类同的质量问题外，常见的问题有以下几点：

1）压力角产生误差的原因：立铣头角度调整误差大，偏移距离计算错误，对刀操作错误，样板或角度量具测量误差等。

2）啮合后齿顶间隙较大的主要原因是偏距 e 值计算错误或对刀不准确等使实际偏距过大。

3）齿侧间隙过大的主要原因：单个离合器配作时，斜面角度与原件偏差较大、偏距 e 值计算错误或实际偏距过小、铣削齿侧斜面过量等。

6.3.2　收缩齿梯形牙嵌离合器的加工要点

（1）收缩齿梯形牙嵌离合器的主要加工步骤

1）拟订铣削加工工序过程：预制件检验→安装分度头、自定心卡盘→装夹和找正工件→工件表面画线→计算、改制和安装铣刀→计算、调整分度头仰角→对刀并调整吃刀量→试切、预检齿槽位置→依次等分铣削齿槽→收缩齿梯形牙嵌离合器铣削工序检验。

2）选择或改制刀具：收缩齿梯形牙嵌离合器铣刀廓形与压力角有关（图 6-14），收缩齿梯形牙嵌离合器的齿侧延长相交后的形状即为尖齿形状。因此，如果没有专用的成形铣刀，可用对称双角铣刀改制。例如，铣削如图 6-15 所示的收缩齿梯形牙嵌离合器，铣刀顶部宽度 L 可按下式计算：

$$L = D\sin\frac{90°}{z} - T\tan\frac{\theta}{2}$$

$$= 60 \times \sin\frac{90°}{9} - 10 \times \tan\frac{60°}{2}\ \text{mm} = 4.65\text{mm}$$

若选择外径为 $\phi75$mm，夹角为 $60°$ 的对称双角铣刀改制，顶刃宽度可略小于计算值，取 4.50mm，修磨改制而成的铣刀如图 6-16 所示。

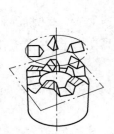

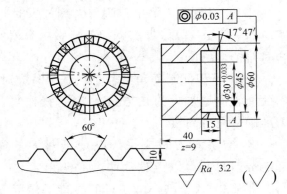

图 6-14　收缩齿梯形牙嵌离合器的齿形特点　　　　图 6-15　收缩齿梯形牙嵌离合器

3）安装分度头计算仰角：安装分度头，找正分度头主轴使其与纵向进给方向和工作台台面平行。计算分度头仰角 α。

$$\cos\alpha = \tan\frac{90°}{z}\cot\frac{\theta}{2} = \tan\frac{90°}{9}\times\cot\frac{60°}{2} = 0.3054$$

$$\alpha = 72°13'$$

4）工件端面画线：按铣刀顶部宽度在工件端面先画出中心线，然后按 2.5mm 升高或降低游标高度卡尺，用分度头转过 180° 的方法画出对称中心和距离大于铣刀顶部宽度的两条对刀线，工件端面画线后按计算值 α 调整分度头仰角。

5）调整工作台：使铣刀顶刃处于工件端面平行画线的中间。微量上升垂向，切出浅痕（图 6-17）。观察切痕至对刀平行线的距离是否相等，若不等可通过调整横向予以纠正。

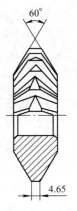

图 6-16　改制的收缩齿梯形牙嵌离合器成形铣刀

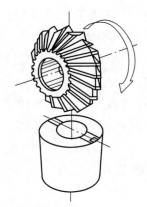

图 6-17　划线对刀

（2）铣削操作的注意事项

1）铣刀改制时，通常需在磨床上进行，手工刃磨无法达到要求。顶刃的后角约为 10°，不宜过大，以免影响刀齿强度。

2）检验预制件时，对齿部端面的内锥面角度也需注意检验，否则，若预制件的端面内锥角度误差大，会影响离合器的啮合。

3）采用画线对刀法时，因画线时分度头水平放置，对刀时分度头已扳转仰角，在扳转过程中可能会使画线有微量的角位移。因此，对刀前可用大头针重新复核画线是否与工作台纵向平行。

4）角度铣刀的刀齿强度比较差，刀尖容易损坏，铣削过程中应加注切削液。进给时，先用手动进给，然后再使用机动进给。

（3）收缩齿梯形牙嵌离合器加工质量要点分析　除与等高齿梯形牙嵌离合器类同的质量问题外，常见的问题有以下两点：

1）啮合后齿顶间隙较大的主要原因是齿顶宽度尺寸计算错误或刀具改制后的顶刀尺寸不准确、齿槽深度过浅等。

2）齿侧间隙过大的主要原因是：单个离合器配作时，压力角与原件偏差较大，铣刀实际角度大于计算角度、齿深增大、齿顶宽度过小等。

6.4　正三角形与锯齿形牙嵌离合器的加工方法

6.4.1　正三角形牙嵌离合器的加工要点

（1）正三角形牙嵌离合器的主要加工步骤

1）拟订正三角形牙嵌离合器铣削的加工工序过程：预制件检验→安装分度头、自定心卡盘→装夹和找正工件→选择、安装铣刀→计算、调整分度头仰角→对刀并调整吃刀量→试切、预检齿槽位置→依次等分铣削齿槽→正三角形牙嵌离合器铣削工序检验。

2）安装分度头和自定心卡盘：安装分度头，找正分度头主轴使其与纵向进给方向和工作台台面平行，然后按计算值扳转仰角。例如加工图 6-18 所示的正三角形牙嵌离合器，计算分度头仰角。

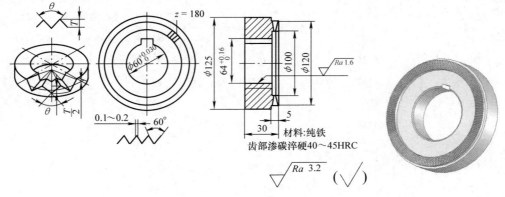

图 6-18　正三角形牙嵌离合器

$$\cos \alpha = \tan \frac{90°}{z} \cot \frac{\theta}{2} = \tan \frac{90°}{180} \times \cot \frac{60°}{2} = 0.01511$$

$$\alpha = 89°8'$$

为避免烦琐的计算，可查表 6-4 获得分度头的主轴仰角 α 值。

表 6-4　铣削正三角形和收缩齿梯形牙嵌离合器时分度头的主轴仰角 α 值

齿数 z	双角铣刀角度 θ			
	40°	45°	60°	90°
5	26°47′	38°20′	55°45′	71°2′
6	42°36′	49°42′	62°21′	74°27′
7	51°10′	56°34′	66°43′	76°48′
8	56°52′	61°18′	69°51′	78°32′
9	61°1′	64°48′	72°13′	79°51′
10	64°12′	67°31′	74°5′	80°53′
11	66°44′	69°41′	75°35′	81°44′
12	68°48′	71°28′	76°49′	82°26′
13	70°31′	72°57′	77°52′	83°2′
14	71°58′	74°13′	78°45′	83°32′
15	73°13′	75°18′	79°31′	83°58′
16	74°18′	76°15′	80°11′	84°21′
17	75°15′	77°4′	80°46′	84°21′
18	76°5′	77°48′	81°17′	84°59′
19	76°50′	78°28′	81°45′	85°15′
20	77°31′	79°3′	82°10′	85°29′
21	78°7′	79°35′	82°33′	85°42′
22	78°40′	80°3′	82°53′	85°54′
23	79°10′	80°30′	83°12′	85°5′
24	79°38′	80°54′	83°29′	86°15′
25	80°3′	81°16′	83°45′	86°24′
26	80°26′	81°36′	83°59′	86°32′
27	80°48′	81°55′	84°13′	86°40′
28	81°7′	82°12′	84°25′	86°47′
29	81°26′	82°29′	84°37′	86°54′
30	81°43′	82°44′	84°48′	86°60′
31	81°59′	82°58′	84°58′	87°6′
32	82°15′	83°11′	85°7′	87°11′

（续）

齿数 z	双角铣刀角度 θ			
	40°	45°	60°	90°
33	82°29′	83°24′	85°16′	87°16′
34	82°42′	83°35′	85°24′	87°21′
35	82°55′	83°47′	85°32′	87°26′
36	83°7′	83°57′	85°40′	87°30′
37	83°18′	84°7′	85°47′	87°34′
38	83°29′	84°16′	85°54′	87°38′
39	83°39′	84°25′	85°60′	87°41′
40	83°48′	84°33′	86°6′	87°45′
41	83°57′	84°41′	86°12′	87°48′
42	84°6′	84°49′	86°17′	87°51′
43	84°14′	84°56′	86°22′	87°54′
44	84°22′	85°3′	86°27′	87°57′
45	84°30′	85°10′	86°32′	87°60′
46	84°37′	85°16′	86°36′	88°3′
47	84°44′	85°22′	86°41′	88°5′
48	84°50′	85°28′	86°45′	88°7′
49	84°57′	85°34′	86°49′	88°10′
50	85°3′	85°39′	86°53′	88°12′
51	85°9′	85°44′	86°56′	88°14′
52	85°14′	85°49′	87°0′	88°16′
53	85°20′	85°54′	87°3′	88°18′
54	85°25′	85°58′	87°7′	88°20′
55	85°30′	86°3′	87°10′	88°22′
56	85°35′	86°7′	87°13′	88°24′
57	85°39′	86°11′	87°16′	88°25′
58	85°44′	86°15′	87°19′	88°27′
59	85°48′	86°19′	87°21′	88°28′
60	85°52′	86°23′	87°24′	88°30′
61	85°57′	86°26′	87°27′	88°31′
62	86°0′	86°30′	87°29′	88°33′
63	86°4′	86°33′	87°31′	88°34′
64	86°8′	86°36′	87°34′	88°36′

（续）

齿数 z	双角铣刀角度 θ			
	40°	45°	60°	90°
65	86°12′	86°39′	87°36′	88°37′
66	86°15′	86°42′	87°38′	88°38′
67	86°18′	86°45′	87°40′	88°39′
68	88°22′	86°48′	87°42′	88°41′
69	86°25′	86°51′	87°44′	88°42′
70	86°28′	86°54′	87°46′	88°43′
75	86°42′	87°6′	87°55′	88°48′
80	86°54′	87°17′	88°3′	88°52′
85	87°5′	87°27′	88°10′	88°56′
90	87°15′	87°35′	88°16′	88°60′
95	87°24′	87°43′	88°22′	89°3′
100	87°32′	87°50′	88°26′	89°6′
105	87°39′	87°56′	88°31′	88°9′
110	87°45′	88°1′	88°35′	89°11′
115	87°51′	88°7′	88°39′	89°13′
120	87°56′	88°11′	88°42′	89°15′
125	88°1′	88°16′	88°45′	89°17′
130	88°6′	88°20′	88°48′	89°18′
135	88°10′	88°23′	88°51′	89°20′
140	88°14′	88°27′	88°53′	89°21′
145	88°18′	88°30′	88°55′	89°23′
150	88°21′	88°33′	88°58′	89°24′
155	88°24′	88°36′	88°60′	89°25′
160	88°27′	88°39′	89°2′	89°26′
165	88°30′	88°41′	89°3′	89°27′
170	88°33′	88°43′	89°5′	89°28′
175	88°35′	88°46′	89°7′	89°29′
180	88°38′	88°48′	89°8′	89°30′
185	88°40′	88°50′	89°9′	89°31′
190	88°42′	88°51′	89°11′	89°32′
195	88°44′	88°53′	89°12′	89°32′
200	88°46′	88°55′	89°13′	89°33′

3）切痕对刀调整铣削位置：先目测（或通过工件端面预划的中心线）使铣刀刀尖对准工件中心，并以 0.1mm 左右的深度试切一刀，工件回转 180° 后再切一刀，如果两条切痕不重合，则应将工作台横向移动 $\Delta s=a/2$，如图 6-19 所示。

（2）铣削操作的注意事项

1）用同一把角度铣刀铣削成对的正三角形牙嵌离合器，以提高啮合精度和接触面积。

2）选择刀尖锋利、刀尖圆弧半径尽可能小的双角铣刀，并使铣出的齿顶大于齿槽槽底宽度。由于铣刀安装和刃磨精度等原因，实际铣出的槽底圆弧会大于铣刀刀尖圆弧，因此在试铣预检时应注意观察槽底圆弧是否会影响齿侧接触。在铣削过程中，应注意保护刀尖，防止因铣削振动、切削热等因素损坏刀尖而影响加工质量。采用切痕对刀时，应注意切痕深度，以免刀尖圆弧影响对刀精度，从而影响齿形的位置精度。

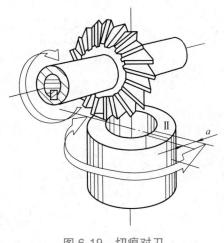

图 6-19　切痕对刀

3）对接触精度要求较高的正三角形牙嵌离合器，应对角度铣刀的廓形角进行检测。若角度偏差较大，应进行修磨，以符合压力角的要求。

4）目测预检齿顶宽度时，应考虑到齿顶内锥面的锥度和形状误差，一般以外径处略宽一些为好，若内外宽度偏差较大，则应检查分度头的主轴仰角是否有变动。

5）正三角形牙嵌离合器齿多而密，齿形也较小，因此除选用较高精度的分度头、精确找正工件外，分度操作应特别仔细，并应防止分度盘、分度定位销和分度叉松动，以免影响分度精度，造成废品。

（3）正三角形牙嵌离合器加工质量的要点分析　除与收缩齿梯形牙嵌离合器类同的质量问题外，常见的问题有以下几点：

1）无法啮合的主要原因可能是：配作离合器的实际压力角与原离合器误差过大、齿形与预制件不同轴、齿等分误差大等。

2）单侧啮合的主要原因可能是：对刀误差大，齿形偏向一侧。

3）接触面积小的主要原因可能是：表面粗糙度值偏大、槽底圆弧半径较大、工件齿深不一致等。

6.4.2　锯齿形牙嵌离合器的加工要点

（1）锯齿形牙嵌离合器的主要加工步骤

1）拟订锯齿形牙嵌离合器铣削加工工序过程：与正三角形牙嵌离合器相同。

2）分析图样中的齿形特点：加工如图 6-20 所示的锯齿形牙嵌离合器，锯齿的

齿数 $z = 40$，在圆周上均布；齿部孔径为 $\phi 85\text{mm}$，外径为 $\phi 100\text{mm}$，外圆柱面的齿高由齿顶宽度 0.2mm 控制；压力角为 70°，整个齿形向轴线上一点收缩，见表 6-1。一面齿侧与轴线平行，另一面齿侧倾斜，齿形展开，呈锯齿状。

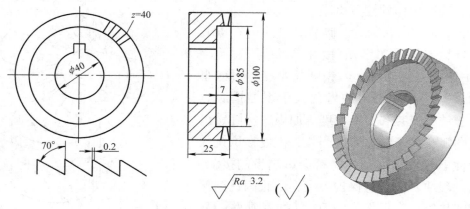

图 6-20　锯齿形牙嵌离合器

3）安装分度头，找正分度头主轴使其与纵向进给方向和工作台台面平行，按计算值扳转分度头仰角。计算分度头仰角 α

$$\cos\alpha = \tan\frac{180°}{z}\cot\theta = \tan\frac{180°}{40}\times\cot 70° = \tan 4°30'\times\cot 70° = 0.028644$$

$$\alpha = 88°20'$$

为避免烦琐的计算，可查有关数据表获得分度头的主轴仰角 α 值。

4）画线与对刀试切：在工件端面画出水平中心线（图 6-21a），画线后通过分度使工件准确转过 90°；对刀试铣如图 6-21b 所示，使铣刀端面刃对准中心画线，试切后微量横向调整，使铣出的直齿面通过工件轴线。

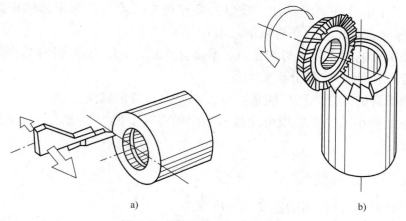

a)

b)

图 6-21　划线对刀与对刀试铣

a）划线　b）对刀试铣

5）估算齿深时，按工件外径 D、槽形角 θ、齿数 z、齿顶宽度 0.2mm 计算：

$$T = \left(\frac{\pi D}{z} - 0.2\text{mm}\right)\cot\theta$$

$$= \left(\frac{3.1416 \times 100}{40}\text{mm} - 0.2\text{mm}\right)\cot 70°$$

$$= 7.654\text{mm} \times 0.364 = 2.786\text{mm}$$

6）铣削操作的注意事项。除了与正三角形牙嵌离合器类似的注意点外，还需注意：单角铣刀有切向的区别，选择时应根据离合器锯齿形的方向（本例是离合器逆时针旋转啮合，顺时针旋转脱开）、铣刀铣削位置和方向进行选择。

（2）锯齿形牙嵌离合器加工质量的要点分析 除与正三角形牙嵌离合器类同的质量问题外，常见的有以下几点：

1）啮合作用方向不对的主要原因可能是：图样分析错误、铣刀切向选择错误、铣刀切削位置错误等。

2）啮合作用面接触面积较小的主要原因可能是：对刀误差大、画线错误、分度头主轴扳转仰角后画线与纵向不平行等。

6.5 螺旋形牙嵌离合器加工

6.5.1 小导程端面螺旋面的铣削工艺特点

螺旋形牙嵌离合器的螺旋侧面，常采用小导程螺旋面，即导程小于 17mm 的螺旋面。小导程端面螺旋面具有以下铣削加工特点：

（1）基本特征与加工方法 小导程端面螺旋面属于端面直线螺旋面，其导程 $P_{\text{h}} < 17\text{mm}$，通常在立式铣床上采用立铣刀，用分度头装夹工件，并在分度头和工作台纵向丝杠之间配置交换齿轮进行加工。

（2）铣削加工难点 当导程 $P_{\text{h}} < 17\text{mm}$ 时，由分度头交换齿轮比公式 $i = 40P_{\text{丝}}/P_{\text{h}}$ 可知，交换齿轮的传动比比较大，若采用侧轴交换齿轮法，会使交换齿轮难以啮合。为了缩小交换齿轮的传动比，通常可采用以下方法：

1）组合分度头交换齿轮法，如图 6-22 所示。组合分度头是采用两个分度头一正一反地组合安装，其中甲分度头装夹工件，乙分度头装夹一根心轴，用来安装交换齿轮。甲、乙分度头的交换齿轮轴对装，用 A、B 两个齿轮连接，一般 $i_{\text{AB}}=1$。分度头一正一反安装，使传动系统达到了缩小传动比的目的。交换齿轮的计算可用以下公式

$$\frac{z_1 z_3}{z_2 z_4} = \frac{P_{\text{丝}}}{P_{\text{h}}} \tag{6-6}$$

273

式中　z_1、z_3——主动交换齿轮；

　　　　z_2、z_4——从动交换齿轮；

　　　　$P_{丝}$——工作台纵向丝杠螺距（mm）；

　　　　P_h——端面螺旋面导程（mm）。

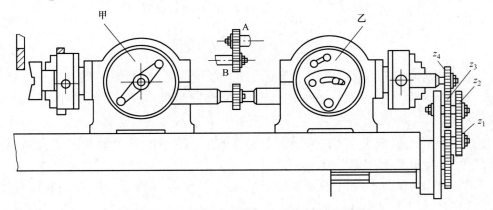

图 6-22　用双分度头铣削加工小导程端面螺旋面

　　如果适当选取 i_{AB} 的数值，还可以加工更小导程的端面螺旋面。采用双分度头交换齿轮法加工端面小导程螺旋面，由于乙分度头是反装的，因此不能用工作台纵向机动或手动进给进行铣削，只能用手摇甲分度头手柄进行加工。具体操作时和使用一个分度头一样，操作简便、分度准确。

　　2）分度头主轴交换齿轮法，如图 6-23 所示。采用主轴交换齿轮法，将交换齿轮直接配置在主轴交换齿轮轴和纵向丝杠之间，从而达到缩小传动比的目的。交换齿轮的计算可沿用式（6-6）。采用分度头主轴交换齿轮法铣削端面小导程螺旋面时，应摇动分度头手柄进行加工，不可采用纵向进给。在加工多头等导程的螺旋面时，因原有的分度机构已失去作用，因此须在分度头主轴上加设分度装置进行分度。

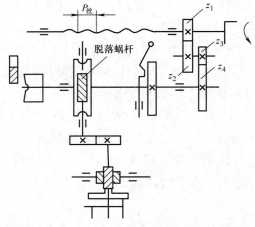

图 6-23　用分度头主轴交换齿轮法铣削端面小导程螺旋面

6.5.2　小导程螺旋形牙嵌离合器的加工要点

（1）铣削加工的主要步骤

1）按螺旋形牙嵌离合器图样参数计算螺旋面导程。

2）按导程计算交换齿轮。

3）选择铣削方法，安装分度头，若采用主轴交换齿轮法，须加设主轴分度装置。

4）配置交换齿轮。

5）验证导程。

6）选择、安装铣刀。

7）装夹、找正工件。

8）调整铣刀的加工位置，保证齿侧螺旋面的位置精度。如图 6-24a 所示，离合器的螺旋面属于端面直线螺旋面，铣刀切削位置应该在 G 点上，如图 6-24b、c 所示。操作时，铣刀对中后应偏移一段距离进行铣削，偏移方向按螺旋方向确定，偏移量 e 按下式计算：

$$e = r_0 \sin\left[0.5\left(\gamma_D + \gamma_d\right)\right] \tag{6-7}$$

式中　r_0——铣刀半径（mm）；

　　　γ_D——工件齿部外径处的螺旋升角（°）；

　　　γ_d——工件齿部内径处的螺旋升角（°）。

9）工件端面划线，确定、调整离合器螺旋面的铣削位置。

10）铣削加工螺旋面。

11）检验螺旋面的起始和终点位置以及升高量等。

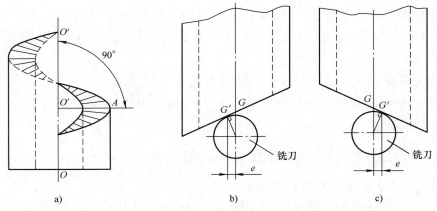

图 6-24　端面螺旋面的特征和铣削位置

a）直线螺旋面　b）右螺旋面铣削位置　c）左螺旋面铣削位置

（2）铣削精度控制要点　用双分度头法铣削加工如图 6-25 所示的单作用螺旋形牙嵌离合器，铣削精度控制可参照以下方法：

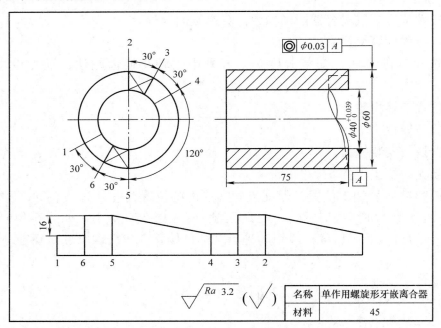

图 6-25　单作用螺旋形牙嵌离合器

1）铣削齿槽和径向齿侧时，应脱开分度头交换齿轮，齿侧的精度控制方法与铣削矩形牙嵌离合器时相同，分度操作由装夹工件的分度头实现。

2）铣削螺旋面时，立铣刀的轴线应与工件轴线垂直相交。

3）铣削螺旋面时，铣削进给由手摇安装工件的分度头手柄带动分度盘进行铣削。

4）螺旋面的起始和终止位置由主轴上的刻度盘对零线、孔盘对壳体同时控制，调整时可拔出分度手柄，使分度手柄相对孔盘转过一定孔距，以改变螺旋面与齿顶面的交线位置。

5）铣削螺旋面应留有一定余量，铣削方向应保持逆铣。

6）再一次调整深度并精铣两个螺旋面，中间由分度头作 180° 分度，直至恰好铣到所划的齿顶线为止。

6.5.3　小导程螺旋形牙嵌离合器检验与质量分析

（1）螺旋形牙嵌离合器检验（图 6-25）

1）槽底和齿顶角度在机床上可用游标高度卡尺安装精度较高的划线头进行检验。卸下工件后，可在工具显微镜上进行夹角测量。

2）螺旋面的导程检验可在分度头上检测，测量时，将指示表测头与螺旋面接触，指示表的示值会随工件的转动而变化。根据图样数据计算，本例工件准确转过120°，螺旋面升高量为 16mm。

3）工件径向齿侧的检验与矩形牙嵌离合器相同。

（2）螺旋形牙嵌离合器加工质量要点分析（图 6-25）　对于小导程螺旋形牙嵌离合器的铣削，实质上是圆柱端面小导程螺旋面铣削，其加工质量分析要点如下：

1）导程偏差大的原因：交换齿轮计算、配置、安装错误；导程预检不准确、组合分度头的型号不一致、机床精度检验误差（如工作台丝杠磨损不均匀误差、导轨镶条调整间隙不当）等。

2）螺旋面形状、位置误差的原因：立铣刀圆柱度误差、铣床主轴轴线与工作台台面不垂直、铣床主轴与工件回转轴线垂直相交位置不准确、分度头安装找正误差等。

3）螺旋面的表面粗糙度值偏差大的原因：铣削用量不当、铣刀刃磨质量差或中途操作不当导致刃口损坏、手动进给操作不当、铣床主轴锥孔径向圆跳动误差、铣刀安装精度差、铣削方向不对、传动系统间隙过大等。

6.6 牙嵌离合器加工技能训练实例

技能训练 1　偶数齿矩形牙嵌离合器加工

重点与难点：重点掌握偶数齿矩形牙嵌离合器铣削方法；难点为刀具选择计算及铣削位置调整操作：

1. 偶数齿矩形牙嵌离合器加工工艺准备

加工如图 6-26 所示滑套式偶数齿矩形牙嵌离合器，须按以下步骤进行工艺准备：

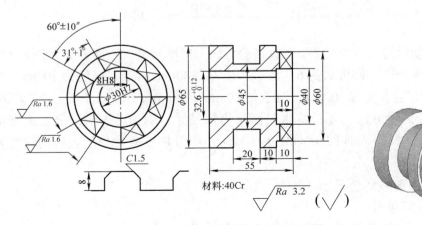

图 6-26　滑套式偶数齿矩形牙嵌离合器

（1）分析图样

1）齿部尺寸分析。

① 矩形齿齿数 $z = 6$，在圆周上均布，齿端倒角 $C1.5mm$。

② 齿部孔径为 $\phi 40mm$，外径为 $\phi 60mm$，齿高为 8mm。

2）齿形和齿侧加工要求分析：齿槽中心角大于齿面中心角，齿侧面要求通过工件轴线，属于硬齿齿形，本例齿槽中心角大 1°~2°。若是软齿齿形，一般是齿侧超过工件中心 0.1~0.5mm，如图 6-10 所示。

3）材料分析：40Cr 合金结构钢，切削性能较好，齿部加工后高频淬硬，硬度为 48HRC。

4）形体分析：中间具有拨叉槽的套类零件，采用自定心卡盘装夹工件。

（2）拟订加工工艺与工艺准备

1）拟订偶数齿矩形牙嵌离合器加工工序过程：根据加工要求和工件外形，在卧式铣床上用分度头加工。铣削加工工序过程：预制件检验→安装并调整分度头→安装自定心卡盘，装夹和找正工件→工件表面画 12 等分齿侧中心线→计算、选择和安装三面刃铣刀→第一次对刀并调整进刀量→试切、预检齿侧位置→准确调整齿一侧铣削位置和齿深尺寸→依次准确分度和铣削齿一侧→第二次对刀铣削齿另一侧→按 $31°^{+2°}_{+1°}$ 齿槽中心角铣削齿侧→偶数齿矩形牙嵌离合器铣削检验。

2）选择铣床和工件装夹方法：选用 X6132 型或类似的卧式铣床加工，用 F11125 型分度头分度，采用自定心卡盘装夹工件。

3）选择刀具：偶数齿矩形牙嵌离合器铣刀直径和铣刀厚度均受齿部孔径、工件齿数、齿深限制，按公式计算。

$$L \leqslant b = \frac{d}{2}\sin\frac{180°}{z} = \frac{40}{2}mm \times \sin\frac{180°}{6} = 10mm$$

$$d_0 \leqslant \frac{d^2 + T^2 - 4L^2}{T} = \frac{40^2 + 8^2 - 4 \times 10^2}{8}mm = 158mm$$

为了避免烦琐计算，可查阅表 6-2 直接获得铣刀厚度尺寸，查阅表 6-3 直接获得铣刀直径尺寸。本例查得工件齿数为 6，齿部孔径为 $\phi 40mm$ 时铣刀厚度为 10mm，当齿深为 8mm 时，铣刀直径为 $\phi 100mm$。现选择 80mm × 10mm × 27mm 的错齿三面刃铣刀。

4）选择检验测量方法：用游标卡尺测量齿深尺寸，用指示表借助分度头测量齿侧面是否通过工件轴线，测量方法如图 6-7 所示。等分精度通过指示表借助精度较高的分度头检验。

2.偶数齿矩形牙嵌离合器加工

1）铣削齿右侧对刀。

① 横向第一次对刀时，找正工件端面的中心划线与工作台台面垂直，调整工作

台横向，使三面刃铣刀侧刃 I 对准工件端面的画线，如图 6-8 所示。

②纵向对刀时，调整工作台，使三面刃铣刀圆周刃恰好擦到工件端面。

2）试铣、预检：按齿深 7mm、齿侧距划线 0.3～0.5mm 距离试铣一齿侧。试铣一齿侧后，用游标卡尺测量齿深，用指示表借助分度头测量侧面位置。测量时，如图 6-7 所示，将齿侧面水平朝上，用指示表测得工件外圆与升降规量规上平面等高，然后用指示表比较测量升降规测量面和齿侧面。若指示表示值一致，表示齿侧通过工件轴线。若示值有偏差，指示表示值差即为横向移动值，移动时，须注意调整方向。本例预检后，侧面指示表示值比升降规高 0.4mm，则横向调整后应使齿侧铣除 0.4mm，以使齿侧通过工件轴线。齿深 6.9mm，纵向加深进给量 1.10mm。

3）依次铣削矩形齿右侧：按 6 等分依次铣削齿右侧 1、2、3、4、5、6，如图 6-8a 所示。铣削时注意不能通过整个端面，防止切伤对面齿。

4）铣削齿左侧对刀：根据左侧铣削位置，将工作台横向移动一个工件已铣削槽宽的距离，使铣刀侧刃 II 对准工件轴心，分度头转过一个齿槽角 $\dfrac{180°}{z}=30°$，$n=\dfrac{1}{2}\times\dfrac{40}{z}=3\dfrac{18}{54}$r。为保证齿槽中心角，调整时可增加和减少 1°～2°，此时 $n=\dfrac{31°}{9°}=3\dfrac{24}{54}$r。

5）依次铣削矩形齿左侧：按 6 等分依次铣削齿左侧 7、8、9、10、11、12。

3. 偶数齿矩形牙嵌离合器检验与质量要点分析

（1）偶数齿矩形牙嵌离合器检验

1）齿侧位置和接触面积检验：齿侧位置检验与预检方法相同，本例接触齿数应在 3 个以上，接触面积应在 60% 以上。除采用涂色法检验接触齿数和面积外，还可将一对离合器同装在一根标准圆棒上，接合后用塞尺进行检测，如图 6-27 所示。若有中心角要求，可借助分度头用指示表测量。

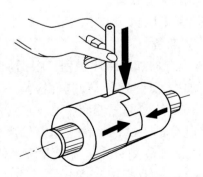

图 6-27　用塞尺检测矩形牙嵌离合器接触齿数和面积

2）等分精度检验的方法与奇数齿相同。齿形与工件基准孔的同轴度测量时，可将离合器基准孔套在心轴上，用指示表逐齿找正齿侧与标准平板平行，并记录各齿侧测量数据，若测量值变动量不大，即齿形与基准孔的同轴度比较好。测量方法如图 6-9 所示。

（2）偶数齿矩形牙嵌离合器加工质量要点分析

1）离合器等分精度差的主要原因可能是：分度头分度精度差，工件外圆与基准孔不同轴，工件找正不准确，分度操作失误，工件因铣削余量较大发生微量位移等。

2）齿侧位置不准确的原因可能是：工件外圆与分度头主轴不同轴，划线不准确，预检测量不准确等。在使用升降规比较测量时，由于工件外圆实际尺寸测量不准确、量规组合错误，升降规使用操作失误（如升降规测量面与工作台台面不平行、指示表比较测量时测头位移、量块接合面不清洁）等原因，会影响预检的准确性。

3）齿槽中心角不符合要求的原因可能是：Δn 计算错误，角度分度操作失误（偏转方向不对、偏转时未消除分度间隙）等。

技能训练 2　等高齿梯形牙嵌离合器加工

重点与难点：重点掌握等高齿梯形牙嵌离合器的铣削方法；难点为齿侧斜面铣削位置的调整操作。

1. 等高齿梯形牙嵌离合器加工工艺准备

加工如图 6-28 所示等高齿梯形牙嵌离合器，须按以下步骤进行工艺准备：

（1）分析图样

1）齿部尺寸分析。

① 梯形齿齿数 $z = 5$，在圆周上均布。

② 齿部孔径为 $\phi 30mm$，外径为 $\phi 50mm$，齿高为 $6^{+0.30}_{0}$ mm。

2）齿形和齿侧加工要求分析：齿顶线 b 与槽底线 a 平行于中间线 c，齿侧斜面中间线 c 通过工件中心，如图 6-11 所示。压力角为 10°，齿侧斜角为 5°。

3）材料分析：45 钢，切削性能较好。

4）形体分析：套类零件，采用自定心卡盘装夹工件。

（2）拟订加工工艺与工艺准备

1）拟订等高齿梯形牙嵌离合器加工工序过程：根据加工要求和工件外形，在立式铣床上用分度头加工。铣削加工工序过程：预制件检验→安装并调整分度头→安装自定心卡盘→装夹和找正工件→工件表面画偏离中心 e 尺寸的齿侧线→计算、选择和安装三面刃铣刀→对刀并调整进给量→试切、预检齿侧偏离位置→等分铣削齿槽→调整立铣头转角→齿侧对刀，依次铣削齿侧→等高齿梯形牙嵌离合器铣削工序检验。

2）选择铣床和工件装夹方法：选用 X5032 型或类似的立式铣床加工，用 F11125 型分度头分度，采用自定心卡盘装夹工件。

3）选择刀具：奇数等高齿梯形牙嵌离合器铣刀厚度受齿部孔径、工件齿数、齿深和压力角的限制。与矩形牙嵌离合器类似，按公式计算

$$L \leqslant b = \frac{d}{2}\sin\frac{180°}{z} - 2 \times \frac{T}{2}\tan\frac{\theta}{2}$$

$$= \frac{30}{2}\text{mm} \times \sin\frac{180°}{5} - 2 \times \frac{6}{2}\text{mm} \times \tan\frac{10°}{2} = 8.292\text{mm}$$

现选择 63mm × 6mm × 22mm 的错齿三面刃铣刀。

4）选择检验测量方法：与矩形牙嵌离合器基本相同。

2. 等高齿梯形牙嵌离合器加工

1）工件端面画线：计算铣刀侧刃偏离中心的距离 e 尺寸。

$$e = \frac{T}{2}\tan\frac{\theta}{2} = \frac{6}{2}\text{mm} \times \tan\frac{10°}{2} = 0.2625\text{mm}$$

在工件端面先画出中心线，如图 6-28 所示，然后按 0.26mm 升高或降低游标高度卡尺，画出偏离中心的对刀线。

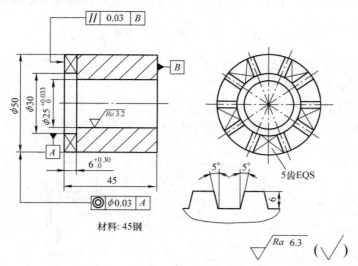

图 6-28 等高齿梯形牙嵌离合器

2）铣削底槽。

① 垂向对刀时，找正工件端面的对刀画线与工作台台面平行，调整工作台垂向，使三面刃铣刀侧刃对准工件端面的画线，如图 6-12 所示。

② 纵向对刀时，调整工作台，使三面刃铣刀圆周刃恰好擦到工件端面。

3）试铣、预检：按齿深 5mm、铣刀侧刃距画线 0.3 ~ 0.5mm 试铣齿侧。试铣齿侧后，用与矩形牙嵌离合器铣削预检相同的方法预检。本例预检后，侧面指示表示值比升降规高 0.4mm，则垂向调整后应使齿侧铣除 0.4mm，以使齿侧高于工件轴线

0.26mm。齿深 4.9mm，纵向加深进给量 1.10mm。

4）依次铣削底槽：按 5 等分依次铣削留有斜面余量的过渡齿侧和底槽，与奇数矩形牙嵌离合器相同，铣刀可通过整个端面，5 次横向进给可铣出全部齿槽。

5）铣削齿侧斜面。

①根据齿侧斜度（5°）扳转立铣头角度。

②槽底对刀时，将已铣出的槽底和过渡侧面涂色，纵向调整工作台，使三面刃铣刀的尖角处恰好与槽底接平，也可以稍留一些缝隙，如图 6-13a 所示。然后调整工作台垂向位置，使三面刃刀尖与槽底线 a 重合，依次铣削全部齿侧斜面。

6）铣削注意事项参见前述有关内容。本例齿侧斜面角度较小，铣削时，垂向进给量应进行估算。本例垂向升高 0.1mm，斜面沿轴向增大约 0.87mm。

3. 等高齿梯形牙嵌离合器检验与质量分析

（1）等高齿梯形牙嵌离合器检验　检验项目与方法与矩形牙嵌离合器基本相同，其中压力角可用样板或角度量具测量。

（2）等高齿梯形牙嵌离合器加工质量分析　除了与矩形牙嵌离合器类同的质量问题外，常见的是啮合后齿顶间隙较大和齿侧间隙过大，具体原因参见前述有关内容。

技能训练 3　正三角形牙嵌离合器加工

重点与难点：重点掌握正三角形牙嵌离合器的铣削方法；难点为等分精度及铣削位置、工件倾斜角的调整。

1. 正三角形牙嵌离合器加工工艺准备

加工如图 6-29 所示正三角形牙嵌离合器，须按以下步骤进行工艺准备：

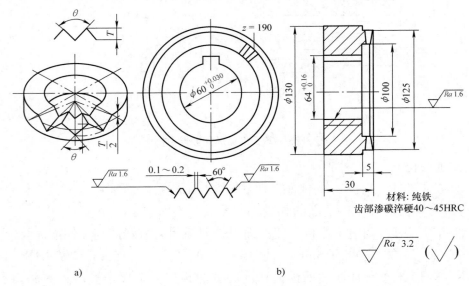

图 6-29　正三角形牙嵌离合器

（1）分析图样

1）齿部尺寸分析。

① 离合器齿数 $z = 190$，在圆周上均布。

② 齿部孔径为 $\phi100mm$，外径为 $\phi125mm$，外圆柱面齿高由齿顶宽度 0.1 ~ 0.2mm 控制。

2）齿形和齿侧加工要求分析：压力角为 60°，整个齿形向轴线上一点收缩，见表 6-1。齿侧表面粗糙度值为 $Ra1.6\mu m$，齿部高频淬硬，硬度为 40 ~ 45HRC。

3）材料分析：纯铁，切削性能较好。

4）形体分析：套类零件，采用自定心卡盘反爪装夹工件。

（2）拟订加工工艺与工艺准备

1）拟订正三角形牙嵌离合器加工工序过程：根据齿形特点和工件外形，在卧式铣床上用分度头分度加工。铣削加工工序过程：预制件检验→安装分度头、自定心卡盘→装夹和找正工件→选择、安装铣刀→计算、调整分度头仰角→对刀并调整进给量→试切、预检齿槽位置→依次等分铣削齿槽→正三角形牙嵌离合器铣削工序检验。

2）选择铣床和工件装夹方法：选用 X6132 型或类似的卧式铣床加工，用 F11125 型分度头分度，采用自定心卡盘反爪装夹工件。

3）选择刀具：选择与压力角相同角度的对称双角铣刀，现选择外径 $\phi75mm$，夹角 60° 的对称双角铣刀，铣刀的刀尖圆弧半径应小于 $R0.5mm$。

4）选择检验测量方法：主要通过啮合检测接触齿数、面积和齿侧间隙。

2. 正三角形牙嵌离合器加工

1）预制件检验：具体方法与矩形牙嵌离合器相同，对端面的内锥角应进行检验。

2）安装分度头和自定心卡盘：安装分度头，找正分度头主轴与纵向进给方向平行和工作台面平行，然后按计算值扳转仰角。计算分度手柄转数 n 和分度头仰角 α：

$$n = \frac{40}{z} = \frac{40}{190} = \frac{8}{38}r$$

$$\cos\alpha = \tan\frac{90°}{z}\cot\frac{\theta}{2} = \tan\frac{90°}{190}\cot\frac{60°}{2} = 0.01432$$

$$\alpha = 89°11'$$

为避免烦琐的计算，可查表 6-4 获得分度头的主轴仰角 α 值。

3）装夹、找正工件：使工件内孔（或外圆）与分度头主轴同轴，轴向圆跳动误差在 0.03mm 以内。

4）安装铣刀：使铣刀顺时针旋转，角度铣刀选择较小的铣削用量，主轴转速 $n=95r/min$（$v_c \approx 18m/min$），进给速度 $v_f = 37.5mm/min$。

5）铣削步骤。

① 切痕对刀调整方法如图 6-19 所示，操作时注意工件回转 180° 的准确性。

② 调整分度头，使分度头主轴仰角为 $\alpha=89°11'$。

③ 估算齿深时，按齿部外径 D、压力角 θ、齿数 z、齿顶宽度 0.2mm 计算。

$$T = \left(\frac{\pi D}{z} - 0.2\right)\cos\frac{\theta}{2}$$
$$= \left(\frac{3.1416 \times 125}{190} - 0.2\right)mm \times \cos\frac{60°}{2}$$
$$= 1.8668mm \times 0.866 = 1.62mm$$

④ 调整工作台垂向，升高 1.5mm，试切相邻两齿槽，试切后预检，用游标卡尺测量齿顶宽度，微量调整垂向，使齿顶在 0.1 ～ 0.2mm 范围内，并目测齿顶宽度是否内外一致。

⑤ 按分度手柄转数 n 准确分度，依次铣削全部齿槽。

6）铣削操作注意事项参见前述有关内容。

3. 正三角形牙嵌离合器检验与质量要点分析

（1）正三角形牙嵌离合器检验　检验方法与矩形牙嵌离合器对啮检验方法相似。将成对的离合器套装在一根标准圆棒上，单个离合器齿面清洁后涂色，对啮后观察另一离合器的接触染色程度，用以检测接触面积，检测时需转过几个位置进行。

（2）正三角形牙嵌离合器加工质量要点分析　除与收缩齿梯形牙嵌离合器类同的质量问题外，常见的问题有：

1）无法啮合，主要原因可能是配作离合器的实际压力角与原离合器误差过大，齿形与预制件不同轴，齿等分误差大等。

2）单侧啮合，主要原因可能是对刀误差大，齿形偏向一侧。

3）接触面积小，主要原因可能是表面粗糙度值偏大，槽底圆弧较大，工件齿深不一致等。

技能训练 4　小导程螺旋形牙嵌离合器加工

重点与难点：重点掌握螺旋形牙嵌离合器的铣削方法；难点为交换齿轮配置及铣削位置的调整。

1. 螺旋形牙嵌离合器加工工艺准备

加工图 6-30 所示螺旋形牙嵌离合器，须按以下步骤进行工艺准备：

（1）分析图样

1）齿部尺寸分析：螺旋形牙嵌离合器齿数 $z = 2$，在圆周上均布。齿部孔径为

$\phi 40mm$，外径为 $\phi 60mm$，齿顶宽度为 4mm，槽底宽度为 8mm，齿高为 11mm。

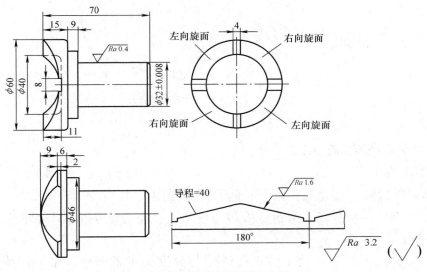

图 6-30　螺旋形牙嵌离合器

2）齿形和齿侧加工要求分析：齿形对称，两齿侧为导程相同、方向相反的圆柱端面螺旋面，螺旋面导程为 40mm。螺旋面的表面粗糙度值为 $Ra1.6\mu m$。

3）材料分析：45 钢，切削性能较好。

4）形体分析：端面盘形的阶梯轴零件，可采用三爪自定心卡盘装夹工件。

（2）拟订加工工艺与工艺准备

1）拟订螺旋形牙嵌离合器加工工序过程：根据齿形特点和工件外形，在立式铣床上用分度头分度加工。铣削加工工序过程：预制件检验→安装分度头、三爪自定心卡盘→装夹和找正工件→工件表面画线→安装铣刀，铣削 8mm 直角槽→计算、配置交换齿轮→对刀、试切，依次铣削右螺旋面→对刀、试切，依次铣削左螺旋面→螺旋形牙嵌离合器铣削工序检验。

2）选择铣床和工件装夹方法：选用 X52K 型或类似的立式铣床加工，用 F11125 型分度头分度，采用自定心卡盘装夹工件。

3）选择刀具：端面螺旋面通常采用立铣刀加工，直角槽采用键槽铣刀或立铣刀加工。为了不切伤另一齿面，铣削螺旋面的立铣刀直径应不大于 $\phi 16mm$，现选用直径为 $\phi 12mm$ 的直柄立铣刀铣削螺旋面，直径为 $\phi 8mm$ 的键槽铣刀铣削直角槽。

4）选择检验测量方法：螺旋面通过分度头和百分表检验，具体操作方法如图 6-31 所示。

项目
6

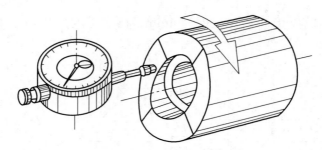

图 6-31　离合器螺旋面的测量

2. 螺旋形牙嵌离合器加工

（1）加工准备

1）预制件检验：注意检验齿部孔的直径和深度尺寸。

2）安装分度头和自定心卡盘：安装分度头，找正分度头主轴与纵向进给方向和工作台面平行。

3）装夹、找正工件：使工件齿部外圆与分度头主轴同轴，轴向圆跳动误差在 0.03mm 以内。

4）工件端面划线。

① 画出水平中心线，并画出间距为 4mm 的对称中心线的齿顶位置平行线。

② 分度使工件准确转过 90°，画出水平中心线和对称中心线的 8mm 槽底位置平行线。

5）安装铣刀。用铣夹头和与铣刀柄部直径相同的弹性套筒安装铣刀。铣削直角沟槽安装直径为 $\phi 8mm$ 的键槽铣刀，铣削螺旋面安装直径为 $\phi 12mm$ 的立铣刀。

6）计算交换齿轮。按螺旋槽铣削时的计算公式：

$$\frac{z_1 z_3}{z_2 z_4} = \frac{40 p_{丝}}{p_h} = \frac{40 \times 6}{40} = \frac{90 \times 80}{40 \times 30}$$

即 $z_1 = 90$，$z_2 = 40$，$z_3 = 80$，$z_4 = 30$。

（2）螺旋形牙嵌离合器加工

1）铣削步骤。

① 分度头主轴调整为垂直位置，找正工件端面槽底位置线与工作台纵向平行。用 $\phi 8mm$ 键槽铣刀铣削直角槽，深度为 11mm。

② 分度头主轴调整为水平位置，找正工件端面 8mm 直角槽侧面与工作台台面平行。

③ 换装 $\phi 12mm$ 直径的立铣刀，因离合器的齿顶是 4mm，故调整工作台横向，使铣刀轴线偏离工件中心 2mm，如图 6-32 所示。

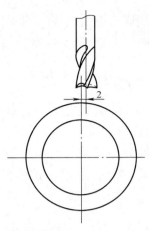

图 6-32　螺旋面铣削时铣刀与工件相对位置

④ 配置安装交换齿轮时，铣削右螺旋面时使工作台丝杠与工件转向相同，铣削左螺旋面时使工作台丝杠与工件转向相反。

⑤ 铣削右螺旋面时，铣刀由齿顶向槽底铣削，铣刀位置应偏移在工件中心的外侧，工作台丝杠与工件的转向相同。铣削时，先将两个螺旋面的余量铣除，最后应在同一深度位置精铣两个螺旋面，中间由分度头作 180° 分度，直至恰好铣到所划的齿顶线为止。

⑥ 铣削左螺旋面时，交换齿轮增加和减少一个中间轮，铣刀由槽底向齿顶铣削，铣刀位置应偏移在工件中心的内侧，工作台丝杠与工件的转向相反。铣削时，先将两个螺旋面的余量铣除，最后应在一次调整深度中精铣两个螺旋面，中间由分度头作 180° 分度，直至恰好铣到所画的齿顶线为止。

2）铣削操作注意事项。

① 铣削螺旋面时，每次退刀，必须垂向下降工作台或提升铣床主轴套筒，使铣刀退离垂向铣削位置，然后反方向摇动分度手柄，回到螺旋面的铣削起始位置，拔出分度销，纵向进给下一次铣削余量后，分度销插入分度盘圈孔后，再上升工作台或下降主轴套筒，使铣刀恢复原来的垂向铣削位置进行下一次铣削。否则，直接退刀，会因传动间隙碰坏铣刀和已加工表面。

② 配置安装交换齿轮后，应对导程与螺旋方向进行检验后方可进行铣削加工。

③ 螺旋形牙嵌离合器的螺旋面导程一般较小，因此操作时通常用手摇分度手柄带动分度盘作复合进给铣削螺旋面，铣削过程中必须保持逆铣。

3. 螺旋形牙嵌离合器检验与质量要点分析

（1）螺旋形牙嵌离合器检验

1）槽底宽度和齿顶宽度可用游标卡尺检验。

2）螺旋面的导程可在分度头上检测，如图 6-31 所示。测量时，将百分表测头与螺旋面接触，百分表的示值会随工件的转动变化。根据图样数据计算，本例工件转过360°，螺旋面升高量为40mm，若工件准确转过36°，百分表示值的变动量为4mm（$\frac{40 \times 36°}{360°} = 4mm$），则表明螺旋面的导程准确。

（2）螺旋形牙嵌离合器加工质量要点分析　螺旋形牙嵌离合器铣削实质上是圆柱端面螺旋面铣削，其加工质量要点如下：

1）导程偏差大的原因：交换齿轮计算、配置、安装错误；导程预检不准确等。

2）螺旋面的表面粗糙度值偏差大的原因：铣削用量不当、铣刀刃磨质量差或中途操作不当刃口损坏、手动进给操作不当等。

Chapter 7

刀具圆柱面直齿槽加工

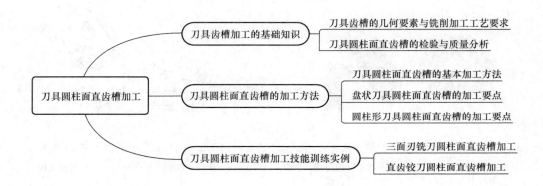

7.1 刀具齿槽加工的基础知识

7.1.1 刀具齿槽的几何要素与铣削加工工艺要求

刀具齿槽铣削是形成刀齿、切削刃、容屑空间和刀具静态几何角度的加工过程。各种多刃刀具，如铣刀、铰刀、拉刀、丝锥、麻花钻等整体刀具，均可在铣床上铣出齿槽，然后经过热处理和刃磨，达到准确的几何角度（如前角等）、齿槽形状、切削刃宽度等各项技术要求。广泛使用的可转位刀具刀体上的刀槽，也可在铣床上加工。

1.刀具齿槽的种类

（1）整体刀具齿槽种类　多刃刀具的齿槽形式很多，如：按刀具齿槽所在表面分类，有圆柱面齿槽、圆锥面齿槽和端面齿槽三种类型；按齿向分类，有直齿槽和螺旋齿槽两种类型；按不同的组合，又有圆柱面直齿槽和螺旋齿槽，圆锥面直齿槽和螺旋齿槽等多种类型。整体刀具齿槽的种类如图7-1所示。

（2）可转位刀具刀体齿槽　可转位刀具是根据选定的刀具角度和刀片规格来确定刀槽尺寸和角度的。如可转位面铣刀是根据选定的铣刀前角 γ_o、刃倾角 λ_s 和主偏角 κ_r，确定刀槽斜角、刀槽偏距和槽底高度等几何参数，以及刀垫、刀体的结构尺寸的。几种常见的可转位刀具刀体齿槽的形式如图 7-2 所示。

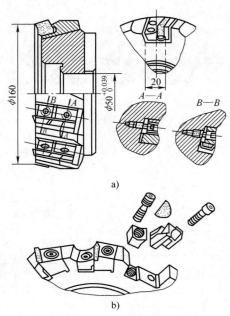

图 7-1　刀具齿槽的种类图

1—圆柱面螺旋齿槽　2—圆锥面螺旋齿槽
3—圆柱面直齿槽　4—圆锥面直齿槽

图 7-2　可转位刀具刀体齿槽的形式

a）面铣刀结构　b）错齿三面刃铣刀结构

2. 刀具齿槽的几何要素与加工工艺要求

刀具齿槽铣削是一种特殊类型的沟槽加工，被加工刀具在铣床上铣出齿槽后，还须经过热处理和刃磨，刃磨加工是依据铣成的齿槽进行精加工的。因此，刀具齿槽铣削加工应符合以下工艺要求：

（1）槽形要求　包括齿槽角、槽深、槽底圆弧等要符合图样要求。

（2）分齿要求　包括均分齿槽等分精度要求和不均分齿槽的分齿夹角要求（如不等分锥度铰刀等）。

（3）切削宽度（棱边宽度）要求　符合图样规定的刃宽要求，铣削加工通常应考虑磨削加工余量。

（4）齿向要求　包括直齿槽与刀具轴线的平行度、螺旋齿槽的螺旋角等。

（5）刀齿几何角度要求　包括前角、后角、刀尖角、楔角等几何参数的技术要求。

（6）齿槽表面质量要求　包括表面粗糙度、各切削表面、切削刃的连接要求。对于可转位刀具的刀体齿槽，通常不再进行磨削精加工，因此，铣削加工刀槽应符合图样规定的尺寸和几何精度以及表面粗糙度等工艺要求，以保证可转位刀片的装夹精度，及垫块、楔块等辅助零件的安装精度，从而达到可转位刀具的几何角度等主要参数的设计要求。

7.1.2 刀具圆柱面直齿槽的检验与质量分析

1. 检验项目

（1）齿槽形状精度。

（2）齿槽位置精度 包括前面位置、齿背后角、分齿精度与齿向等技术要求。

（3）齿槽表面粗糙度 包括前后面、槽底圆弧以及表面连接质量。

2. 检验基本方法

（1）槽形检验方法 刀具圆柱面直齿槽的槽形角由工作铣刀的廓形角保证，通常在试切对刀时就应对工作铣刀廓形进行核对检验。在分度准确的条件下，若槽深尺寸准确，而棱带宽度尺寸还有较多余量，一般是齿槽角度偏小；若棱带尺寸准确，而深度尺寸还有较多余量，一般是齿槽角度偏大。完工后的工件通常用样板进行测量，如图 7-3a 所示。

（2）前、后角的检验方法 图 7-3b 所示为用多刀工具角度尺检验前后角的方法。这种角度尺有一块弧形板（主尺）1，上面的刻度表示被检测刀具的齿数；扇形板 2 是角度尺的副尺，副尺可以沿弧形板滑动，它上面的刻度分别是前角和后角的角度示值；测量块 4 的垂直测量面和水平测量面的交线是弧形板 1 的轴线，弧形板 1 上装有靠板 5，其靠向刀齿的平面通过弧形板的轴线。测量时，靠板 5 与测量块 4 放在两刀齿的齿顶上，测量块 4 的垂直测量面与前面贴合，测出刀齿前角；若将测量块 4 的水平测量面与后面贴合，可测出刀齿后角。

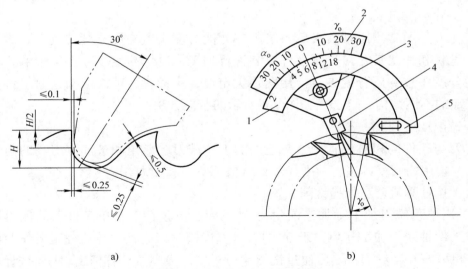

a)   b)

图 7-3 刀具圆柱面直齿槽检验方法

a）用样板检验锯片铣刀槽形 b）用多刀工具角度尺检验前、后角

1—弧形板（主尺） 2—扇形板（副尺） 3—紧固螺钉 4—测量块 5—靠板

（3）等分精度与齿向检验　一般可在完工后在机床上用指示表和分度头分齿配合检验等分精度；齿向可通过检验前面与工件轴线的平行度进行判断。

（4）表面粗糙度与连接质量检验　一般用目测类比法检验。

3. 常用质量分析方法

（1）根据前角的误差值分析　较大的误差值应复算横向偏移量。较小的误差通常是操作不准确引起的。

（2）根据分齿精度误差值分析　不均匀误差由分度头精度和操作失误引起；有累积误差，可能因分度计算错误与操作失误引起。

（3）表面粗糙度分析　首先检查刀具切削刃的刃磨质量，其次检查刀杆的跳动、机床支架的轴承调整程度等，还可检查工件的切削振动、进给的平稳程度等。

7.2　刀具圆柱面直齿槽的加工方法

7.2.1　刀具圆柱面直齿槽的基本加工方法

具有圆柱面直齿槽的刀具有三面刃铣刀、直齿铰刀等。铣削圆柱面直齿槽的基本方法与加工要点如下：

1. 铣刀选择

根据被加工刀具齿槽的齿槽角，选用单角铣刀或双角铣刀，特殊槽形选择专用成形铣刀铣削。铣削齿背的刀具可另行选择，也可兼用铣削齿槽的角度铣刀进行铣削。

2. 工件装夹方式

带孔刀具通常用心轴装夹后再装夹在万能分度头或专用分度夹具上。大批量生产时，盘状和片状带孔刀具可多件穿装进行加工，以提高生产效率。带柄刀具一般在万能分度头或专用分度夹具上用两顶尖定位，用拨盘、鸡心卡头夹紧工件。根据刀坯尾部的不同结构，可选用如图 7-4 所示的装夹方法。

3. 铣削位置调整

铣刀与工件的相对位置调整与选用的工作铣刀廓形角和被加工刀具的前角等参数有关。常用的调整方法有两种：按计算值调整法和按划线调整法。

（1）按计算值调整齿槽铣削位置

1）用单角铣刀加工：加工前角为 0° 的刀具直齿槽时，单角铣刀的侧刃切削面应通过工件轴线。加工前角大于 0° 的刀具直齿槽时，应预先计算确定工作台横向偏移量 s 和垂向升高量 H，然后通过铣刀侧刃对中，横向按计算值 s，垂向按计算值 H 调整铣刀与工件的相对位置。用单角铣刀铣削时，s 和 H 的计算公式为

$$s = \frac{D}{2}\sin\gamma_。 \qquad (7\text{-}1)$$

$$H = \frac{D}{2}(1 - \cos\gamma_\circ) + h \qquad (7\text{-}2)$$

式中　H——工作台垂向升高量（mm）；

　　　D——刀坯外圆直径（mm）；

　　　$\gamma_\circ$——被加工刀具前角（°）；

　　　h——齿槽深度（mm）。

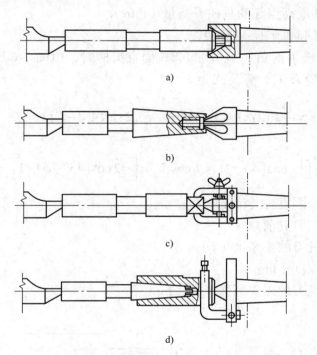

a)

b)

c)

d)

图 7-4　不同尾部结构的带柄刀具装夹方法

a）直柄无中心孔刀具装夹　b）锥柄带中心孔刀具装夹
c）带方榫直柄刀具装夹　d）锥柄带扁尾刀具装夹

2）用双角铣刀加工：用双角铣刀铣削前角 $\gamma_\circ = 0°$ 的圆柱面直齿槽时，为了使小角度一侧的锥面切削刃铣削平面通过刀坯轴线，必须使铣刀的刀尖偏离刀坯中心一个距离 s；为了获得图样规定的齿槽深度，铣刀刀尖在刀坯圆柱面最高点接触对刀后，工作台应垂向升高 H。由图 7-5 所示的几何关系，s、H 可按下列公式计算。

$$s = \left(\frac{D}{2} - h\right)\sin\delta - r\sqrt{2}\sin(45° - \delta) \qquad (7\text{-}3)$$

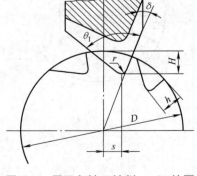

图 7-5　用双角铣刀铣削 $\gamma_\circ = 0°$ 的圆柱面直齿槽

项目 7

293

$$H = \frac{D}{2}(1 - \cos\delta) + h\cos\delta - r\left[\sqrt{2}\cos(45° - \delta) - 1\right] \qquad (7\text{-}4)$$

式中　s——刀尖与刀坯中心的偏移量（mm）；

　　　D——刀坯直径（mm）；

　　　h——齿槽深度（mm）；

　　　δ——双角铣刀的小角度（°）；

　　　H——自刀坯最高点起的垂向升高量（mm）；

　　　r——齿槽底圆弧半径（mm）。

在用双角铣刀铣削前角 $\gamma_o > 0°$ 的圆柱面直齿槽时，由图 7-6 所示的几何关系可得偏移量 s 和升高量 H 的计算公式为

$$s = \frac{D}{2}\sin(\delta + \gamma_o) - h\sin\delta - r_\varepsilon\sqrt{2}\sin(45° - \delta) \qquad (7\text{-}5)$$

$$H = \frac{D}{2}\left[1 - \cos(\delta + \gamma_o)\right] + h\cos\delta - r_\varepsilon\left[\sqrt{2}\cos(45° - \delta) - 1\right] \qquad (7\text{-}6)$$

式中　D——刀坯外圆直径（mm）；

　　　γ_o——被加工刀具前角（°）；

　　　δ——双角铣刀的小角度（°）；

　　　h——齿槽深度（mm）；

　　　r_ε——双角铣刀的刀尖圆弧半径（mm）。

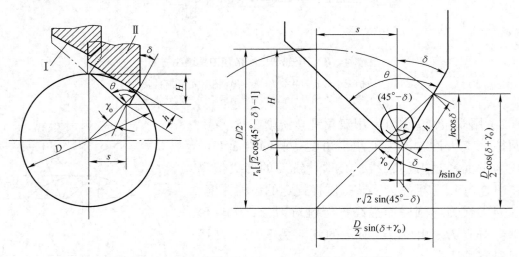

图 7-6　用双角铣刀铣削 $\gamma_o > 0°$ 的圆柱面直齿槽

为了避免烦琐的计算，可使用表 7-1 中的简化计算公式计算。使用时，先根据齿槽深度 h 和槽底圆弧半径 r 计算 K_1、K_2，然后用简化公式计算偏移量 s 和升高量 H。

表 7-1 用双角铣刀铣削圆柱面直齿槽时 s 和 H 的简化计算式

项目			被加工刀具的前角 γ_o					K_1	K_2
			0°	5°	10°	15°	20°		
双角铣刀的小角度 δ	15°	s	$0.129D-K_1$	$0.171D-K_1$	$0.211D-K_1$	$0.25D-K_1$	$0.287D-K_1$	$0.26h+0.71r$	$0.97h-0.23r$
		H	$0.017D+K_2$	$0.03D+K_2$	$0.047D+K_2$	$0.067D+K_2$	$0.09D+K_2$		
	20°	s	$0.171D-K_1$	$0.211D-K_1$	$0.25D-K_1$	$0.287D-K_1$	$0.321D-K_1$	$0.34h+0.6r$	$0.94h-0.28r$
		H	$0.03D+K_2$	$0.047D+K_2$	$0.067D+K_2$	$0.09D+K_2$	$0.117D+K_2$		
	25°	s	$0.211D-K_1$	$0.25D-K_1$	$0.287D-K_1$	$0.321D-K_1$	$0.354D-K_1$	$0.42h+0.48r$	$0.91h-0.33r$
		H	$0.047D+K_2$	$0.067D+K_2$	$0.09D+K_2$	$0.117D+K_2$	$0.146D+K_2$		

（2）按画线调整齿槽铣削位置 在实际生产中，为避免过多的计算，可在工件的端面和圆周上画线，然后按画线调整铣刀切削位置。用双角铣刀按画线铣削圆柱面直齿槽的具体方法如图 7-7 所示。

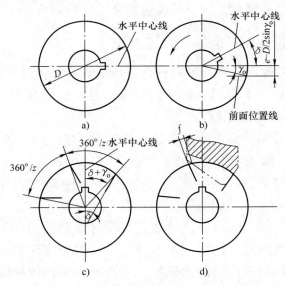

图 7-7 按画线调整双角铣刀铣削位置

a）画水平中心线 b）画前面位置线
c）分齿画几条前面位置线 d）按画线调整铣刀切削位置

（3）按计算值调整齿背铣削位置 对具有折线齿背的刀具，铣削齿槽后，还需通过计算调整分度头和工作台，用铣削齿槽的同一把角度铣刀铣削齿背。

7.2.2　盘状刀具圆柱面直齿槽的加工要点

铣削加工三面刃铣刀等盘状刀具圆柱面直齿槽时应掌握以下要点：

（1）拟订加工工序过程　拟订工序时应将主要作业步骤依次列出，便于在操作加工时作为依据。

（2）装夹和找正工件　一般采用心轴定位和夹紧工件，工件在心轴上装夹后，再通过两顶尖、拨盘、鸡心卡头与分度头进行定位、连接。找正工件时应达到以下要求：分度头主轴与纵向进给方向平行；尾座顶尖与分度头主轴同轴；工件与分度头回转轴线同轴；工件轴向圆跳动误差控制在 0.02mm 以内。

（3）工件的检验与找正　加工三面刃铣刀圆柱面直齿槽时需要对预制件进行精度检验，检验的重点是基准内孔及其与基准端面的垂直度，基准内孔与外圆柱面的同轴度。装夹过程中应注意夹紧力的控制，以免影响工件的找正精度。

（4）选择和安装刀具　注意按刀具齿槽的形状选用刀具的形式和规格。安装刀具时，应根据图样端面视图要求进行。

（5）计算铣削调整数据　铣削圆柱面齿槽时，应预先进行横向调整尺寸、画线尺寸计算，计算值应进行核对，避免错误。

（6）铣削圆柱面直齿槽的注意事项　对刀时注意角度铣刀刀尖圆弧的影响；深度控制应经过试切确定，以免影响刀具棱边宽度尺寸控制。

7.2.3　圆柱形刀具圆柱面直齿槽的加工要点

铣削加工直齿铰刀等圆柱形刀具圆柱面直齿槽时应掌握以下要点：

（1）分析齿槽特点　掌握刀具齿槽的特点，包括圆周分布、齿槽形状、刀具几何角度（前、后角等）、棱边宽度、齿数等。

（2）拟订直齿铰刀圆柱面直齿槽加工工序过程　拟订工序时应将主要作业步骤依次列出，便于在操作加工中作为依据。

（3）计算铣削调整数据　铣削直齿铰刀等刀具圆柱面直齿槽时，须根据前角及工件外径计算横向偏移量，计算值应进行核对。

（4）装夹、找正工件　若将工件套装在专用过渡套筒内，为保证工件与过渡套筒的同轴度，应注意锥面配合面之间的清洁度。装夹中应注意中心孔的形状精度和清洁度，以免影响工件与分度头的同轴度，过渡套筒端面的顶尖孔也应进行检查或研修。直径较小的刀具，要注意适当提高工件与分度装置同轴度的找正精度，齿槽轴向尺寸较大的刀具应注意提高轴线与进给方向平行度的找正精度。

（5）调整铣削位置　按计算值和试切的值进行铣削位置的调整，棱边的控制需要试铣相邻两个齿槽予以确定。

7.3 刀具圆柱面直齿槽加工技能训练实例

技能训练 1 三面刃铣刀圆柱面直齿槽加工

重点与难点：重点掌握三面刃铣刀圆柱面直齿槽铣削方法；难点为前角值和铣削位置的调整操作。

1. 加工工艺准备

铣削加工如图 7-8 所示三面刃铣刀直齿槽，须按以下步骤进行工艺准备：

（1）分析图样

1）齿槽分布：三面刃铣刀齿槽在圆周和端面上均布，端面刃与圆周刃相互对齐，平滑连接，圆柱面齿槽槽向与轴线平行。

2）圆柱面齿槽参数。

① 圆柱面上齿槽角 $\theta_1 = 60° \pm 1°$，前角 $\gamma_o = 15° \pm 1°$，后角 $\alpha_{o1} = 12°$，棱边宽度 $f = (1 \pm 0.20)$ mm。

② 齿槽数 $z = 18$，均布。

3）坯件精度分析：孔径为 $\phi 27^{+0.027}_{0}$ mm，外径为 $\phi 80$ mm，厚度为（10 ± 0.05）mm。外圆对基准孔的径向圆跳动公差为 0.02mm，两端面对基准孔的轴向圆跳动公差为 0.015mm。

4）材料分析：W18Cr4V（高速钢），切削性能较好。

5）形体分析：套类零件，宜采用专用心轴装夹工件。

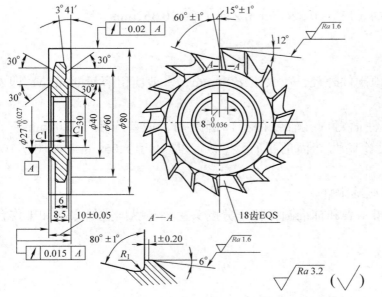

图 7-8 三面刃铣刀直齿槽

（2）拟订加工工艺与工艺准备

1）拟订三面刃铣刀圆柱面齿槽加工工序过程：本例拟订在卧式铣床上用分度头加工。铣削加工工序过程：预制件检验→安装并调整分度头→装夹和找正工件→工件表面画前面对刀线→选择和安装单角铣刀→对刀并调整进给量→试切、预检齿槽位置→准确调整齿槽铣削位置和齿槽深度→依次准确分度和铣削圆柱面齿槽→三面刃铣刀圆柱面直齿槽铣削检验。

2）选择铣床：为操作方便，选用 X6132 型万能卧式铣床。

3）选择工件装夹方式：三面刃铣刀坯件的定位与装夹如图 7-9 所示

4）选择刀具：铣削圆柱面直齿槽选择外径为 $\phi63$mm 的 60° 右切单角铣刀。

5）选择检验测量方法：用多刀工具角度尺测量三面刃铣刀圆柱面刀齿的前角。棱边宽度用游标卡尺检验，表面粗糙度用目测类比法检验。

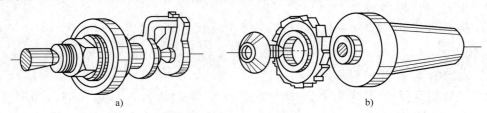

图 7-9　三面刃铣刀坯件定位与装夹

a）铣削圆柱面直齿槽工件装夹　b）端面齿专用心轴的结构

6）铣削调整数据计算：铣削圆柱面直齿槽时，须根据前角 $\gamma_o = 15° \pm 1°$ 及工件外径 D（$\phi80$mm）计算横向偏移量 s。

$$s = 0.5D\sin15° = 0.5 \times 80\text{mm} \times \sin15° = 10.352\text{mm}$$

2. 铣削加工

（1）预制件检验

1）用游标卡尺检验预制件外径，应大于 $\phi80$mm，一般应留磨量 0.5mm，即外径为 $\phi80.5$mm。

2）用指示表检验圆柱面对内孔轴线的径向圆跳动，偏差应小于 0.02mm，如图 7-10a 所示。用千分尺检验两端面的平行度，偏差应小于 0.05mm，如图 7-10b 所示。

（2）安装分度头和尾座等附件

1）安装分度头，用指示表和标准圆棒找正分度头主轴与纵向进给方向和工作台台面平行。

2）计算分度手柄转数 n

$$n = \frac{40}{z}\text{r} = \frac{40}{18}\text{r} = 2\frac{12}{54}\text{r}$$

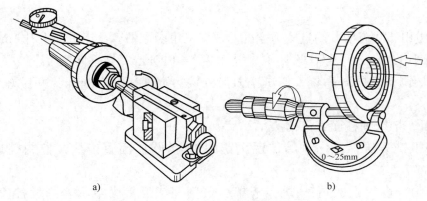

图 7-10　三面刃铣刀预制件检验

3）调整分度手柄，使分度销插入 54 孔圈，调整分度叉夹角包含 54 孔圈的 13 个孔。

4）在分度头前端安装顶尖、拨盘，分度头和尾座之间的距离按心轴两顶尖的尺寸确定，鸡心卡头夹持心轴的位置，应防止铣刀铣坏夹头。

（3）装夹、找正工件　将工件套装在专用心轴上，注意用与基准孔垂直度较好的端面作为端面定位。用两顶尖和拨盘、鸡心卡头装夹心轴。安装后，用指示表找正，使工件外圆与分度头主轴同轴，轴向圆跳动量在 0.015mm 以内。装夹过程中应注意拨盘和鸡心卡头的连接螺钉不能拧得过紧，以免影响工件的找正精度。

（4）工件端面划线　在工件端面和外圆柱面划出中心线和前面加工位置线。前面加工位置线与中心线的距离为 $s = 10.35$mm。

（5）安装铣刀　根据图样端面视图要求，若拟订该视图为铣入端形状，将单角铣刀端面刃与工件前面相对装入刀杆，保证逆铣时铣削力指向分度头，如图 7-11 所示。

（6）调整铣削位置

1）调整横向偏移量时，将分度头准确转过 90°，使工件端面的中心划线和前面的加工位置线与工作台台面垂直；调整工作台横向，使单角铣刀的端面刃对准工件端面的前面加工位置划线。当铣刀背吃刀量略超过刀

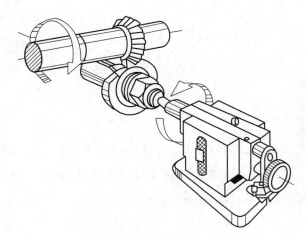

图 7-11　工作铣刀的装夹位置和铣削力方向

尖圆弧后，试切一段，仔细调整工作台横向，使铣削出的齿槽前面恰好通过前面位置线。

2）调整齿槽深度时，须根据三面刃铣刀圆周齿的棱边宽度 $f = (1 \pm 0.20)$mm 进

行控制。

①试切相邻两齿槽，测量棱边宽度。根据三角函数估算，当垂向上升 1mm 时，棱边宽度约减小 1.73mm。逐渐试铣，使棱边宽度 $f=1.20$mm，在垂向刻度盘做好记号。

②微量调整垂向升高量，使试铣刀齿的棱边宽度达到 0.8mm，并做好垂向刻度记号。

（7）粗、精铣圆柱面直齿槽

1）按粗铣方法，纵向进给，逐次铣削 18 条圆柱面直齿槽，控制棱边宽度为 1.20mm 左右。

2）准确分度，逐次精铣 18 条齿槽。铣削完毕后，用指示表测量各齿槽前面，检验分齿是否均匀，用游标卡尺检验棱边宽度是否一致。

（8）铣削圆柱面直齿槽的注意事项

1）按画线试切调整铣削位置时，若试切深度未超过刀尖圆弧，则会影响对刀精度，如图 7-12 所示，试切的圆弧槽对刀侧并不在端面刃的切削平面内。当齿槽深度超过刀尖圆弧后，前面的实际位置会产生偏移，影响按画线对刀的位置精度，从而影响刀齿前角角度值。因此，按画线对刀的试切齿槽深度必须超过工作铣刀刀尖圆弧。

2）注意角度铣刀切向的选择、工作台横向偏移量 s 的调整方向，若铣刀安装位置选择不对，横向偏移量偏移方向不对，会加工出负前角刀具而产生废品，如图 7-13 所示。

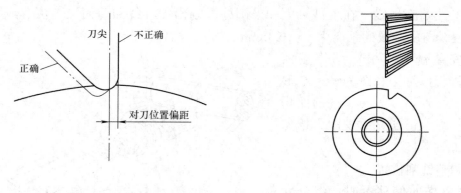

图 7-12　工作铣刀刀尖圆弧影响画线对刀精度示意　图 7-13　铣削位置不正确铣出负前角刀具示意

3）铣削三面刃铣刀圆柱面直齿槽时，应选用精度较高的分度头，并选用较多孔数的孔圈，以保证圆柱面刀齿前面与端面刀齿前面的连接精度，以便在铣削端面齿时，利用较多圈孔数孔距作微量调整。

4）三面刃铣刀圆柱面齿的后角（12°），一般由磨削加工完成，不须铣削。

3.检验与质量分析

（1）三面刃铣刀圆柱面直齿槽检验

1）检验项目：三面刃铣刀圆柱面直齿槽主要检验项目，包括前角、齿槽角、表面粗糙度、棱边宽度、分齿精度等。

2）检验方法。

① 分齿精度在铣削加工完毕后，可在铣床上用指示表和分度头分齿配合进行检验。测量时工件前面处于水平向上位置，用指示表测头与前面接触，逐齿测量。因指示表测头处于等高位置，测得的示值变动量即为分齿误差。

② 圆柱面齿槽夹角也可以在铣床上进行检验。如本例圆柱面直齿槽齿槽角 $\theta = 60° \pm 1°$。检验时，先用指示表找正前面处于水平位置，然后经过准确分度，使该前面准确转过 90°，使前面处于上方竖直位置，沿同方向再准确转过 30°，此时齿槽的 60° 斜面应处于上方水平位置，便可用指示表进行检验。一般情况下，齿槽角可由单角铣刀的制造精度予以保证，也可采用样板进行检验。

③ 用多刀工具用角度尺测量三面刃圆柱面刀齿前角的方法如图 7-3b 所示。测量时，将靠板与测量块放在两个刀齿的齿顶上，并使测量块的垂直测量面与被测刀齿前面贴合，此时与被测量铣刀齿数相对应刻线所对度数示值即为该刀齿的前角值。图 7-3b 所示是测量 18 齿三面刃铣刀的前角，其值等于 15°。

④ 棱边宽度一般用游标卡尺进行检验。表面粗糙度及连接质量通常用目测类比法检验。

（2）三面刃铣刀圆柱面直齿槽加工质量分析

1）前角值误差较大的主要原因可能是：横向偏移量 s 计算错误，铣床工作台横向偏移距离不准确，工作台偏移方向错误，使用划线对刀法时划线错误等。

2）分齿误差较大的原因可能是：工件外圆与分度头主轴不同轴；分度头精度差或分度操作失误；心轴与工件之间无平键联接，铣削时工件有微量转动等。

3）齿槽角不符合要求的原因可能是：工作铣刀廓形角选择错误，角度铣刀刃磨质量差等。

4）棱边有大小的原因可能是：分齿精度差、工件轴线与分度头主轴不同轴、齿槽深度控制不一致等。

技能训练 2　直齿铰刀圆柱面直齿槽加工

重点与难点：重点掌握直齿铰刀圆柱面直齿槽铣削方法；难点为工件装夹、前角与棱边宽度控制。

1. 加工工艺准备

铣削加工如图 7-14 所示直齿铰刀圆柱面直齿槽，须按以下步骤进行工艺准备：

（1）分析图样

1）齿槽分布：直齿铰刀齿槽在圆周上均布，圆周刃与端面之间有导向部分的齿刃，圆柱面齿槽槽向与轴线平行。

2）圆柱面齿槽参数。

① 圆柱面上齿槽角 $\theta_1 = 65° \pm 1°$，前角 $\gamma_o = 7° \pm 1°$，后角 $\alpha_{o1} = 8°$，棱边宽度 $f = 1.60mm$。

② 齿槽数 $z = 6$，均布。

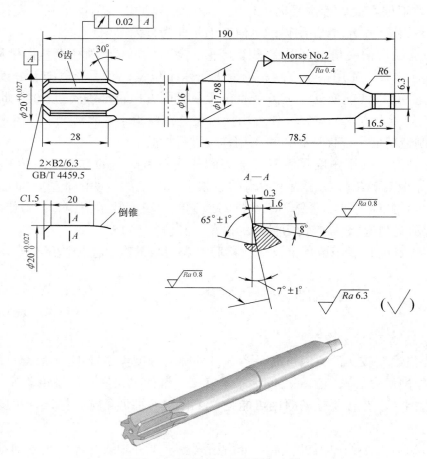

图 7-14 直齿铰刀圆柱面直齿槽

3）坯件精度分析：铰刀切削部分外径为 $\phi20mm$ 加上磨削余量，颈部直径为 $\phi16mm$。工件两端具有中心孔，外圆对基准中心孔的径向圆跳动公差为 0.02mm。工件总长度为 190mm。

4）材料分析：W18Cr4V（高速钢），切削性能较好。

5）形体分析：轴类零件，柄部具有莫氏 2 号锥度，两端具有基准中心孔。

（2）拟订加工工艺与工艺准备

1）拟订直齿铰刀圆柱面直齿槽加工工序过程：本例拟订在卧式铣床上用分度头加工。铣削加工工序过程：预制件检验→安装并调整分度头及有关附件→装夹和找正工件→工件圆柱表面画出前面对刀线→选择和安装单角铣刀→对刀并调整齿槽深度→试切、预检棱边宽度→准确调整齿槽铣削位置和齿槽深度→依次准确分度和铣削圆柱面齿槽→直齿铰刀圆柱面直齿槽铣削检验。

2）选择铣床：为操作方便，选用 X6132 型万能卧式铣床。

3）选择工件装夹方式：采用分度头与尾座的两顶尖、拨盘和鸡心卡头装夹工件。

若锥柄尾部已铣扁，可采用如图 7-4d 所示方法用专用过渡套筒进行装夹。

4）选择刀具：铣削铰刀圆柱面直齿槽时选择外径为 $\phi63mm$ 的 65° 右切单角铣刀。角度铣刀的切向判别如图 7-15 所示。

5）选择检验测量方法：用游标高度卡尺装夹指示表测量直齿铰刀圆柱面刀齿的前角。棱边宽度用游标卡尺检验。表面粗糙度用目测类比法检验。

6）铣削调整数据计算：铣削直齿铰刀圆柱面直齿槽时，须根据前角 $\gamma_o = 7° \pm 1°$ 及工件外径 D（$\phi20mm$）计算横向偏移量 s。

$$s = 0.5D\sin7° = 0.5 \times 20mm \times \sin7°$$

$$= 1.219mm$$

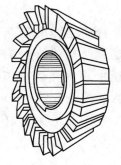
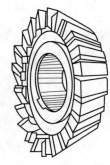

图 7-15 单角铣刀的切向

a）右切角度铣刀 b）左切角度铣刀

2. 铣削加工

（1）预制件检验

① 用游标卡尺检验预制件外径，应大于 $\phi20mm$，一般应留磨量 0.5mm，即外径为 $\phi20.50mm$。

② 检验两端中心孔时，应先清洁中心孔内污物，然后目测中心孔内锥表面有无磕碰变形或黏结污物。若发现问题，应用中心孔研修磨石进行研修，如图 7-16 所示。

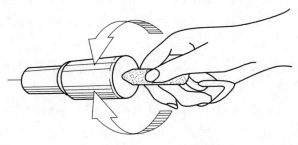

图 7-16 研修铰刀预制件中心孔

（2）安装、调整分度头及其附件

① 安装分度头和尾座。在分度头主轴前端安装带拨盘的顶尖，尾座安装扁顶尖，以免铣削齿槽时铣到尾座顶尖。用指示表和长度与工件基本相同的标准圆棒，找正

分度头主轴和尾座顶尖轴线与纵向进给方向、工作台台面平行。

② 计算分度手柄转数 n

$$n = \frac{40}{z}\text{r} = \frac{40}{6}\text{r} = 6\frac{44}{66}\text{r}$$

③ 调整分度手柄，使分度销插入 66 孔圈，调整分度叉夹角包含 66 孔圈的 45 个孔。

（3）装夹、找正工件　将工件套装在专用过渡套筒内，为保证工件与过渡套筒的同轴度，注意锥面配合面之间的清洁度。为具有一定的摩擦力矩，在装夹时应适度敲打套筒端面。过渡套筒与鸡心卡头通过螺钉紧固，鸡心卡头与拨盘通过螺钉联接。工件安装后，用指示表找正，使工件外圆与分度头主轴同轴度误差在 0.02mm 内。装夹过程中应注意，拨盘和鸡心卡头的联接螺钉不能拧得过紧，以免影响工件与分度头的同轴度，过渡套筒端面的顶尖孔也应进行检查或研修。

（4）工件外圆表面画线　画线时，采用翻转 180° 的校核方法，准确画出水平中心线。由于前角是正值，铣刀端面刃应向右偏移，即工作台横向向机床内侧移动。因此，画好中心线后应调整游标高度卡尺的游标向下移动画线头，移动值为横向偏移量 $s = 1.22$mm，随即画出与中心线的距离为 1.22mm 的前面加工位置线。

（5）安装铣刀　根据图样端面视图要求，将单角铣刀端面刃与工件前面相对装入刀杆，保证逆铣时铣削力指向分度头。

（6）调整铣削位置

1）转动分度手柄，把水平中心线随工件准确转过 90° 至工件上方。

2）调整工作台横向和垂向，使铣刀刀尖对准工件中心画线。因单角铣刀刀尖有圆弧，对刀时表面切痕应偏离中心线 0.8 ~ 1mm，然后工作台垂向升高 1mm，超过单角铣刀刀尖圆弧，如图 7-17a 所示，进行试铣；待纵向移动一段距离使工件端部铣出齿槽缺口时，应停机退刀，用游标卡尺测量前面与中心线距离 Δs，如图 7-17b 所示。根据测得的尺寸，逐步移动工作台横向，使 $s_1 = \Delta s$，端面刃恰好通过中心线，如图 7-17c 所示。

3）根据横向偏移量计算值 s，调整工作台横向向机床内侧移动 1.22mm，使铣刀端面刃铣削平面恰好处于工件前面位置，如图 7-17d 所示。

（7）试铣齿槽　垂向再升高 1mm 试铣齿槽。铣出一段距离，目测前面是否恰好通过画线位置。同时，用游标卡尺测量齿槽斜面与圆柱面交线距相邻齿前面画线构成的棱边宽度，应大于 1.6mm。

（8）调整棱边宽度　按齿距分度，试铣第二齿槽，铣出长约 20mm 齿槽后停机退刀，用游标卡尺测量棱边宽度。根据测量值逐步调整工作台垂向，使棱边宽度约为 2mm。

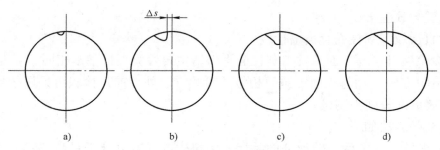

图 7-17　直齿铰刀横向偏移量调整步骤

（9）调整齿槽长度　用钢直尺测量试切齿槽的实际长度。根据测量数据调整工作台纵向，使铣刀中心距工件端面 28mm，做好刻度盘和工作台侧面记号，然后按刻度记号铣削齿槽，再次测量槽长，复核槽长尺寸。

（10）粗铣齿槽　按分度手柄转数准确分度，逐齿粗铣所有齿槽。铣削完毕，检测棱边宽度是否一致。

（11）精铣齿槽　根据粗铣后的棱边宽度测量值，微量调整工作台垂向，使铣出的棱边宽度略小于 1.60mm。

（12）铣削注意事项

1）因工件比较长，直径比较小，因此，装夹工件时，尾座顶尖不宜顶得过紧，以免工件变形。

2）调整垂向控制棱边宽度时，应根据三角函数关系进行估算，如图 7-18 所示，垂向升高量与棱边宽度的关系可根据 $\cot 65°$ 近似得出，即垂向升高 1mm（ΔH），棱边宽度约减小 2mm（Δf）。

3）因工件细长，刚性较差，因此宜采用较小的进给量，必要时可采用 V 形架支撑工件中部，以免铣削振动，如图 7-19 所示。

4）图样上后角 8° 因余量极少，一般不须铣削加工。

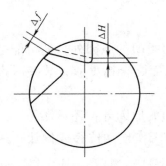

图 7-18　棱边宽度与垂向升高

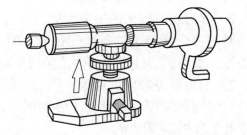

图 7-19　用 V 形架支撑工件示意图

3. 检验与质量分析

（1）直齿铰刀圆柱面直齿槽检验

1）检验项目：与三面刃铣刀圆柱面直齿槽主要检验项目基本相同。

2）检验方法：除与三面刃铣刀相似的检验方法外，前角检验可采用游标高度卡尺和指示表借助分度头测量。

具体检验方法如下：

① 精铣加工完毕后，转动分度手柄，使棱边圆周部分处于最高位置，用游标高度卡尺装夹指示表，测得圆柱最高示值，如图 7-20a 所示。退回原铣削齿槽位置。

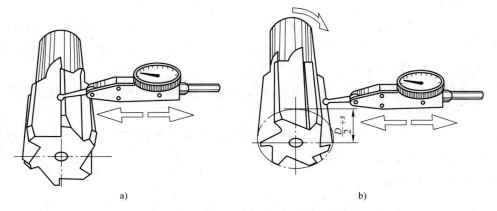

图 7-20　用指示表和分度头测量前角

② 转动分度手柄，使工件前面处于水平向上位置，分度头主轴应由原铣削位置顺时针转过 90°。下降游标高度卡尺，刻度下降的尺寸等于直齿铰刀预制件实际半径与横向偏移量之和，本例为 10.25mm+1.22mm=11.47mm。然后用指示表测量齿槽前面，根据指示表示值差来计算横向偏移量的实际值，如图 7-20b 所示。

③ 本例若测得偏移量为 1.32mm，前角 γ_o 实际值可按下式计算。

$$\gamma_{o实际} = \arcsin\left(\frac{s_{实际} \times 2}{D}\right) = \arcsin\left(\frac{1.32 \times 2}{20}\right) = 7°35'$$

（2）直齿铰刀圆柱面直齿槽加工质量分析

1）分齿误差较大的主要原因，除与三面刃铣刀类似的原因外，还可能是：铣刀装夹时过渡套筒与工件锥面配合面之间不清洁，锥面配合精度差，装夹时敲打力度不够等，致使铣削过程中工件发生微量角位移。

2）前角误差较大的原因，除与三面刃铣刀类似的原因外，还可能是：工件比较细长，尾座顶尖顶得过紧使工件变形；铣削过程中工作松动位移或偏让；采用顶架支撑时工件拱起变形等。

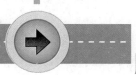

Chapter 8

项目 8
成形面、螺旋面、等速凸轮与球面加工

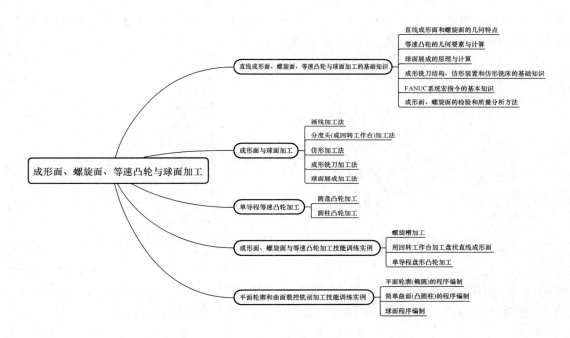

8.1 直线成形面、螺旋面、等速凸轮与球面加工的基础知识

8.1.1 直线成形面和螺旋面的几何特点

1.直线成形面的几何特征

在机器零件中,有许多零件的内表面或外形轮廓线是由曲线、圆弧和直线构成的。当这些成形面的母线是直线时,便称为直线成形面。直线成形面零件的实例如图 8-1 所示。其中,当直线成形面零件呈盘形或板状时,成形面母线比较短,如图 8-1a 所示。当直线成形面零件呈柱状时,成形面母线比较长,如图 8-1b 所示。根据以上的几何特征和基本概念,直齿条和直齿圆柱齿轮的齿槽、外花键的齿槽等,都是比较典型的直线成形面。

2. 平面螺旋面和圆柱螺旋槽的几何特征

（1）平面螺旋面　当盘形或板状零件的直线成形面的轮廓线按等速螺旋运动形成，即工件每转过一个单位角度，轮廓曲线在径向增大（或减少）一个单位长度时，这个曲线称为平面等速螺旋线，而母线按此导线（螺旋线）形成的直线成形面称为平面等速螺旋面。在铣床上铣削加工的平面螺旋面大多是平面等速螺旋面，等速圆盘凸轮的螺旋面是典型的平面等速螺旋面。

（2）圆柱螺旋槽　圆柱螺旋槽的法向截形有各种形状，常见的有渐开线齿形、圆弧形、矩形和各种刀具齿槽的截形。由铣削螺旋槽的计算公式可知，螺旋槽具有螺旋角、导程等基本参数。圆柱等速凸轮是典型的螺旋槽工件，法向截形一般是矩形。由螺旋角公式 $\tan\beta = \pi D/P_h$ 可见，当导程确定时，工件不同直径处的螺旋角是不相等的（图 8-2），且直径越小，螺旋角越小。

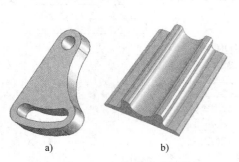

图 8-1　直线成形面零件

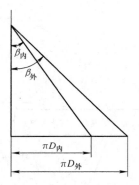

图 8-2　不同直径处的螺旋角

对于圆柱凸轮，有法向直廓螺旋面和直线螺旋面之分，如图 8-3 所示。圆柱端面凸轮一般采用直线螺旋面，其成形面母线与 OO' 成 90° 交角（图 8-3a）;螺旋槽凸轮，采用法向直廓螺旋面，其成形面母线始终与圆柱相切，如图 8-3b 所示。

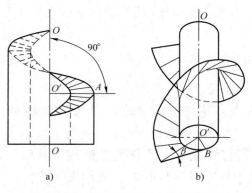

图 8-3　直线螺旋面和法向直廓螺旋面
a）直线螺旋面　b）法向直廓螺旋面

8.1.2　等速凸轮的几何要素与计算

（1）凸轮的种类　凸轮是各种机器中经常采用的零件。凸轮的种类很多，常用的有圆盘凸轮和圆柱凸轮，如图 8-4 所示。凸轮机构依靠凸轮本身的轮廓形状，使从动件获得所需要的运动。凸轮轮廓的形状决定了从动件的运动规律。凸轮机构就其运动规律而言，可分为等速运动、等加速和等减速运动等。在铣床上采用交换齿轮加工的凸轮一般是等速凸轮。所谓等速凸轮，就是凸轮周边上某一点转过相等的角度时，便在半径方向上（或轴线方向上）移动相等的距离。等速凸轮的工作面一般是采用阿基米德螺旋线组成的曲面。

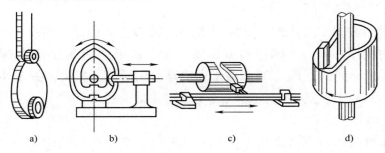

图 8-4　凸轮的种类

a）、b）圆盘凸轮　　c）、d）圆柱凸轮

（2）等速凸轮的工艺要求　铣削等速凸轮时，一般应达到如下工艺要求：

1）凸轮的工作面应具有较小的表面粗糙度值。

2）凸轮的工作面应符合预定的形状，以满足从动件接触方式的要求。

3）凸轮的工作面应符合所规定的导程（或升高量、升高率）、旋向、基圆和槽深等要求。

4）凸轮工作面应与某一基准部位处于正确的相对位置。

（3）等速圆盘凸轮的三要素计算　等速圆盘凸轮的工作面是由阿基米德曲线组成的平面螺旋面。阿基米德螺旋线是一种匀速升高的曲线，这种曲线可用升高量 H、升高率 h 和导程 P_h 表示。按照图样给出的技术数据，可以对三要素进行计算，然后得出所需要的交换齿轮，以便配置后进行加工操作。与铣削圆柱面螺旋槽类似，铣削平面螺旋面时的交换齿轮可沿用以下公式计算。

$$P_h = 360°h = \frac{360°H}{\theta} \qquad (8\text{-}1)$$

式中　P_h——平面螺旋面导程（mm）；

　　　h——平面螺旋面升高率 [mm/（°）]；

　　　H——平面螺旋线的始、终点径向变动量（mm）；

　　　θ——平面螺旋线所占中心角（°）。

$$i = \frac{z_1 z_3}{z_2 z_4} = \frac{N P_\text{丝}}{P_\text{h}} \qquad (8\text{-}2)$$

式中　$z_1 z_3$——主动交换齿轮的齿数；

$z_2 z_4$——从动交换齿轮的齿数；

$P_\text{丝}$——铣床工作台纵向丝杠螺距（mm）；

N——分度头或回转工作台定数；

P_h——平面螺旋线的导程（mm）。

8.1.3　球面展成的原理与计算

（1）球面的铣削加工原理　球面是典型的回转立体曲面，当一个平面与球面相截时，所得的截形总是一个圆，如图 8-5a 所示。截形圆的圆心 O_c 是球心 O 在截面上的投影，而截形圆的直径 d_c 则和截平面离球心的距离 e 有关，如图 8-5b 所示。由此可知，只要使铣刀旋转时刀尖运动的轨迹与球面的截形圆重合，并与工件绕其自身轴线的旋转运动相配合，即可铣出球面。

（2）球面铣削的基本要点　根据球面铣削加工的原理，铣削加工球面必须掌握以下要点：

1）铣刀的回转轴线必须通过工件球心，以使铣刀的刀尖运动轨迹与球面的某一截形圆重合。

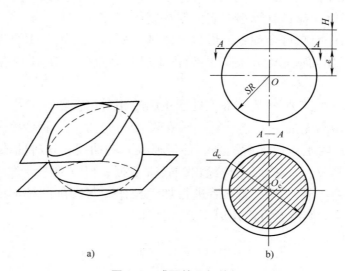

图 8-5　球面的几何特征

2）通过铣刀刀尖的回转直径 d_c 以及截形圆所在平面与球心的距离 e，确定球面的尺寸和形状精度。

3）通过铣刀回转轴线与球面工件轴线的交角 β 确定球面的铣削加工位置，如图 8-6 所示。轴交角 β 与工件倾斜角（或铣刀倾斜角）α 之间的关系为 $\alpha + \beta = 90°$。

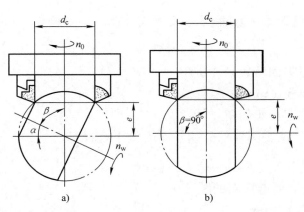

图 8-6 轴交角与外球面加工位置的关系

a）$\alpha+\beta = 90°$ b）$\beta = 90°(\alpha = 0°)$

（3）球面铣削加工的有关计算

1）外球面铣削加工计算。铣削外球面，一般都在立式铣床上采用硬质合金铣刀盘铣削，工件装夹在分度头和回转工作台上。常见的外球面有带柄球面、整球和大半径外球面。单柄球面铣削位置示意如图 8-7 所示。铣削单柄球面的调整数据计算如下：

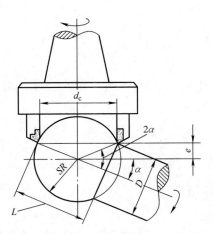

图 8-7 单柄球面铣削位置示意

项目
8

① 图 8-7 中分度头倾斜角 α 按下式计算。

$$\sin2\alpha = D/2SR \qquad （8-3）$$

式中　α——工件或刀盘倾斜角（°）；

　　　D——工件柄部直径（mm）；

　　　SR——球面半径（mm）。

② 图 8-7 中刀盘刀尖回转直径 d_c 按下式计算。

$$d_c = 2SR\cos\alpha \qquad (8-4)$$

式中　d_c——刀盘刀尖回转直径（mm）；

SR——球面半径（mm）；

α——工件或刀盘倾斜角（°）。

③ 图 8-7 中坯件球头圆柱部分的长度 L 按下式计算。

$$L = 0.5D\cot\alpha \qquad (8-5)$$

式中　L——球顶至柄部连接部的距离（mm）；

D——柄部直径（mm）；

α——工件倾斜角（°）。

2）内球面铣削加工计算。铣削内球面，一般采用立铣刀和镗刀在立式铣床上进行加工。用镗刀加工内球面时的位置关系，如图 8-8 所示。用镗刀加工内球面的调整计算如下：

① 计算立铣头倾斜角时，由于镗刀杆直径小于镗刀，因而当球面深度 H 不太大时，α_i 有可能取零度，α_m 可按下式计算。

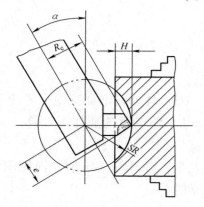

图 8-8　用镗刀加工内球面时的位置关系

$$\cos\alpha_m = \sqrt{\frac{H}{2SR}} \qquad (8-6)$$

② 计算镗刀回转半径 R_c 时，先确定倾斜角 α 的具体数值，并应尽可能取较小值。镗刀回转半径 R_c 可按下式计算。

$$R_c = SR\cos\alpha \qquad (8-7)$$

8.1.4　成形铣刀结构、仿形装置和仿形铣床的基础知识

1. 成形铣刀结构和使用特点

成形铣刀一般均是铲齿铣刀，其刀齿截形上齿背是阿基米德螺旋线。这类刀具要在专用的铲齿机床上加工齿背，刃磨刀齿前面后，只要前角符合刀齿轮廓设计时的技术要求，刀齿的轮廓精度就保持不变。通常成形铣刀的前角 $\gamma_o = 0°$，故成形铣刀的刃口不锋利，只能采用较小的铣削用量，而且制造费用比较高，铣削效率比较低。但当铣刀齿廓形状比较复杂时，铲齿铣刀与尖齿铣刀相比，具有制造方便、刀具重磨和铣削方法简单、成形面加工精度高等优点。

2. 附加仿形装置的基本结构和使用要点

（1）用模型和仿形铣刀加工　采用这种方法时，模型与工件的形状、尺寸相同或相似，模型用优质工具钢制成，具有足够的硬度和刚度。模型工作面应具有

较小的表面粗糙度值。模型与工件贴合面部分须具有一定斜度（或垫入垫片），以免铣刀铣坏模型工作面，如图 8-9a 所示。**仿形铣刀通常选用柄式立铣刀，当模型与工件完全相同时，铣刀柄部与模型接触部分的直径和铣刀切削部分的直径相同**（图 8-9b）。为了减少模型表面的磨损，可在铣刀柄部安装衬套或轴承（图 8-9c）。这种衬套一般用耐磨铸铁或青铜制成，内径与铣刀柄部过盈配合，外径与铣刀切削部分直径相同。模型与工件的连接通常是利用工件上已加工的孔、槽等部位作为定位，通过固定在模型上的销、键或可拆卸的销、键使模型与工件处于正确的相对位置，以保证成形面加工的形状精度和位置精度。

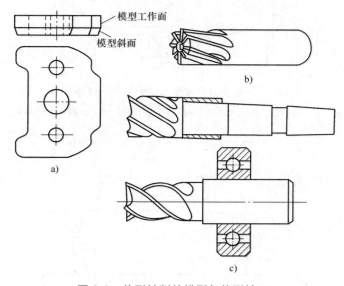

图 8-9　仿形铣削的模型与仿形铣刀

a）模型结构　b）仿形铣刀　c）带衬套、轴承的仿形铣刀

（2）用附加仿形装置铣削加工　在常用立式铣床上可安装附加仿形装置铣削加工直线成形面，如图 8-10 所示。附加装置通常由滚轮、滑板、重锤、模型、回转工作台等组成。铣削时，重锤拉动滑板，使滚轮始终与模型保持一定压力的接触，手摇回转工作台带动模型与工件作圆周进给运动，使铣刀铣削出与模型相同或相似的工件。使用这种方法，铣刀、滚轮（仿形销）、模型、工件之间的相对位置必须与模型设计时的预定参数相符，否则会影响工件成形面的几何精度。

（3）用平面仿形铣床加工　当生产批量较大时，可在平面仿形铣床上加工直线成形面。仿形铣床的型号很多，但其基本原理大致相同。图 8-11 所示是直接作用式仿形铣床，这种铣床的铣刀与仿形销是通过横梁刚性连接的。铣削时，仿形销始终与模型接触并沿其轮廓作相对运动，与仿形销通过中间装置刚性连接的铣刀跟随仿形销作相应的移动，从而铣削出与模型轮廓相同或相似的直线成形面。

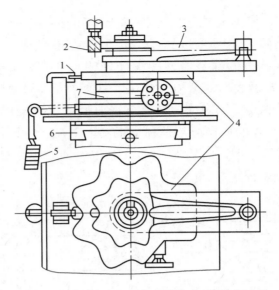

图 8-10　用附加仿形装置铣削加工直线成形面

1—滚轮　2—立铣刀　3—工件　4—模型　5—重锤　6—滑板　7—回转工作台

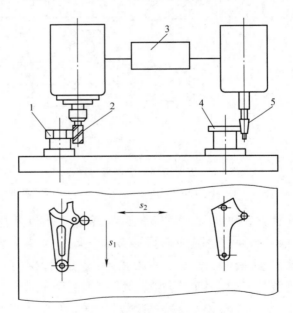

图 8-11　直接作用式仿形铣床

1—工件　2—铣刀　3—中间装置　4—模型　5—仿形销

　　模型工作面通常具有一定的斜度，仿形销具有相应的锥度，垂向调整仿形销与模型工作面的接触位置，可微量调节铣刀与工件的相对位置，可用于控制工件的尺寸精度，也可用于调整铣刀刃磨后的直径变动引起的工件尺寸变化，以及控制工件粗、精加工的余量分配。

3.用仿形法铣削成形面的误差分析方法

（1）模型工作面磨损引起的误差分析　模型在直接作用式仿形铣削中，工作表面各部分与仿形销的接触压力是不相等的，因此会引起局部磨损变形，从而影响工件的形状与尺寸精度。

（2）仿形销引起的误差分析　仿形销与铣刀的直径尺寸如果不对应，会使工件尺寸变大或变小；若仿形销在直接作用式仿形铣削中因接触压力波动而引起偏让，也会影响工件的形状和尺寸精度。

（3）铣刀引起的误差分析　直接作用式仿形铣削因合成铣削力的方向与大小不断变化，使铣刀在铣削中产生振动和偏让，不仅影响成形面的表面粗糙度，还会影响工件的尺寸精度。如果铣刀较长，刚性不足，铣刀切削部分偏让程度不一致，还会使工件成形面形成上小下大的锥度。

（4）附加仿形装置引起的误差分析

1）采用仿形附加装置时，若重锤的重力不足以使滚轮（仿形销）在铣削中始终与模型工作面接触，则仿形销在铣削抗力的作用下会脱离模型工作面，从而影响工件的形状与尺寸。

2）滑板与底座因间隙调整不当而使摩擦力过大时，也会使仿形销脱离模型工作面，影响工件精度。

8.1.5　FANUC 系统宏指令的基本知识

数控加工所使用的 FANUC 系统宏指令是利用变量的方式来编写的加工程序。它是通过数控系统本身的变量、数学运算、逻辑判断、程序循环等功能，手动编写一些如特殊型面、规则形状的加工程序，比如编写简单曲面、异形螺纹和椭圆等曲线这些没有专门的插补指令功能的程序。FANUC 系统宏指令中变量的修改和编写比较灵活方便，通过修改几个数据，就可编写出相似的零件，而不必大量地重复编写。文中因篇幅限制，主要介绍 FANUC 系统宏指令的基础知识及其使用。

（1）FANUC 系统宏指令的分类　FANUC 系统宏指令一般分为 A 类和 B 类。A 类 FANUC 系统宏指令因其编写定义比较烦琐且不直观，现已逐渐淘汰。目前随着数控系统的不断发展，更多的数控系统支持 B 类 FANUC 系统宏指令。B 类 FANUC 系统宏指令的编写格式更加简洁，已成为主流的发展趋势。

（2）变量　在 FANUC 系统宏指令中可以使用变量，并对其进行赋值，具体形式为一个可赋值的变量号代替具体的数值，用"#"和变量号表示，例如 #1=10；G02 X**Y**R#1；顺时针圆弧插补，半径为 10mm（注：可以多次给一个变量赋值，新变量值将取代原变量值）。

在不同的数控系统中，变量有着不同的表示方式（文中以 FANUC-0i 数控系统为例），表 8-1 为变量的种类。

表 8-1　变量的种类

	变量号	类型	功能
用户变量	#1 ~ #33	局部变量	只能在程序中存储数据，断电时局部变量初始化为空，可在程序中赋值
	#100 ~ #199 #500 ~ #999	公共变量	在不同的程序中，其意义相同。断电时，#100 ~ #199 初始化为空，#500 ~ #999 数据依然保存
系统变量	#1000 ~	系统变量	用于读写 CNC 运行时各种数据变化，如刀具位置、刀具补偿等。注：未理解变量的含义，不能随意赋值；不管 A 宏程序还是 B 宏程序，系统变量的用法都是固定的，某些系统变量只读

注：#0 为空变量，没有定义变量值的变量也是空变量（空变量不代表数值为 0，而是其所对应的地址根本就不存在、不生效）；系统变量是自动控制和通用加工程序开发的基础，在这里仅就系统变量的部分（与编程及操作相关性较大）内容加以介绍，见表 8-2 FANUC-0i 系统变量。

表 8-2　FANUC-0i 系统变量

变量号	含义
#1000 ~ #1015，#1032	接口输入变量
#1100 ~ #1115，#1132，#1133	接口输出变量
#10001 ~ #10400，#11001 ~ #11400	刀具长度补偿值
#12001 ~ #12400，#13001 ~ #13400	刀具半径补偿值
#2001 ~ #2400	刀具长度与半径补偿值
#3000	报警
#3001，#3002	时钟
#3003，#3004	循环运行控制
#3005	设定数据（SETTING 值）
#3006	停止和信息显示
#3007	镜像
#3011，#3012	日期，时间
#3901，#3902	零件数
#4001 ~ #4120，#4130	模态信息
#5001 ~ #5104	位置信息
#5201 ~ #5324	工件坐标系补偿值
#7001 ~ #7944	扩展工件坐标系补偿值

（3）变量的算术和逻辑运算　数学的算术、逻辑运算也可以在变量中运行，表 8-3 为 FANUC-0i 系统常用的算术和逻辑运算，等式右边的表达式可包含常量或由函数、运算符组成的变量。

表 8-3　FANUC-0i 系统常用的算术和逻辑运算

运算	格式	运算	格式
加	#i=#j+#k	减	#i=#j-#k
乘	#i=#j*#k	除	#i=#j/#k
正弦	#i=SIN[#j]	余弦	#i=COS[#j]
反正弦	#i=ASIN[#j]	反余弦	#i=ACOS[#j]
正切	#i=TAN[#j]	反正切	#i=ATAN[#j]
平方根	#i=SQRT[#j]	绝对值	#i=ABS[#j]
四舍五入圆整	#i=ROUND[#j]		
指数函数	#i=EXP[#j]	（自然）对数	#i=LN[#j]
上取整	#i=FIX[#j]	下取整	#i=FUP[#j]
与	#iAND #j	或	#i OR #j
异或	#i XOR #j		

注：当出现运算和函数的混合运算时，涉及运算的优先级，其运算顺序与一般数学上的定义基本一致，而括号[]的嵌套最多可以嵌套 5 级，如：#1=COS[[[#2+#3]*#4+#5]*#6] 是三重嵌套。

（4）变量的条件转移语句　在数控程序中，有三种常用的转移和循环方式来改变程序的流向。

1）GOTO n；表示无条件转移至顺序号 n 的程序段。

例如：GOTO 10 当前数控程序运行将无条件转移（跳转）至第 10 行程序段继续运行。

2）IF [条件表达式] GOTO n；表示如果指定的条件满足，则转移（跳转）至顺序号 n。如果不满足指定的条件表达式，则顺序执行下一个程序段。

例如：IF [#1 LT 10] GOTO 20；当 #1 小于 10mm 时，程序执行跳转至 N20 程序段号继续执行。

IF [条件表达式] THEN；如果指定的条件表达式满足，则执行指定的宏程序语句，而且只执行一个宏程序语句。

例如：IF[#1 EQ #2] THEN #3=5；当 #1 等于 #2 时，赋值 #3 等于 5mm。

3）WHILE [条件表达式] DOm；(m=1,2,3)

,,,,;（条件满足执行）

END m；

,,,,;（条件不满足执行）

当 WHILE 后条件表达式满足时，执行从 DO 到 END 之间的程序，否则，执行 END m 下面的程序段。它的功能方法其实和 IF 有些类似（IF 语句的使用更加灵活）。DO 后面的 m 号是指定执行范围的识别号，标号值 1、2、3。使用非 1、2、3 时，会触发 P/S 报警。

[条件式] 是两个变量之间的比较，或是一个变量和一个常量的比较，通过大小的关系运算来确定结果是"真"或"假"，从而系统产生相应的程序变化。常用的比较运算符号见表 8-4。

表 8-4　常用的比较运算符号

功能	格式	举例
等于	EQ	#1 EQ #2
不等于	NE	#1 NE #2
大于或等于	GE	#1 GE #2
大于	GT	#1 GT #2
小于或等于	LE	#1 LE #2
小于	LT	#1 LT #2

（5）变量使用的补充特点

1）变量定义赋值默认毫米，整数值的小数点可省略。

例如：#1=10

G01 X#1 Y-#1 F200. 则为 G01 X10. Y-10. F200.

2）改变变量值符号，将"-"放在"#"号之前。

例如：#1=10

Y#1，Y-#1　则为 Y10.，Y-10.

3）一个变量循环中包含另一个循环，这种形式称为嵌套，一个程序循环中允许嵌套最多为 3 层。

4）不能用变量代表的地址符有：程序号 O，顺序段号 N，任选程序段跳转号 /。

例如：O#1；N#1 G01；/O#1 G00；

5）表达式可用于指定变量号，这时表达式必须封闭在括号中。

例如：当 #1=3；#2=2

#[#1+#2+10]（表达式代表 #15）

6）当用表达式指定变量时，必须把表达式放在括号中。

例如：G01 X[#1+#2]F#3

（6）球头立铣刀铣削型面的应用　球头立铣刀是数控机床上加工复杂曲面、型面的重要刀具之一，随着数控机床的普及，球头立铣刀在模具制造、汽车制造、航天航空、电子通信产品制造等行业中的应用更加广泛。下面介绍利用球头立铣刀编写 FANUC 系统宏指令加工图 8-12 所示凸圆柱面的方法。

图 8-12 所示圆柱面的轴线平行于 XY 平面，截面线为平行于 XZ 平面的圆弧，进行 G02/G03 圆弧插补指令加工时，需要使用 G18 指令设置圆弧插补平面。为了使 FANUC 系统宏指令具有更好的适应性，现选择球头立铣刀进行加工，刀具原点设置在球头圆心，宏程序的编程原点设置在圆弧的中心点，如图 8-12 中坐标系所示。刀具加工轨迹采用沿圆柱面的圆周双向往复运动，至于 Y 轴上的运动，则可以根据实

际情况，选择 Y0 → Y+ 或 Y0 → Y− 单向推进，在本例中采用 Y0 → Y+ 推进。加工程序见表 8-5。

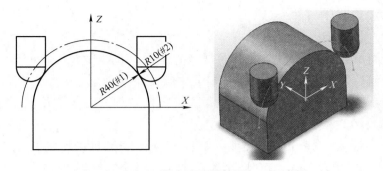

图 8-12　G18 命令平面圆柱面加工示意图

表 8-5　圆柱面宏程序

段号	程序	注释
N10	G54 G90 G18 G00 X50. Y-10. Z7. ；	建立工件坐标系，绝对编程，选择 XZ 平面，X、Y、Z 轴快速定位，X、Y 轴离开工件距离为刀具半径
N20	M03 S1500 ；	主轴正转，转速 1500r/min
N30	G0 Z52. ；	Z 轴快速定位
N40	G01 Z0. F200. ；	Z 向进给加工，进给速度为 200mm/min
N50	#1=40 ；	设 #1 为凸圆柱半径
N60	#2=10 ；	设 #2 为球头立铣刀半径
N70	#3=#2+#1 ；	
N80	#4=0 ；	Y 坐标变量，赋初始值为 0
N90	G01 Y[#4+2] ；	增量 Y 向进给加工
N100	G02 X-#3 R#3 ；	绝对坐标圆弧插补
N110	G01 Y[#4+4] ；	增量 Y 向进给加工
N120	G03 X#3 R#3 ；	绝对坐标圆弧插补
N130	#4=#4+4 ；	Y 坐标 #4 变量递增 4mm
N140	IF[#4 LT 40] GO TO 90 ；	如果 #4 小于 40 时，程序跳转到 N90 继续执行
N150	G0 Z70. ；	Z 轴快速定位
N160	M30 ；	程序结束并复位

8.1.6　成形面、螺旋面的检验和质量分析方法

1. 成形面检验项目与技术要求

（1）形面素线检验　形面素线应垂直于基准平面，以孔为基准的工件，素线应平行于基准孔的轴线。同时，素线应符合直线度要求。

（2）端面轮廓曲线检验　端面轮廓曲线应符合图样的各项尺寸与几何精度要求。检验时，一般将曲线分解为直线、圆弧、螺旋线或其他曲线，然后按其几何特征进行检验，并检验各部分的连接质量，如直线与圆弧的连接、圆弧与圆弧相切或相交等连接点的几何精度和光滑程度。

2. 等速凸轮检验项目和要求

（1）导程　包括曲线成形面所占中心角或等分格数及相应的升高量。

（2）工作面形状精度　包括成形面素线的位置、直线度及连接部分的形状。

（3）工作面位置精度　主要检验工作面的起始位置精度。

（4）尺寸精度　包括螺旋槽宽、槽深、基圆及空程圆弧等部位的尺寸。

3. 检验方法和质量分析方法

（1）成形面检验　分解后的圆弧、直线可用标准量具进行检验，形状复杂、特殊的零件以及大批量生产时，可使用样板进行比照检验（图 8-13a），平面螺旋面和函数曲线可用指示表按曲线移动规律进行检验（图 8-13b）。

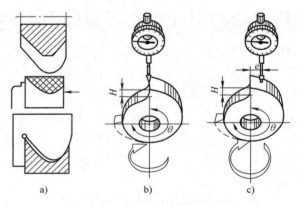

图 8-13　直线成形面检验方法

a）用样板检验曲线轮廓　b）、c）用指示表检验平面螺旋面

（2）等速凸轮检验

1）升高量和导程检验：盘形凸轮的检验应根据凸轮的运动规律和从动件的位置进行。图 8-13b 所示为对心直动圆盘凸轮的升高量检验，图 8-13c 所示为偏心（偏心距为 e）直动圆盘凸轮的（径向）升高量检验。检验时，借助分度头转过凸轮工作面所占中心角 θ，指示表示值之差应等于凸轮工作面的升高量。检验圆柱凸轮升高量的方法与上述方法类似，可将圆柱凸轮放置在测量平板上，使基准端面与平板测量面贴合，然后测量螺旋槽的起点和终点的高度差，即可测得圆柱凸轮螺旋槽的（轴向）升高量，中心角通过分度头进行测量。导程的实际数值可按照检测得到的升高量和中心角通过计算间接获得。

2）凸轮工作面的形状和尺寸精度检验：测量圆盘凸轮工作面素线的直线度，可按图 8-14a 的方法用直角尺进行检验。圆柱端面凸轮的检验方法与圆盘凸轮工作面形状精度检验方法相同。对于圆柱螺旋槽宽度尺寸，可用相应精度的塞规进行检验，如图 8-14b 所示。同时，也可通过用塞尺检查两侧的间隙来检验螺旋槽的截形。至于螺旋槽的深度尺寸、基圆和空程圆弧尺寸，一般可用游标卡尺进行测量。

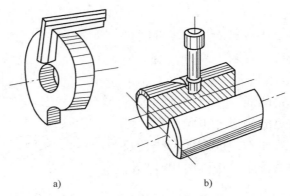

图 8-14　凸轮工作面形状精度检验

a）检验圆盘凸轮素线　b）检验螺旋槽的宽度和截形

3）凸轮工作面位置精度检验

① 测量圆盘凸轮的基圆尺寸，实际上是测量螺旋面的起始位置。测量时，可直接用游标卡尺量出曲线最低点与工件中心的尺寸，便可测出基圆半径的实际值。

② 测量圆柱凸轮螺旋面与基面的位置，可直接用游标卡尺测量，也可把基准面贴合在平板上用指示表测量。

（3）质量分析方法

1）直线成形面的质量分析方法。

① 素线的直线度误差应根据加工的方法进行具体分析。例如，采用立铣刀仿形加工方法，通常与立铣刀的圆柱面几何精度、切削刃的刃磨质量有关；采用成形铣刀铣削加工的，素线的直线度与机床的工作台的导轨精度、进给量和吃刀量等有关。

② 端面曲线（导线）轮廓误差应根据轮廓曲线形成的方法进行分析。例如，采用成形铣刀进行加工的，通常与刀具的廓形误差有直接关系；采用仿形法加工的，与模型和仿形销的精度等有关；采用画线、配置交换齿轮等方法加工的，与画线的准确性、操作的熟练程度、交换齿轮的计算和配置的准确性等有关。对于轮廓曲线连接部位的缺陷和误差，一般与操作和调整方法及熟练程度有关。

2）单导程凸轮的质量分析方法。

① 导程的误差一般与导程计算值、交换齿轮的计算和配置等有关。采用仿形法加工的，与仿形装置中的模型和仿形销、铣刀直径等有关。

② 对于工作面位置精度误差和凸轮工作形面与空程形面的连接误差，一般与加工操作调整方法与熟练程度有关。

8.2　成形面与球面加工

8.2.1　画线加工法

（1）按画线铣削直线成形面　当零件数量不多和外形不规则或技术要求不高时，通常采用这种方法，如图 8-15 所示。铣削前，在工件端面画出成形面的轮廓线，然后按画线进行铣削。成形面母线较短的盘形或板状工件，可在立式铣床上用立铣刀加工；成形面母线较长的柱状工件，可在卧式铣床上按画线用盘形铣刀铣削加工。

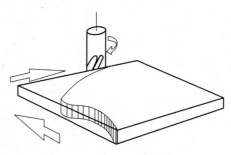

图 8-15　按画线铣削加工成形面

（2）画线加工法的要点与注意事项

1）按画线手动铣削成形面时，应注意画线的准确性和规范性，画线应清晰、准确，通常画线后应按图样进行复核。画线应按规范打样冲眼，样冲眼的位置要准确，连接点必须打样冲眼，圆弧的象限点、直线的始终点、曲线的拐点等也必须打样冲眼，其他部位可根据形状适当选取。

2）直线部分一般通过找正使其与进给方向平行，采用一个方向进给的方法，以保证直线部分的加工质量。

3）曲线部分采用复合进给方法进行加工，铣削时注意采用逆铣方式，即复合进给的方向与铣刀切削力的方向相反。

4）双手操作时速度的调节与曲线的斜率有关。例如，假定立式铣床的横向为 Y 轴，纵向为 X 轴，曲线加工部位的斜度为 45°，此时横向进给和纵向进给速度基本相同；若斜度小于 45°，此时纵向进给速度略大于横向进给速度；若斜度大于 45°，此时纵向进给速度略小于横向进给速度。当斜度为 0° 时横向不进给，仅采用纵向进给；当斜度为 90° 时纵向不进给，仅采用横向进给。

5）工件放置的位置应便于铣削加工时观察，观察的部位应是铣刀切削过渡面与工件表面的画线相切的位置，双手调整的要求是使立铣刀的切削圆弧始终与轮廓曲线相切。

6）加工中判断铣削位置是否准确时，可观察已加工表面与端面的交线部位附近是否留有残留的样冲眼，若画线样冲眼的位置准确，加工后应留有半个样冲眼。

8.2.2　分度头（或回转工作台）加工法

（1）用分度头或回转工作台铣削直线成形面　当工件数量不多，成形面端面轮廓由圆弧和直线构成，或由旋转运动和直线运动复合而成的螺旋线构成时，可将工件装夹在回转工作台或分度头上，用立铣刀进行加工，如图 8-16 所示。铣削内外圆弧时，应使圆弧与回转工作台或分度头的主轴同轴，通过圆周进给铣出圆弧面。铣削直线部分时，应找正直线使其与工作台进给方向平行，通过纵向或横向进给进行铣削。螺旋面的铣削应在分度头或回转工作台与工作台丝杠之间配置交换齿轮进行铣削。

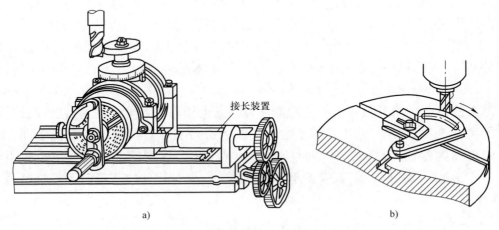

图 8-16 用分度回转夹具铣削加工成形面
a）用分度头加工螺旋面 b）用回转工作台加工圆弧和直线

（2）分度头（或回转工作台）加工法的要点与注意事项

1）使用分度头（或回转工作台）法加工圆柱面，或配置交换齿轮加工等速平面螺旋面时，一般切削的位置在工件左侧，即在纵向坐标与被加工圆弧的交点位置，以便于圆弧与直线的转换等加工操作。

2）使用分度头加工，应调整、找正分度头的主轴使其与工作台台面垂直，需要配置交换齿轮的一般需要使用侧轴接长装置，如图 8-16a 所示。

3）使用回转工作台装夹工件加工时，应注意压板的布置，找正工件圆弧与回转工作台轴线的同轴度。

4）用立铣刀铣削直线成形面时，铣刀切削部分的长度应大于工件成形面素线的长度。对于有凹圆弧的工件，铣刀直径应小于或等于最小凹圆弧直径，否则无法铣成全部成形面轮廓。对于没有凹圆弧的工件，可选择较大直径的铣刀，以使铣刀有较大的刚度。

5）铣削直线、圆弧连接的成形面轮廓时，为便于操作，提高连接质量，应按下列次序进行铣削：

① 凸圆弧与凹圆弧相切的部分，应先加工凹圆弧面。

② 凸圆弧与凸圆弧相切的部分，应先加工半径较大的凸圆弧面。

③ 凹圆弧与凹圆弧相切的部分，应先加工半径较小的凹圆弧面。

④ 直线部分可看作直径无限大的圆弧面。若直线与圆弧相切连接，应尽可能连续铣削，转换点在连接点位置。若分开铣削，凹圆弧与直线连接，应先铣削凹圆弧后再铣削直线部分；若凸圆弧与直线连接，应铣削直线部分后再铣削凸圆弧。

6）铣削时，铣床工作台和回转工作台的进给方向都必须处于逆铣状态，以免立铣刀折断。对回转工作台周向进给，铣削凹圆弧时，回转工作台旋转方向与铣刀旋转方向相反；铣削凸圆弧时，两者旋转方向应相同。在用按画线手动进给的方法粗铣工件外形时，切削力的方向应与复合进给方向相反，并始终保持逆铣状态。

7）调整铣刀与工件铣削位置时，应以找正后的铣床主轴与回转工作台同轴的位置为基准，调整纵向或横向工作台，使铣刀偏离回转中心，处于准确的铣削位置。调整的距离 A 应根据铣刀直径和圆弧半径调整，并与圆弧的凹凸特征有关。铣削凹圆弧时，铣刀中心偏离回转中心的距离 A 为圆弧半径与铣刀半径之差；铣削凸圆弧时，偏离距离 A 为圆弧半径与铣刀半径之和。由于铣刀实际直径与标准半径不同，以及铣削时铣刀的偏让等原因，铣削时应分粗、精加工，铣削凹圆弧时，偏距应小于计算值 A，铣削凸圆弧时，偏距应大于计算值 A，铣削时按预检测量值逐步铣削至图样要求。

8）铣削前，应预先在回转工作台上各段成形面切点、连接点位置做好相应的标记，使铣刀铣削过程中的转换点、起始点落在轮廓连接点位置上，以保证各部分准确连接。

8.2.3 仿形加工法

（1）用仿形法铣削成形面 当工件批量较大时，可采用仿形法铣削成形面。仿形铣削是依靠与工件完全相同或相似的模型，使工件或铣刀沿着模型的轮廓做进给运动进行铣削的方法。

在常用立式铣床上，可使用模型和仿形铣刀，用手动进给铣削直线成形面（图 8-17），也可选用附加仿形装置铣削直线成形面。当零件数量较多或批量生产时，可选用平面仿形铣床铣削直线成形面。

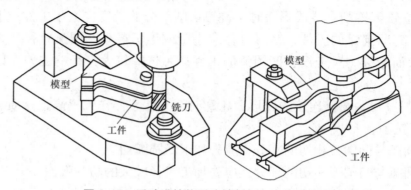

图 8-17　手动进给仿形法铣削加工直线成形面

（2）仿形加工法的要点与注意事项　现以加工图 8-18 所示的推力板为例，介绍在立式铣床上采用模型、仿形铣刀手动进给铣削成形面的要点与注意事项。

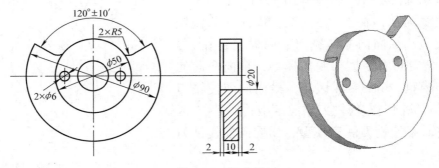

图 8-18　推力板

1）选择工件装夹方式。工件的定位是为了保证工件与模型处于正确的相对位置，本例模型采用插销式定位（图 8-19a），ϕ20mm 基准孔作为主定位，ϕ6mm 孔作为辅助定位，工件连同模型一起装夹在平行垫块座上，用压板压紧（图 8-19b）。

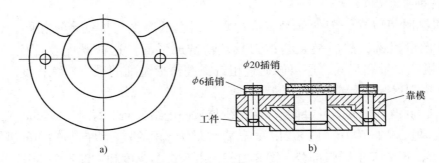

图 8-19　推力板定位装夹示意图

2）选择刀具及安装方式。

① 本例最小凹圆弧为 R5mm，故选用直径为 ϕ10mm 的专用锥柄仿形立铣刀。

② 为了兼顾铣刀的刚度和便于铣削观察，采用外径较小的锥柄过渡套筒安装立铣刀。

3）调整工作台的镶条间隙。为了操作轻便，应适当调整工作台镶条与导轨面的配合间隙，并注意清洁和润滑导轨面和传动丝杠，使工作台移动灵活。

4）调整铣刀的垂向位置。调整时，使铣刀的靠杆部位与模型工作面接触；切削刃与工件厚度对齐，保证工件一次铣出；切削刃与柄部连接处，处于模型与工件接合部的斜面中间，以防止铣刀切削刃磨损和铣坏模型工作面。

5）粗、精铣成形面。粗铣时把模型工作面轮廓视作划线，使铣刀沿模型工作面轮廓铣削，并留有 5mm 左右的精铣余量。精铣时掌握以下要点：

① 在模型工作面上略加一些润滑油，把工件压板适当松开一些。

② 工件放置的位置应便于观察铣刀柄部与模型工作面的接触情况。

③ 将工件的轮廓划分为若干部分，设定纵横向的动作方向和要求。如图 8-20 所示，以图示工件放置位置为例，在 1～2 区域，横向向前使铣刀脱离模型，纵向向左使铣刀靠向模型；在 2～3 区域，纵向向右使铣刀脱离模型，横向向前使铣刀靠向模型；在 3～4 区域，横向向前使铣刀脱离模型，纵向向左使铣刀靠向模型；在 4～5 区域，纵向向右使铣刀脱离模型，横向向前使铣刀靠向模型。

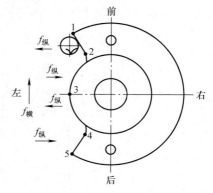

图 8-20　成形面的区域划分和进给方向

④ 精铣成形面时，通常以脱离模型的进给方向为主导，靠向模型的进给方向为随动，使铣刀柄部始终与模型工作面接触，但又保持较小的接触压力，精铣成形面。若一次全程进给铣削后对表面粗糙度和形状精度不满意，还可以再重复一次精铣过程，直至符合图样要求。

6）铣削注意事项。

① 粗铣时可以在铣刀柄部套装铜衬套，衬套的厚度与精铣余量相同，这样可以先进行成批量粗铣，然后换装精铣刀具，精铣成形面。这样既能发挥模型的作用，又可提高粗铣质量和工效，还可以通过粗铣提高仿形铣削的操作熟练程度。

② 在铣削过程中，应根据轮廓区域的特性，控制进给分速度的大小和方向变化，以提高仿形铣削的精度。如直线部分，当直线与某一进给方向平行时，该方向进给速度可自由调节，另一方向为 0°（图 8-21a）；若直线呈 45° 角放置，纵向与横向的进给速度应相等（图 8-21b）。又如圆弧部分（图 8-21c），由于进给速度和方向不断变化，因此，进给分速度的方向和大小也在变化。以本例的圆弧部分为例，横向始终向前，在 2～3 区域，其速度由 "0" 值逐步增大，最后达到最大值；在 3～4 区域，其速度由最大逐步减小，最后减至 "0" 值。对于纵向进给，不仅速度大小在变化，方向也在变化。

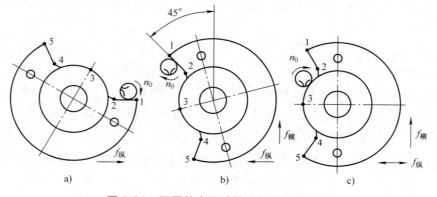

图 8-21　不同轮廓区域的进给速度和方向

③ 铣削时，复合进给方向必须使铣削处于逆铣状态，以免立铣刀折断。

④ 铣削时，铣刀柄部与模型的接触压力必须控制适当，若接触压力过大，会引起模型工作面和铣刀柄部的过早磨损，严重时会损坏铣刀柄部表面和模型工作面，引起铣刀折断。若接触压力过小，会使铣刀柄部脱离模型工作面，影响工件成形面的精度。

⑤ 精铣时，工件不必压得太紧，在铣削过程中可使工件和模型在接触压力过大时略有移动，但须注意不能过松，以免导致工件脱离压板造成事故。

8.2.4 成形铣刀加工法

（1）用成形铣刀铣削成形面　采用这种方法时，若采用标准成形铣刀，如凹凸半圆成形铣刀等，可按成形面轮廓技术要求用常见的试切法或画线对刀法调整铣刀的切削位置；若采用的是专用成形铣刀，通常会在工艺文件中提供成形铣刀的对刀数据和方法，如采用配套的专用夹具，夹具上一般设置专用的对刀装置。

（2）成形铣刀加工法的要点与注意事项　现以加工如图 8-22 所示的圆弧托板为例，介绍在卧式铣床上采用成形铣刀铣削成形面的要点与注意事项。

1）选择刀具及安装方式。铣削 R16mm 的凹圆弧槽时选用 R16mm 的凸半圆铣刀。铣削 R6mm 的角圆弧时选用 R6mm 的圆角铣刀，如图 8-23 所示。铣削外形和台阶时选用圆柱形铣刀和三面刃铣刀。

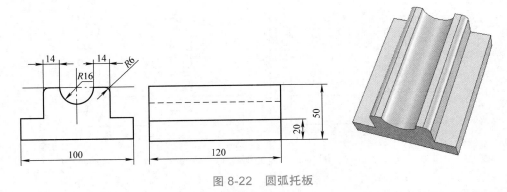

图 8-22　圆弧托板

2）选择检验测量方法。用指示表借助标准圆棒、六面角铁检验凹圆弧槽的对称度和形状精度；对于角圆弧，可采用圆弧样板检验圆弧尺寸；目测检验角圆弧的连接质量和加工表面的粗糙度。

3）工件表面画线。在立方体表面涂色，用游标高度卡尺在画线平板上用翻转180° 方法画出工件圆弧槽的中心线及槽宽线；分别以两侧面、底面定位画出台阶线；按 R6mm 角圆弧位置，分别以两侧面、底面定位画出角圆弧中心位置，打样冲眼，并用划规画 R6mm 角圆弧线；用一块平行垫块覆盖在工件圆弧槽所在平面并用 C 形夹固定。在圆弧槽中心打样冲眼，然后用划规画出 R16mm 圆弧槽位置，如图 8-24

所示。

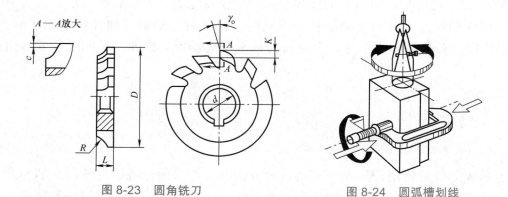

图 8-23　圆角铣刀　　　　　　　　图 8-24　圆弧槽划线

4）铣削角圆弧。铣削时，在角圆弧铣削的部位垂向对刀，使圆角铣刀的外圆刃恰好接触到工件顶面（图 8-25a）。因铣刀结构上的特点，对刀后垂向上升 6.6mm 可达到较平滑连接的图样要求；横向对刀时，使工件侧面与刀具端面接触（图 8-25b），对刀时可使用塞尺检测对刀间隙；垂向按对刀位置上升 6.5mm，横向按对刀位置调整吃刀量 4mm 进行粗铣（图 8-25c）；根据画线和连接情况，调整工作台垂向和横向，精铣角圆弧如图 8-25d 所示。

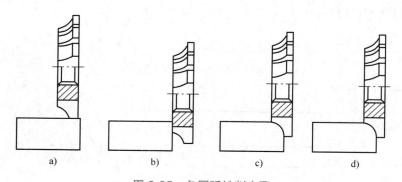

图 8-25　角圆弧铣削步骤

a）垂向对刀　b）横向对刀　c）粗铣角圆弧　d）精铣角圆弧

5）铣削 R16mm 凹圆弧槽。铣削时，按槽位置画线试铣，试铣时槽深为 1mm 左右。试铣一侧后，将工件水平转过 180°，以另一侧定位装夹，再以同样深度试铣。若两次切痕不重合，则应按错位量的一半调整工作台横向，直至两切痕完全重合。此时，沿垂向再升高 2mm，在全长内铣削圆弧槽。拆下工件，在测量平板上分别以两侧面定位，将底面贴合在六面角铁垂直工作面上；将 R16mm 标准圆棒嵌入圆弧槽内，用指示表测量标准圆棒的最高点，翻身进行测量比较，如图 8-26 所示。若有偏差，按槽偏移中心方向调整横向工作台，调整量为指示表两次测量示值之差的 1/2；待 R16mm 槽处于对称两侧位置时，逐步铣削至图样要求。

6）铣削注意事项。

① 凸半圆铣刀在铣削时振动较大，因此要注意调整支架上刀杆支承轴承与刀杆颈的间隙。铣削中若听到刀杆振动声较大，可用扳手适当旋紧轴承螺钉，并注意加注润滑油以及检查该部位的温度。

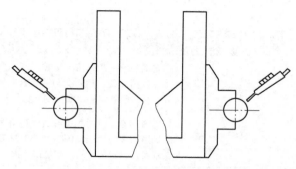

图 8-26　测量圆弧槽对称度误差

② 用短刀杆安装三面刃铣刀和圆角铣刀，铣刀尽可能靠近铣床主轴，以防止铣削振动。

③ 凸半圆铣刀和圆角铣刀是成形铣刀，前角为 0°，切削阻力较大，因此应选择较小的铣削用量。

④ 使用工件换面法保证成形面的对称度时，需使用两侧面定位夹紧方法，注意坯件六面体两侧面的平行度以及与底面的垂直度均应具有较高的精度，否则会影响成形面的加工精度。

8.2.5　球面展成加工法

（1）球面铣削加工的主要操作步骤

1）通过工作台横向对刀，找正立铣头与工件轴线在同一平面内。

2）按计算值调整铣刀盘回转直径（外球面），选择立铣刀直径或调整镗刀回转半径（内球面）。

3）按计算值调整工件仰角或立铣头倾斜角。

4）按规范装夹、找正工件。

5）通过垂向和纵向对刀，找正球面铣削位置。注意，不同形式的球面其对刀位置是不同的。

6）手摇分度头手柄，粗、精铣球面至图样规定的技术要求。

（2）球面展成铣削的加工质量分析　见表 8-6。

表 8-6　球面展成铣削的加工质量分析

序号	质量问题	原因分析
1	球面粗糙度误差大	回转工作台或分度头主轴间隙大；立铣头套筒伸出较长；内球面铣削时立铣刀刀尖磨损；球台铣削时铣刀后角选择不当
2	球面轮廓形状误差大	铣刀回转轴线与工件轴线不在同一平面内。具体原因可能有：机床主轴与回转工作台的同轴度找正精度比较差；铣削时，工作台横向有微量移动；球台铣削时自定心卡盘有微量移动；立铣头扳转倾斜角后轴线与工件轴线偏离

（续）

序号	质量问题	原因分析
3	球面位置误差大	立铣头倾斜角未按 α 扳转，或计算得不正确；铣削内球面时工件端面划线不准确、预制孔位置精度差、预制孔与回转台同轴度找正精度差等；铣削球台时工件与回转台不同轴，引起对刀位置偏移预期位置，铣削时工件有微量位移；刀尖回转直径计算或选取错误
4	球面直径尺寸误差大	用圆环测量时的相关参数计算错误；用圆环测量时，测量不准确、测量操作失误；过程测量用的圆环，交线圆直径与刀具刀尖回转直径不一致，造成尺寸控制失误；球面的形状误差大，引起尺寸间接测量误差大

8.3　单导程等速凸轮加工

8.3.1　圆盘凸轮加工

（1）单导程圆盘凸轮的加工方法

1）使用分度头的加工方法如图 8-16a 所示，分度头的主轴与工作台台面垂直，铣刀的中心与工件中心的连线及纵向进给方向平行。在工作台与分度头侧轴之间配置交换齿轮，侧轴上可安装接长轴，以便调整加工位置。

2）使用回转工作台加工的方法如图 8-27a 所示，加工时在回转工作台机动轴和工作台丝杠之间配置交换齿轮，计算交换齿轮时注意公式中回转台定数 N 是回转工作台分度传动蜗轮的齿数。铣刀中心与工件中心的连线也应与纵向进给方向平行。

3）使用附加仿形装置加工的方法如图 8-27b 所示，注意重锤 1 应能克服铣削力引起的振动，并能使滚轮 2 始终紧靠盘形凸轮模型 5。铣刀 3、滚轮 2 与盘形凸轮工件 4（盘形凸轮模型 5）中心的连线，应与滑板 7 的移动方向平行。

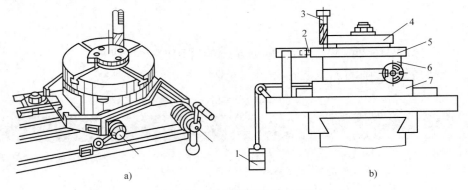

a)　　　　　　　　　　　　　　　b)

图 8-27　圆盘凸轮的加工方法

a）用回转工作台加工　b）用附加仿形装置加工

1—重锤　2—滚轮　3—铣刀　4—盘形凸轮工件　5—盘形凸轮模型　6—回转工作台　7—滑板

（2）单导程圆盘凸轮加工要点与注意事项　加工圆盘凸轮应掌握以下要点和注意事项：

1）圆盘凸轮的形面构成分析：按端面轮廓形状，单导程圆盘凸轮的形面包括等速平面螺旋线的中心角与径向升高量，圆弧线的中心角与直径，以及连接螺旋线和圆弧工作面的直线部分、连接圆弧，工件型面素线长度，从动件的直径或圆弧半径，偏心距离等。

2）铣削加工工序过程：包括坯件检验，分度头和心轴安装，表面画线，装夹、找正工件，安装立铣刀，计算、配置交换齿轮，铣削凸轮工作型面和连接部分，精度检验等。

3）工件表面画线：画线时分度头主轴水平放置，用心轴装夹工件，按图样给定尺寸和凸轮作图方法画出凸轮型面轮廓线，在轮廓线上打样冲眼。画线应考虑到复合进给方向的逆铣因素。

4）计算、配置交换齿轮：包括计算螺旋线导程与交换齿轮，并按计算值配置交换齿轮，配置后应检验导程值的准确性。

5）主要铣削步骤：包括找正工件、安装铣刀、调整铣削位置、分段进行铣削等。铣削中一般采用粗、精铣方式。

6）铣削注意事项：铣刀加工应根据从动件位置确定；铣刀的直径必须与滚柱从动件的直径相等；工件表面的画线和装夹，应使铣削保持逆铣关系等。

8.3.2　圆柱凸轮加工

1. 单导程圆柱螺旋槽凸轮的铣削方法

圆柱螺旋槽等速凸轮，一般是在立式铣床上用分度头和工作台丝杠之间配置交换齿轮进行铣削的。螺旋槽的法向截形为矩形，因此大多采用键槽铣刀或立铣刀进行加工。圆柱凸轮的沟槽一般由圆柱环形槽和螺旋槽连接而成，如图 8-28 所示的单导程等速圆柱凸轮，由右螺旋槽、环形槽、左螺旋槽和环形槽连接而成。环形槽采用手摇分度头方法进行铣削，螺旋槽采用分度头、工作台复合运动进行铣削。在立式铣床上加工等速凸轮螺旋槽时，工作台不需要扳转角度，铣刀的轴线应与工件的轴线垂直相交。

2. 单导程等速圆柱螺旋槽凸轮的铣削加工要点与注意事项

现以铣削加工图 8-28 所示的圆柱螺旋槽凸轮为例，介绍铣削加工要点和注意事项。

（1）图样分析要点

1）图 8-28a 所示的圆柱凸轮由 4 个部分组成（图 8-28b）：0°～90° 为右螺旋槽，升高量为 60mm；90°～180° 为圆柱环形槽，与端面的距离为 80mm；180°～270° 为左螺旋槽；270°～360° 为圆柱环形槽，螺旋槽与环形槽首尾相接。

2）螺旋槽法向截面为矩形，槽宽尺寸为 $14^{+0.07}_{0}$ mm，槽深 10mm。

3）0°（360°）位置槽的中心与基准端面的距离为 20mm。

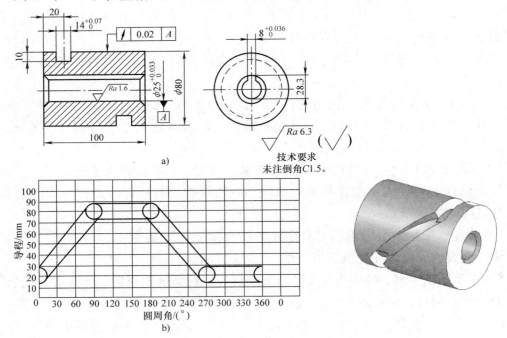

图 8-28　单导程等速圆柱凸轮

a）零件图　b）表面坐标展开图

（2）计算导程和交换齿轮　导程按三要素公式计算，交换齿轮沿用铣削螺旋槽时使用的计算公式进行计算。

1）0°～90° 右螺旋槽

$P_{h1} = 360°H_1/\theta_1 = 360° \times 60/90°\,\text{mm} = 240\text{mm}$

$i_1 = 40P_{丝}/P_{h1} = 40 \times 6/240 = 1$

查有关数据表得交换齿轮：$z_1 = 80$、$z_2 = 40$、$z_3 = 25$、$z_4 = 50$。

2）180°～270° 左螺旋槽

$P_{h2} = 360°H_2/\theta_2 = 360° \times 60/(270°-180°)\,\text{mm} = 240\text{mm}$

左螺旋槽和右螺旋槽的导程相等，方向不同，在配置交换齿轮时应注意复合运动的螺旋方向。

（3）圆柱凸轮表面的画线步骤

1）将分度头水平放置在画线平板上，把工件装夹在分度头自定心孔盘内。

2）按图样要求在工件圆柱面上分别划出 0°（360°）、90°、180°、270° 的水平中心线Ⅰ、Ⅱ、Ⅲ、Ⅳ。

3）取下工件，将基准平面放置在平板上，分别按 20mm、80mm、80mm、20mm 与中心线Ⅰ、Ⅱ、Ⅲ、Ⅳ依次相交，在各交点上打样冲眼。

4）用划规以各交点为圆心，以 7mm 为半径画圆，在圆周线上打样冲眼。

5）用边缘平直的铜皮或软钢尺包络在圆柱面上画出凸轮螺旋槽。

（4）铣削主要步骤

1）按铣削圆柱面螺旋槽方式安装、调整分度头和尾座，装夹凸轮工件，找正工件与分度头的同轴度。

2）以 0.1mm 的吃刀量试铣右螺旋槽，并在工作台侧面和刻度盘上做好始点、终点的位置标记，间距为 60mm，并在分度头主轴刻度盘上 0° 与 90° 位置上做好始点、终点标记，同时在始、终点位置观察刀尖转动轨迹，其应与圆Ⅰ、圆Ⅱ的划线吻合。

3）手摇分度头试铣 90° ~ 180° 圆柱面环形槽。

4）在交换齿轮中增加中间齿轮，改变螺旋方向，试铣 180° ~ 270° 左螺旋槽。

5）手摇分度头试铣 270° ~ 360° 圆柱面环形槽。

6）预检各尺寸和中心角后铣削各部分螺旋槽和环形槽。

（5）铣削等速圆柱螺旋槽凸轮的注意事项

1）控制始点和终点的位置精度可采用以下方法：

① 0° 始点位置，应通过分度头 180° 翻转法较精确地找正工件中心线的水平位置，然后按圈孔数转过 90°，使工件上 0° 位置线准确处于工件上方。

② 铣刀切入始点位置前，应紧固分度头主轴和工作台纵向，以中心孔定位并用麻花钻切去大部分余量，以提高键槽铣刀或立铣刀的切入位置精度。

③ 对铣削时的刻度标记，均应在消除了传动间隙后的位置精度起算，否则第二次回复时会产生复位误差，始点和终点的间距和夹角也会因包含间隙引起误差。

④ 始点和终点往往是连接点，即前一条槽的终点是后一条槽的始点。因此，铣完前一条槽后，应根据该槽的终点要求进行检验，以免产生累积误差。此外，为了保证连接质量，在铣完一条槽后，应紧固工作台纵向和分度头主轴，然后配置下一条槽的交换齿轮，并按下一条槽铣削的进给方向在消除间隙后再进行铣削操作。

⑤ 分度头回转的角度除在主轴刻度盘上做标记外，凸轮螺旋槽的夹角精度应通过分度手柄的转数和圈孔数来进行控制。

⑥ 铣刀在始、终点位置应尽量缩短停留时间，以免铣刀在始终点处过切导致铣出凹陷圆弧面。

2）控制槽宽精度可采用以下方法：

① 为了控制槽宽的尺寸精度，可采用换装粗、精铣刀铣削螺旋槽的方法，注意应用千分尺测量精铣铣刀切削部分的外径，并注意刃长方向是否有锥度，最好略有顺锥度，即刀尖端部直径较小，铣削时可减少干涉对槽宽的影响，提高沿深度方向的槽宽尺寸精度。

② 换装精铣铣刀后，应用指示表检测铣刀与铣床主轴的同轴度，并应注意在铣削过程中对槽宽尺寸进行检测。

③ 注意调整立铣头主轴的跳动间隙、分度头主轴及纵向工作台间隙、交换齿轮的啮合间隙，以免在铣削过程中因铣刀的径向圆跳动、工件随分度头主轴和工作台纵向引起的轴向窜动而影响槽宽尺寸精度。

8.4 成形面、螺旋面与等速凸轮加工技能训练实例

技能训练 1 螺旋槽加工

重点与难点： 重点掌握螺旋槽铣削方法及交换齿轮的配置方法；难点为螺旋槽交换齿轮计算及对刀操作。

1.轴上螺旋槽加工工艺准备

加工如图 8-29 所示轴上螺旋槽，须按以下步骤进行工艺准备：

（1）分析图样

1）螺旋槽参数分析：

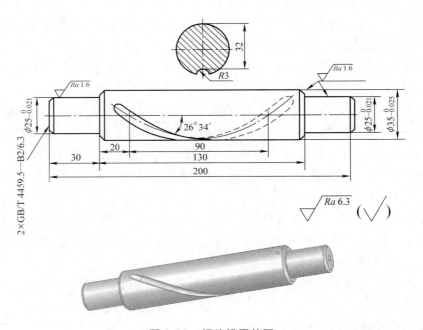

图 8-29 螺旋槽零件图

① 螺旋槽外径为 $\phi 35_{-0.025}^{0}$ mm，螺旋角 $\beta = 26°34'$，单线右旋螺旋槽。

② 螺旋槽槽形为 $R = 3$mm 的圆弧槽，槽底至对应外圆的尺寸为 32mm，槽的长度为 90mm，至端面的距离为 20mm。

2）坯件相关要求分析：两端具有直径 $\phi 2$mm 的中心孔，阶梯轴各外圆的尺寸精度和表面粗糙度要求都比较高。

3）表面粗糙度要求分析：螺旋槽的表面粗糙度值要求不高，本例为 $Ra6.3\mu m$。

4）材料分析：45 钢，调质（220～250HBW），具有较高硬度。

5）形体分析：阶梯轴零件，因两端具有中心孔，可采用两顶尖及拨盘等定位装夹工件。

（2）拟订加工工艺与工艺准备

1）轴上螺旋槽加工工序过程：拟订在万能卧式铣床上用分度头配置交换齿轮进行加工。铣削加工工序过程：预制件检验→安装并调整分度头→装夹和找正工件→计算配置交换齿轮并进行导程验算→选择和安装铣刀→工件表面画中心线→对刀并调整进给量→工作台扳转角度→准确调整铣削位置→铣削螺旋槽→轴上螺旋槽铣削工序检验。

2）选择铣床：选用 X6132 型或类似的万能卧式铣床。

3）选择工件装夹方式：在 F11125 型分度头上用两顶尖、鸡心卡头和拨盘装夹工件。

4）选择刀具：按螺旋槽的槽形，选择直径为 $\phi 63mm$，$R=3mm$ 的凸半圆铣刀。

5）选择检验测量方法：导程检验通过工作台和分度头验证，槽形由铣刀的廓形保证，螺旋槽的轴向长度和槽深可用游标卡尺测量。

6）计算导程和交换齿轮：

① 按式（5-14）计算导程。

$$p_z = \pi D\cot\beta = 3.1416 \times 35mm \times \cot 26°34' \approx 220mm$$

② 按式（5-15）计算交换齿轮。

$$i = \frac{z_1 z_3}{z_2 z_4} = \frac{40P_{丝}}{p_z} = \frac{40 \times 6}{220} = \frac{60}{55}$$

即主动齿轮 $z_1 = 60$，从动齿轮 $z_4 = 55$。

2.轴上螺旋槽铣削加工

（1）装夹、找正工件　用鸡心卡头装夹工件时，注意在工件外圆上包铜片，找正工件外圆与分度头主轴同轴，复验上素线与工作台台面平行度，侧素线与进给方向平行度。

（2）配置交换齿轮　交换齿轮的配置方法如图 8-30 所示。

1）拆下端盖 9。

2）在纵向丝杠右端安装轴套 13。

3）安装主动齿轮 $z_1 = 60$。

4）安装垫圈 11 和螺钉 10，以防止齿轮传动时脱落。

5）在分度头侧轴套筒上安装交换齿轮架 2。

6）在分度头侧轴上安装从动齿轮 $z_4 = 55$。

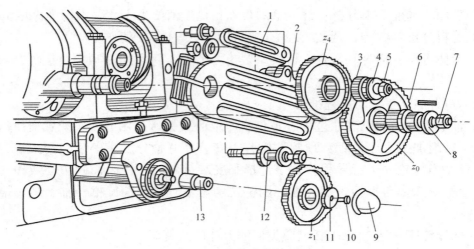

图 8-30　交换齿轮的配置

1—连接板　2—交换齿轮架　3—套圈　4、8、11—垫圈　5、7—螺母

6—齿轮套　9—端盖　10—螺钉　12—交换齿轮轴　13—轴套

7）安装套圈 3、垫圈 4 和螺母 5，以防止从动齿轮脱落。

8）紧固交换齿轮架，在架上安装交换齿轮轴 12、齿轮套 6 和中间齿轮 z_0，并安装垫圈 8、螺母 7，使中间齿轮与从动齿轮啮合（啮合后齿轮之间摆动 5° 左右）。

9）松开交换齿轮架，使中间齿轮与主动齿轮啮合适当，然后紧固交换齿轮架。

10）紧固分度头与交换齿轮架的连接板 1。

11）在交换齿轮与交换齿轮轴套转动部位加润滑油。

12）检查交换齿轮，并用手摇动纵向手柄检查齿轮传动啮合情况。

（3）检查导程和螺旋方向

1）检查导程时，在工作台纵向移动部位作距离为 220mm 的侧面记号 A、B 和刻度盘记号，同时在分度头主轴回转刻度做对应记号。松开分度头主轴锁紧手柄和分度盘紧固螺钉，将分度销插入圈孔，纵向移动工作台从 A 点至 B 点，即准确地移动 220mm，此时，分度头主轴应准确地转过 360°。

2）检查螺旋方向时，在工件的圆柱表面上用粉笔画一条右螺旋线。移动工作台纵向，观察工件是否按右旋画线转动，若不对，可增加或减少中间齿轮予以调整。

（4）安装铣刀及调整铣削用量　铣刀安装在靠近挂架处，以防止工作台扳转角度后受横向行程限制妨碍加工，主轴的转速调整为 $n = 75\text{r/min}$（$v_c \approx 15\text{m/min}$），$v_f = 23.5\text{mm/min}$。

（5）调整铣刀横向切削位置

1）脱开交换齿轮，在工件表面涂色，采用工件翻转 180° 的方法，用游标高度卡尺在工件表面画出对称中心、间距为 2mm 的两条平行线。

2）将工件准确转过 90°，使画线处于上方，调整工作台，使凸半圆铣刀的切痕处于工件表面画线的中间。

（6）调整工作台转角

1）松开工作台转盘的四个锁紧螺母，锁紧螺母两个在机床外侧，两个在机床内侧。

2）逆时针（右手推）将工作台扳转螺旋角 $\beta = 26°34'$，然后紧固四个锁紧螺母。工作台扳转角度后的位置如图 8-31 所示。

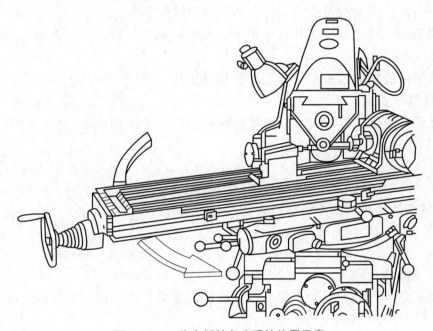

图 8-31　工作台扳转角度后的位置示意

（7）调整螺旋槽轴向位置和深度

1）将分度插销插入圈孔，移动工作台纵向，按图样要求，使铣刀的铣削位置距端面为 20mm，在工作台和刻度盘上做记号；再沿螺旋槽方向纵向移动工作台 90mm，做好记号并安装自动停止挡铁。

2）工作台回复达到起始位置，锁紧工作台纵向，调整工作台垂向，粗铣 2.5mm，精铣 3mm。

（8）粗、精铣螺旋槽

1）按起始和终点铣削位置，齿槽深度为 2.5mm 机动进给粗铣螺旋槽。

2）用游标卡尺预检槽深度、轴向位置和轴向长度。

3）按预检结果，调整后精铣螺旋槽。

（9）铣削注意事项

1）铣削时必须将分度头主轴锁紧手柄和分度盘紧固螺钉松开，并使分度插销牢固地插入某一圈孔内。

2）横向对刀是在扳转工作台转角之前进行的。在铣削前，应单独摇动分度手柄，使切痕落在螺旋槽的铣削路径上，否则会在工件表面残留对刀切痕。

3）调整螺旋槽轴向位置和长度时，可在工件表面铣出螺旋槽浅痕。此时用游标卡尺测量浅痕中点，可避免铣到槽深时螺旋槽两端延伸段对测量的影响。螺旋槽的两端位置不在同一素线位置上，测量轴向长度时，可借助基准端面进行测量，例如本例，始端距基准端面为 20mm，末端距基准端面应为 110mm。

4）铣削时，不要触及交换齿轮传动部分，以免发生事故。

5）退刀时，应先下降工作台，待工件完全脱离刀具后再纵向退刀，否则会损坏刀具和工件加工表面。

6）铣削螺旋槽的过程中，不能单独移动工作台和转动分度手柄，否则会改变原定复合运动铣削位置。

7）铣削多头螺旋槽分度时，分度插销拔出后，不能移动工作台，否则会造成分度等距误差。

8）分度头的安装位置必须在中间 T 形槽内，否则即使对刀准确，扳转工作台角度后铣削位置也会偏移，影响螺旋槽的对称度。

3. 螺旋槽的检验与质量分析

（1）螺旋槽的检验

1）槽形的检验：用 $R = 3mm$ 的半径样板在螺旋槽法向比照检验。

2）尺寸检验：用游标卡尺检验槽深、槽的轴向位置和长度。

3）螺旋角和导程检验：一般精度的螺旋槽通常在加工过程中借助分度头和工作台的复合运动进行检验。

（2）螺旋槽加工质量分析

1）导程不准确的原因：计算错误，交换齿轮配置差错（如齿轮齿数不对、主从位置差错）等。

2）槽形误差较大的原因：工作台转角差错，铣刀廓形误差大、铣削干涉严重（如铣矩形螺旋槽使用三面刃铣刀）等。

3）螺旋方向错误的原因：中间轮配置差错，螺旋方向判别差错等。

4）槽口擦伤的原因：退刀时工作台未完全下降。

5）槽中心偏移的原因：对刀不准确，分度头未安装在中间 T 形槽内等。

6）表面粗糙的原因：铣削用量选择不当，工件装夹不稳固发生振动，成形铣刀刃磨质量差，交换齿轮啮合间隙不适当。

技能训练 2　用回转工作台加工盘状直线成形面

重点与难点：重点掌握用回转工作台铣削直线成形面的方法；难点为铣削位置

调整，圆弧与直线、圆弧与圆弧的连接铣削操作。

1. 用回转工作台加工盘状直线成形面工艺准备

加工如图 8-32 所示的扇形板，须按以下步骤进行工艺准备：

（1）分析图样

1）成形面的构成分析。

① 按端面形状，成形面包括 $R16mm$、$R100mm$、$R15mm$ 的凸圆弧，$R60mm$ 的凹圆弧，中心圆弧 $R84mm$，宽度 16mm 的弧形键槽（中心夹角约 32°），以及与外圆弧相切的直线等部分。工件的素线比较短，属于盘状直线成形面零件。

② 工件的基准为 $\phi16mm$ 的圆柱孔。

2）材料分析：45 钢，切削性能较好。

3）形体分析：板状矩形零件，宜采用专用心轴定位，用压板、螺栓夹紧工件。

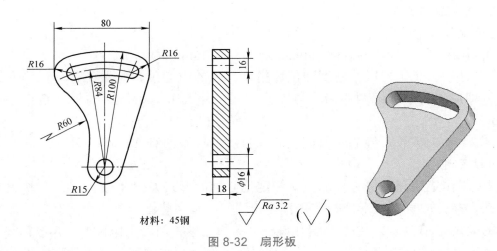

材料：45 钢

图 8-32 扇形板

（2）拟订加工工艺与工艺准备

1）拟订扇形板加工工序过程：根据加工要求和工件外形，拟订在立式铣床上采用回转工作台装夹工件，用立铣刀和键槽铣刀铣削加工。铣削加工工序过程：坯件检验→安装回转工作台和压板、螺栓→制作心轴和垫块→工件表面画线→安装工件→安装立铣刀铣削 $R60mm$ 的凹圆弧→铣削直线部分→铣削 $R100mm$ 的凸圆弧→铣削宽度为 16mm、$R84mm$ 的圆弧槽→铣削 $R15mm$ 的凸圆弧→铣削 $R16mm$ 的 2 个凸圆弧→扇形板检验。

2）选择铣床：为操作方便，选用 X5032 型或类似的立式铣床。

3）选择工件装夹方式：选择 T12320 型回转工作台，工件下面衬垫平行垫块，用专用阶梯心轴定位，以画线为参照找正工件，用压板、螺栓夹紧工件。工件装夹定位如图 8-33 所示。

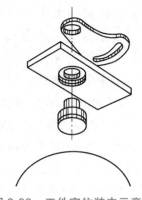

4）选择刀具及安装方式。

① 铣削宽度为 16mm 的圆弧键槽选用直径为 ϕ16mm 的锥柄键槽铣刀。

② 铣削凹、凸圆弧选用直径为 ϕ16mm 的粗齿锥柄立铣刀。

③ 用过渡套（变径套）和拉紧螺杆安装立铣刀和键槽铣刀，以便于观察、操作。

5）选择检验测量方法。

① 圆弧采用半径样板和游标卡尺配合检验测量。

图 8-33　工件定位装夹示意图

② 键槽宽度采用塞规或内径千分尺测量。

③ 圆弧槽的中心角采用指示表、塞规和回转工作台配合检测。

④ 连接质量和表面粗糙度用目测比较法检测。

2. 扇形板加工

1）预制件检验。

① 用游标卡尺检验预制件 130mm×90mm×18mm 的各项尺寸。

② 检验基准孔的尺寸精度和位置精度，孔的中心位置应保证各部位均有铣削余量，即应对称 90mm 两侧面，与工件一端尺寸大于 100mm，与另一端尺寸大于 15mm。

③ 检验基准平面与基准孔轴线的垂直度，检验两平面的平行度，误差均应在 0.05mm 之内。

2）制作垫块和定位心轴：垫块和定位心轴的形式如图 8-33 所示。垫块上有定位穿孔，穿孔的直径与工件基准孔直径相同，以备穿装心轴。垫块上有旋装压板螺栓用的螺纹孔 M14×2，垫块自身用螺栓、压板压紧在回转工作台上，其位置按加工部位确定。阶梯心轴的大外圆柱直径与回转工作台的主轴定位孔配合，小外圆柱直径与工件基准孔直径配合，以使工件基准孔与回转工作台回转中心同轴。

3）安装回转工作台：按规范把回转工作台安装在工作台面上，并用指示表找正铣床主轴与回转工作台回转中心同轴，在工作台刻度盘上做记号，以作为调整铣刀铣削位置的依据。

4）工件表面划线和连接位置测定。

① 在工件表面涂色，以专用心轴定位，把工件放置在回转工作台台面的平行垫块上，利用心轴端部的中心孔，用划规画出 R15mm、R84mm、R100mm 圆弧线及圆弧槽两侧的圆弧线。

② 用专用心轴将工件安装在画线分度头上，如图 8-34 所示，用游标高度卡尺画出基准孔中心线，并按计算尺寸（80-16-16）/2mm=24mm 调整游标高度卡尺，划出与中心线对称平行、间距为 48mm 的平行线，与圆弧槽的圆弧中心线相交，获得圆

弧槽两端的中心位置，打上样冲眼，并以此为圆心，用划规画出圆弧槽两端圆弧和 R16mm 两凸圆弧。

③ 在工件 R60mm 凹圆弧中心位置放置一块与工件等高的平行垫块，用划规按圆弧相切的方法画出凹圆弧中心，然后画出与 R16mm、R15mm 相切的 R60mm 圆弧。

④ 用钢直尺画出与 R16mm 和 R15mm 圆弧相切的直线部分。

⑤ 如图 8-35 所示，用钢直尺连接圆弧中心，分别得出切点位置 1、2、3、4。用直角尺画出通过 R16mm、R15mm 圆心，与直线部分的垂直线，获得直线部分与两圆弧的切点 5、6。

⑥ 在划线轮廓上打样冲眼，注意在各连接切点位置打上样冲眼。

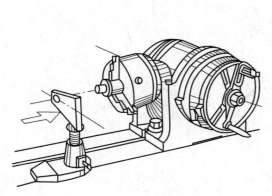

图 8-34　工件画线示意图（一）

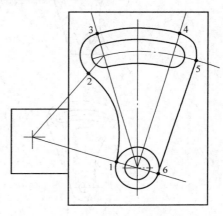

图 8-35　工件画线示意图（二）

5）粗铣外形：把工件装夹在工作台台面上，下面衬垫块，用压板压紧，按画线手动进给粗铣外形，注意留有 5mm 左右精铣余量。

6）铣削 R60mm 凹圆弧（图 8-36a）：把工件装夹在回转工作台上，垫上垫块，按画线找正 R60mm 圆弧。找正时可先把找正用的针尖位置调整至距回转中心 60mm 处，然后移动工件，使工件上画线与回转工作台 R60mm 圆弧重合，如图 8-37 所示，采用直径为 φ16mm 的立铣刀，铣刀中心应偏离回转台中心 52mm，铣削凹圆弧。

7）铣削直线部分（图 8-36b）：以基准孔定位，使工件与回转工作台同轴，并找正直线部分与工作台纵向平行，铣刀沿横向偏离回转台中心 23mm，铣削直线部分。

8）铣削 R100mm 凸圆弧（图 8-36c）：以基准孔定位，铣刀偏离回转中心 108mm，铣削 R100mm 凸圆弧。

9）铣削 R84mm 的圆弧槽（图 8-36d）：以基准孔定位，铣刀偏离回转中心 84mm（在以上步骤位置减少 24mm），换装直径为 φ16mm 的键槽铣刀，铣削

*R*84mm 圆弧槽。铣削时，也可先用直径为 ϕ12mm 的键槽铣刀粗铣，然后用直径为 ϕ16mm 的键槽铣刀精铣。

10）铣削 *R*15mm 凸圆弧（图 8-36e）：以基准孔为中心，换装直径为 ϕ16mm 的立铣刀，铣刀偏离回转中心 23mm，铣削 *R*15mm 凸圆弧。注意，切点位置一定在所铣圆弧中心、铣刀中心和所相切圆弧中心成一直线的位置上，当与直线部分相切时，若铣刀沿横向偏离中心，则当直线部分与纵向平行时，铣削点与切点重合。

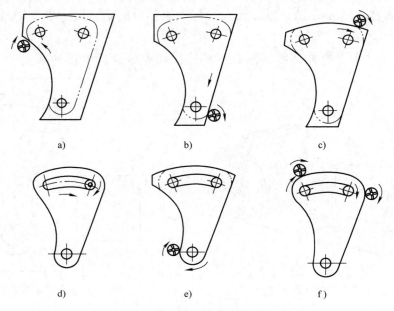

a)　　　　　　　　b)　　　　　　　　c)

d)　　　　　　　　e)　　　　　　　　f)

图 8-36　扇形板铣削步骤

11）铣削 *R*16mm 凸圆弧：分别以圆弧槽两端半圆为定位面，铣刀偏离回转中心 24mm，铣削两凸圆弧。注意，切点位置在所铣圆弧中心、铣刀中心和所相切圆弧中心成一直线的位置上。

12）铣削注意事项

① 用立铣刀铣削直线成形面，铣刀切削部分长度应大于工件成形面母线长度；对有凹圆弧的工件，铣刀直径应小于或等于最小凹圆弧直径，否则无法铣成全部成形面轮廓。对没有凹圆弧的工件，可选择较大直径的铣刀，以使铣刀有较大刚度，如图 8-37 所示为找正工件凹圆弧铣削位置。

② 铣削直线、圆弧连接的成形面轮廓时，为便于操作，提高连接质量，应按下列次序进行铣削：凸圆弧与凹圆弧相切的部分，应先加工凹圆弧面；凸圆弧与凸圆弧相切的部分，应先加工半径较大的凸圆弧面；凹圆弧与凹圆弧相切的部分，应先加工半径较小的凹圆

图 8-37　找正工件凹圆弧铣削位置

弧面。直线部分可看作直径无限大的圆弧面。若直线与圆弧相切连接，应尽可能连续铣削，转换点在连接点位置。若分开铣削，凹圆弧与直线连接，应先铣削凹圆弧后铣削直线部分；凸圆弧与直线连接，应先铣削直线部分后铣削凸圆弧。

③ 铣削时，铣床工作台和回转工作台的进给方向都必须处于逆铣状态，以免立铣刀折断。对回转工作台周向进给，铣削凹圆弧时，回转工作台转向与铣刀转向相反；铣削凸圆弧时，两者旋转方向应相同。在用按划线手动进给方法粗铣工件外形时，切削力的方向应与复合进给方向相反，始终保持逆铣状态，如图 8-38 所示。

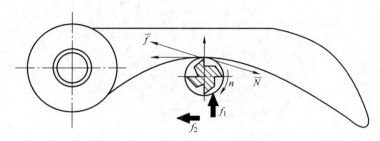

图 8-38 复合进给时的逆铣

④ 调整铣刀与工件铣削位置时，应以找正后的铣床主轴与回转工作台同轴的位置为基准，纵向或横向调整工作台，使铣刀偏离回转中心，处于准确的铣削位置。调整的距离 A 应根据铣刀直径和圆弧半径调整，并与圆弧的凹凸特征有关。铣削凹圆弧时，铣刀中心偏离回转中心的距离 A 为圆弧半径与铣刀半径之差；铣削凸圆弧时，偏离距离 A 为圆弧半径与铣刀半径之和。由于铣刀实际直径与标准半径的偏差，以及铣削时铣刀的偏让等原因，铣削时应分粗、精加工，铣削凹圆弧时，偏距应小于计算值 A，铣削凸圆弧时，偏距应大于计算值 A，铣削时按预检测量值逐步铣削至图样要求。

⑤ 铣削前，应预先在回转工作台上做好各段形面切点、连接点位置相应的标记，使铣刀铣削过程中的转换点、起始点落在轮廓连接点位置上，以保证各部分的准确连接。

3. 扇形板的检验与质量要点分析

（1）扇形板检验

1）连接质量检验：目测外观检验成形面轮廓直线和凹凸圆弧连接部位是否有深啃和切痕，连接部位是否圆滑。

2）圆弧槽检验：圆弧槽宽度尺寸用内径千分尺或游标卡尺检验。圆弧键槽的位置检验时，与基准孔中心的距离用游标卡尺测量键槽一侧与基准孔壁的距离，本例为 84mm-16mm = 68mm。圆弧槽长度用游标卡尺测量，也可根据中心夹角（32°），在回转工作台上检测。检测时，如图 8-39 所示，将直径为 $\phi16mm$ 的塞规分别插入槽的起始和终止位置，用指示表测量同一侧，当起始位置一侧指示表示值与回转工作台转过 32° 时指示表示值一致时，即达到了图样要求。

　　3）圆弧面检验：用游标卡尺借助基准孔壁测量 $R15mm$、$R16mm$ 和 $R100mm$ 圆弧，测量尺寸分别为 7mm、8mm 和 92mm。用直径为 $\phi120mm$ 的套圈或圆柱外圆测量 $R60mm$ 凹圆弧，测量时通过观察缝隙进行检测。

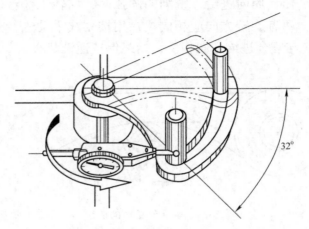

图 8-39　检测圆弧槽中心夹角

　　4）成形面素线检验：成形面素线应垂直于工件两平面，检验时用直角尺检测素线与端面是否垂直，同时检验素线的直线度。

　　（2）扇形板加工质量要点分析

　　1）圆弧尺寸不准确的主要原因是铣刀偏离回转中心的铣削位置调整不准确（如调整依据——铣床主轴与回转工作台回转中心同轴度误差大，铣刀实际直径与标准直径误差大，偏移距离计算错误，偏移操作失误，铣削过程中预检不准确等）。

　　2）圆弧槽尺寸与位置不准确的原因可能是：铣削位置调整不准确，预检不准确，划线不准确，铣刀刃磨质量差或铣削过程中偏让，进给速度过快等。

　　3）表面粗糙度不符合要求的原因可能是：铣削用量选择不当，铣刀粗铣磨损后未及时更换，铣削方向错误 引起梗刀，手动圆周进给时速度过大或进给不均匀等。

　　4）连接部位不圆滑的原因可能是：连接点位置测定错误或不准确，回转工作台连接点标记错误，铣削操作时失误超过连接位置，铣削次序不对等。

技能训练 3　单导程盘形凸轮加工

　　重点与难点：重点掌握单导程盘形凸轮铣削方法；难点为凸轮导程计算及划线和铣削操作。

　　1.用分度头加工单导程盘形凸轮工艺准备

　　加工如图 8-40 所示的单导程盘形凸轮，须按以下步骤进行工艺准备：

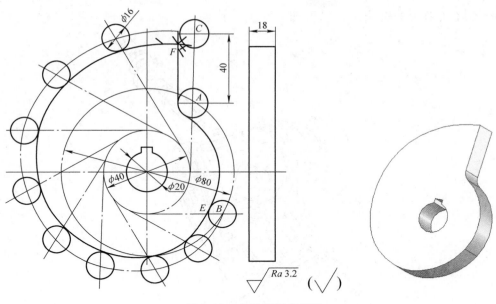

图 8-40　单导程圆盘凸轮

（1）分析图样

1）圆盘凸轮的成形面构成分析。

① 按端面轮廓形状，圆盘凸轮的成形面包括径向升高量为 40mm、中心角为 270° 的等速平面螺旋线 BC 段，以及直径为 ϕ80mm、中心角为 90° 的圆弧线 AB 段和连接螺旋线和圆弧的直线部分 AC 段。

② 工件素线长为 18mm，属于盘状直线成形面。

③ 凸轮的从动件为直径 ϕ16mm 的滚柱，偏心距离为 20mm。

④ 工件的基准为 ϕ20mm 的圆柱孔。

2）材料分析：40Cr 钢，切削性能较好。

3）形体分析：盘状带孔零件，宜采用专用心轴装夹工件。

（2）拟订加工工艺与工艺准备

1）拟订单导程圆盘凸轮加工工序过程：根据加工要求和工件外形，拟订在立式铣床上采用分度头装夹工件，用立铣刀铣削加工。铣削加工工序过程：坯件检验→安装分度头和心轴→工件表面画线→装夹、找正工件→安装立铣刀→计算、配置交换齿轮→铣削直线部分→铣削凸轮工作面→单导程盘形凸轮检验。

2）选择铣床：为操作方便，选用 X5032 型的立式铣床。

3）选择工件装夹方式：选择 F11125 型万能分度头，工件用专用阶梯心轴装夹。心轴的结构如图 8-41 所示。心轴的圆柱部分和台阶用于定位，一端外螺纹用于夹紧工件，柄部锥体与分度头主轴前端锥孔配合，并用端部的内螺纹通过拉紧螺杆与分度头主轴紧固。为增加定位面积和夹紧面积，工件两端各有一个盘状平行垫块。工件与心轴之间采用平键联接，以免加工时工件转动。

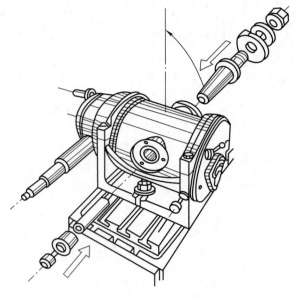

图 8-41　专用心轴结构

4）选择刀具及安装方式：根据形面的特点，选用与从动滚柱直径相同的锥柄立铣刀，并采用过渡套安装铣刀。

5）选择检验测量方法。

① 螺旋面升高量检验可通过分度头和指示表测量。

② 成形面素线与端面的垂直度误差用直角尺测量。

③ 从动件的偏距，即螺旋线的位置精度一般由划线和铣削位置保证，必要时可采用升降规、量块和指示表测量。

④ 连接质量和表面粗糙度用目测比较法检测。

2. 单导程盘形凸轮铣削加工

（1）工件表面画线　分度头主轴水平放置，用心轴装夹工件，按图样给定尺寸和凸轮作图方法画出成形面轮廓线。在轮廓线上打样冲眼。考虑到复合进给方向的逆铣因素，画线图形位置应采用图样的背视位置，即滚柱在直线部分的左侧。

（2）计算配置交换齿轮

1）计算螺旋线导程 P_h：按螺旋线的中心角 $\theta = 270°$，升高量 $H = 40mm$，螺旋线导程 $P_h = \dfrac{360°H}{\theta} = \dfrac{360° \times 40}{270°}mm = \dfrac{160}{3}mm$。

2）计算交换齿轮：$i = \dfrac{z_1 z_3}{z_2 z_4} = \dfrac{240}{160/3} = \dfrac{90 \times 60}{40 \times 30}$

即 $z_1 = 90$、$z_2 = 40$、$z_3 = 60$、$z_4 = 30$。

3）配置交换齿轮的操作方法与铣削螺旋槽基本相同，由于分度头垂直安装，铣刀与工件位置较远，因此，侧轴上应安装接长轴。

（3）找正工件　调整分度头主轴处于垂直工作台台面位置，用指示表找正工件端面与工作台台面平行。

（4）粗铣凸轮形面

1）转动分度手柄，找正工件的直线部分与工作台纵向进给方向平行，锁紧分度头主轴，拔出分度插销。

2）调整工作台横向，使铣刀轴线偏离工件中心 20mm。

3）安装直径为 $\phi 12mm$ 的键槽铣刀。

4）工作台纵向进给粗铣直线段 CA。

5）停止工作台移动，松开分度头主轴锁紧手柄，手摇分度手柄，工件转过 90°，粗铣圆弧段 AB。

6）将分度销插入分度盘圈孔中，起动机床，粗铣螺旋段 BC。

（5）精铣凸轮成形面　换装直径为 $\phi 16mm$ 的立铣刀，按粗铣的步骤，精铣凸轮成形面。凸轮成形面铣削步骤如图 8-42 所示。

（6）铣削注意事项

1）用立铣刀铣削凸轮成形面时，铣刀与工件的相对位置应根据凸轮从动件与凸轮中心的位置确定。

2）工件表面的画线和装夹，应使铣削保持逆铣关系。

3）铣削时，从动件是滚柱形的，铣刀的直径必须与滚柱的直径相等。若凸轮须分粗、精铣削，可选用直径较小的铣刀进行粗铣，但须注意，铣刀中心相对凸轮成形面的运行轨迹，应是从动件滚柱的运行轨迹，如图 8-42 所示。

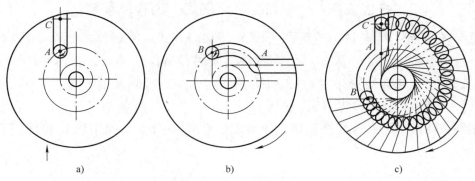

图 8-42　凸轮成形面的铣削步骤

a）铣直线段　b）铣圆弧段　c）铣螺旋段

3. 单导程盘形凸轮的检验与质量分析

（1）单导程盘形凸轮检验

1）连接质量检验：目测外观检验凸轮成形面轮廓直线和凹凸圆弧连接部位是否

有深啃和切痕，连接部位是否圆滑。

2）成形面导程检验：通常由验证交换齿轮时进行检验，也可在铣床上用指示表测头接触加工表面，接触的位置应与滚柱的偏置位置一致，然后沿成形面进行测量（图 8-13c）；若交换齿轮配置正确，指示表的示值变动量很小，则说明成形面导程准确。

3）从动件位置检测：除了用测量成形面的导程进行判断外，本例还可通过检测圆弧段的直径尺寸，以及直线段与中心的偏距尺寸进行判断。圆弧段尺寸可直接用游标卡尺测量，本例圆弧与基准孔壁的尺寸为 22mm。直线段与基准孔的偏距用游标高度卡尺装夹指示表，将工件装夹在分度头心轴上，用指示表找正直线段与测量平板平行，本例直线段与 ϕ20mm 心轴最高点的距离尺寸为 2mm。

4）成形面素线检验：成形面素线应垂直于工件两平面，检验方法与前述相同。

（2）单导程盘形凸轮加工质量分析

1）螺旋面导程不准确的主要原因与螺旋槽铣削基本相同。

2）成形面与基准孔位置不准确的原因是：铣刀偏离基准孔位置调整不准确，铣刀直径与从动件滚柱的直径不一致，画线不准确等。

3）表面粗糙度不符合要求的原因可能是：铣削用量选择不当，铣削方向错误引起梗刀，手动圆周进给时速度过大或进给不均匀等。

4）连接部位不圆滑的原因与一般直线成形面铣削基本相同。

8.5 平面轮廓和曲面数控铣削加工技能训练实例

技能训练 1 平面轮廓（椭圆）的程序编制

重点与难点：重点掌握变量的类型及其赋值方式，掌握算术运算、逻辑运算、控制指令的编程方法，掌握常用仿真软件的使用和操作；难点是熟练使用变量的应用，编制正确的椭圆外轮廓加工 FANUC 系统宏指令，能够使用仿真软件进行修改调试。（训练 1 针对宏程序进行研究训练）

编写图 8-43 所示椭圆外轮廓的 FANUC 系统宏指令，利用仿真软件进行调试修改。

1. 工艺分析

1）加工形状。工件主要加工面为椭圆，尺寸为椭圆长轴 25mm（#1）、短轴 15mm（#2）、旋转角度逆时针旋转 15°，轮廓深度 5mm，椭圆轮廓表面粗糙度值为 Ra3.2μm，较难达到。

2）加工刀具。加工椭圆外轮廓的刀具宜采用平底刀具进行铣削。

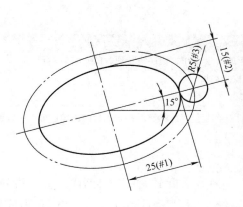 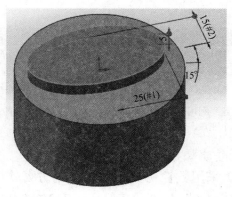

图 8-43　椭圆外轮廓加工示意图

3）安装夹具。毛坯工件形状为圆柱体，可采用自定心卡盘进行装夹，工件装夹露出高度大于切削深度。

2. 加工 FANUC 系统宏指令

加工刀具选用平底铣刀，刀具半径 $R5\text{mm}$（#3），编写程序时为了使数学表达更加便捷、简明，避免使用刀具半径补偿指令 G41/G42，这里采用平底铣刀底部刀心编程，编程原点设置在椭圆中心。利用椭圆参数公式 $x = a \times \cos\beta$、$y = b \times \sin\beta$（a 为长轴长度，b 为短轴长度，β 为椭圆上某一点到椭圆中心的连线与长半轴的夹角），以直线 G01 逼近加工椭圆外轮廓，此方法理论上会产生过切，因此加工角度每次的递增量不能太大。通过修改长轴、短轴尺寸，实现椭圆的粗精加工。加工程序见表 8-7。

表 8-7　椭圆加工程序

段号	程序	注释
N10	G54 G90 G17 G00 X50 Y0 Z50. ;	建立工件坐标系，绝对值编程，选择 XY 平面，X、Y、Z 轴快速定位，X、Y 轴离开工件距离为刀具半径
N20	M03 S1500 ;	主轴正转，转速为 1500r/min
N30	G00 Z10. ;	Z 轴快速定位
N40	G01 Z-5. F200. ;	Z 向进给加工，进给速度为 200mm/min
N50	#1=25 ;	椭圆长半轴长度
N60	#2=15 ;	椭圆短半轴长度
N70	#3=5 ;	加工刀具半径值
N80	#4=#1+#3 ;	椭圆长轴加刀具半径值
N90	#5=#2+#3 ;	椭圆短轴加刀具半径值
N100	#6=0 ;	β 角度自变量，赋初始值 0°
N110	G68 X0 Y0 R15.	以工件原点为中心旋转角度
N120	#7=#4*COS[#6] ;	椭圆上一点的 X 坐标值
N130	#8=#5*SIN[#6] ;	椭圆上一点的 Y 坐标值
N140	G01 X#7 Y#8 ;	以直线逼近走出椭圆
N150	#6=#6+1 ;	#6 每次递增 1°

（续）

段号	程序	注释
N160	IF [#6 LE 360] GOTO 120 ;	如果 #6 小于或等于 360°，程序跳转到 N120 继续执行
N170	G00 Z50. ;	G00 提刀至安全高度
N180	M30 ;	程序结束并复位

注：这里利用变量的赋值，把刀具半径带入长半轴的计算，起到刀补的作用；变化量的递增值可以单独使用一个变量，也可以灵活的直接将数据带入。

3. 仿真模拟

1）采用数控仿真软件（宇龙仿真软件等），掌握软件基本使用方法。设置模拟软件数控系统：标准数控铣床，FANUC-0i 系统。设置刀具直径为 ϕ10mm 平底铣刀。设置工件毛坯尺寸为 ϕ60mm×50mm。设置工件夹具为卡盘，工件露出夹具高度需大于加工深度。

2）软件复位，包括急停取消、电源启动、数控机床返回原点等操作。

3）新建加工程序。熟练掌握数控宏程序的编程方法，编写椭圆外轮廓加工宏程序，注意变量的应用方法。

4）软件仿真模拟。掌握仿真软件模拟功能，检查并修改宏程序，使其符合数控机床的使用要求。

5）测量检验。掌握变量的控制应用，利用仿真软件测量功能，检测工件尺寸精度。

技能训练 2　简单曲面（凸圆柱）的程序编制

重点与难点：重点掌握变量的类型及其赋值方式，掌握算术运算、逻辑运算、控制指令的编程方法，掌握常用仿真软件的使用和操作；难点是熟练使用变量的应用，编制曲面加工 FANUC 系统宏指令，能够使用仿真软件进行修改调试。（训练 2 针对宏程序进行研究训练）

编写图 8-44 所示简单曲面（凸圆柱）的 FANUC 系统宏指令，利用仿真软件进行调试加工。

1. 工艺分析

1）加工形状。工件主要加工面为凸圆柱曲面，圆柱曲面与平面存在过渡圆角半径 R8mm，工件长×宽为 40mm×20mm。其他尺寸：凸圆柱面半径为 R20mm、圆角为 R8mm、圆柱面顶面高度为 4mm，曲面表面粗糙度值为 Ra3.2μm，较难达到。

2）加工刀具。为了得到较好的表面粗糙度，在允许的前提下，宜采用球头刀具进行加工。

3）安装夹具。工件毛坯形状为长方体，可采用机用虎钳进行装夹，工件装夹露出高度大于切削深度。

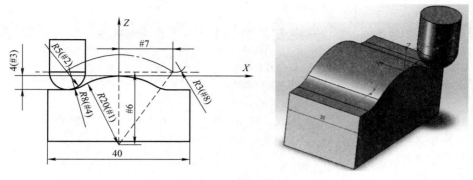

图 8-44　简单曲面（凸圆柱）加工示意图

2. 加工 FANUC 系统宏指令

加工刀具选用球头立铣刀，刀具半径 $R5mm$（#2），编写程序时为了使数学表达更加便捷、简明，避免使用刀具半径补偿指令 G41/G42，这里采用球头立铣刀刀心编程，编程原点设置在工件顶部中心，如图 8-44 所示。编写 FANUC 系统宏指令圆弧插补在 XZ（G18）平面内，采用双向往复走刀，Y 方向沿 Y0 → Y+ 推进。加工程序见表 8-8。

表 8-8　简单曲面加工程序

段号	程序	注释
N10	G54 G90 G17 G00 X25. Y-5. Z50. ;	建立工件坐标系，绝对值编程，选择 XY 平面，X、Y、Z 轴快速定位
N20	M03 S1500 ;	主轴正转，转速为 1500r/min
N30	G00 Z10. ;	Z 轴快速定位
N40	G01 Z-4. F200. ;	Z 向进给加工，进给速度为 200mm/min
N50	#1=20 ;	圆柱面半径 R
N60	#2=5 ;	加工刀具半径
N70	#3=4 ;	凸圆柱面最高点与底平面距离
N80	#4=8 ;	圆柱面两边过渡圆角半径
N90	#5=#1+#2 ;	赋值变量值为圆柱面中心与球头刀具刀心距离
N100	#6=#1+#2-#3 ;	图 8-44 变量 #6 计算尺寸
N110	#7=SQRT[#5*#5-#6*#6] ;	图 8-44 变量 #7 计算尺寸
N120	#8=#4-#2 ;	刀具中心轨迹的过渡圆半径
N130	#9=-5 ;	Y 坐标设为自变量，赋初始值为 -5
N140	G18 ;	指定 XZ 平面
N150	G01 X#7 , R#8 ;	直线插补圆角
N160	G02 X-#7 R#1 , R#8 ;	圆弧插补圆角
N170	G01 X-25. ;	直线进给
N180	#9=#9+1 ;	Y 坐标递增 1
N190	G01 Y#9 ;	Y+ 方向进给 1
N200	G01 X-#7 , R#8 ;	直线插补圆角

（续）

段号	程序	注释
N210	G03 X#7 R#1，R#8；	圆弧插补圆角
N220	G01 X25.；	直线进给
N230	#9=#9+1；	Y 坐标递增 1
N240	Y#9；	$Y+$ 方向进给 1
N250	IF [#9 LE 30]GOTO 140	如果 #9 小于或等于 30，程序跳转到 N140 继续执行
N260	G17 G00 Z50.；	指定 XY 平面，G00 提刀至安全高度
N270	M30；	程序结束并复位

3. 仿真模拟

1）采用数控仿真软件（宇龙仿真软件等），掌握软件基本使用方法。设置模拟软件数控系统：标准数控铣床，FANUC-0i 系统。设置刀具直径为 $\phi 10mm$ 球头立铣刀。设置工件毛坯尺寸为 40mm×20mm×20mm。设置工件夹具为机用虎钳，工件露出夹具高度需大于切削深度。

2）软件复位，包括急停取消、电源启动、数控机床返回原点等操作。

3）新建加工程序。熟练掌握数控宏程序的编程方法，编写简单曲面（凸圆柱）的加工宏程序，注意变量的应用方法。

4）软件仿真模拟。掌握仿真软件模拟功能，检查并修改宏程序使其符合数控机床的使用要求。

5）测量检验。掌握变量的控制应用，利用仿真软件测量功能，检测工件尺寸精度。

技能训练 3　球面程序编制

重点与难点：重点掌握变量的类型及其赋值方式，掌握算术运算、逻辑运算、控制指令的编程方法，掌握常用仿真软件的使用和操作；难点是熟练使用变量的应用，编制正确的球面加工 FANUC 系统宏指令，能够使用仿真软件进行修改调试。（训练 3 针对 FANUC 系统宏指令进行研究训练）

用 FANUC 系统宏指令编写图 8-45 所示球面的加工程序，利用仿真软件进行调试加工。

1. 工艺分析

1）加工形状。工件主要加工面为半球形球面，主要尺寸为球面半径 $SR20mm$（#1），球面表面粗糙度值为 $Ra3.2\mu m$，较难达到。

2）加工刀具，为了得到较好的表面粗糙度，在允许的前提下，宜采用球头刀具进行加工。

3）安装夹具，毛坯工件形状为圆柱体，可采用自定心卡盘进行装夹，工件装夹露出高度大于切削深度。

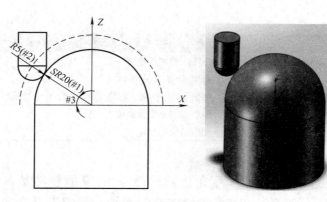

图 8-45　球面加工示意图

2. 加工 FANUC 系统宏指令

加工刀具选用球头立铣刀，刀具半径 $R5$mm（#2），编写程序时为了使数学表达更加便捷、简明，避免使用刀具半径补偿指令 G41/G42，这里采用球头铣刀刀心编程，编程原点设置在球面的中心点，编写三维螺旋精加工的程序如图 8-46 所示。整个刀具轨迹由下而上爬升，半径变化由大到小。加工程序见表 8-9。

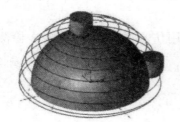

图 8-46　刀具轨迹示意图

表 8-9　球面加工程序

段号	程序	注释
N10	G54 G90 G17 G00 X25. Y0 Z70. ；	建立工件坐标系，绝对值编程，选择 XY 平面，X、Y、Z 轴快速定位
N20	M03 S1500 ；	主轴正转，转速为 1500r/min
N30	#1=20 ；	半球的半径
N40	#2=5 ；	球头立铣刀的半径
N50	#3=0 ；	（XZ 平面）角度设为自变量，赋初始值为 90°
N60	#4=3 ；	角度每次的递增值，根据表面粗糙度调节
N70	#5=#1+#2 ；	半球中心和球头立铣刀中心的距离
N80	G01 Z0 F200. ；	Z 向进给，进给速度为 200mm/min
N90	G02 I-#5 ；	顺时针走一圈整圆
N100	#6=#5*COS[#3] ；	（XZ 平面）当前刀具中心对应的 X 坐标值
N110	#7=#5*COS[#3+#4] ；	（XZ 平面）下一点刀具中心对应的 X 坐标值
N120	#8=#5*SIN[#3+#4] ；	（XZ 平面）下一点刀具中心对应的 Z 坐标值

（续）

段号	程序	注释
N130	G02 X#7 I-#6 Z#8 F200. ;	G02 螺旋加工至下一层
N140	#3=#3+#4 ;	角度 #3 依次递增 #4
N150	IF [#3 LT 90] GOTO 100 ;	如果 #3 大于 90，程序跳转到 N100 继续执行
N160	G00 Z70. ;	G00 提刀至安全高度
N170	M30 ;	程序结束并复位

3. 仿真模拟

1）采用数控仿真软件检验（宇龙仿真软件等），掌握软件基本使用方法。设置模拟软件数控系统：标准数控铣床，FANUC-0i 系统。设置刀具直径为 ϕ10mm 球头立铣刀。设置工件毛坯尺寸为 ϕ40mm×50mm。设置工件夹具为卡盘，工件露出夹具高度需大于切削深度。

2）软件复位，包括急停取消、电源启动、数控机床回零等操作。

3）新建加工程序。熟练掌握数控宏程序的编程方法，编写球面加工 FANUC 系统宏指令，注意变量的应用方法。

4）软件仿真模拟。掌握仿真软件模拟功能，检查并修改 FANUC 系统宏指令使其符合数控机床的使用要求。

5）测量检验。掌握变量的控制应用，利用仿真软件测量功能，检测工件尺寸精度。

一、判断题（是划√，非划 ×，划错倒扣分；每题 1 分，共 25 分）

1. 铣床联系尺寸的主要内容包括主轴、工作台及其相互位置尺寸等。（　　）

2. X6132 型铣床的主轴传动系统表明，主轴的转向是通过改变电动机的转向实现的。（　　）

3. X6132 型铣床快、慢速进给是靠变速箱中两个电磁离合器的分别吸合来实现的。（　　）

4. 廓形比较复杂的铣刀一般采用尖齿结构。（　　）

5. 在选择铣刀前角时，因加大前角可减少切削热的产生，因此前角越大越好。（　　）

6. 铣刀的磨钝标准是以后刀面的磨损量为依据确定的。（　　）

7. 尺寸精度较高的铣刀应采用较小的后角。（　　）

8. 专用夹具使用时应按工艺规定安装铣刀和选用铣削用量进行试铣。（　　）

9. 组合夹具中的合件是由若干个零件装配而成的，是在夹具组装中独立使用的部件。（　　）

10. 双回转台的组合使用方法是为了实现工件的圆周进给和等分操作。（　　）

11. 用万能测齿仪测量齿距时，重锤的作用是产生一定的测量力。（　　）

12. 箱体零件粗铣平面时一般应选重要孔的毛坯孔作为粗基准。（　　）

13. 提高键槽位置精度的方法是采用切痕对刀法。（　　）

14. 加工精度较高的角度面零件时，应选用较少孔数的孔圈，以提高分度精度。（　　）

15. 精铣用的花键成形铣刀是铲齿铣刀，检验铣刀廓形精度主要通过检测铣刀前角进行。（　　）

16. 在铣床上镗削钢件时，一般应在镗刀前面上刃磨出断屑槽。（　　）

17. 一个齿轮的齿宽和齿厚含义是相同的。（　　）

18. 齿轮齿顶部位的压力角最小，齿根部位的压力角最大。（　　）

19. 测量齿轮公法线长度，需根据齿数和齿形角确定跨测齿数，目的是使测量点接近齿根圆。   （   ）

20. 在万能卧式铣床上用盘形铣刀铣削左螺旋槽时，工作台应逆时针转动一个螺旋角，即面对工作台用右手推工作台。   （   ）

21. 不同的数控机床可能选用不同的数控系统，但数控加工程序指令都是相同的。   （   ）

22. 手工编程适用于零件不太复杂、计算较简单、程序较短的场合，经济性较好。   （   ）

23. G 代码可以分为模态 G 代码和非模态 G 代码，00 组的 G 代码属于模态代码。
                                                                                            （   ）

24. 在直角坐标系中与主轴轴线平行或重合的轴一定是 Z 轴。   （   ）

25. 子程序的编写方式必须是增量方式。   （   ）

二、单项选择题（将正确答案的序号填入括弧内，选错倒扣分；每题 1 分，共 25 分）

1. 机床通用特性代号中，加工中心（自动换刀）的代号是（   ）。

A. F   B. R   C. B   D. H

2. X6132 型铣床主轴转动系统中，主轴的 18 级转速值为等比数列，其公比为（   ）。

A. 1.5   B. 2   C. 1.26   D. 2.52

3. 升降台铣床中主轴电动机与传动轴之间的弹性联轴器的作用是（   ）。

A. 使进给平稳   B. 提高主轴刚性
C. 防止铣床超载   D. 使主电动机轴转动平稳

4. X6132 型铣床工作台与纵向丝杠之间的间隙是通过调整（   ）的间隙实现的。

A. 丝杠两端推力轴承   B. 双螺母间隙调整机构
C. 工作台导轨镶条   D. 手柄离合器

5. 沿铣刀杆的铣削抗力称为作用在铣刀上的（   ）。

A. 切向切削力   B. 径向切削力
C. 轴向切削力   D. 合成切削力

6. 长 V 形块在铣床夹具中定位轴类工件，可以克服工件（   ）自由度。

A. 四个   B. 三个   C. 二个   D. 五个

7. 在组合夹具中起承上启下作用的元件是（   ）。

A. 基础件   B. 定位件   C. 夹紧件   D. 支承件

8. 在齿轮测量中，不受基准限制的测量项目是（   ）测量。

A. 公法线长度   B. 齿距   C. 固定弦齿厚   D. 分度圆弦齿厚

9. 按照先面后孔的加工原则，粗铣平面时，应以（   ）的孔为粗基准。

A. 精度较低　　　　B. 精度一般　　　　C. 精度较高　　　　D. 孔径较小

10. 为提高差动分度精度，若等分数为 61，假定等分数应选（　　　）为宜。

A. 59　　　　　　B. 60　　　　　　C. 62　　　　　　D. 66

11. 在铣床上镗孔，孔出现锥度的原因之一是（　　　）。

A. 铣床主轴与进给方向不平行　　　　B. 镗杆刚性差

C. 镗削过程中刀具磨损　　　　　　　D. 铣床主轴与工作台面不垂直

12. 齿轮上渐开线的形状取决于基圆的大小，（　　　）。

A. 基圆越大渐开线越弯曲　　　　　　B. 基圆越大渐开线越平直

C. 基圆越小渐开线越平直　　　　　　D. 基圆内的渐开线成直线

13. 标准直齿圆柱齿轮的分度圆直径 $d = $（　　　）。

A. mz　　　　　　B. πmz　　　　　　C. $\pi m(z+2)$　　　　　　D. πm

14. 右螺旋是指（　　　）的螺旋线，铣床上铣削的刀具齿槽大多是右螺旋。

A. 左上方绕向右下方　　　　　　　　B. 左下方绕向右上方

C. 右下方绕向左上方　　　　　　　　D. 沿轴线由下至上

15. 在实际操作中，为避免繁琐的计算，通常按工件的（　　　）查表选取交换齿轮。

A. 导程角　　　　　B. 螺旋角　　　　　C. 导程　　　　　D. 螺旋升角

16. 零件加工程序是由一个个程序段组成的，而每个程序段则是由若干（　　　）组成的。

A. 指令字　　　　　B. 指令　　　　　C. 地址符　　　　　D. 地址

17. FANUC 系统程序段 G01X60.0Y20.0F50 表示（　　　）。

A. 主轴线速度为 50mm/s　　　　　　B. 进给速度为 50mm/r

C. 主轴线速度为 50m/min　　　　　　D. 进给速度为 50mm/min

18. G02 指令与下列的（　　　）指令不是同一组的。

A. G01　　　　　　B. G03　　　　　　C. G04　　　　　　D. G00

19. 数控机床的标准坐标系是以（　　　）来确定的。

A. 极坐标系　　　　　　　　　　　　B. 右手笛卡尔直角坐标系

C. 相对坐标系　　　　　　　　　　　D. 绝对坐标系

20. G02X_Y_I_J_F_；程序段对应的选择平面指令应是（　　　）。

A. G19　　　　　　B. G18　　　　　　C. G17　　　　　　D. G20

21. 斜齿圆柱齿轮的螺旋角是指（　　　）上的螺旋角。

A. 齿顶圆柱　　　　　B. 分度圆柱　　　　　C. 齿根圆柱　　　　　D. 基圆柱

22. 直齿锥齿轮的分锥顶点沿分锥母线至齿背的距离称为（　　　）。

A. 锥距　　　　　　B. 齿距　　　　　　C. 齿宽　　　　　　D. 齿厚

23. 矩形牙嵌离合器的齿侧通常是一个（　　　）。

A. 通过轴心的径向平面　　　　　B. 垂直轴向的平面

C. 与轴线成一定夹角的平面　　　D. 平行轴线的平面

24. 正三角形牙嵌离合器的齿槽底与齿顶延伸线（　　　）。

A. 向空间任一点收缩　　　　　　B. 在空间处于异面位置

C. 分别与工件轴线相交　　　　　D. 相交于工件轴线上同一点

25. 铣削具有凹圆弧的直线成形面盘形零件，铣刀的直径应（　　　）。

A. 小于或等于最小凹圆弧直径

B. 大于或等于最大凹圆弧直径

C. 在最小凹圆弧和最大凹圆弧直径之间

D. 小于最小凹圆弧或大于最大凹圆弧直径

三、多项选择题（将正确答案的序号填入括弧内，选错倒扣分；每题 2 分，共 24 分）

1. 铣床常用的主轴制动装置是（　　　）。

A. 牙嵌离合器　　　B. 电磁铁　　　C. 制动圈

D. 速度控制继电器　　　　　　　E. 电磁离合器

2. 升降台式铣床的调整通常包括（　　　）项内容。

A. 弹性联轴器更换　　　　　　　B. 主轴轴承间隙调整

C. 横梁调整　　　　　　　　　　D. 工作台导轨传动间隙

E. 纵向工作台丝杠间隙调整　　　F. 回转式立铣头零位调整

G. 卧式万能铣床工作台零位调整

3. 根据前角选择的原则，选择较大前角的条件是（　　　）。

A. 硬质合金铣刀　B. 高速钢铣刀　C. 铣床功率较低

D. 自动机床　　　E. 数控铣床　　　F. 粗铣加工

G. 精铣加工

4. 夹紧力对工件平面度的影响主要体现在（　　　）。

A. 压板的大小　B. 螺栓的直径　C. 垫块的形状

D. 夹紧力的大小　E. 夹紧力的方向　F. 夹紧力作用点的位置

5. 分度销对分度精度的影响因素有（　　　）。

A. 分度销相对圈孔的位置　　　　B. 分度销弹簧的弹性

C. 分度销滑动轴与套的配合精度　D. 分度销端部定位圆柱的精度

6. 花键成形铣刀的容屑槽夹角一般为（　　　）。

A. 10°　　　　　　B. 18°　　　　　　C. 22°

D. 25°　　　　　　E. 30°　　　　　　F. 60°

7. 在立式铣床上镗孔前，检查和调整铣床的项目是（　　　）。

A. 检测工作台纵向进给的平稳性　B. 检测垂向进给的平稳性

C. 检测横向进给的平稳性　　　　D. 检测横向和纵向的移动精度

E. 检测立铣头与工作台面的垂直度　F. 检测工作台垂向进给时工作台倾斜偏差

8. 与齿条铣削操作有关的主要参数是（　　　）。

A. 压力角　　　　　B. 齿距　　　　　C. 模数　　　　　D. 齿高系数

E. 齿厚　　　　　F. 齿条有效长度与位置　　　　　G. 齿数

9. 斜齿圆柱齿轮铣削后槽形误差大的原因是（　　　）。

A. 铣刀刀号选择错误　　　　　B. 分度操作差错

C. 工作台转角误差大　　　　　D. 分度头未安装在中间 T 形槽内

E. 交换齿轮啮合间隙不适当　　　　　F. 交换齿轮计算或配置错误

10. 奇数矩形齿牙嵌离合器具有较好工艺性的原因是（　　　）。

A. 铣刀宽度不受限制　　　　　B. 铣刀直径不受限制

C. 一次铣削能铣出两个齿侧　　　　　D. 侧面位置精度测量比较方便

11. 仿形铣削时，模型工作面与仿形销具有相应斜度的作用是（　　　）。

A. 控制工件的形状精度

B. 控制工件的尺寸精度

C. 控制工件的位置精度

D. 调整铣刀刃磨后的直径变动引起的工件尺寸变化

E. 提高仿形销与模型的接触精度　F. 控制工件余量分配

12. 刀具齿槽铣削的槽形要求包括（　　　）。

A. 前角　　　　　B. 后角　　　　　C. 刀尖角　　　　　D. 齿槽角

E. 槽深　　　　　F. 槽底圆弧

四、简答题（10 分）

数控铣床由哪些部分组成？数控装置的作用是什么？

五、编程计算题（16 分）

如图 1 所示数控铣床零件，材料:45 钢，毛坯为:100mm × 90mm × 30mm。要求：

（1）对图纸中编程需要用到的坐标点进行计算（6 分）。

（2）手工编制加工程序（10 分）。

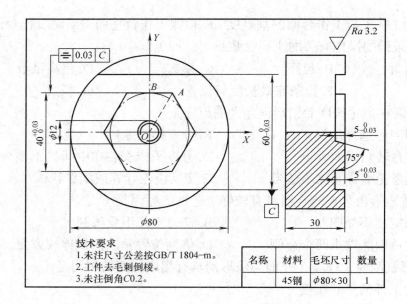

技术要求
1.未注尺寸公差按GB/T 1804—m。
2.工件去毛刺倒棱。
3.未注倒角C0.2。

名称	材料	毛坯尺寸	数量
	45钢	$\phi80\times30$	1

图1

模拟试卷样例答案

一、判断题

1. √ 2. √ 3. √ 4. × 5. × 6. √ 7. √ 8. √
9. √ 10. √ 11. √ 12. √ 13. 14. 15. √ 16. √
17. × 18. × 19. × 20. × 21. × 22. √ 23. × 24. √
25. ×

二、单项选择题

1.D 2.C 3.D 4.A 5.C 6.A 7.D 8.A
9.C 10.B 11.C 12.B 13.A 14.B 15.C 16.A
17.D 18.C 19.B 20.C 21.B 22.A 23.A 24.D
25.A

三、多项选择题

1.DE	2.ABDEFG	3.BCG	4.DEF
5.ABCD	6.BCDE	7.BDEF	8.BCDEF
9.ACF	10.BCD	11.BDF	12.DEF

四、简答题

答：数控铣床一般由控制介质，数控装置、伺服系统，机床本体四部分组成。数控装置的作用是把控制介质存储的代码通过输入和读取，转换成代码信息，用来控制运算器和输出装置，由输出装置输出放大的脉冲来驱动伺服系统，使机床按规定要求运行。

五、编程计算题

解（1）坐标计算

1）A点坐标计算

A点、六边形内切圆圆心O点和六边形垂点B，可以围成一个直角三角形△AOB，OB为内切圆半径，等于20mm，∠AOB为六边形内角的一半，为（360°/6）/2=30°。

根据以上条件，利用直角三角形定理进行如下计算：

$Tan30° = AB/OB$ $AB = Tan30°×OB = 0.577×20 = 11.55$

A点坐标为（11.55，20），其他坐标根据象限不同改变不同符号就可以求出编程所用坐标点。

2）中间 $\phi 12$、75°锥孔，底面小孔直径计算：

锥度为75°，深度为5mm。

$Tan75° = 深度 /X$ $X = 深度 /Tan75° = 5/3.732 = 1.34$

底面小孔直径 = 12−1.34 = 10.66

（2）工艺路线的确定：进／退点采用轮廓延长线或切线切入和切出。切削进给路线采用顺铣铣削方式，即外轮廓走刀路线为顺时针，内轮廓为逆时针。采用宏程序编写中间 $\phi 12$、75°锥孔程序。

（3）编程（略）

程序编辑结果应用仿真软件进行验证。